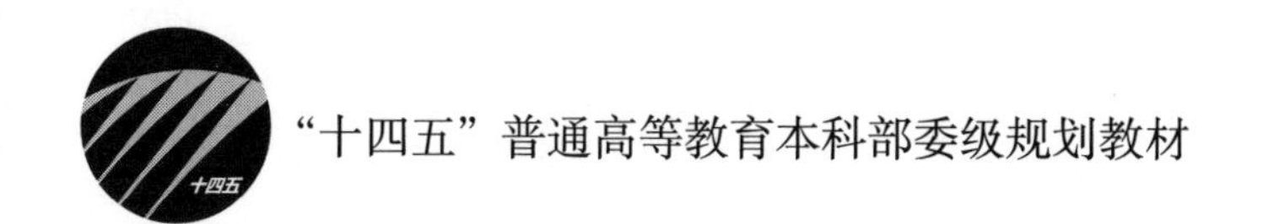

“十四五”普通高等教育本科部委级规划教材

服装制作工艺——基础篇

王瑞芹　主编
文家芹　王丽霞　杨琨　副主编

中国纺织出版社有限公司

内容提要

本书从服装制作的基础、常规工艺出发，依据服装企业产品生产特点提出学习任务，围绕任务阐述必要的理论知识、操作技能并实施实训项目。详细阐述服装企业典型服种的服装生产制作方法，将其缝制工艺过程分为局部缝制与成衣制作，并从款式图、款式说明、裁剪、缝制工艺工程分析及工艺流程、缝制工艺操作过程、质量检验方法六个方面进行详细阐述。本书基于服装企业样衣工艺师、工艺技术员的工作过程，体现工学结合、强调工匠精神，倡导行动导向教学，培养学生服装工程技术岗位能力，突出高等职业教育职业能力的培养。

本书图文并茂，采用视频相结合的撰写方法，工艺图清晰、立体、形象，视频清楚、生动。重、难点的知识点、技能点配有微课、技能拓展等丰富的数字化资源，其中视频类资源可通过扫描书中二维码在线观看学习，随扫随学，是顺应信息化教学发展潮流，线上线下相结合的教材新模式。

本书可作为高等职业教育本科、高职高专服装类专业教材，也可以作为各类服装从业人员的业务参考书以及培训用书。

图书在版编目（CIP）数据

服装制作工艺．基础篇 / 王瑞芹主编 ; 文家芹，王丽霞，杨琨副主编 .-- 北京 : 中国纺织出版社有限公司，2022.10（2024.9重印）

“十四五”普通高等教育本科部委级规划教材

ISBN 978-7-5180-9677-0

Ⅰ. ①服… Ⅱ. ①王… ②文… ③王… ④杨… Ⅲ. ①服装－生产工艺－高等学校－教材 Ⅳ. ① TS941.6

中国版本图书馆 CIP 数据核字（2022）第 124743 号

责任编辑：宗　静　　特约编辑：曹昌虹　　责任校对：楼旭红
责任印制：王艳丽

中国纺织出版社有限公司出版发行
地址：北京市朝阳区百子湾东里 A407 号楼　邮政编码：100124
销售电话：010—67004422　传真：010—87155801
http：//www.c-textilep.com
中国纺织出版社天猫旗舰店
官方微博 http：//weibo.com/2119887771
三河市宏盛印务有限公司印刷　各地新华书店经销
2022 年 10 月第 1 版　　2024 年 9 月第 3 次印刷
开本：710 × 1000　1/16　印张：15.5
字数：328 千字　定价：59.80 元

前言

伴随着现代服装产业向智能化、数字化生产转型，考虑服装新材料的不断更新，本着新形势下贯彻党和国家对高职院校教材建设的基本要求，以职业服装院校教学及服装企业实际用人需求为主要目的，本书充分体现了高等职业教育办学特色，突出职业能力培养体现工学结合的精神，倡导行动导向的教学模式，每一个学习单元都以企业典型生产订单为本提出学习任务，围绕任务阐述理论知识和操作技能，任务采集企业的真实案例，理论内容和技能深入浅出，图文并茂，可操作性强，本书在编写过程中力求做到以下几点：

第一，考虑学制和学时，选取典型服装品类的常规工艺，着重体现服装制作工艺的基础，适时、适量、适质、适用，是本书在规划内容与形式时优先考虑的。

第二，本书对应服装企业职业岗位需要，以实际生产程序为依据安排内容顺序，考虑育人与用人融入了新技术、新规范、新设备和新教法，有助于学生和业余爱好者快速上岗工作。

第三，本书既对应教学又考虑业余爱好者的需要，按工作流程将普适性与先进化的技术融入实训操作项目中。内容多元化呈现，多种导航索引，读者在教材中扫描二维码，即可以同步进行线上视频学习。

第四，书中内容从服装制作工艺基础（服装制作工具、基础缝制、局部缝制等）开始，到典型服装品类，如男女衬衫、裙子、裤子的局部，以及其基本款式的裁剪与缝制工艺过程，尽可能地让读者高效自学。

本书在编撰过程中得到了很多老师的支持和帮助。本书编写分工如下：第一单元任务一、任务二分别由河北科技工程职业技术大学岳海莹、文家芹老师编写；第二单元由河北科技工程职业技术大学王瑞芹老师编写；第三单元由河北科技工程职业技术大学文家芹老师编写；第四单元任务一、任务二分别由河北科技工程职业技术大学岳海莹、文家芹老师编写；第五单元任务一、任务二分别由河北科技工程职业技术大学杨琨、王志红老师编写；第六单元由河北科技工程职业技术大学王丽霞、贡利华老师编写。

本书由王瑞芹老师负责全书的统稿，在此，仅对给予本书编撰工作大力支持的中国纺织出版社有限公司编辑宗静女士，河北科技工程职业技术大学服装系范树林主任，表示衷心感谢！

由于编撰时间仓促、水平有限，书中难免会有疏漏之处，欢迎各位同行专家和广大读者批评指正。

王瑞芹

2022年3月

配套微课资源索引

序号	微课名称	页码
1	服装制造新模式	40
2	手针工艺——抽缝、三角针法	40
3	手针工艺——环针缝	40
4	手针工艺——打线丁	40
5	手针工艺——绷针缝	40
6	手针工艺——扦缝（缲缝）	40
7	手针工艺——锁扣眼	40
8	手针工艺——钉扣子	40
9	机缝工艺——卷边缝	40
10	机缝工艺——包缝	40
11	机缝工艺——平缝、袋缝	40
12	机缝工艺——端机缝、劈烫缉缝	40
13	一字型领口——收省、粘衬	82
14	一字型领口——合小肩、勾缝领口贴边、熨烫整理	82
15	一字型领口——勾袖窿、清剪、翻烫整理	82
16	一字型领口——贴边压明线、合侧缝、卷下摆、整烫展示	82
17	平领女衬衫——粘衬、收省、合肩缝	82
18	平领女衬衫——制作领子	82
19	平领女衬衫——绱领子与斜纱条	82
20	平领女衬衫——绱领子与斜纱条压明线	82
21	平领女衬衫——平领整烫和下摆制作	82
22	平领女衬衫——制作袖开衩、装袖克夫	82
23	平领女衬衫——灯笼袖装袖	82
24	翻领女衬衫——制作省缝、肩缝	82
25	翻领女衬衫——领子的制作	82
26	翻领女衬衫——绱领子	82
27	翻领女衬衫——合侧缝、做袖开衩、绱袖克夫	82
28	翻领女衬衫——绱袖子	82
29	翻领女衬衫——下摆制作	82
30	男衬衫——排版裁剪	113
31	男衬衫——粘衬、装贴胸袋	113
32	男衬衫——制作门襟	113
33	男衬衫——收省、制作过肩	113
34	男衬衫——制作袖开衩	113
35	男衬衫——绱袖子、制作腋下	113
36	男衬衫——制作袖克夫、绱袖克夫	113

续表

序号	微课名称	页码
37	男衬衫——领子粘衬、清剪、扣烫底领	113
38	男衬衫——底领压明线、制作翻领	113
39	男衬衫——底领、翻领结合	113
40	男衬衫——绱领子	113
41	男衬衫——做下摆、整烫成衣	113
42	男衬衫——锁眼、钉扣	113
43	筒裙——收省	154
44	筒裙——缝合侧缝、熨烫侧缝、下摆	154
45	筒裙——绱腰头	154
46	筒裙——绱隐形拉链	154
47	筒裙——后整理	154
48	女裤——斜插袋制作	193
49	女裤——月牙袋制作	193
50	女裤——门襟拉链制作	193
51	女裤——牛仔裤门襟制作	193
52	女裤——制作准备	193
53	女裤——粘衬、锁边	193
54	女裤——收省、熨烫挺缝线	193
55	女裤——斜插袋制作 1	193
56	女裤——门襟拉链制作	193
57	女裤——斜插袋制作 2	193
58	女裤——裤腿制作	193
59	女裤——裤襻、腰头制作	193
60	女裤——后整理、质量检验	193
61	男西裤——斜插袋制作准备	237
62	男西裤——斜插袋制作工艺	237
63	男西裤——单嵌线后袋制作准备	237
64	男西裤——单嵌线后袋制作工艺	237
65	男西裤——双嵌线后袋制作准备	237
66	男西裤——双嵌线后袋制作工艺	237
67	男西裤——门襟制作工艺	237
68	男西裤——腰头制作工艺	237
69	男西裤——脚口缲缝工艺	237
70	男西裤——整烫	237
71	男西裤——前、后裤片制作工艺	237
72	男西裤——前、后裤片组装工艺	237

目录

学习单元一　服装制作工艺基础

课前导学：以服装加工方式为本，提出学习任务。

学习任务一：服装制作工具

学习任务二：服装基础缝制

在服装的制作过程中要用到许多工具，初学前要了解各种服装制作工具的特点，基础缝制是制作服装的基础技能。为完成一套服装的缝制，首先要掌握各种基础缝制工艺技巧。服装基础缝制技术包含手工缝制和机缝缝制，但任何一种都是使用手指的技术，所以必须反复实践以正确掌握技巧，这是服装企业每一位员工都应该具备的技能。依据服装企业生产加工所需基础技能，设计梳理本单元理论知识、技能及学习目标，见表1–1。

表1–1　本单元学习目标

<table>
<tr><th rowspan="2">职业面向</th><th rowspan="2">技能点</th><th colspan="3">学习目标</th></tr>
<tr><th>知识目标</th><th>能力目标</th><th>素质目标</th></tr>
<tr><td rowspan="3">1.样衣制作人员
2.裁剪人员
3.生产班组长
4.一线加工人员</td><td>服装加工方式及新业态理念</td><td>了解服装加工方式及新业态理念</td><td>能够熟练使用各种常规缝纫设备；了解服装加工方式</td><td rowspan="3">服装制作工艺基础认知</td></tr>
<tr><td>基础手缝技法</td><td>基础手缝技法</td><td>能够熟练掌握各种手缝针法进行简单任务缝制</td></tr>
<tr><td>基础机缝技法</td><td>基础机缝技法</td><td>能够熟练掌握各种机缝技法进行简单缝制</td></tr>
</table>

课中探究：围绕学习任务，进行技能学习

学习任务一　服装制作工具

在服装的裁剪和制作过程中，要使用许多工具。下面按各工具的用途分别进行介绍。

一、测量工具

测量工具是测量人体各部位的用具，在制作样板、裁剪时也使用，常用测量工具如下。

1. 皮尺

皮尺两面都标有数据，一般长度为150cm，选用不受环境温差变化影响的玻璃纤维尼龙作原料表面涂胶层。它作为测量工具多用于测体，如图1–1所示。

2. 蛇形尺

蛇形尺两面都标有数据，一般有四种规格：30cm、40cm、50cm、60cm，由薄型聚酯材料制作，内置金属条，外置软橡胶，可在需要的部位弯曲，以准确量出形态的尺寸，用于量曲线、画曲线，如图1–2所示。

图1–1 皮尺

图1–2 蛇形尺

3. 比例缩尺

比例缩尺用于测量领、袖、裆等弧线的尺寸，选用能自由弯曲的塑料制成，并刻有1/4、1/5的数据，如图1–3所示。

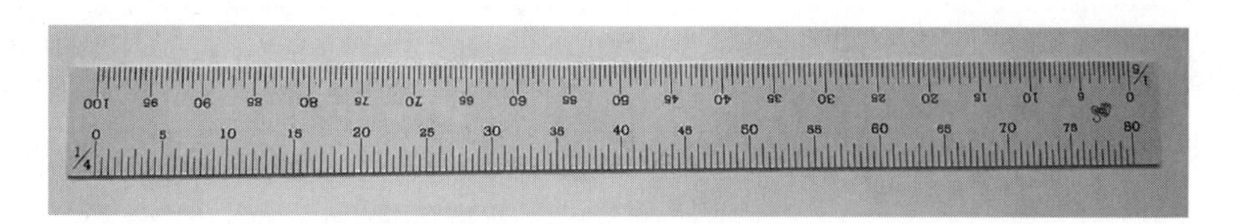

图1–3 比例缩尺

二、制图工具

制图工具主要是用于样板制作时量尺寸、画直线或曲线，另外在裁剪、缝制时也常用。直尺是服装制图、制板的必备工具，一般采用不易变形的材料制作。

1. 方格定规尺

方格定规尺采用硬质的透明尼龙材料制成，主要用于画直线，特别是制作样板时加缝份画平行线，长度有30cm、40cm、50cm、60cm，如图1–4所示。

2. 不锈钢直尺

不锈钢直尺采用不锈钢材料制成，主要用于画引线、剪切纸，长度有15cm、30cm、60cm、100cm，如图1–5所示。

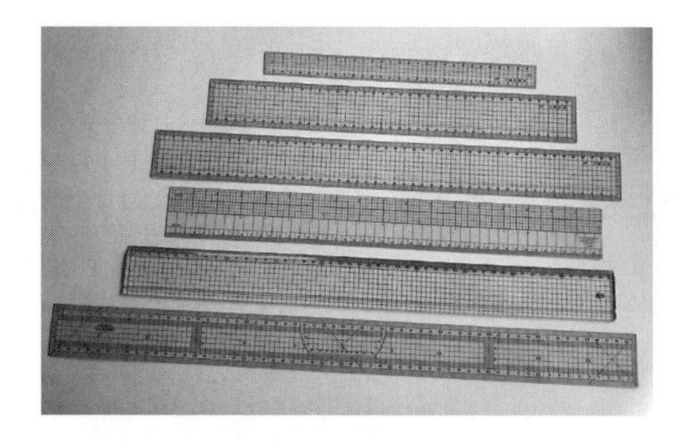

图1-4　方格定规尺

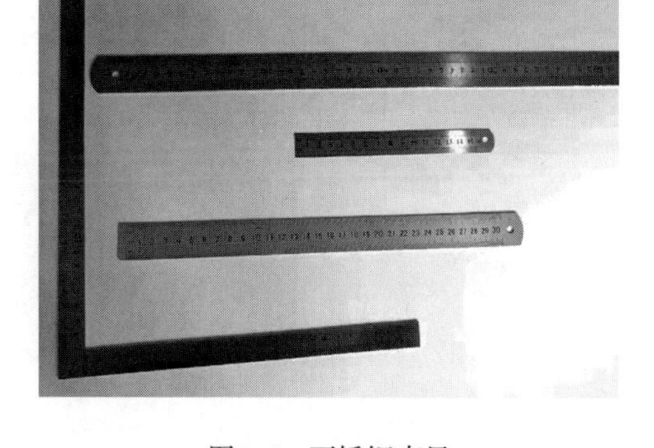

图1-5　不锈钢直尺

3. “L”形尺

“L”形尺是直角和曲线、直线兼用的尺，背面有1：2、1：3、1：4、1：12、1：24的缩小比例的数据，采用硬质透明尼龙材料制作，如图1-6所示。

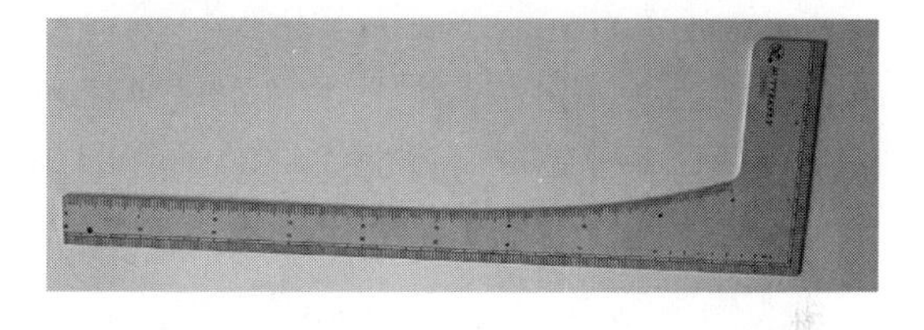

图1-6　“L”形尺

4. 弯形尺

弯形尺两侧边缘呈柔和的弧形状，用于画裙子或裤子的侧缝线、下裆的弧线等，如图1-7所示。

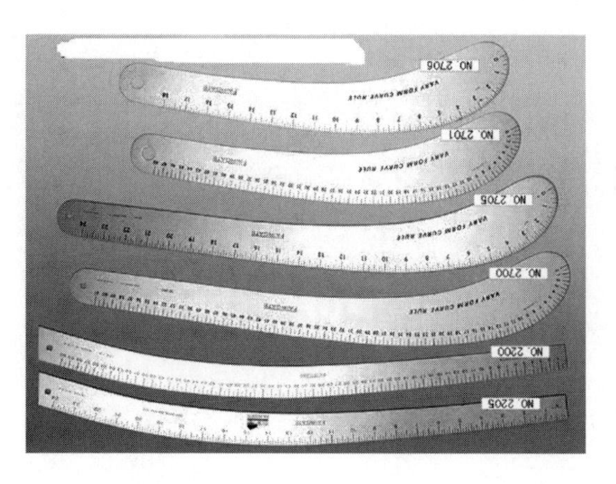

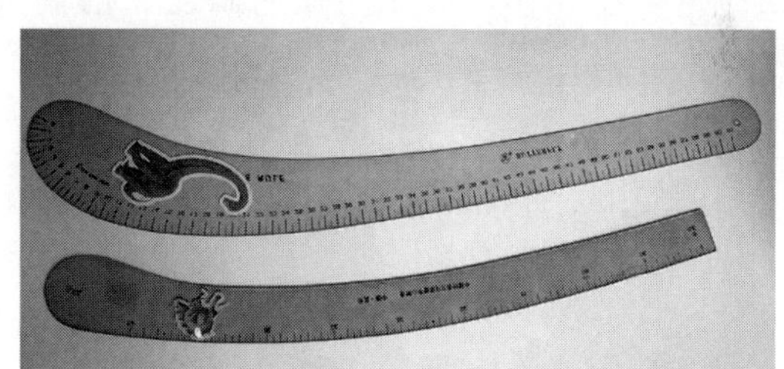

图1-7　弯形尺

5. “6”字形等弧线尺

“6”字形等弧线尺用于画领围、袖窿、裆等弧度较大的弧线，如图1-8所示。

6. 比例尺

比例尺用于课堂上做笔记用，有直角和弧线的三角形尺，有1：4、1：5的规格，透明质地的使用较为方便，非透明质地的背面有1：4、1：5比例标识，如图1-9所示。

7. 镇铁

镇铁用于作图和裁剪时压住纸样等，便于操作，如图1-10所示。

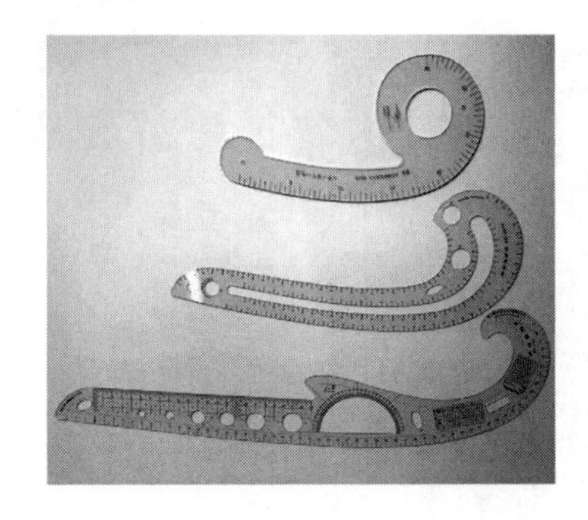

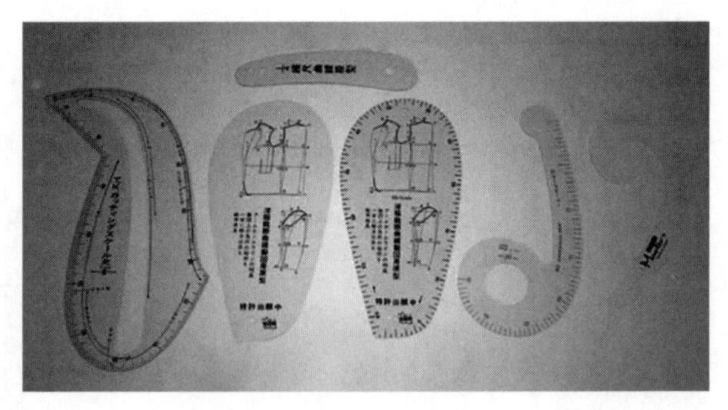

图1-8 “6”字形等弧线尺

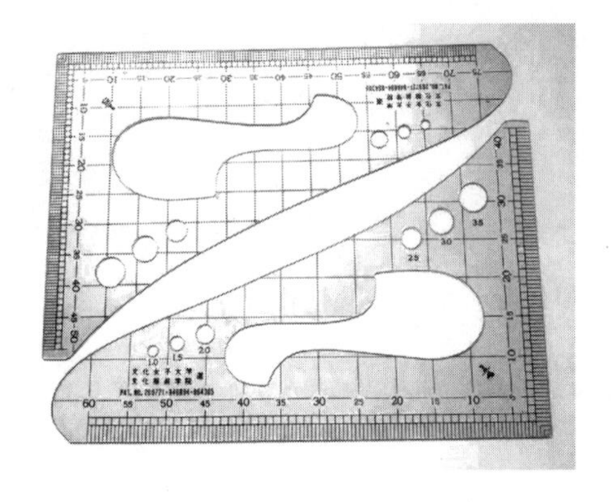

图1-9 比例尺

图1-10 镇铁

8. **量角器**

量角器在作图时用于量肩斜度、褶裥量、喇叭裙的展开量等角度的测量，如图1-11所示。

9. **圆规**

圆规用于作图时画圆和弧线，也用于由交点作图求得相同尺寸，如图1-12所示。

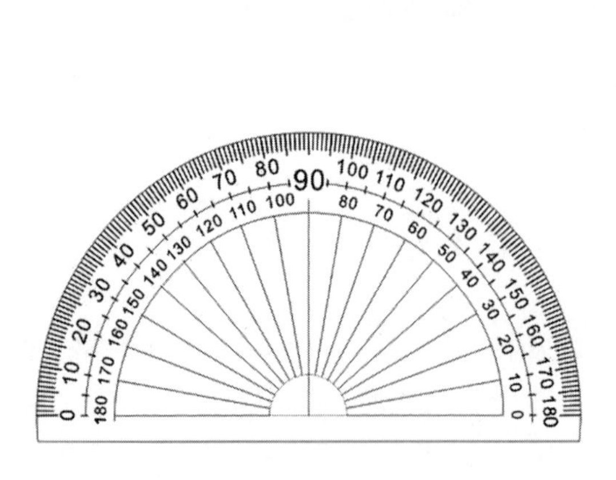

图1-11 量角器

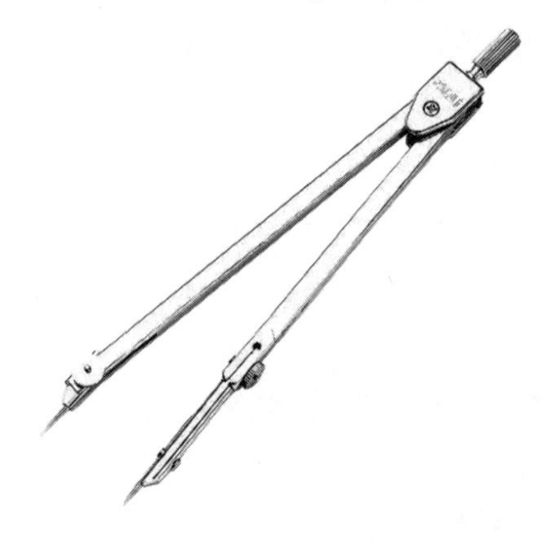

图1-12 圆规

10. **制图铅笔**

制图铅笔的笔芯有0.3mm、0.5mm、0.7mm、0.9mm。HB铅笔用于画缩小图，可根据各种制图要求选用铅芯，如图1–13所示。

11. **活动铅笔及卷笔芯刀**

活动铅笔可以替换不同粗细的铅芯，卷笔芯刀也要具备，如图1–14所示。

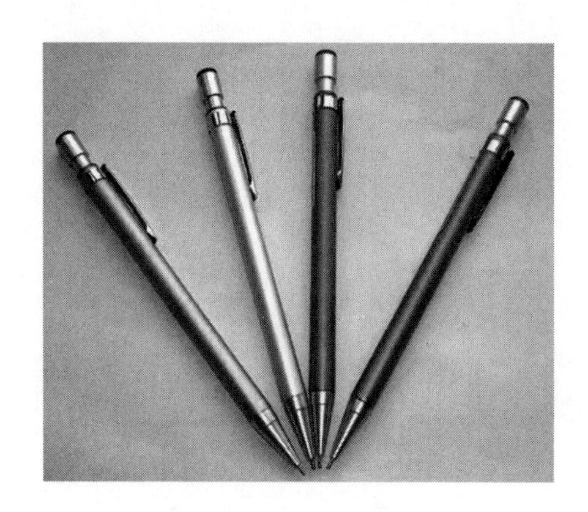

图1–13　制图铅笔

图1–14　活动铅笔及卷笔芯刀

12. **滚轮**

复制纸样时常用滚轮在样板纸或布面上作印记，滚轮有无齿和有齿的，有齿滚轮分尖齿和钝齿两种，按需要选用。在布面上作印记时最好在两层布之间加复写纸，如图1–15所示。

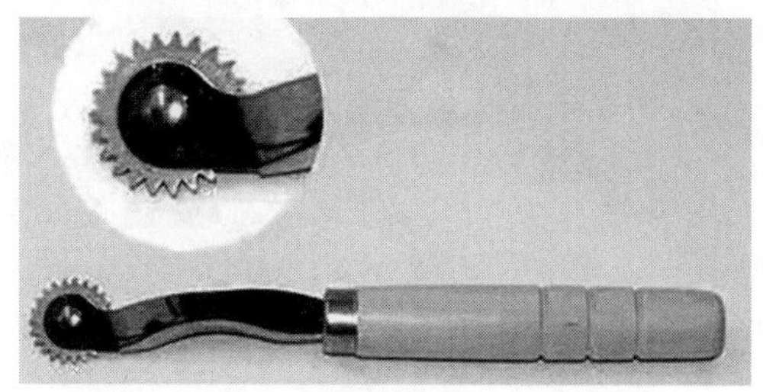

(a) 尖齿滚轮

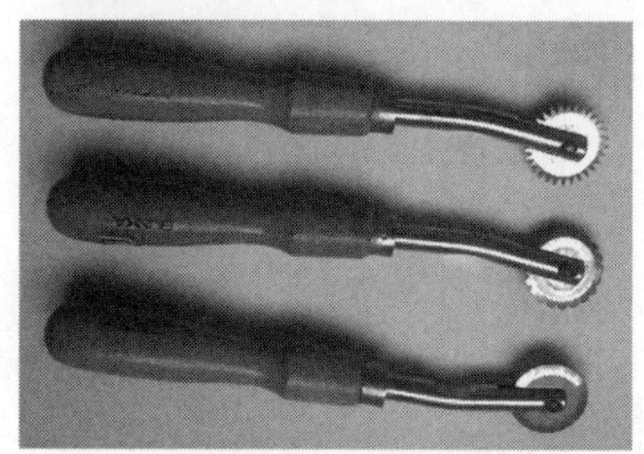

(b) 尖齿、钝齿、无齿三种滚轮

图1–15　滚轮

13. **制图用纸**

制图用纸有牛皮纸、白纸、方格纸（B4、B3、B2、A3、A2）等，如图1–16所示。

14. **美工刀**

裁纸样时常用美工刀，如图1–17所示。

15. **剪纸剪刀**

剪纸剪刀用于剪切样板纸等，如图1–18所示。

16. **剪口器**

在纸样上打对位记号时可用剪口器，也可用于在缝份上作记号，如图1–19所示。

17. 粘带

粘带用于纸样拼合，无伸缩性，粘在纸上很醒目，粘带上可以画线，如图1-20所示。

(a) 牛皮纸

(b) 白纸

图1-16　制图用纸

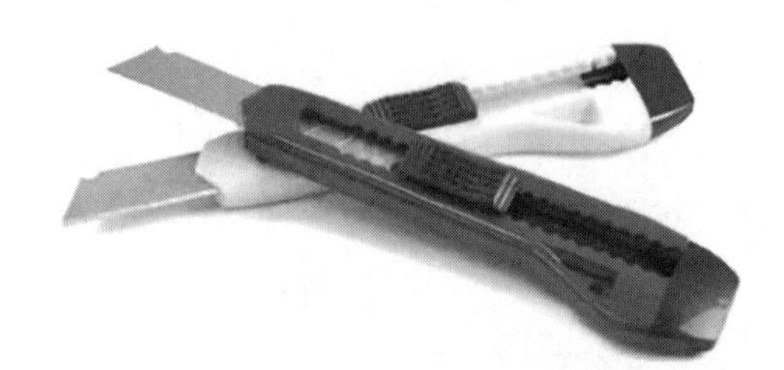

图1-17　美工刀

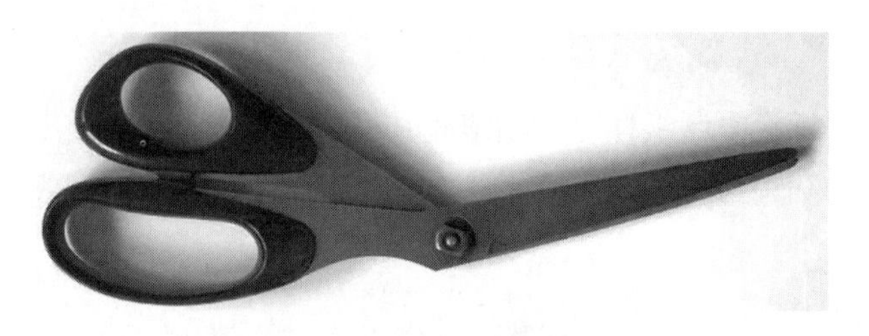

图1-18　剪纸剪刀

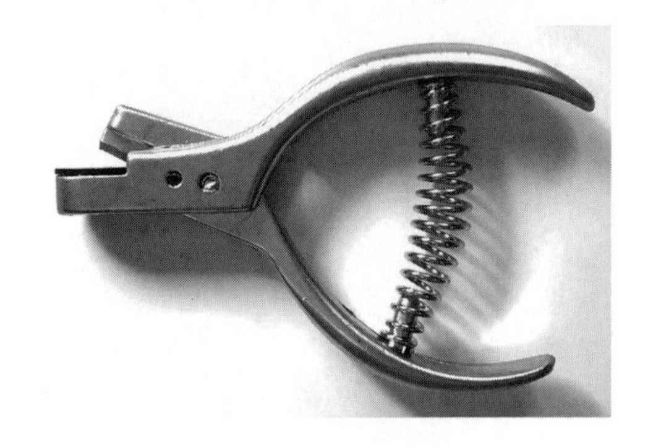

图1-19　剪口器

图1-20　粘带

三、裁剪工具

1. 划粉

划粉为固体状粉块，经刀削薄后再使用，有白色的，也有彩色的，一般在裁剪前的布片上作裁剪标记，如图1–21所示。

2. **记号笔**

记号笔也就是水性渗透笔，用其画出的记号用水可洗去，也可随着时间的推移自然消失，一般在裁剪后的布片上作缝制标记，如图1–22所示。

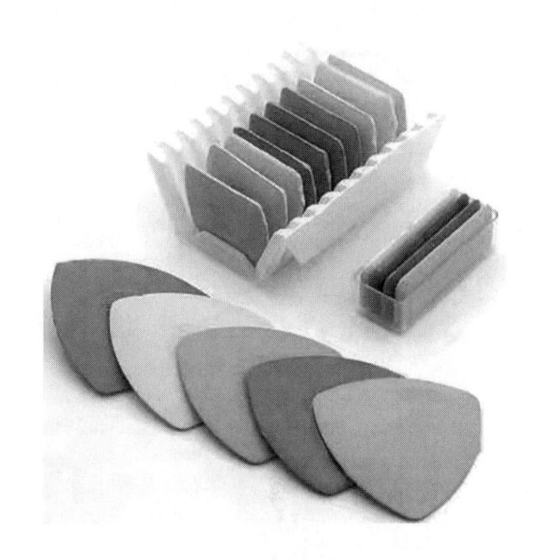

图1–21　划粉

图1–22　记号笔

3. **复写纸**

双面或单面附有颜色的复写纸，将其插入布层间用滚轮作记号，一般用于假缝时在白布上作净样线记号，如图1–23所示。

4. **裁剪台**

裁剪台是裁剪面料时用的工作台，也可用于作图，如图1–24所示。

图1–23　复写纸

图1–24　裁剪台

5. **裁剪剪刀**

裁剪剪刀用于面料分割和裁片裁剪，一般长度为26cm的剪刀使用较方便，如图1–25所示。

6. **花边剪刀**

花边剪刀可将布边剪出花边效果，常用于毛毡、人造革、无纺布等不易脱纱的面料边缘的修饰，如图1–26所示。

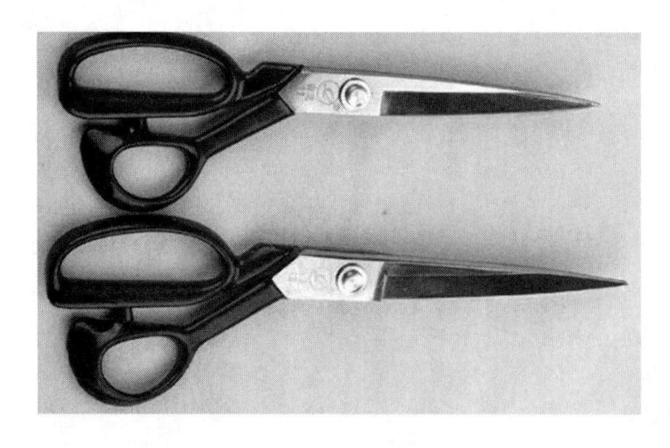

图1–25　裁剪剪刀

图1–26　花边剪刀

四、缝纫工具

1. 顶针器

顶针器是手缝作业时套在中指上的环形用具，保护手指并利用凹槽顶住针柄防止滑脱，形式有桶状和环状。顶针器质地多为金属，可根据手指大小调节或选用，如图1–27所示。

(a) 环状顶针器

(b) 桶状顶针器

图1–27　顶针器

2. 锥子

锥子是顶部尖锐的金属工具，用于翻折领角、袋盖角、下摆衣角、缝纫时推布、拆线等，如图1–28所示。

3. 纱剪

纱剪为尖头小剪刀，用于断线和清理线头等，如图1–29所示。

4. 镊子

镊子用于拔出记号线丁、为缝纫机穿线等，闭合整齐无缝、具有弹性为上品，如图1–30所示。

5. **拆线器**

拆线器用于拆缝纫线迹，如图1–31所示。

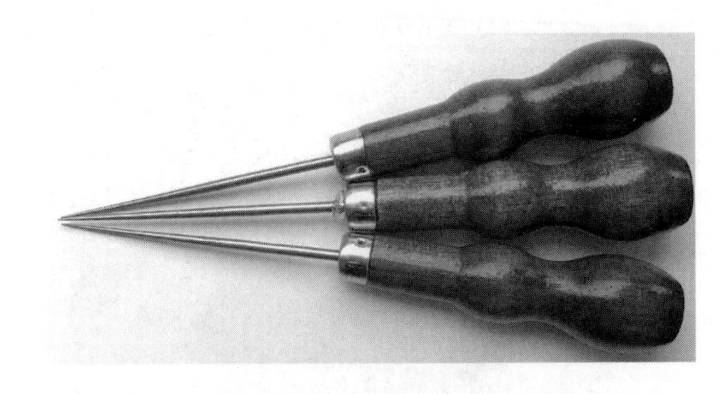

图1–28　锥子

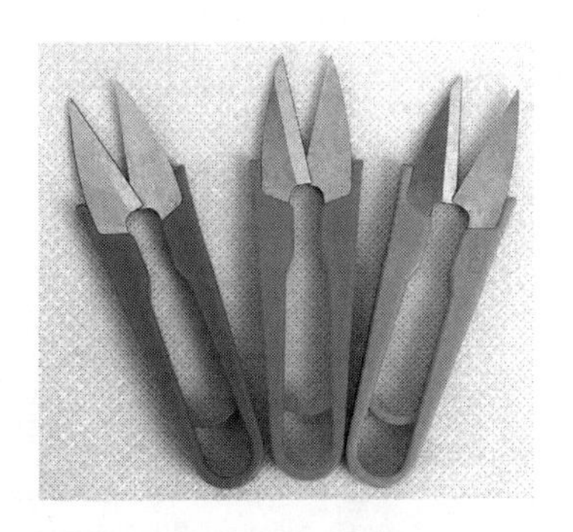

图1–29　纱剪

图1–30　镊子

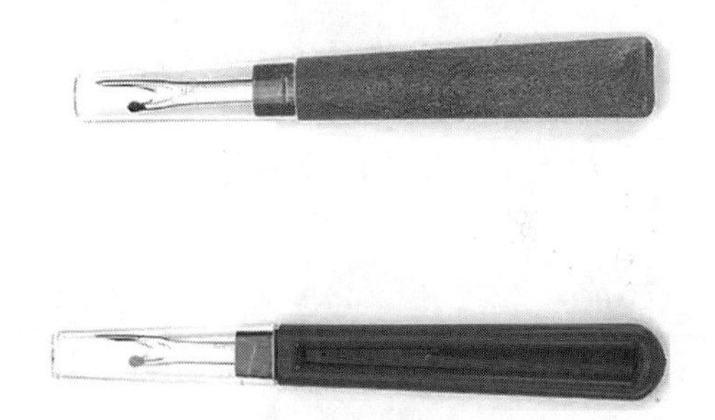

图1–31　拆线器

6. **穿绳器**

穿绳器用于穿入橡皮筋、绳带等，如图1–32所示。

7. **缝纫机**

缝纫机是制作服装的重要工具。其种类繁多，用途广泛，有家用型、职业用型及工业用型。工业用型中还可分成各种特殊用途的机种。

（1）家用缝纫机：有机械型和电脑型之分。电脑型家用缝纫机有自动调节速度、针迹、花样等功能，转速为800～1000r/min，除了直线平缝外，可抽裥缝、花样缝等。电脑缝纫机正在普及，如图1–33所示。

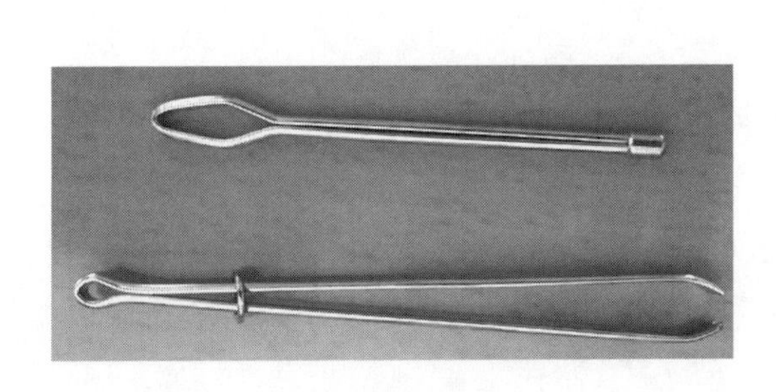

图1–32　穿绳器

图1–33　家用缝纫机

（2）工业用缝纫机：指转速在3000 ~ 10000/min的高速缝纫机，耐长时间运转，适合于大生产，对各种面料的适用性较强，如图1–34所示。

（3）锁缝机：是为防止裁片边缘脱纱，用环形线套将裁片边缘包缝起来的机种。锁缝的边缘宽度、针迹密度可以按照需要进行调节，如图1–35所示。

图1–34　工业用缝纫机

图1–35　锁缝机

(a) 工业铝梭芯

(b) 工业铁梭芯

(c) 家用薄梭芯

(d) 工业梭壳

(e) 家用梭壳

图1–36　梭芯和梭壳

（4）梭芯和梭壳：梭芯是卷取和存放底线的，梭壳是与梭芯配套共同形成缝纫机的下线装置。梭芯和梭壳分为家用型和工业用型两种，如图1–36所示。

（5）特殊缝纫机：在服装厂根据产品生产需要配备多针机、开袋口机、锁眼机、钉扣机、打结机等，具有专门用途的各种缝纫机种。

8. **线**

线主要分为手工用线、缝纫机用线和锁缝机用线三类。机用线型号繁多且分类细。线的选择应与面料相匹配。

（1）手工用线：一般在面料上作线丁记号、假缝、缲缝、绷缝、擦缝等临时固定时多采用稍粗的棉线，也称本色线。如遇真丝等薄型面料，则应选用涤纶手工用线、真丝手工用线，如图1–37所示。

（2）缝纫机用线：

①棉线：棉质的缝纫机线，粗细有各种类型，一般号码数小的表示线较粗，如图1–38所示。

②真丝缝纫机线：一般缝制羊毛质地的服装时采用。

③涤纶线：100%涤纶线，也有用合成交织线、混纺线等。此种线耐摩擦、牢固，有光泽的长丝线和精纺细纱线，如图1–39所示。

④钉纽扣线：是专用的牢固型线，常用涤纶线，男式服装也可用麻线，如图1–40所示。

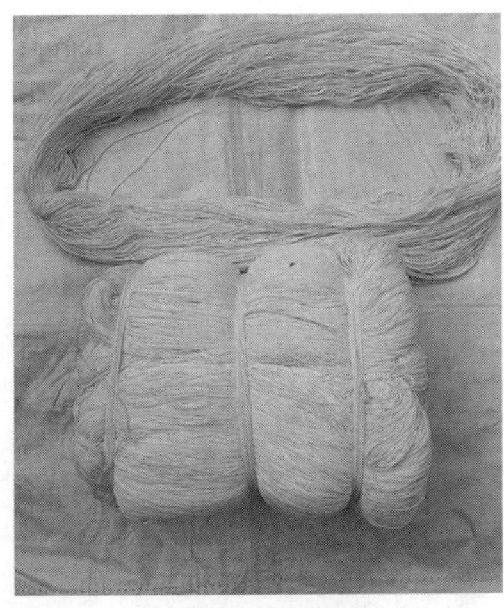

(a) 手工用本色棉线

(b) 手工用线

图1-37　手工用线

(a) 粗棉质的缝纫机线

(b) 细棉质的缝纫机线

图1-38　棉线

(a) 有光泽的长丝线

(b) 精纺细纱涤纶线

图1-39　涤纶线

⑤锁扣眼线：常用于毛料服装中钉扣、做线襻、锁扣眼，多为三股线，粗且牢固。

⑥丝缉线：为了使暗缝的机线醒目时采用，也可用于锁扣眼，如图1–41所示。

图1–40　钉纽扣线

图1–41　丝缉线

图1–42　锁缝机线

（3）锁缝机线：在锁缝机上使用的是专用线，有100%涤纶线、100%尼龙线等。尼龙线常用于针织等伸缩性强的面料的锁缝，如图1–42所示。

9. **针**

（1）缝纫机针：缝纫机针种类很多，要根据面料质地来选择。家用与职业用缝纫机针的区别在于针杆部位，家用缝纫机针杆有一侧是平面，职业用缝纫机针杆为圆杆，如图1–43所示。

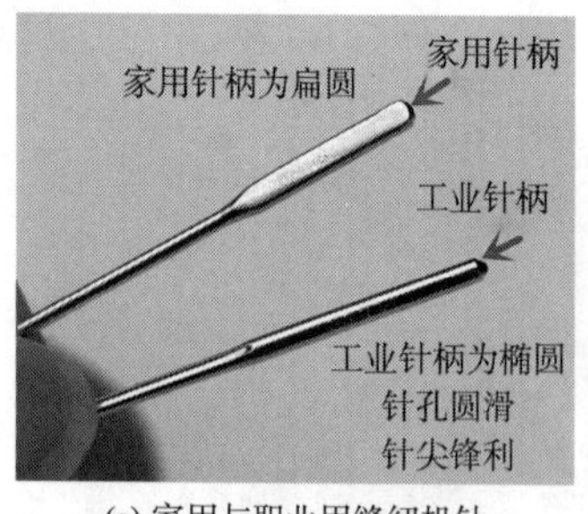

(a) 家用与职业用缝纫机针

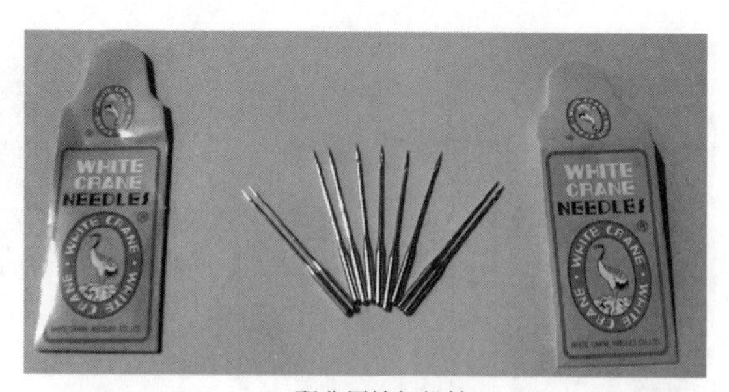

(b) 职业用缝纫机针

图1–43　缝纫机针

（2）手缝针：有短针和长针，根据用途和面料选用。号码数大的针较细，号码小的针较粗，如图1–44所示。

（3）大头针：分为带有圆头的珠针和不带圆头的缝纫用大头针两种。可用于临时固定纸样或临时固定裁片，也可用于立体裁剪，如图1–45所示。

图1–44　手缝针

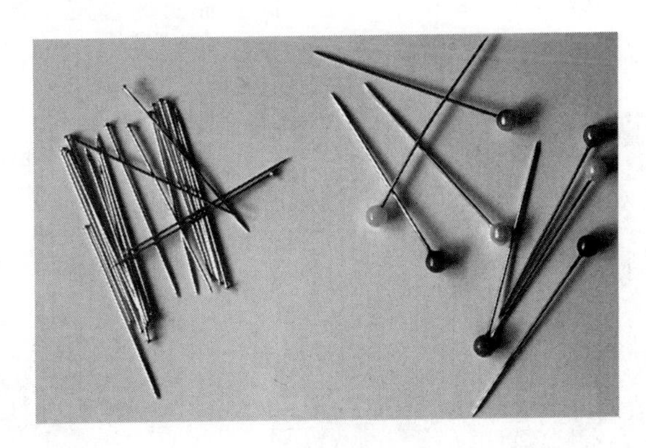

图1–45　大头针

（4）针插：用于存储各种手缝针、大头针等，用布包缝份发或羊毛呈半球体，与直径为8～10cm的底盘缝合在一起，两侧缝上橡皮筋，便于操作时套在手腕上，如图1–46所示。

五、整烫工具

由于西服讲究立体造型，整烫的质量将涉及成品的好坏，所以必须选择适应其面料的整烫温度和湿度，并调控压力才能不破坏面料的风格。由于整烫工具有家用和工业用之别，所以要根据使用目的来选择。

1. 蒸汽熨斗

使用蒸汽熨斗熨烫细小的部位时，应紧握手把，给予一定的压力（1.7～2.5kg）。使用家用蒸汽熨斗时应把功率调节至400～600W为好，如图1–47所示。

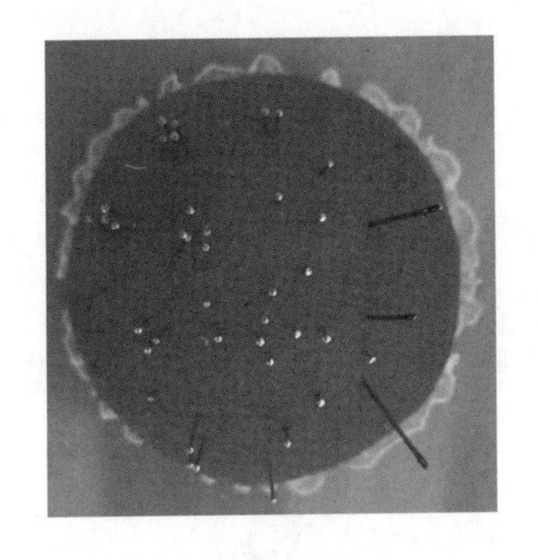

图1–46　针插

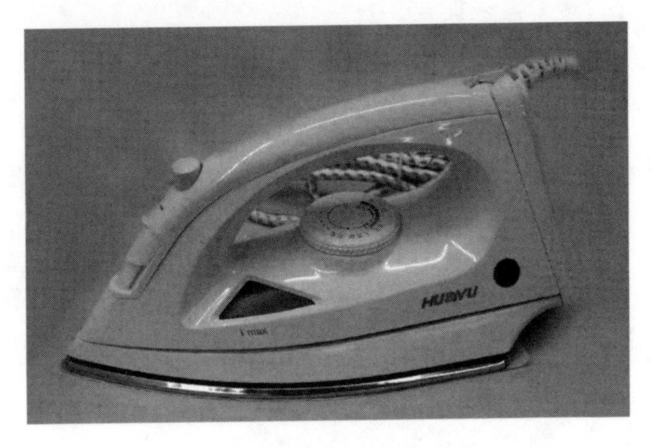

图1–47　蒸汽熨斗

2. 整烫烫包

在整烫胸、腰、肩等立体感强的部位时，需要有与该部位曲面相符的整烫烫包作垫，以便整烫出应有的造型效果。整烫烫包形状各异，一般装入可吸湿的锯末，如图1–48所示。

3. **整烫马**

整烫马用于裙子、裤子等筒状部位的整烫。另外整烫上衣的缝份或有较大弹性的难以整烫的面料也常用此物，大小尺寸有很多种，如图1–49所示。

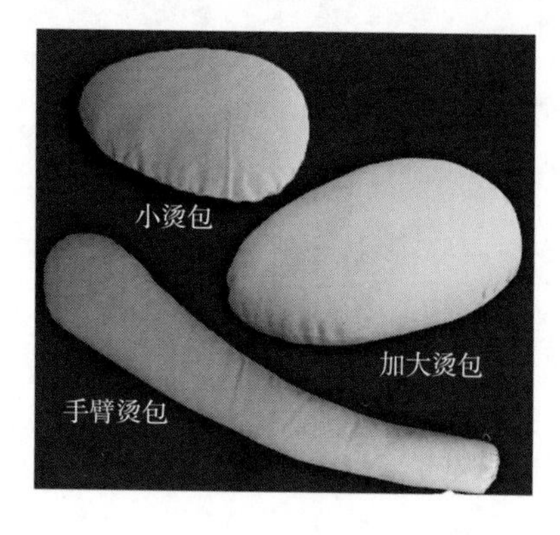

图1–48　整烫烫包

图1–49　整烫马

4. **其他工具**

整烫还需要喷雾器、毛刷、袖垫、整烫“馒头”等工具，如图1–50所示。

（1）喷雾器：用于面料预缩、整烫、后整理，可较大面积喷洒水分给衣服或面料增加湿气。

（2）毛刷：烫压缝份时在缝份上先用毛刷蘸水沿缝份刷一下，面料吸入水分会更容易被烫平展。

（3）袖垫：衣袖成形部位的整烫工具，用于袖子的缝份、裤子的缝份等部位的整烫，其他用于如袖山上的抽袖山形态、细小部位的缝份整烫等。

（4）整烫“馒头”：与整烫烫包作用相同。

5. **专业蒸汽烫台**

专业蒸汽烫台可将面料上的蒸汽余热从烫台上吸收，也可用于劈烫缝份、烫折边，归、拔、后整理等作业，如图1–51所示。

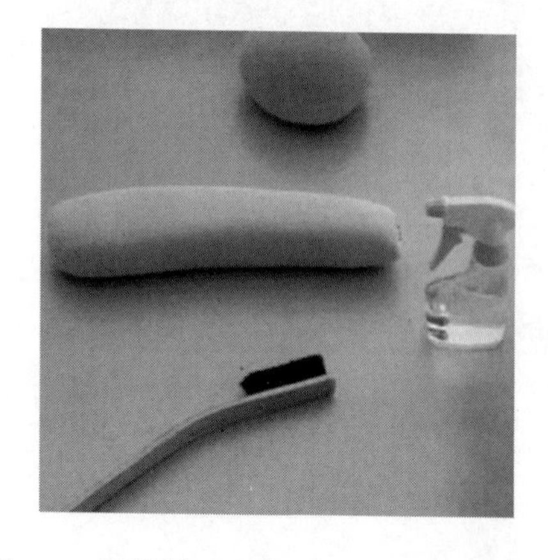

图1–50　喷雾器、毛刷、袖垫、整烫“馒头”

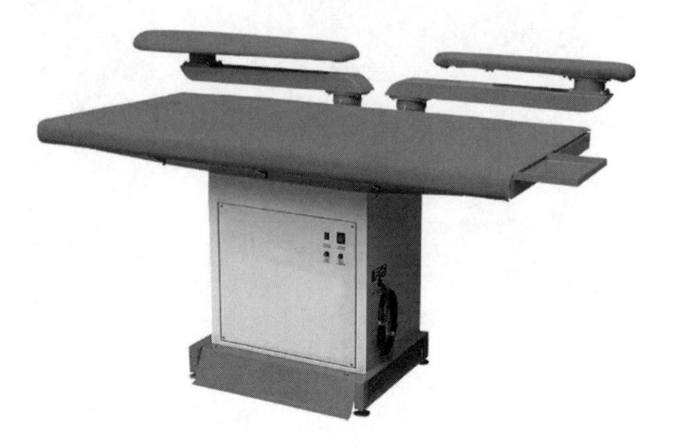

图1–51　专业蒸汽烫台

六、其他工具

1. 人体模型

人体模型也称人台（人体的替代品），是立体裁剪必不可少的、最重要的用具。人体模型分为女性、男性、儿童使用从上衣到裤子的各种类型，如图1-52所示。

（1）净体人体模型：设计师通常选用其模型，以便施展创意。

特征：没有加放余量，可以得到最理想的人体比例。

适用范围：从紧身泳装到宽松大衣的设计。

（2）工业用人体模型：样板师、生产技术人员所用的人体模型，是针对大多数人和特定产品类型，为成衣化生产服务的工业用人体模型。

特征：在适当部位附加有人体所必需的余量，可以得到覆盖率较高的人体比例，必须按照国家标准来生产，有固定的规格型号。还有根据服装的品种、销售的目标，生产厂家独自开发的具有不同使用目的的人体模型。

适用范围：根据采取样板的目的，专台专用——裙装用、泳装用、裤装用、套装用、大衣用、夹克用等很多种类，由于用途的需要，其形态、规格、余量大小都不相同。

除此之外，还有用于成品检验的人体模型，以及夸张了人体的比例、注重美学比例与平衡的陈列展示用人体模型。

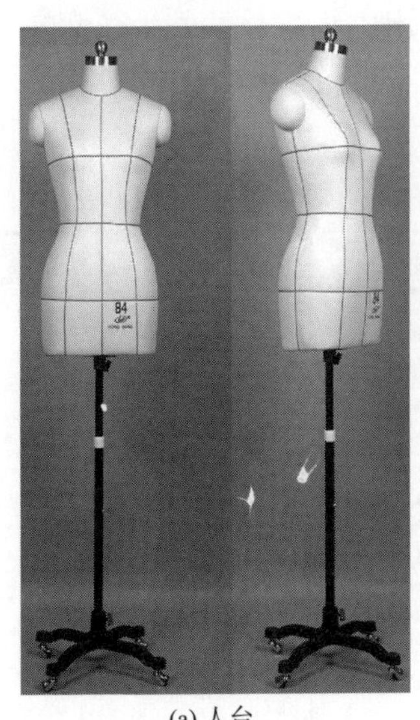

(a) 人台

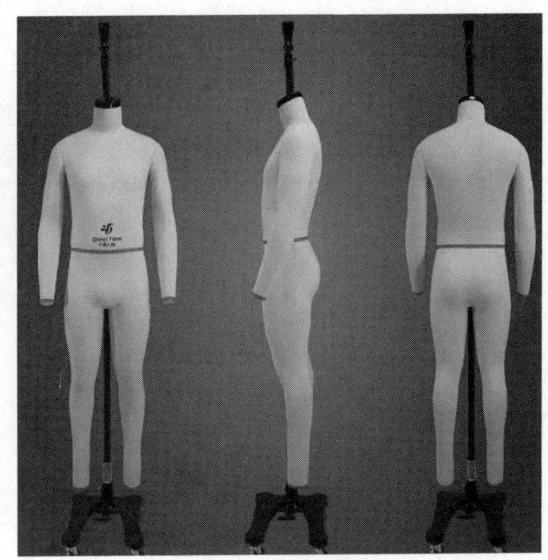

(b) 带下肢的人体模型

图1-52　人体模型

2. 胶带模型线

胶带模型线是用在人体模型上贴基本标志线以及立体裁剪时贴其他设计线时使用，还有假缝时在衣服上标记轮廓线等设计时使用，一般选择黏性好、能重复使用多次的黑色或红色等深颜色的胶带模型线，规格有多种，但通常用规格为0.3cm宽的胶带模型线，如图1-53所示。

图1-53 胶带模型线

学习任务二 服装基础缝制

一、针、线、材料的关系

1. 针的种类和用途

针的种类：机针、手工针、刺绣针、特殊针，因针眼大小、长度各异，针的选择应与面料相匹配，见表1-2。

表1-2 针的种类和用途

<table>
<tr><th>针</th><th>种类</th><th colspan="2">选用号</th><th>用途</th></tr>
<tr><td rowspan="7">缝纫机针
（编号越大，针越粗）</td><td rowspan="7">家庭用机针—Ha（平底型）
职业用机针—Db（圆底型）
—HL（平底型）
（有7号～18号）</td><td rowspan="7">细
↓
粗</td><td>7号</td><td>特薄面料</td></tr>
<tr><td>9号</td><td>薄面料</td></tr>
<tr><td>10号</td><td>普通面料</td></tr>
<tr><td>11号</td><td>普通面料</td></tr>
<tr><td>14号</td><td>厚面料</td></tr>
<tr><td>16号</td><td>特厚面料</td></tr>
<tr><td>18号</td><td>特厚面料</td></tr>
<tr><td rowspan="4">手工缝针
（编号越大，针越细）</td><td rowspan="4">长针
短针
（有6号～9号）</td><td rowspan="4">粗
↓
细</td><td>6号</td><td>锁扣眼用</td></tr>
<tr><td>7号</td><td>厚面料绗缝用</td></tr>
<tr><td>8号</td><td>厚面料缲缝，普通面料绗缝用</td></tr>
<tr><td>9号</td><td>普通面料、薄料、缲缝、绗缝用</td></tr>
<tr><td rowspan="4">刺绣针
（编号越大，针越细）</td><td rowspan="4">（有3～9号）</td><td rowspan="4">粗
↓
细</td><td>3号</td><td>25号绣花线穿6根</td></tr>
<tr><td>4号、5号</td><td>25号绣花线穿4～5根</td></tr>
<tr><td>5号、6号</td><td>25号绣花线穿3～4根</td></tr>
<tr><td>7号</td><td>25号绣花线穿1～2根</td></tr>
</table>

续表

针	种类	选用号	用途
特殊针	皮用手工针（三角针尖）		皮革用
	皮革用机针 针织用机针	11号、14号、16号 9号、10号、12号、14号	皮革用、毛皮用、针织用

2. **线和针一般使用方法**

线主要分为手工用线、缝纫机用线和锁缝机用线三类。手工用线应与手工缝针以及面料相匹配；机用线型号繁多且分类细，线的选择也应与缝纫机针以及面料相匹配，见表1–3。

表1–3　线和针一般使用方法

	线	编号、长度		色数	针	用途
手缝线	绗缝线（棉）	无号码		7色	美国缝纫针6号、7号、8号	棉、羊毛的绗缝
		丝绗缝线	80m	2色（白、黑）	美国缝纫针9号	丝、化纤的绗缝
	涤纶线	20号	30m	100色	美国缝纫针6号	钉扣、锁扣眼
	真丝手缝线	9号	80m	220色	美国缝纫针7号、8号、9号	真丝、羊毛的绗缝
	涤纶手缝线	45号相当 40号相当	50m 100m	200色 200色	美国缝纫针7号、8号、9号	化纤面料缲缝 化纤面料绗缝
	丝线	16号	20m	220色	美国缝纫针6号	真丝毛织物的钉扣、锁扣眼
缝纫机线（编号越大线越细）	棉线	30号、40号	200m	2色（白、黑）	美国缝纫针6号 美国缝纫针16号	棉质服装的钉扣、锁扣眼
		50号	200m	2色（白、黑）	缝纫机针11号、14号	厚面料
		60号	200m	2色（白、黑）	缝纫机针11号	普通棉布
		80号	200m	2色（白、黑）	缝纫机针9号	薄料棉布
	真丝缝纫线	50号	100m	220色	缝纫机针9号、11号	普通或厚羊毛织物、丝织物、化纤织物
		100号	200m	220色	缝纫机针7号、9号	薄真丝料
		30号	50m	94色	缝纫机针14号、16号	缉线用
	涤纶线	60号 50号	200m 200m	200色 200色	缝纫机针11号	化纤、混纺厚面料
		90号	300m	200色	缝纫机针9号、11号	化纤、混纺薄料
		30号	100m	200色	缝纫机针14号、16号	化纤、混纺厚料
	尼龙线	50号	300m	161色	缝纫机针9号、11号	针织用
	锁缝线	90号	1500m	80色	缝纫机针9号、11号	普通、厚面料，锁缝用
	涤纶线	100号	1000m	40色	缝纫机针9号	薄料卷边用
	尼龙线	110号	1000m	40色	缝纫机针11号	卷边用

二、手缝工艺

手工缝制工艺是制作服装的一项传统工艺，随着服装机械设备的不断发展和运用以及制作工艺的不断改革，手工工艺逐渐被取代，但就目前缝制服装的状况来看，很多工艺过程仍依赖手工工艺来完成，另外，有些服装的装饰仍离不开手工工艺，手工缝制工艺是一项重要的基础工艺。

1. 绗针缝

绗针缝属于最一般的手缝针法，主要用于假缝或手针固定，如图1–54所示。

2. 抽缝

抽缝是针距极细的手缝方法。手缝时只是针尖运动，多用于抽褶和抽袖山，如图1–55所示。

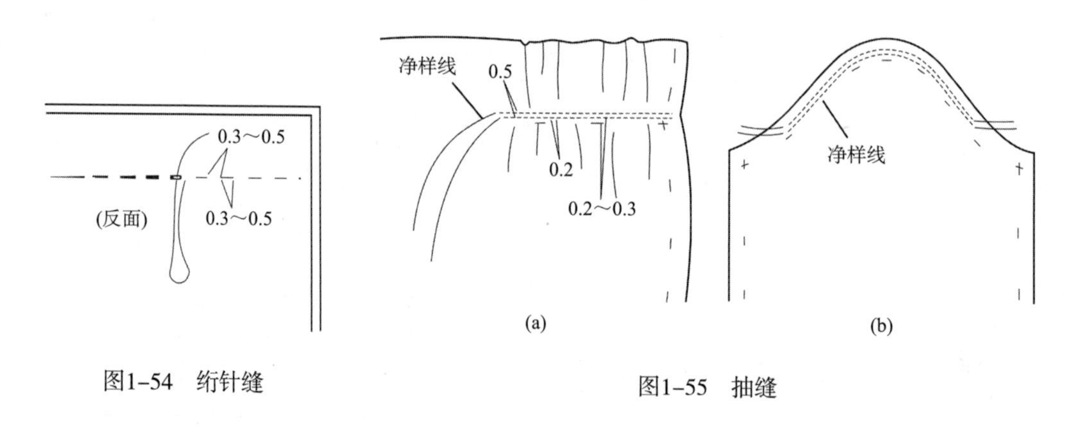

图1–54　绗针缝

图1–55　抽缝

3. 环针缝

（1）半环针缝：将前行的针回到距离原来针眼位置的1/2处入针，连续缝下去，多用于两块布的固定，如图1–56（a）所示。

（2）全环针缝：将前行的针回到原来针眼位置，连续缝下去，如果使用密集的环针缝，可代替机缝，如图1–56（b）所示。

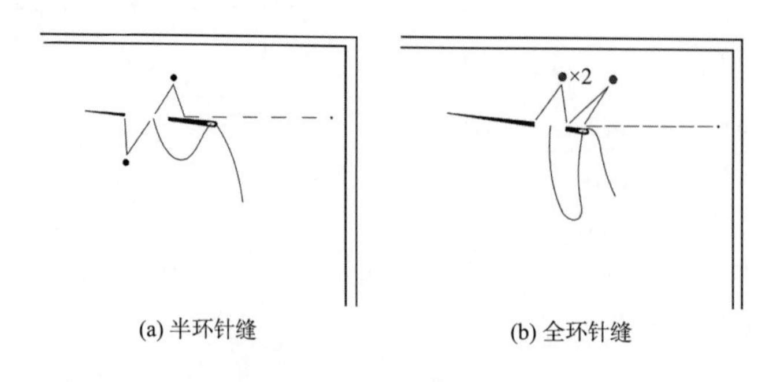

图1–56　环针缝

4. 线丁

线丁在产品生产过程中的作用是标识缝份、尺寸、结合部位的标志。各种毛料服装在制作前，首先要进行这道工序，服装完成后，线丁作用自行消失，需要用镊子拔掉。在不能用划粉作标记的面料上，也采用打线丁的方法。打线丁主要用于毛料、毛较长的混纺面料、丝织面料等。

打线丁的缝纫方式与绷针缝相同。打线丁采用双棉线，直线处针码稍大一些；曲线处针码稍小一些，如图1–57所示。

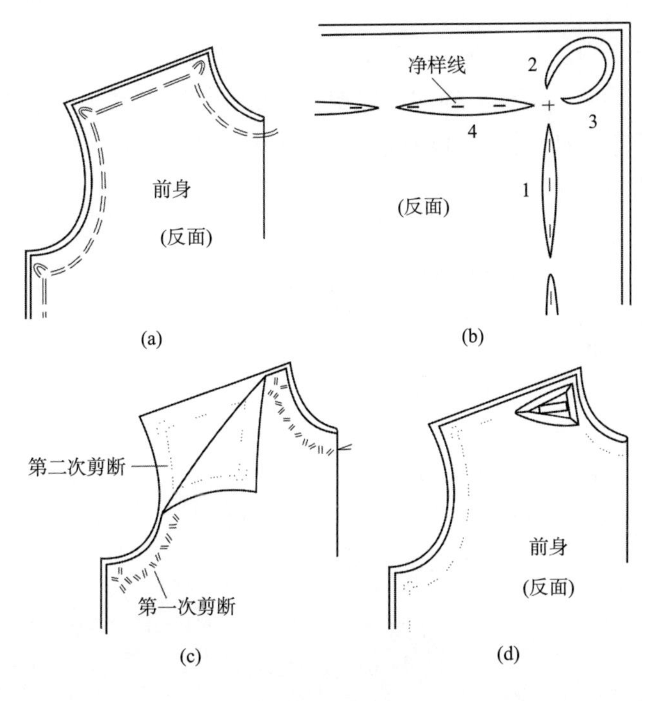

图1–57　线丁

5. **绷针缝**

绷针缝的主要作用是将两层以上的衣片固定在一起，使其不易移动，便于下一步加工。根据其作用可分为两种，一种是起临时固定作用，加工完毕，缝线被拆掉。为了防止结合部位或部件机缝时错动，先经绷针缝，然后进行机缝，这种情况比较多，其针码较大，如图1–58（a）所示。

另一种是机器不能缝合的地方，采用绷针缝来结合，如面料与里料缝份部位固定，其针码要稍小，如图1–58（b）所示。

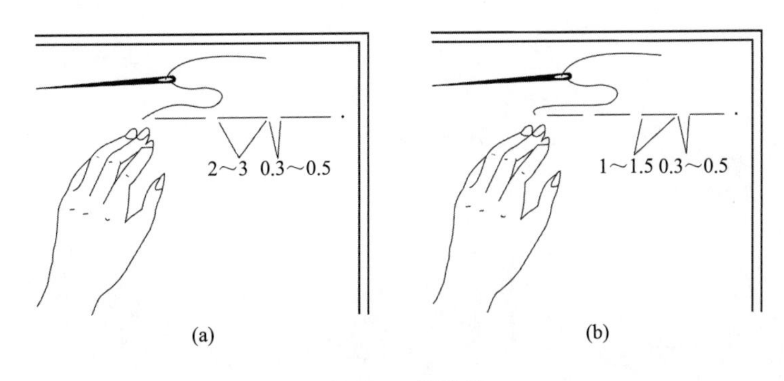

图1–58　绷针缝

6. 扳缝

扳缝的作用是使产品部件定型或辅助定型。扳缝采用直插针，线迹呈斜线。从扳缝所起的作用上又可分成两种情况：一种是产品部件或部位缉明线，这种扳缝只起辅助定型作用，缉完明线后，扳缝线拆掉；另一种是产品通过扳缝加工达到永久定型的要求，如图1–59所示。

7. 拱缝

在产品的缝制过程中，采用拱缝的部位不多，一般在毛料服装不缉明线的前门襟止口和驳头的驳印部位附近采用。不仅要使部件定型，还要求在产品的正面不露出明显针迹，方法上也可以采用小针码的环针缝或半环针缝的形式进行加工。贴边与缝份固定的情况如图1–60（a）所示，绱拉锁的情况如图1–60（b）所示。

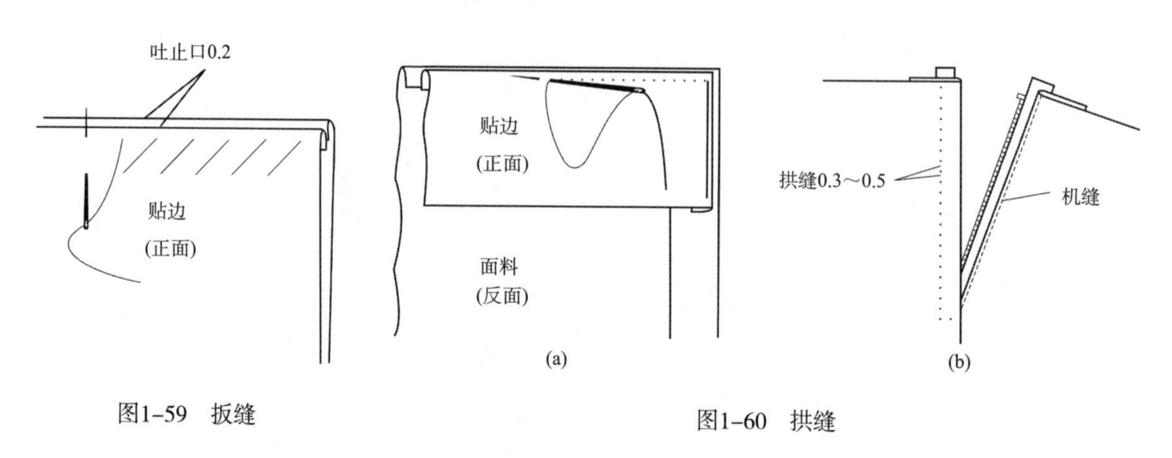

图1–59　扳缝

图1–60　拱缝

8. 直卷缝

直卷缝直卷缝用线与机缝线同色，比机缝线稍粗，针迹与裁剪线呈直角，针迹较密，如图1–61所示。

9. 斜卷缝

斜卷缝多用于领的翻驳线处，能很好地固定外翻的驳领、衬和贴边的余量。针与翻驳线成直角，线迹呈斜线，如图1–62所示。

10. 纳缝

纳缝多用于西服领及翻驳处，将衬固定在面料上，但线和针都不穿透面料，如图1–63所示。

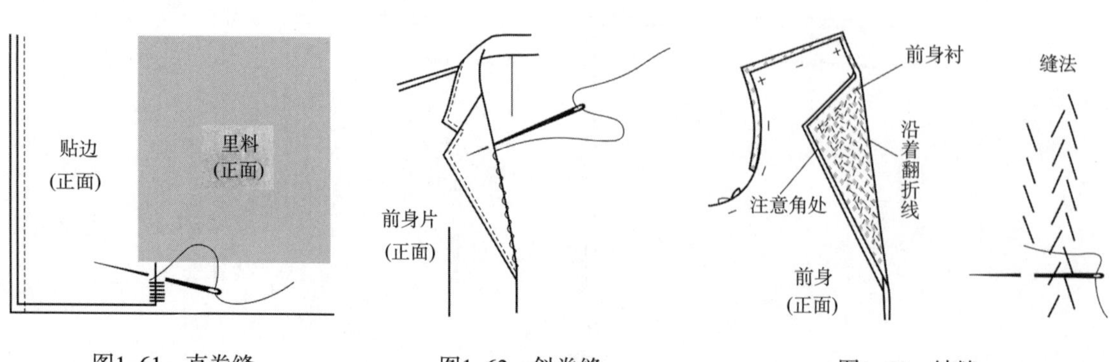

图1–61　直卷缝

图1–62　斜卷缝

图1–63　纳缝

11. **落针缝**

落针缝是在缝线间或缝线沟内进行针缝，使缝份稳定住，如图1–64所示。

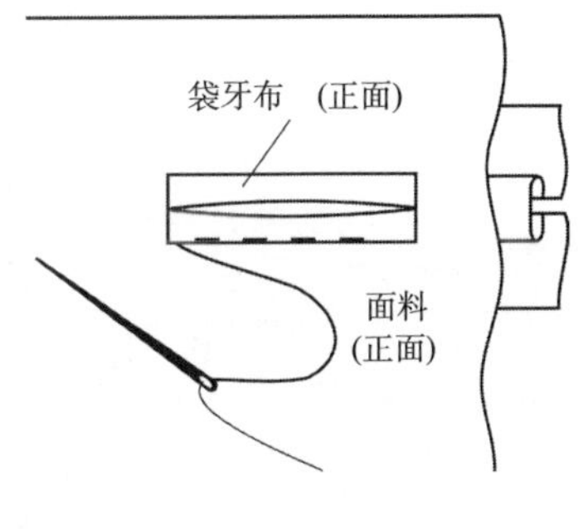

图1–64　落针缝

三、机缝工艺

1. **直线缝**

直线缝是用手指压着面料，稍稍用力撑平面料进行缝制，缝制开始和结束，注意打回针。

2. **角缝**

角缝是缝至有角度的地方，将机针插入面料，使之不会移动抬起缝纫机的压脚，然后，改变布的方向，这样会缝得比较漂亮。

3. **曲线缝**

曲线缝是缝至曲线处，将压脚的压力稍稍松一松，以左手中指为圆心，食指转动面料，这样，布可以自由弯曲着移动，缝纫出弧线形线迹。

4. **装饰缝**

装饰缝兼有设计作用，但主要作用是将缝份和衬固定，一般使用缉明线用线，或锁扣眼用线，也可以使用不同颜色的线，这样具有一定的立体感。

四、缝份的处理方法

1. **特种机缝**

（1）机缝布边的同时能将多余的布边剪切掉，如图1–65（a）所示。

（2）在机缝布边时，能同时将布边折起来进行缝制，多用于薄布料，如图1–65（b）所示。

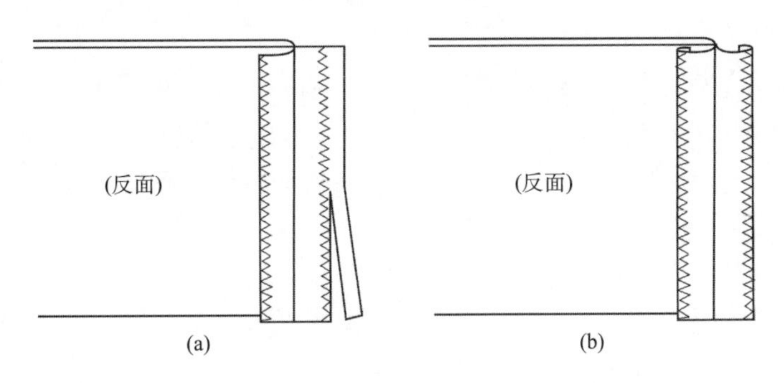

图1–65　特种机缝

2. **锁边**

锁边是将多余的缝份剪去，然后用锁边机锁边，这是最常用的缝份处理方法，如图1–66所示。

3. **折边缝**

折边缝（卷边缝）多用于比较薄的棉、麻、化纤面料的缝份处理，如图1–67所示。

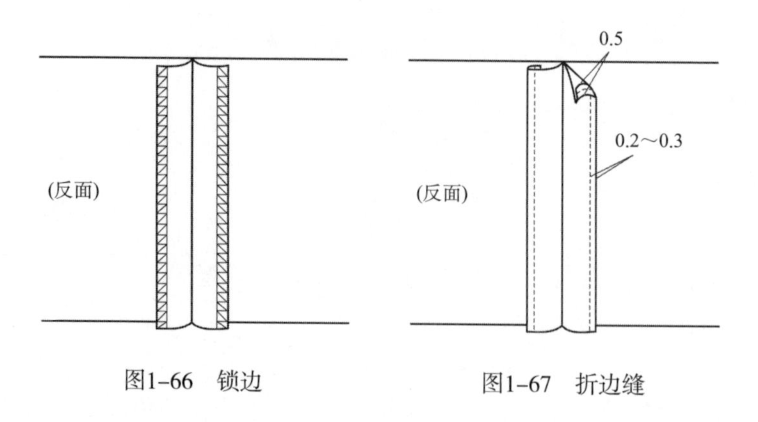

图1-66 锁边　　图1-67 折边缝

4. **包缝**

（1）明包缝：首先使两片布的反面与反面相对，从布的正面进行机缝，将其中一片的缝份剪去1/2或比1/2多一些，也可在最初裁剪时，使两片布的缝份幅宽有一定的差，如图1-68（a）所示，然后让幅宽一片缝份包着幅窄一片缝份，幅宽侧的缝份朝幅窄一侧倒烫，如图1-68（b）所示，最后从正面缉明线，如图1-68（c）所示。

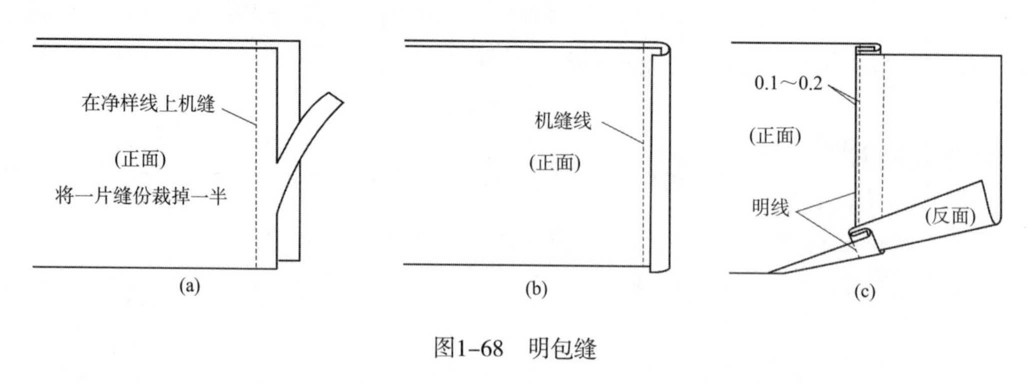

图1-68 明包缝

（2）暗包缝：首先使两片布的正面对合起来，从布的反面进行机缝，将其中一片的缝份剪去1/2或比1/2多一些，也可在最初裁剪时，使两片布的缝份幅宽有一定的差，如图1-69（a）所示，然后让幅宽一片缝份包着幅窄一片缝份，幅宽侧的缝份朝幅窄一侧倒烫，如图1-69（b）所示，最后从反面缉明线，如图1-69（c）所示。

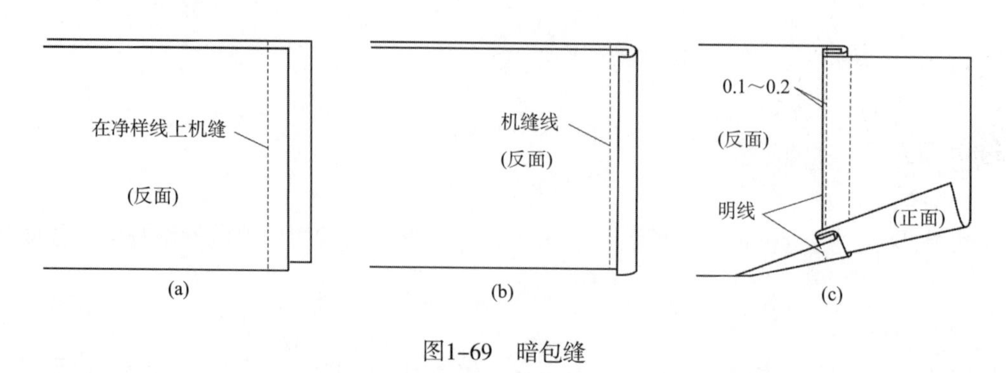

图1-69 暗包缝

5. 袋缝

袋缝适合透明、容易毛边的布料缝制，以前作为装面粉布袋的缝制而得名。首先将两片布的反面相对，距净样线0.5～1cm的外侧进行机缝，然后将两片缝份清剪至0.3～0.5cm，用熨斗劈缝熨烫，如图1-70（a）所示，最后将布料正面相对，从反面在净样线上机缝，如图1-70（b）所示。

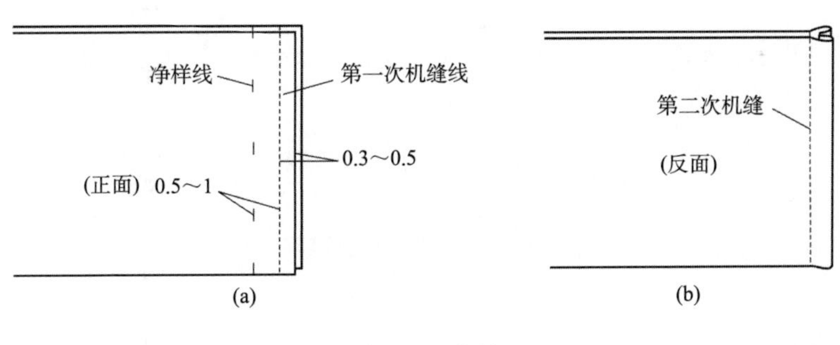

图1-70　袋缝

6. 劈烫缉缝

劈烫缉缝是两片布的正面相对进行机缝，熨烫劈开缝份，将缝份的边缘分别折进0.5cm，左右缝份的幅宽固定后，从正面缉明线，如图1-71所示。

7. 劈烫缲缝

劈烫缲缝的要领与斜卷缝相同，或者机缝后进行斜卷缝，适合于不透明、有一定厚度且不易毛边的布料，如图1-72所示。

8. 锯齿切剪

锯齿切剪是指面料边缘进行锯齿切剪后，缝份端为斜纱，不易毛边，在设计上，有将其放在布的正面，然后缉明线，此方法不适用于易脱纱的布料，如图1-73所示。

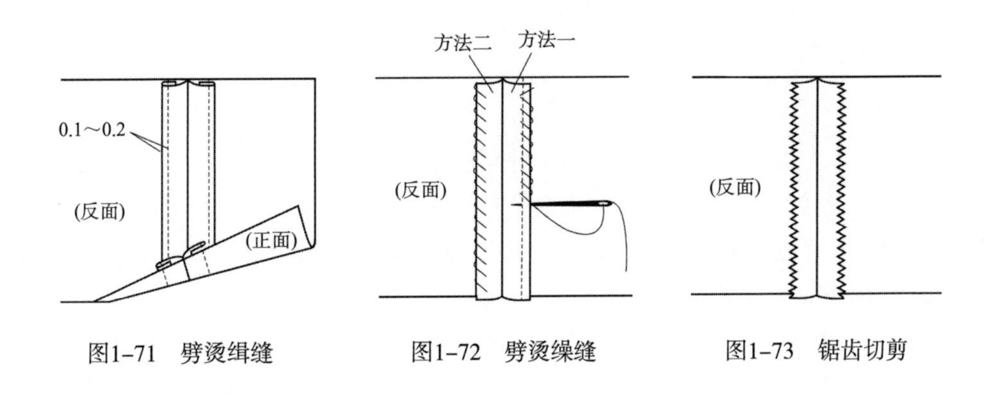

图1-71　劈烫缉缝　　图1-72　劈烫缲缝　　图1-73　锯齿切剪

五、折边的方法

1. 三折缝

面料进行三折缝时，在设计上，兼有缉明线的作用，适合于机缝线不太明显的布料。

（1）不完全三折缝：适合于不透明的布料，如图1–74（a）所示。

（2）完全三折缝：适合于透明的布料，如图1–74（b）所示。

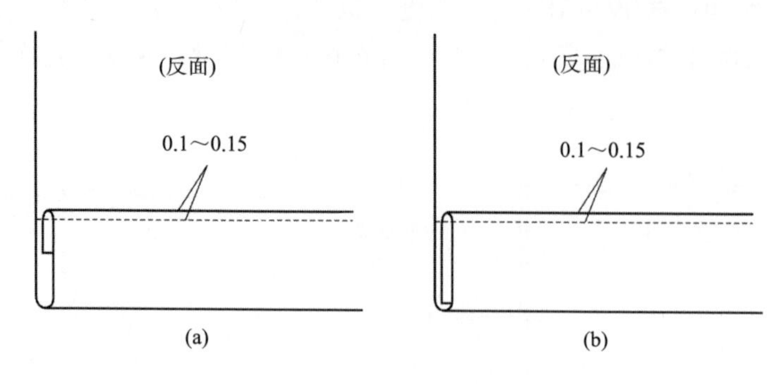

图1–74　不完全三折缝

2. **两次折边缝**

两次折边缝多用于薄软的面料边缘处理，如装饰用的花边、做蝴蝶结之类的布条等。

将布边折叠好后，进行第一次机缝，并剪去多余的缝份，如图 1–75（a）所示，再折一次，进行第二次机缝，两次机缝线重叠起来比较好看，如图1–75（b）所示。

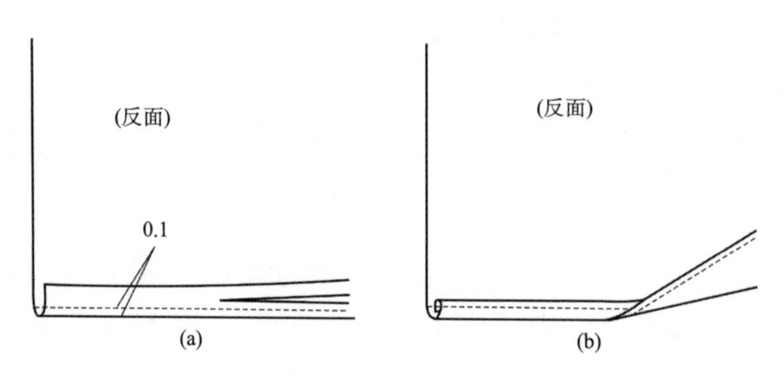

图 1–75　两次折边缝

3. **绷三角针**

绷三角针分为普通三角针、直立三角针和略三角针。

（1）普通三角针：折叠好布边，从左至右交叉地用小针缝，将缝份固定。主要用于覆有全里面料的西服等服装的下摆、袖口的缝份处理。既可以使服装的部件结合，又可以防止部件脱纱，如图1–76（a）所示。

（2）直立三角针：比普通三角针的针迹间隔要小，纵向稍长，主要用于裤脚口的折边处理，如图1–76（b）所示。

（3）略三角针：与普通三角针、直立三角针的缝向相反，从右向左，上、下交互地缝，用于将防止伸缩的牵条固定在面料上，如图1–76（c）所示。

三种三角针法在正面的面料一侧只挑起几根纱，不能穿透面料在表面露出缝针印。

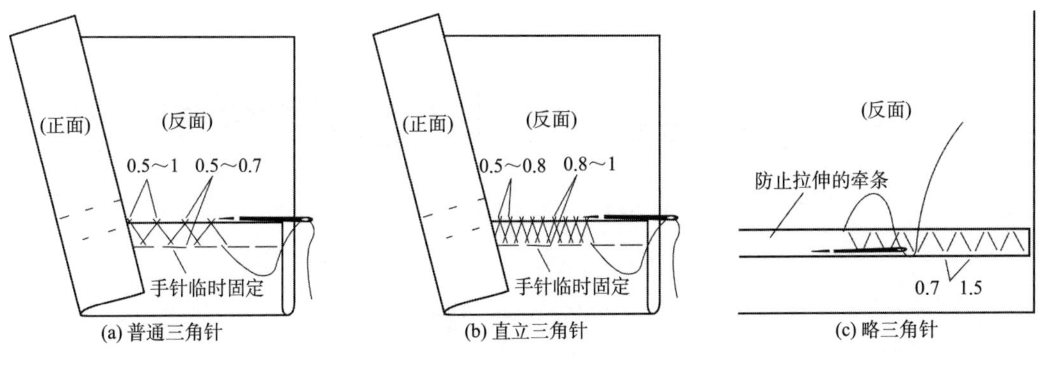

图1-76　绷三角针

六、缲边[1]的方法

1. 明插缲缝[2]

明插缲缝分为直插缲缝和斜插缲缝。

（1）直插缲缝：由于针的线迹与折边呈垂直状，故取名直插缲缝。多用于覆里衣服的袖口、袖窿处，注意线不能太长，如图 1-77（a）所示。

（2）斜插缲缝：由于针的线迹与折边呈斜线状，故取名斜插缲缝。缲缝时，将面料与折边边缘同时用极小针缝起来。适合于丝织品类较柔软的布料或里料的手缝，如图1-77（b）所示。

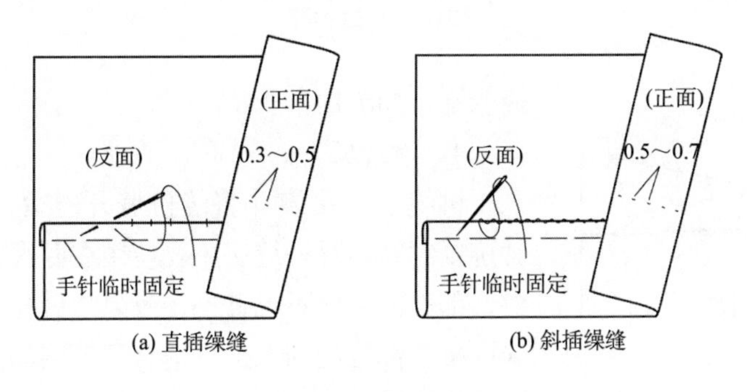

图1-77　明插缲缝

2. 暗插缲缝

（1）用于西服、半大衣等衣服里料的底边处理。为了防止面料伸缩，里料脱纱，左手手指按住里料的折边线，用斜插缲缝，如图1-78（a）所示。

（2）用于裙子、裤子或无里面料的西服等衣服的底边处理。这种方法用途比较广泛。左手手指按住锁边后折叠的缝份，然后反复用斜插缲缝，缝线要稍松一些，有时也用绷三角针缝，如图1-78（b）所示。

3. 捻卷缝

捻卷缝主要用于柔软的薄面料、花边、底边的处理。首先进行机缝，沿机缝线将多余的缝份去掉，使边缘产生一定硬度，然后以机缝线为芯，一边细细将边缘捻卷起来，一边用斜

---

[1] 缲边又称扦边。

[2] 缲缝又称扦缝。

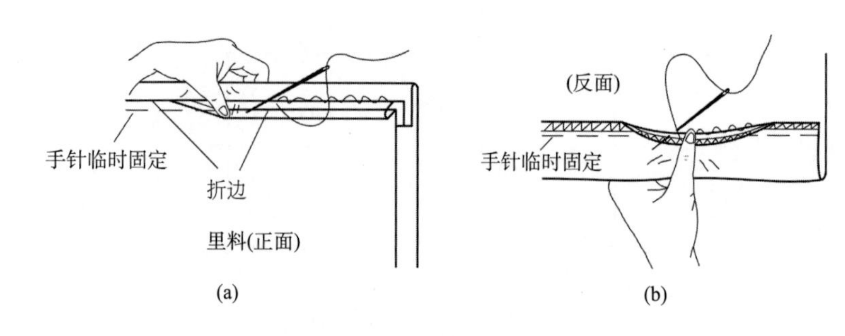

图1-78　暗插缲缝

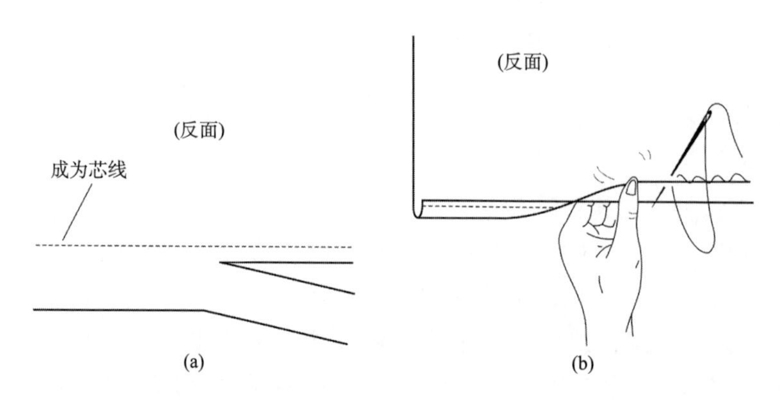

图1-79　捻卷缝

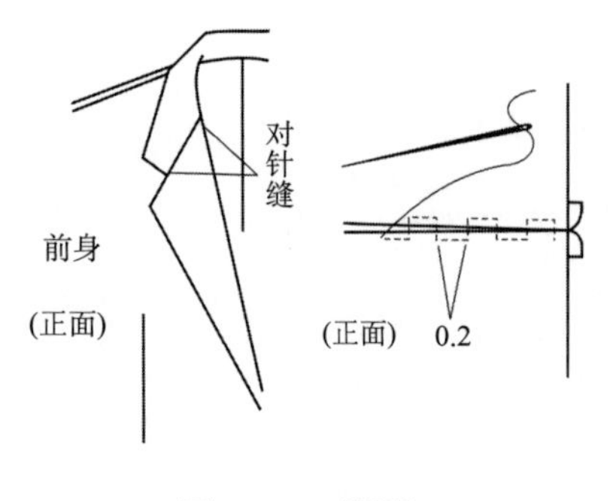

图1-80　对针缝

插缲缝，如图1-79所示。

4. **对针缝**

机缝后，用熨斗将缝份劈开熨烫，然后用手缲缝，针迹要细密。对针缝法主要使用在西服领与驳头的接合部位，部件的表面不见针迹，效果与劈缝相似，适合于不易采取机缝部位的加工，也适合于多层部位的结合加工，从两部位边垂直入针，缝线拉紧。为了避免缝线滑扣，使结合部位松弛裂缝，最好每缝2～3针时，做一次回针缝，如图1-80所示。

七、斜纱条的制作与使用方法

1. **斜纱条的制作**

（1）斜纱条裁剪：正斜纱条与布的纱向呈45°角，如果作为贴边使用时，纱条的宽度为3cm 左右；如果作为包边、绲边使用时，斜纱条宽度是包边、绲边宽度的4倍，并加上0.5～1cm的余量进行裁剪，如图1-81所示。

（2）缝合：将斜纱条裁剪边对好，注意布的纱向，然后进行机缝；接着将缝份劈开、熨烫，并将多余缝份剪去，如图1-82所示。

如果一次裁剪成长的斜纱条时，可全部缝合在一起，作标记，然后裁剪，如图1-83所示。

（3）斜纱条熨烫：作为包边、绲边用的斜纱条在使用前进行熨烫，轻轻地一边拉伸一

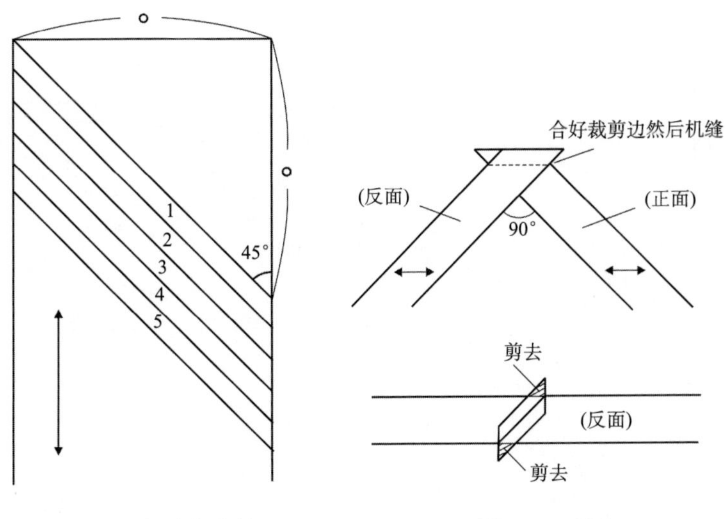

图1–81　斜纱条裁剪　　　　图1–82　缝合

边熨烫，使其平展美观，如图1–84（a）所示。

也可以使用折斜纱条工具进行熨烫折边，操作比较方便，如图1–84（b）所示。

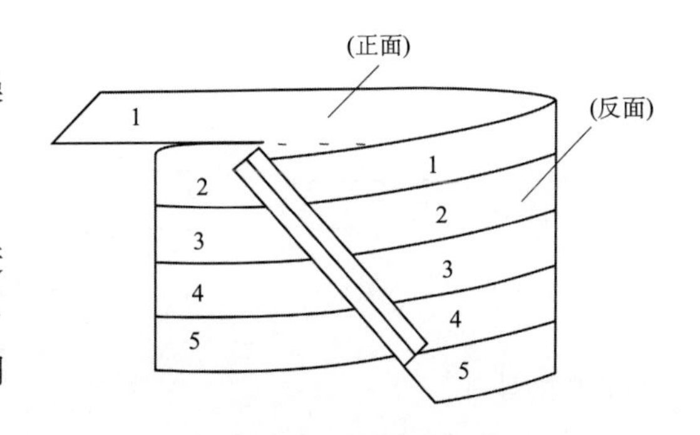

图1–83　斜纱条裁剪

2. *斜纱条的使用方法*

（1）将斜纱条的正面与裁片正面相对，进行机缝，如图1–85（a）所示，接着将斜纱条另一边折烫（也可在机缝之前折烫好），然后翻到裁片的反面进行手针缲缝，如图1–85（b）所示。

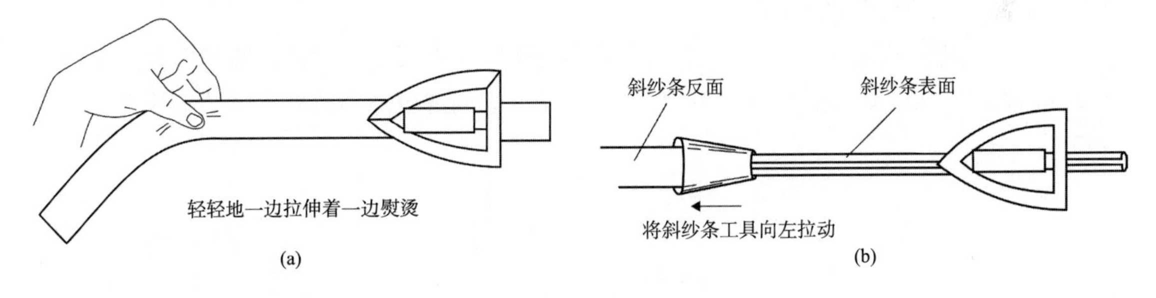

图1–84　斜纱条熨烫

（2）如果使用薄且透明的斜纱条，为了使裁片缝份的裁剪边不透，将斜纱条折成两层，进行机缝，如图1–85（a）所示，然后在反面进行手针缲缝，如图1–86所示。

（3）将斜纱条的边折起来，夹着裁片的边，然后在斜纱条上缉明线，要求斜纱条正反两面一次缝住，如图1–87所示。

（4）先将斜纱条缝在裁片正面，再将斜纱条折烫，然后翻转到裁片反面，宽度比正面略宽，从裁片正面落针机缝缉明线，要求缝住反面斜纱条，如图1–88所示。这种方法用于普

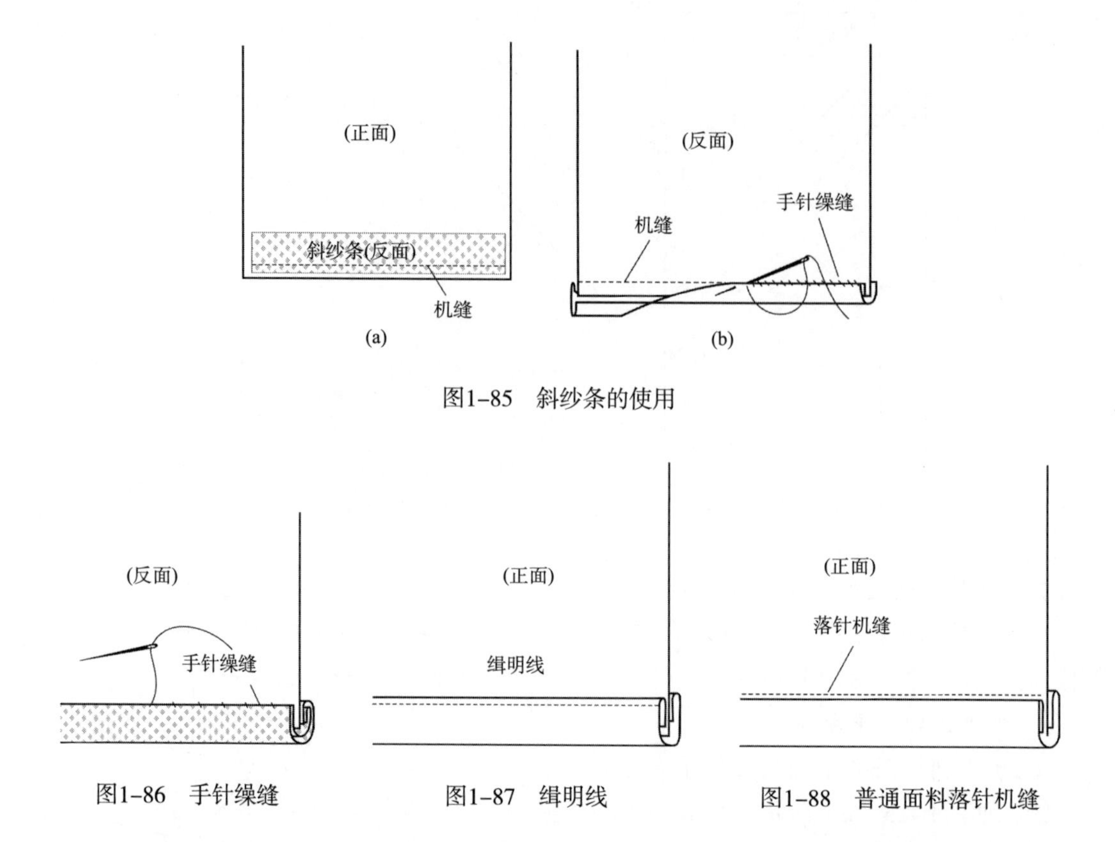

图1-85　斜纱条的使用

图1-86　手针缲缝

图1-87　缉明线

图1-88　普通面料落针机缝

通面料的处理。

（5）事先定好斜纱条在正面宽度，将斜纱条先缝在裁片正面，然后直接翻到裁片反面，将裁片反面的斜纱条展开，从裁片正面落针机缝缉明线。这种方法多用于大衣、外套的缝份、底边处理，如图1-89所示。

（6）有弧度的部位加斜纱条时应注意向内的弧度，在弧度大的部位适当用力拉抻着绱斜纱条，如图1-90（a）所示。向外的弧度，在弧度大的部位适当留有吃量绱斜纱条，如图1-90（b）所示。

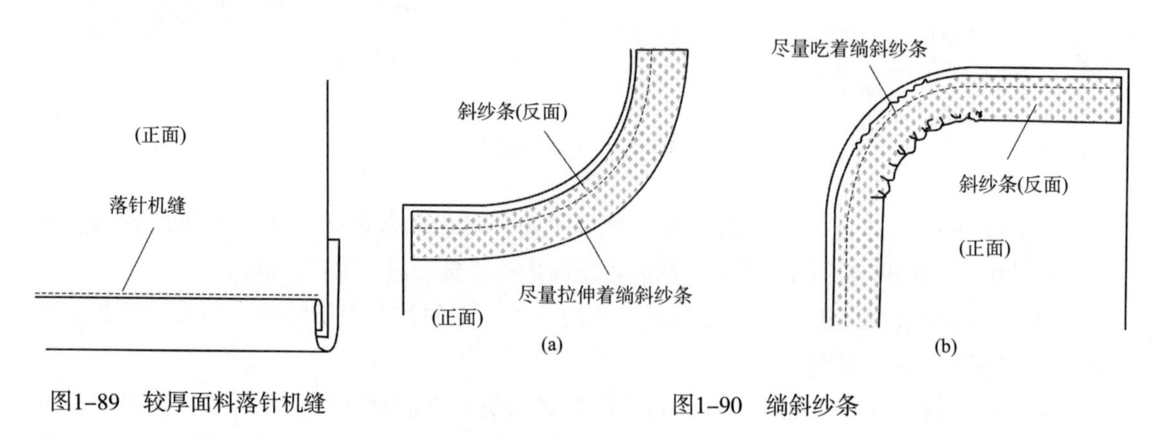

图1-89　较厚面料落针机缝

图1-90　绱斜纱条

八、扣眼的制作方法

手工锁扣眼，在服装生产中已被各种型号、各种类型的锁眼机所代替，但对于服装技术人员来说，手工锁扣眼是应该具备的技术。

手工锁扣眼时，一般使用30号的棉线或涤线、丝线；线的长度大约是眼孔的30倍。在锁扣眼途中，注意不要让线断开或劈开。

1. 锁扣眼方法A

（1）将扣眼大小确定，一般宽为0.4cm，长是扣子直径＋扣子厚度（0.3cm），然后机缝。容易毛边的布料，在扣眼中要来回进行几道机缝，防止脱纱，如图1–91（a）所示。

（2）在扣眼中央剪开切口，如图1–91（b）所示。

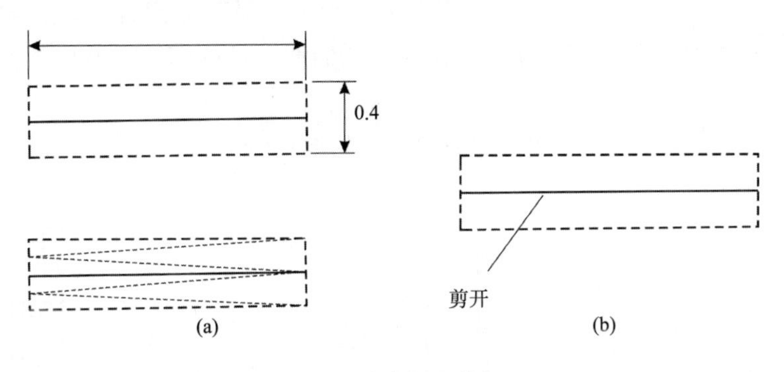

图1–91　确定扣眼剪切口

（3）首先在扣眼周围缝上一圈芯线，然后按顺时针方向起针锁起，如图1–92所示。

（4）一侧锁眼完后，在角的地方按图示呈放射状进行锁缝，然后同前面一样，锁缝至扣眼终点，如图1–93所示。

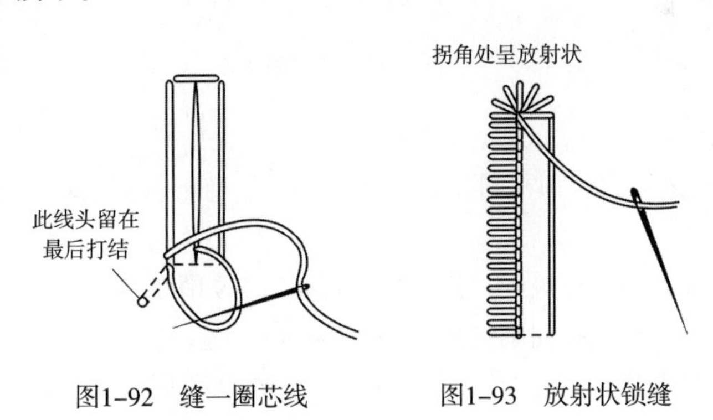

图1–92　缝一圈芯线　　图1–93　放射状锁缝

（5）锁到最后，将针插入最初锁眼的那根线中，如图1–94（a）所示。然后将线横向缝两针，如图1–94（b）所示，再纵向缝两针，如图1–94（c）所示。在锁缝好的扣眼反面锁缝线来回两次穿过锁扣眼线，不用做线结直接将线剪断，如图1–94（d）所示。

（6）锁眼完毕后，注意不要忘记将最初做的线结剪切掉，如图1–95所示。

2. 锁扣眼方法B

此种锁扣眼方法由于两端纵横方向缝了回针，比较结实，所以多用于纵向扣眼的锁缝，比如衬衫扣眼等。

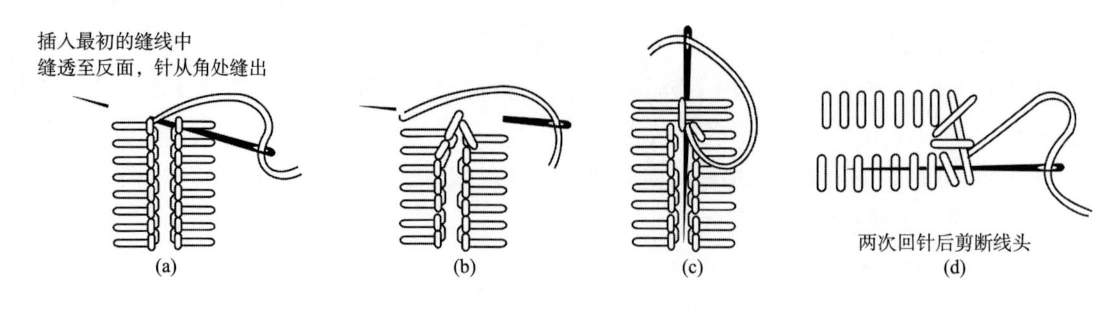

图1-94　锁扣眼A

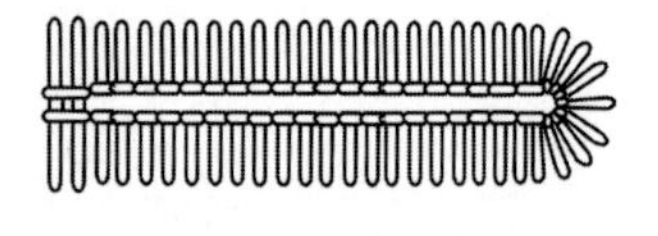

图1-95　锁扣眼A完成

（1）做芯线，如图1-96所示。

（2）一侧锁眼完毕后，纵横方向缝回针，拐弯处仅仅第一针直接穿透最初结线球的那一针的缝线，然后锁扣眼，如图1-97所示。

（3）完成状态，如图1-98所示。

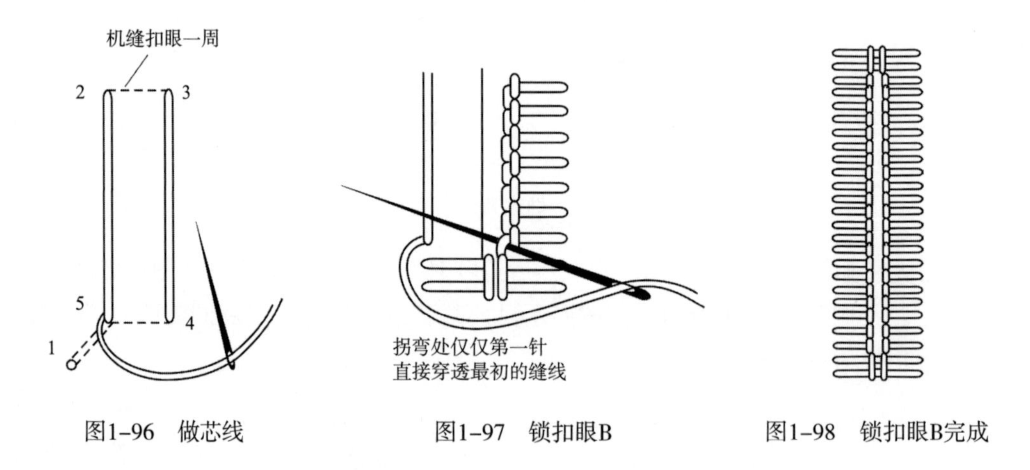

图1-96　做芯线　　图1-97　锁扣眼B　　图1-98　锁扣眼B完成

3. **锁扣眼方法C**

此种扣眼，由于扣子的线脚在圆孔处，所以比较平稳。多用于较厚材料衣服的锁眼，如西服、大衣等。

（1）首先在扣眼周围进行机缝，开圆孔，打剪口，如图1-99所示。

（2）做芯线，注意在圆孔周围细缝，如图1-100所示。

（3）锁扣眼要领与第一种、第二种方法一样，在圆孔周围也一样呈放射状进行锁缝，如图1-101所示。

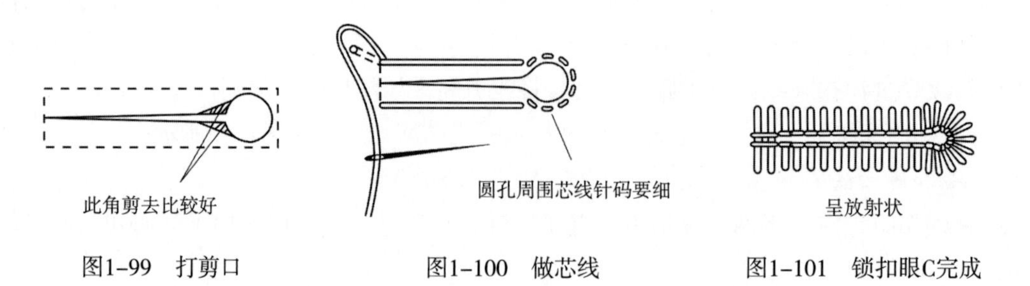

图1-99　打剪口　　图1-100　做芯线　　图1-101　锁扣眼C完成

4. 锁扣眼方法D

服装中使用金属扣件比较多，此扣眼用于腰带孔和装饰品插孔。开了圆孔后，在圆孔周围缝芯线，锁圆孔扣眼其周围的线迹形状呈放射状的，锁扣眼要领与前几种方法相同，如图1–102所示。

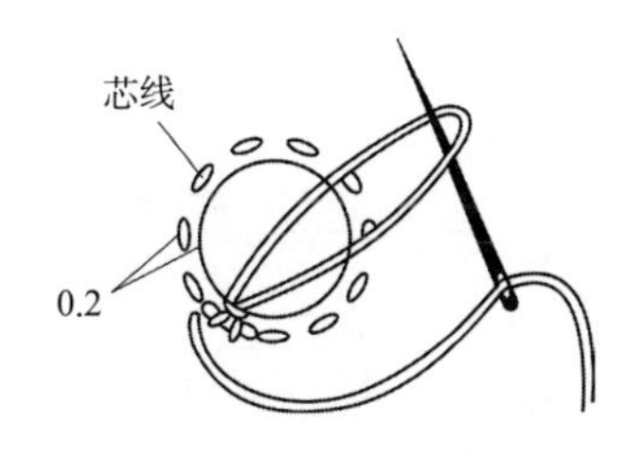

图1–102　锁圆孔扣眼

5. 装饰用扣眼

装饰用扣眼没有切口，只是作为装饰使用。多用于西服的驳头、袖口开衩处。锁装饰用扣眼有两种方法：

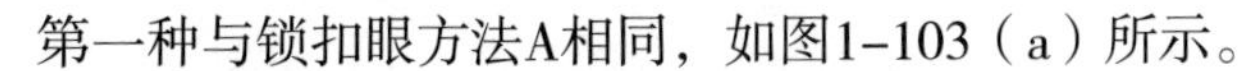

第一种与锁扣眼方法A相同，如图1–103（a）所示。

第二种是刺绣式的丝网眼，如图1–103（b）所示。

图1–103　装饰用扣眼

6. 挖扣眼

挖扣眼用于设计比较讲究的连衣裙、西服外套等。通常使用的纽扣也是用面料包起的包扣，扣眼中的眼皮布一般与面料相同，挖扣眼的制作步骤如下：

（1）裁出眼皮布，其纱向根据面料而不同，如图1–104所示。

（2）将眼皮布的正面与衣身片正面相对，进行机缝一周，然后开扣眼剪口，由于布料有一定的厚度，注意在扣眼中央稍清剪一些，如图1–105所示。

（3）将眼皮布翻到衣身片反面，如图1–106所示。

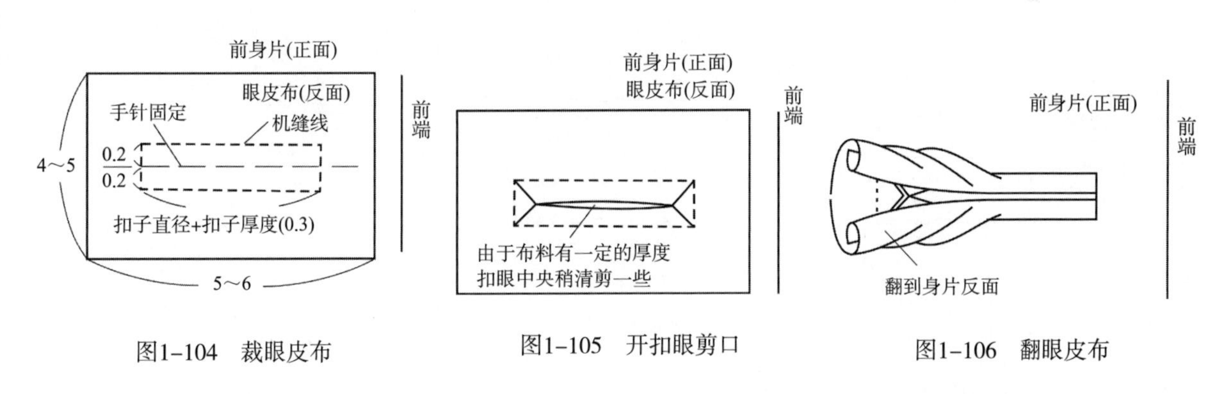

图1–104　裁眼皮布

图1–105　开扣眼剪口

图1–106　翻眼皮布

（4）将翻至衣身片反面的眼皮布进行整烫，整理扣眼形状，使两端能看见面料，如图1–107所示。

（5）将衣身片与眼皮布的缝份进行劈烫，如图1–108所示。

（6）边看衣身片正面，边整理眼皮布的幅宽以及扣眼形状，如图1–109所示。

（7）从衣身片正面进行落针缝，将眼皮布固定，如图1–110所示。

（8）在缝份处沿最初的缝线进行机缝，如图1–111所示。

（9）将扣眼两端的三角布、眼皮布进行三次回针机缝固定，如图1–112所示。

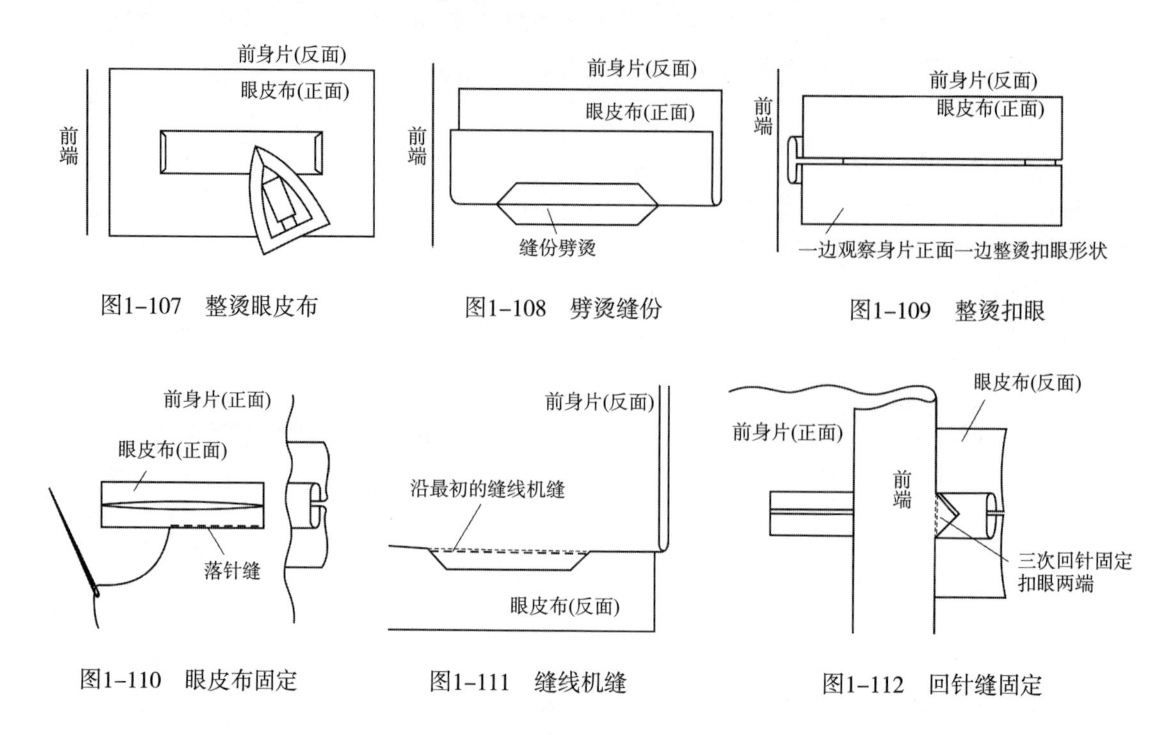

图1–107　整烫眼皮布　　图1–108　劈烫缝份　　图1–109　整烫扣眼

图1–110　眼皮布固定　　图1–111　缝线机缝　　图1–112　回针缝固定

（10）将多余的眼皮布剪掉、修整，使其角处成为圆弧状，如图1–113所示。

（11）将贴边与衣身片，在挖扣眼处的四角用大头针固定，然后在贴边上做出挖扣眼的记号，如图1–114所示。

（12）在贴边上记号的中心剪成“>——<”形剪口，将剪口处缝份折向贴边的反面，如图1–115所示。

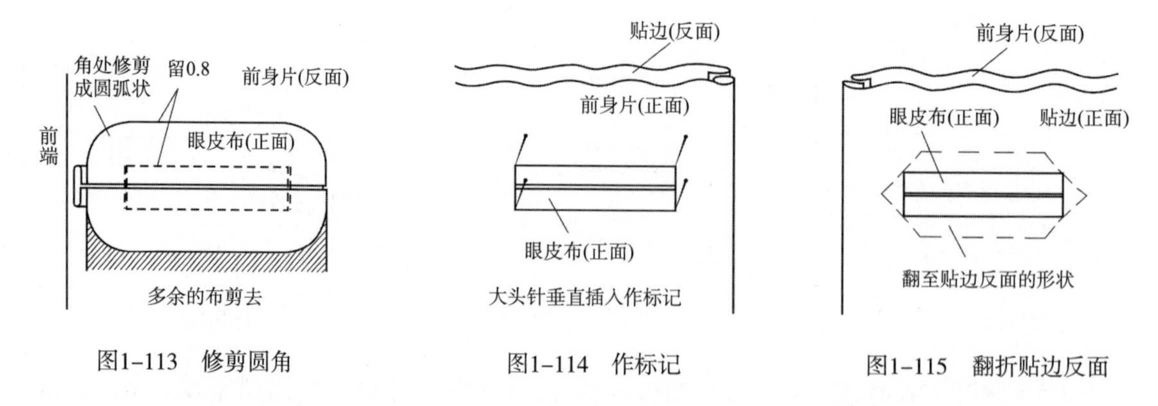

图1–113　修剪圆角　　图1–114　作标记　　图1–115　翻折贴边反面

（13）将衣身片与贴边上扣眼位置对好，用细密针码缲缝，如图1–116所示。

（14）挖扣眼完成，如图1–117所示。

7. 带孔扣眼制作方法

带孔扣眼多用于西服外套、大衣等较厚面料的衣服，带线脚的扣子固定在有孔的地方，比较平稳，而且扣纽扣、解纽扣比较方便。

（1）将眼皮布固定在衣身片上，如果是厚面料，内侧缝成弧形，如图1–118所示。

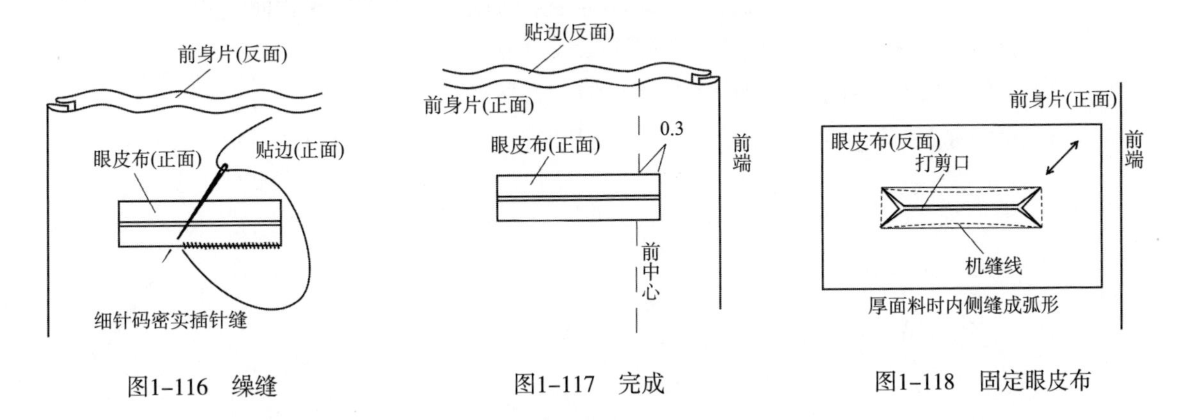

图1–116　缲缝　　图1–117　完成　　图1–118　固定眼皮布

（2）将眼皮布翻至反面，熨烫整理扣眼形状，如图1–119所示。

（3）将眼皮布两端拉紧，前端一侧形成三角形，从衣身片正面按图所示的位置进行落针缝固定，如图1–120所示。

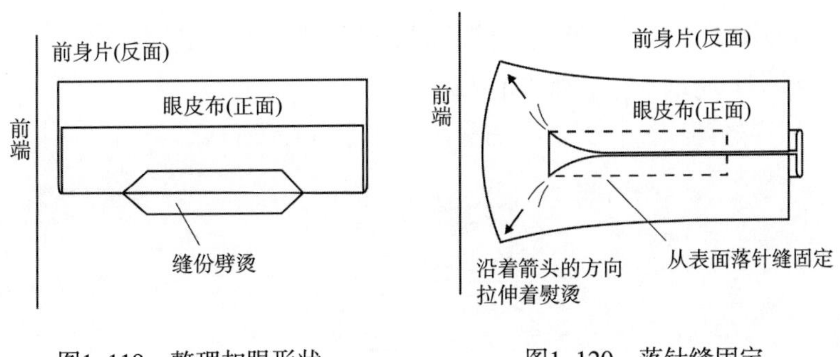

图1–119　整理扣眼形状　　图1–120　落针缝固定

（4）进行机缝打结固定，将眼皮布固定在衣身片上，然后将多余眼皮布剪掉，使其角成为圆弧形，如图1–121所示。

（5）将贴边打剪口后折烫缝份，用细密针码手工缲缝，如图1–122所示。

（6）带孔挖扣眼，完成，如图1–123所示。

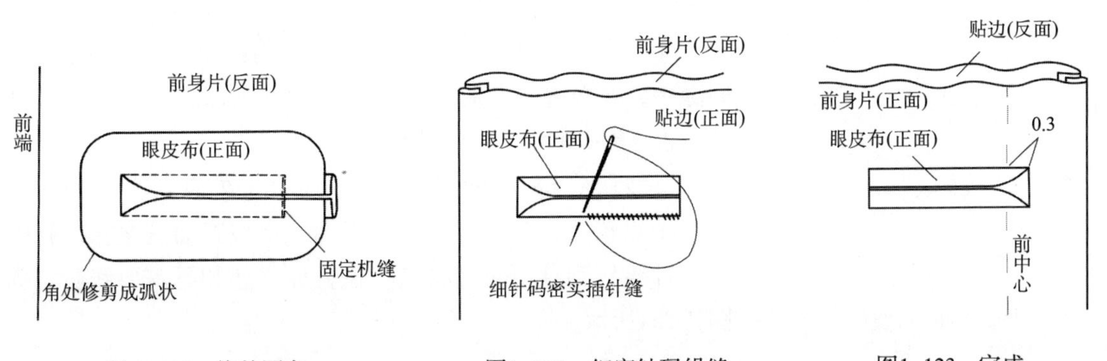

图 1–121　修剪圆角　　图1–122　细密针码缲缝　　图1–123　完成

九、钉扣的方法

1. 有线脚无垫扣的情况

线脚的长度，比衣身片的厚度稍长，最初与最后做线结，不要留在背面。

（1）打线结，在衣身片的正面缝成十字形针，如图1–124所示。

（2）入针间距与纽扣孔的间距相同，如图1–125所示。

（3）将线穿2～3次回针，使线脚长比衣身片的厚度稍长，如图1–126所示。

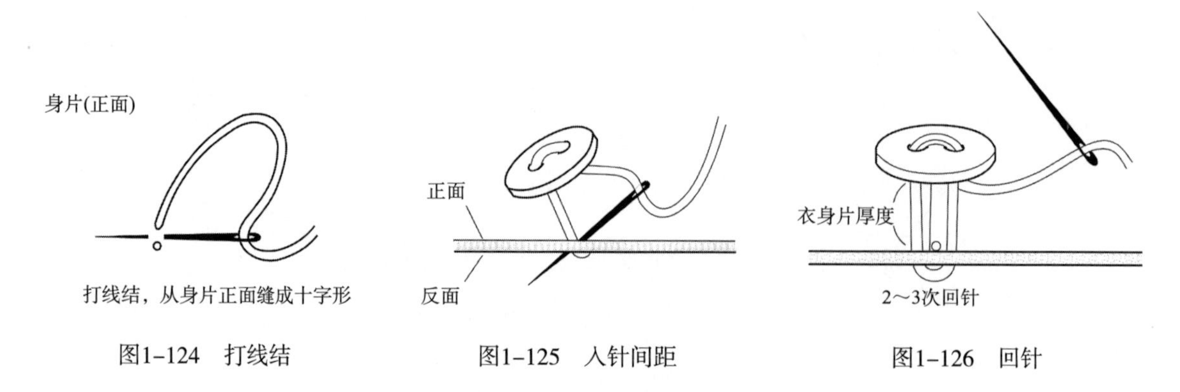

图1–124 打线结　图1–125 入针间距　图1–126 回针

（4）按图1–127所示，从上向下将线绕几圈，然后进行卷针缝。

（5）打一个线套，将线拉紧，如图1–128所示。

（6）针线来回穿透两次，将针从背面穿出，如图1–129所示。

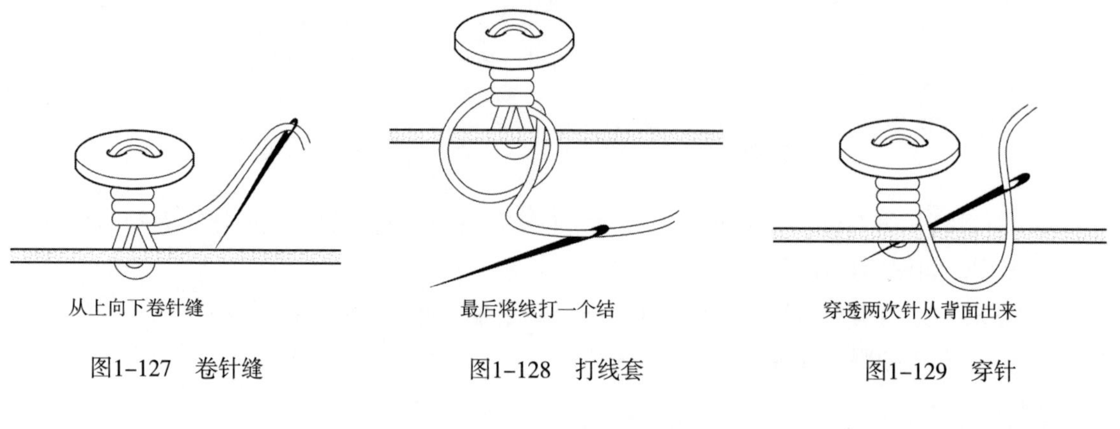

图1–127 卷针缝　图1–128 打线套　图1–129 穿针

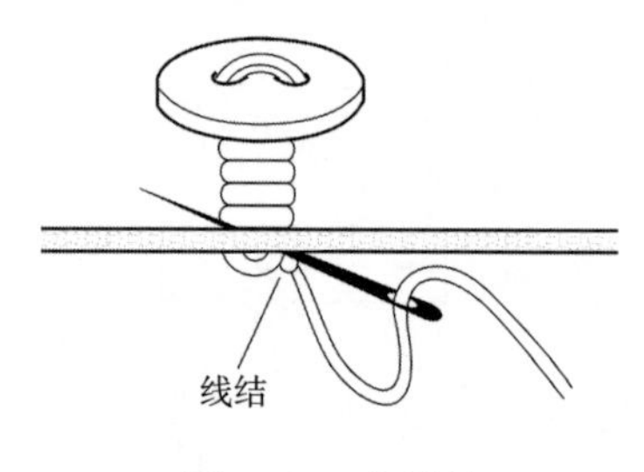

图1–130 打线结

（7）在背面做一个线结，然后，将线拉至布间或线脚的间隙中，齐根剪去多余的线，如图1–130所示。

2. 有线脚有垫扣的情况

有线脚有垫扣的情况多用于西服、外套、大衣中。由于扣子比较大，对布料的负担就大，所以背面有垫扣。钉扣子，针线穿到背面时，将垫扣也钉住，垫扣不需要线脚，如图1–131所示。

3. 钉装饰扣的情况

与普通钉扣的方法一样，但不需要线脚，如图1–132所示。

4. 钉四孔扣的情况

如果扣子上有线槽，沿着线槽钉扣子即可，线成二字形。如果线交叉着钉扣子，线容易切断，且不结实、不牢固，如图1–133所示。

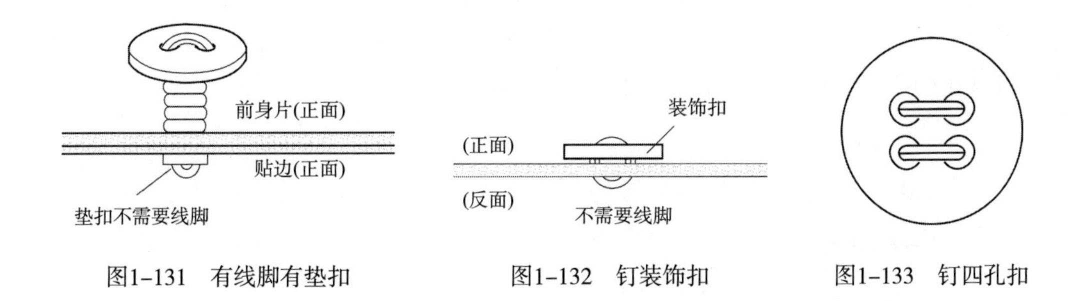

图1–131　有线脚有垫扣　　图1–132　钉装饰扣　　图1–133　钉四孔扣

十、钉按扣的方法

按扣的大小、色彩比较丰富，用途也比较广，钉按扣的方法比较简单。厚面料，需用力的地方，钉大按扣；在不显眼的暗处钉按扣时，多用与面料同色的按扣，按扣的凹形面钉在下面，凸形面钉在上面，如图1–134所示。

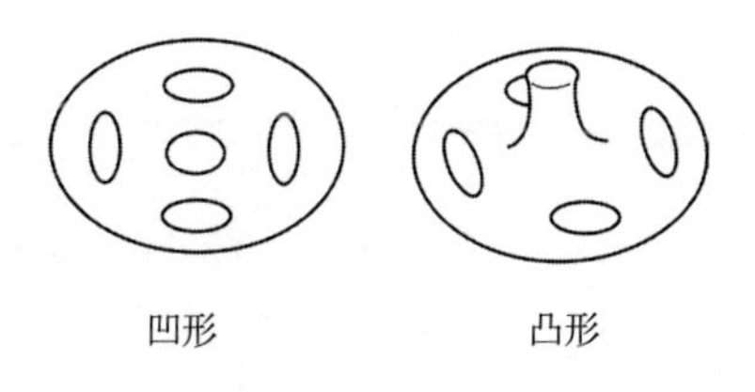

图1–134　凹凸按扣

（1）在钉按扣的中央，从面料的正面先缝一针，如图1–135所示。

（2）与锁扣眼相同，每一小孔缝3～4针，如图1–136所示。

（3）钉按扣完成后的效果，如图1–137所示。

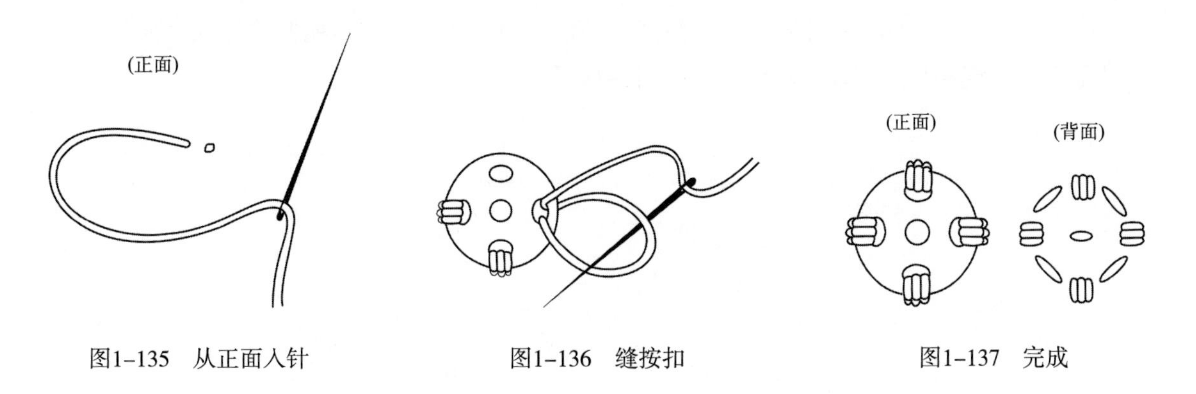

图1–135　从正面入针　　图1–136　缝按扣　　图1–137　完成

十一、钉挂钩的方法

1. 金属制丝状挂钩

金属制丝状挂钩主要用于服装两片合在一起，且不太用力部位的连接上。

金属制丝状挂钩装钉位置一般是上钩距离边缘线0.2～0.3cm向内缩进，下环与上钩正好相反，向外吐出0.2～0.3cm，应注意“吞钩吐环”的要领。

钉金属制丝状挂钩时，先缝两根横线，将挂钩固定，然后与锁扣眼方法相同，固定住上钩下环，如图1-138所示。

2. **金属制片状挂钩**

金属制片状挂钩多用于比较受力的地方，如裙子、裤子的腰带上。

先确定装钉挂钩和环片的位置，用锁扣眼的针法均匀地环绕每个圆孔锁缝一周，最后一针穿入两层面料之间，从2cm外位置穿出，线拉紧后齐根剪断，使线头藏在两层面料之间，使全体造型比较美观、自然、平整，如图1-139所示。

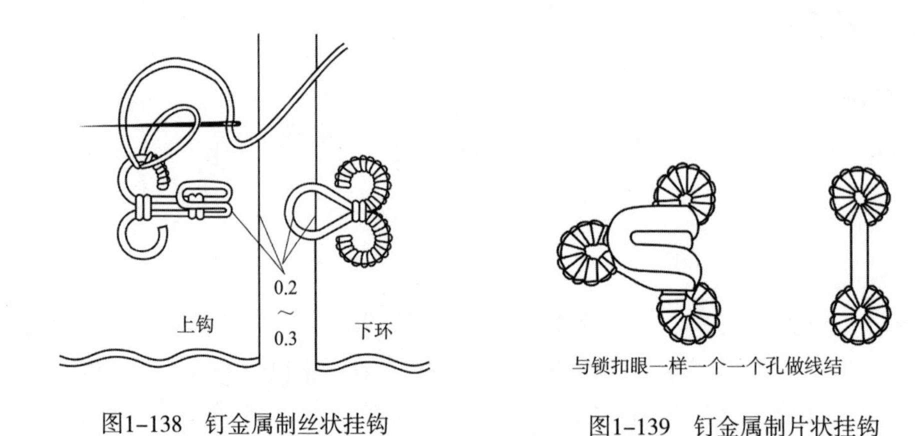

图1-138 钉金属制丝状挂钩　　图1-139 钉金属制片状挂钩

十二、扣环的制作方法

扣环有用线制作的，也有用布制作的。用线制作叫线扣环，主要用于腰带襻，裙、大衣下摆的面料与里料的固定；用布制作的叫布扣环，主要用于系纽扣。

1. **线扣环制作方法**

（1）方法一：多用于腰带穿入，相当于腰带襻的作用。将三根所需线穿入，使其长度为所需长度，缝制要领与锁扣眼相同，如图1-140所示。

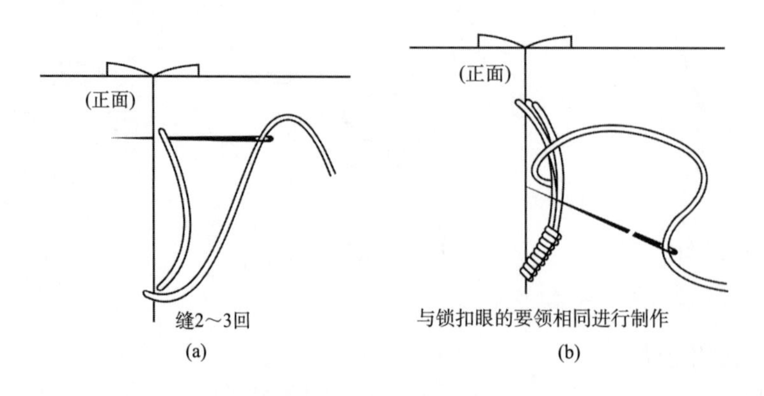

图1-140 线扣环方法（一）

（2）方法二：多用于里料与面料固定。

先将线结牢牢固定在布上，如图1-141（a）所示。然后用编织的方法制作扣环，如图1-141（b）所示。编到适当的长度，将针通过环，引出线，如图1-141（c）所示。然后牢牢将线扣环固定在面料上，并在背面做一个线结，如图1-141（d）所示。

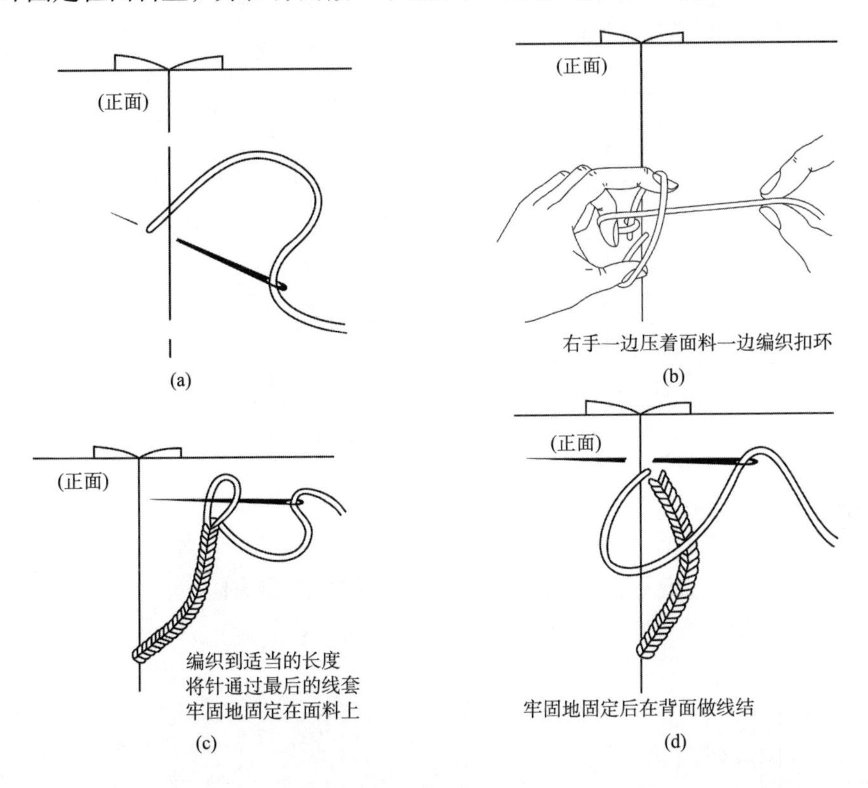

图1-141　线扣环方法（二）

2. **布扣环制作方法**

（1）事先将斜纱条熨烫平展，使其正面对正面折成两折，在翻口处稍宽一些，用细针码进行机缝，然后将多余的缝份部分剪掉，如图1-142（a）所示。

（2）将扣环翻过来，使扣环的正面朝外，如图1-142（b）所示。

（3）熨烫整理扣环幅宽，注意吐止口，并使扣环成为弧形，这样布扣环就完成了，如图1-142（c）所示。

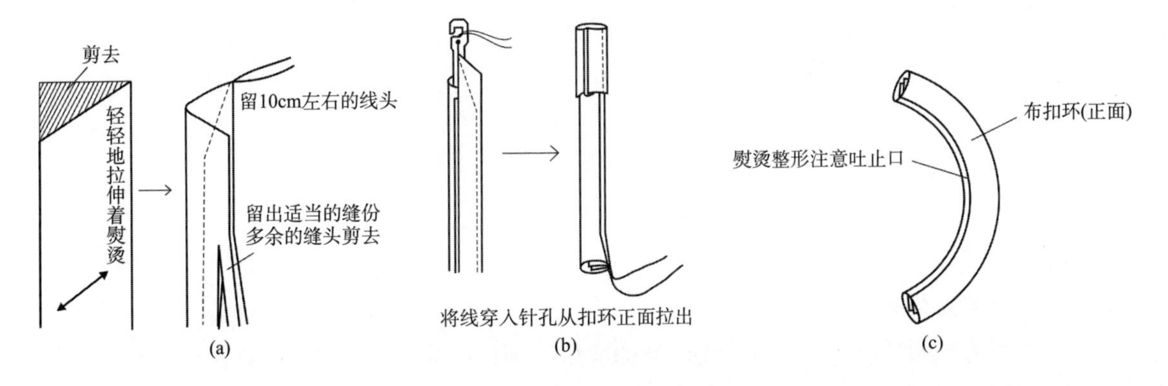

图1-142　布扣环方法

十三、打线结的方法

1. 特种机打线结或机缝回针打线结

袋口两端、拉链终端等通常受力较大的部位要打线结加固。裤前门襟可用机缝回针或使用特种打结机，完成打线结，如图1-143所示。

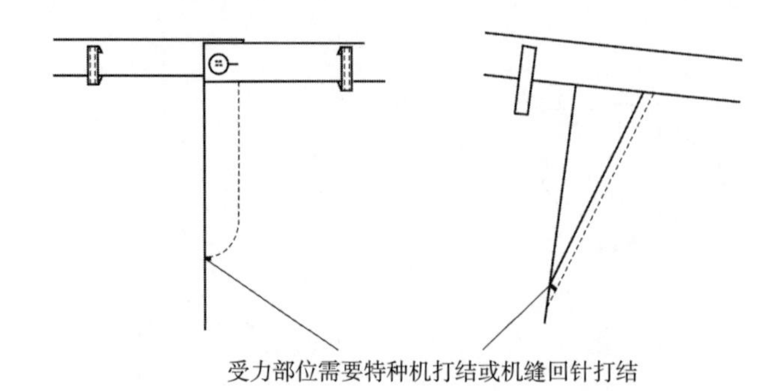

图1-143 特种机打线结或机缝回针打线结

2. 手缝打线结

（1）在打结位置手缝三针，做2～3根芯线，如图1-144（a）所示。

（2）然后交叉运针，上下针呈8字形，包卷三根芯线，如图1-144（b）所示。

（3）手缝打线结完成，如图1-144（c）、图1-144（d）所示。

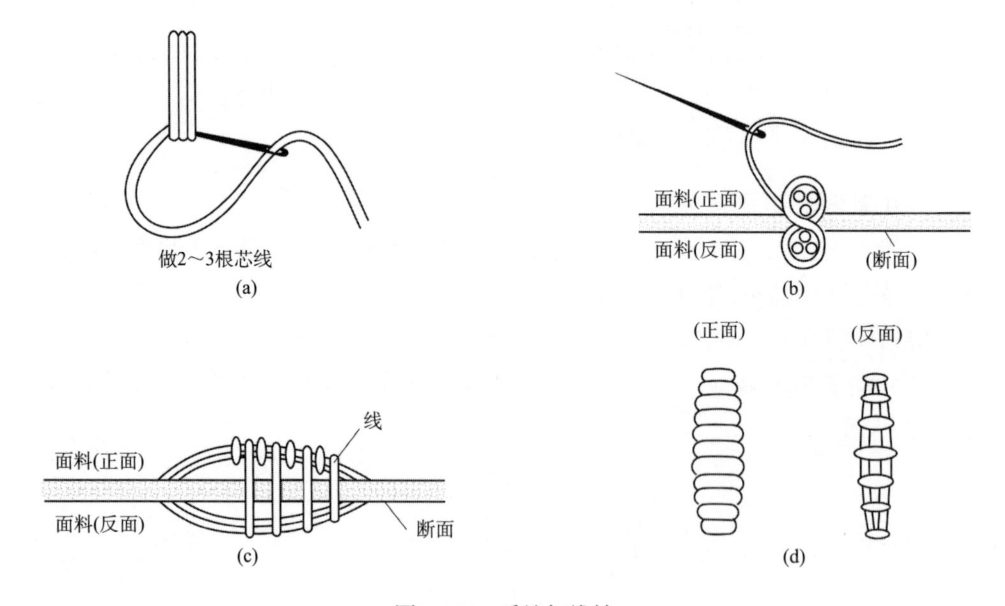

图1-144 手缝打线结

十四、装蕾丝的方法

1. 装布蕾丝的方法

（1）用蕾丝的缝份包边。首先将蕾丝的缝份与面料的缝份错开机缝，如图1-145（a）所示。然后用蕾丝的缝份包住面料的缝份，缝份向面料倒烫，最后缉明线，如图1-145（b）所示。

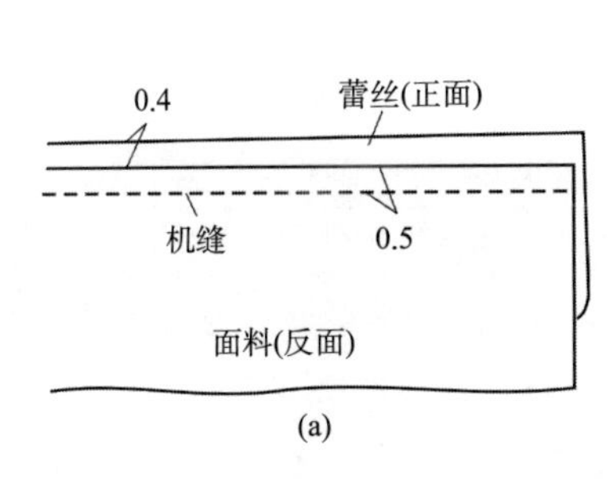

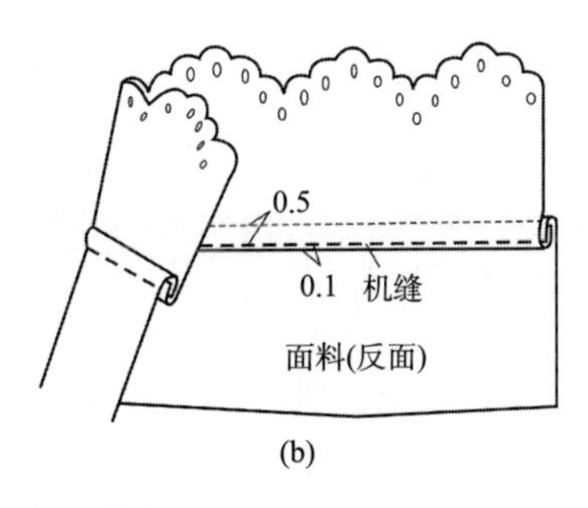

图1-145　用蕾丝的缝份包边

（2）用斜纱条包边。首先将蕾丝、面料、斜纱条一起机缝，如图1-146（a）所示。然后将斜纱条向一侧折叠，用斜纱条包住所有缝份，并向面料烫倒，最后缉明线，如图1-146（b）所示。

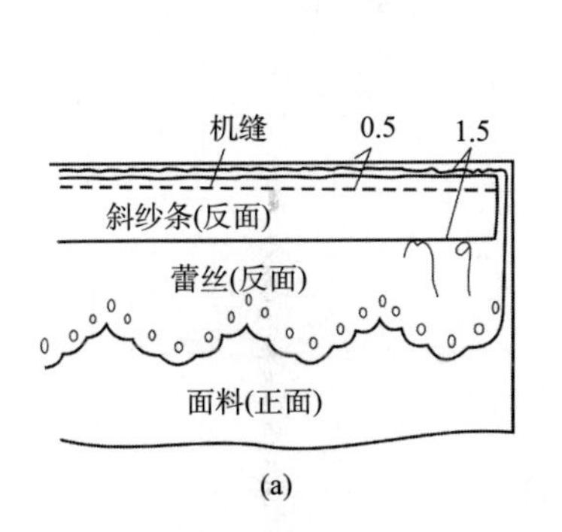

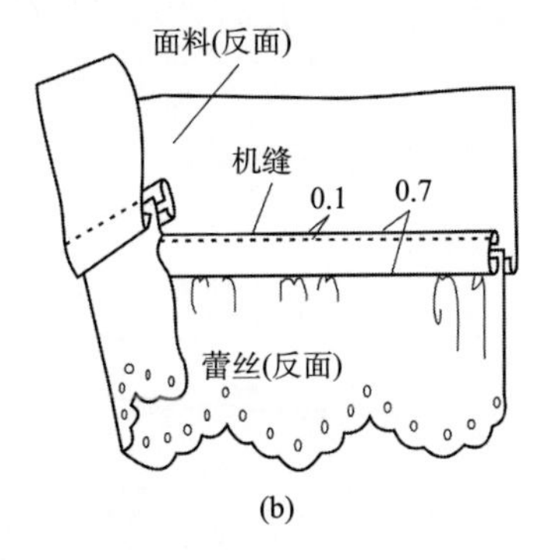

图1-146　用斜纱条包边

（3）用锁边处理。先将蕾丝、面料一起机缝，然后锁边，缝份向面料倒烫，最后缉明线，如图1-147所示。

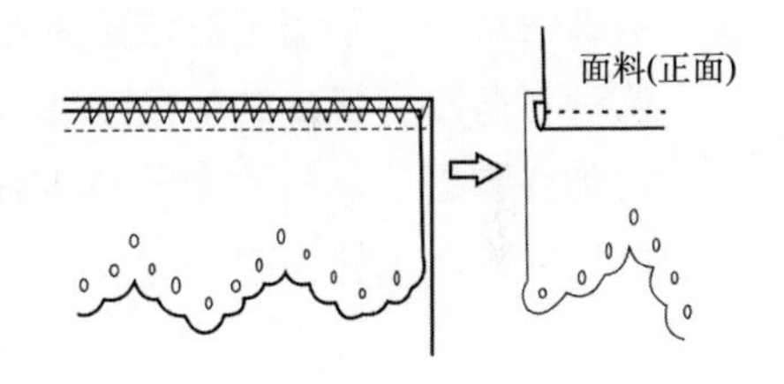

图1-147　用锁边处理

2. **装线蕾丝的方法**

（1）用蕾丝边盖住面料边缉线的情况。首先将蕾丝的边与面料的边错开机缝，如图1-148（a）所示。然后将缝份向面料倒烫，用蕾丝边盖住面料边，最后缉明线，如图1-148（b）所示。

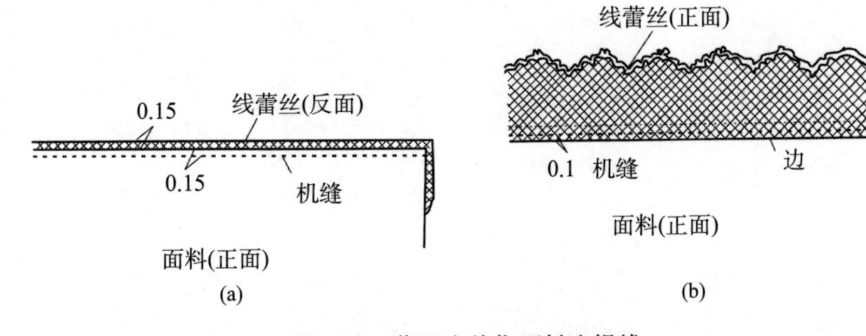

图1-148　蕾丝边盖住面料边缉线

（2）将面料折边手针缲缝的情况。首先将蕾丝与面料搭合机缝，如图1-149（a）所示。然后将面料折边倒烫，最后手针缲缝，如图1-149（b）所示。

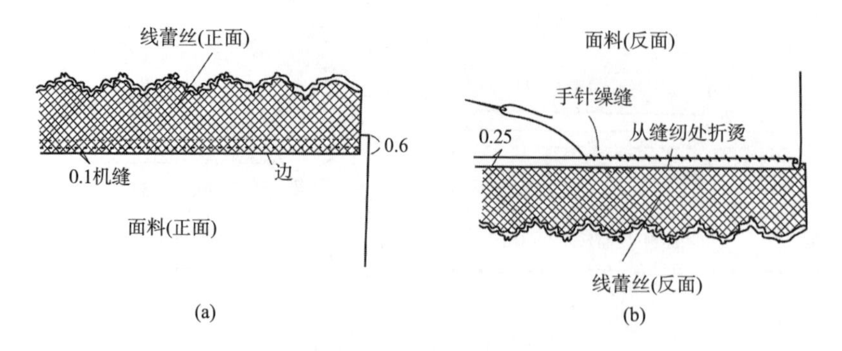

图1-149　面料折边手针缲缝

（3）将面料锁边，直接机缝蕾丝与面料的情况。首先将面料锁边，并折烫，如图1-150（a）所示。然后直接将蕾丝与面料搭合机缝，如图1-150（b）所示。

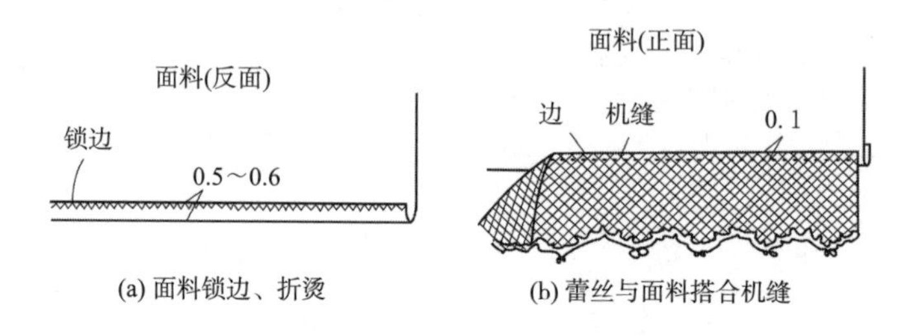

图1-150　面料锁边、直接机缝

课后延学：根据学习任务，完成实训操作

实训任务一：手缝工艺技法练习（按规格要求分组完成）

实训任务二：机缝工艺技法练习（按规格要求分组完成）

实训任务三：结合本单元学习任务，查阅有关书籍或利用互联网，进一步了解服装加工新业态，撰写本单元学习心得。

本单元微课资源（扫二维码观看视频）

学习单元二　女衬衫缝制工艺

课前导学：以女衬衫类的服装加工方式为本，提出学习任务，服装生产任务单见表2-1。

学习任务一：女衬衫局部缝制工艺——领口

学习任务二：女衬衫局部缝制工艺——衣领

学习任务三：女衬衫局部缝制工艺——袖开衩

学习任务四：平领女衬衫缝制工艺

学习任务五：翻领女衬衫缝制工艺

表2-1　服装生产任务单

客户名称		款号	×××	款名	女衬衫
产量		面料	×××	工期	

款式图：

正面　　背面

款式特征：

1．衣身：直腰身，前身收腋下省，后身收肩省，门襟5粒扣。

2．衣领：平领，领外口加花边工艺。

3．衣袖：一片平面式半袖，袖口带有外翻边。

外观造型要求：

1．整体：工艺设计符合造型要求，辅料配置合理，服装里外整洁。

2．衣身：胸腰松量适中；肩部服帖，有活动量，无不良折痕；下摆不起吊，不外翻。

3．衣领：松紧适中，止口平顺。

4．衣袖：肩、袖衔接平顺，袖体圆顺，无不良皱褶

成衣主要规格表

号型：165/84A　　单位：cm

部位	后中长	胸围	腰围	肩宽	袖长	袖口
尺寸	60	94	74	38	22	28

注：未标注尺寸的部位，可根据订单要求、款式图及样板确定。

工艺要求：

1．面料裁剪纱向正确，经纬纱垂平，达到丝绺平衡，符合成本要求。

2．针距为3cm，14～15针，缉线要求宽窄一致，缝型正确，无断线、脱线、毛漏等不良现象。

3．缝份倒向合理，衣缝平整；毛边处理光净整洁，方法得当。

4．工艺细节处理得当，衣面与衣里缝线松紧适宜，层次关系清晰。

5．具体缝型、工艺方法，根据订单要求及款式图及样板确定。

6．纽扣、线等辅料符合订单要求。

7．后整理：烫平冷却后折装，不可烫脏、渗胶等。

8．装箱方法：单色单码

依据服装加工方式，设计梳理本单元应掌握的技能及学习目标，见表2-2。

表2-2 本单元应掌握的技能及学习目标

职业面向	技能点	学习目标		
		知识目标	能力目标	素质目标
1. 样衣制作人员 2. 裁剪人员 3. 生产班组长 4.模板操作员	熟知女衬衫款式变化及对应的工艺方法	熟知女衬衫款式、选料及工艺方法	熟悉女衬衫款式风格特点及常规工艺特点	1. 培养学生依据标准文件设计工艺方法 2. 培养学生与人合作完成项目任务 3. 培养学生独立完成女衬衫裁剪、排版、成衣制作的能力 4. 培养爱岗敬业的工作作风和吃苦耐劳的工作精神
	女衬衫的局部掌握缝制工艺技法	女衬衫的局部掌握缝制工艺技法	能够熟练使用常规缝纫设备，运用现有制作工艺技能，完成领子等局部制作，并能够结合款式不同设计工艺方法、编写工艺流程	
	掌握女衬衫成衣缝制工艺技法	掌握女衬衫成衣缝制工艺技法	能够熟练掌握各种缝纫设备机、机缝技法进行女衬衫成衣的缝制	

课中探究：围绕学习任务，进行技能学习

学习任务一　女衬衫局部缝制工艺——领口

一、圆领口

1. 款式图

圆领口款式图如图2-1所示。

图2-1　圆领口款式图

2. 款式说明

圆领口属于最常见、最简单的无领型领口之一，其制作方法较为简单。领口的处理方法有两种，一种是领口处用斜纱条包边，另一种是领口处绱贴边。本节按绱贴边的方法讲解，绱贴边时注意与身体的曲面相合。门襟开口可设在前后中心线、肩缝或者是偏门襟。开口处可以锁眼钉扣或绱拉链。此领口的设计多用于衬衣、连衣裙、休闲服装等。

3. **裁剪**

圆领口裁剪如图2-2所示。

4. **缝制工艺操作过程**

（1）后身片贴边粘衬，领口贴边粘衬；各裁片锁边，如图2-3所示。

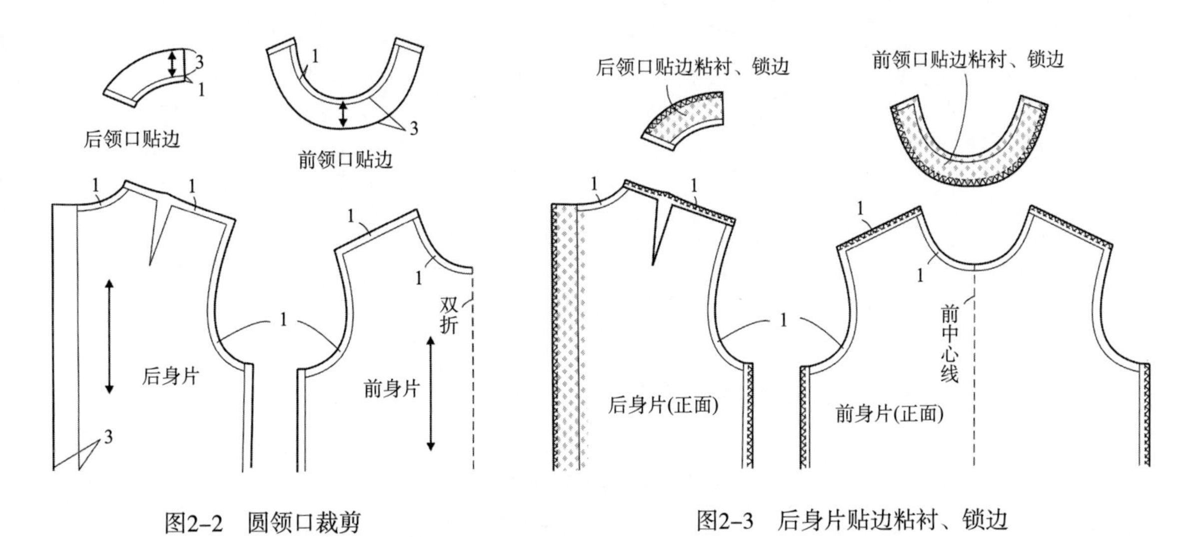

图2-2　圆领口裁剪　　　　图2-3　后身片贴边粘衬、锁边

（2）缝后片肩省、合肩缝、倒烫肩省、劈烫肩缝，如图2-4所示。

（3）缝合前后领口贴边的肩缝，劈烫贴边肩缝，如图2-5所示。

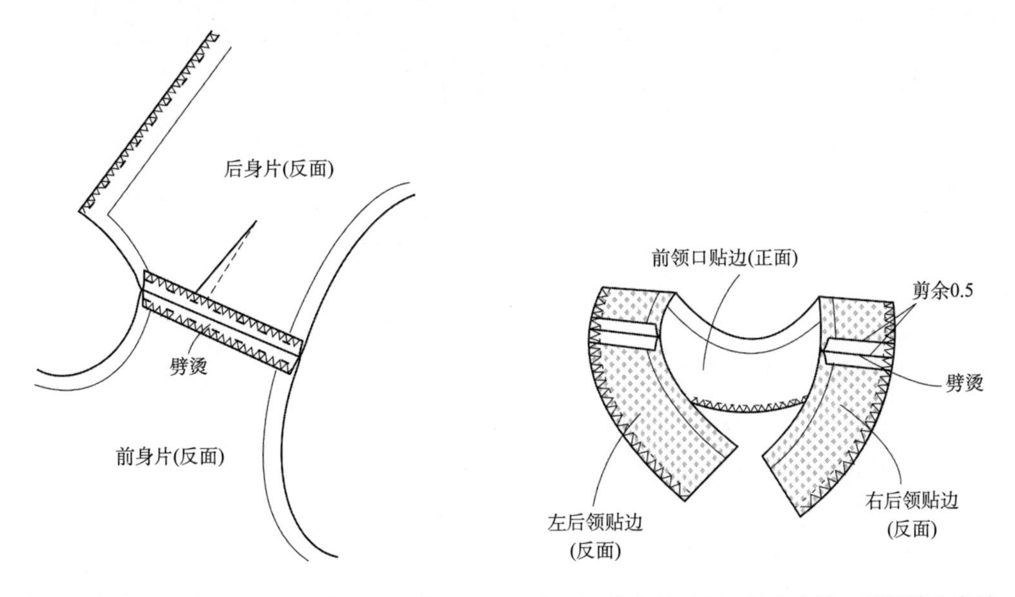

图2-4　收肩省、合肩缝、倒烫肩省、劈烫肩缝　　　　图2-5　缝合前后领口贴边肩缝、劈烫贴边肩缝

（4）绱领口贴边。将领口贴边与前后身的领口处比齐摆正，对位点对齐。缉缝领口处，注意身片后领口门襟处与后领口贴边的层次关系，如图2-6（a）所示，将领口贴边翻向反

面，整理熨烫领口与门襟处，身片吐止口0.1cm，如图2-6（b）所示。

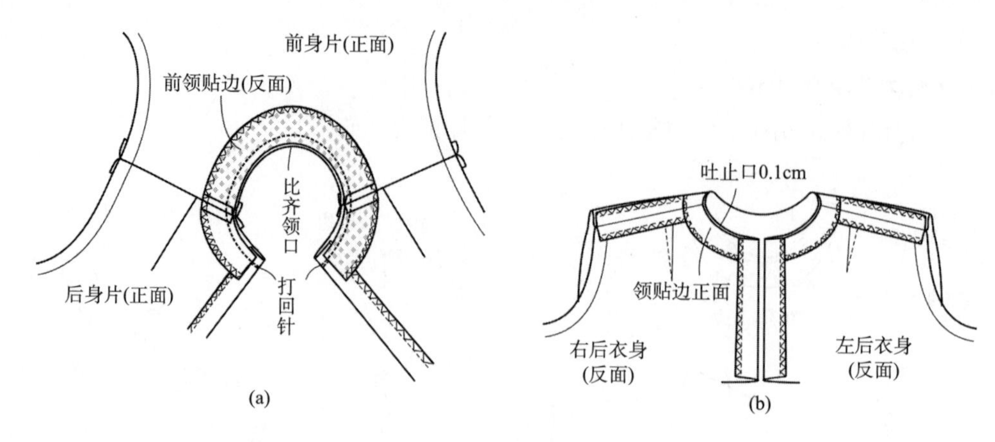

图2-6 绱领口贴边

（5）用手针将领口贴边缲缝固定在身片上，如图2-7所示。

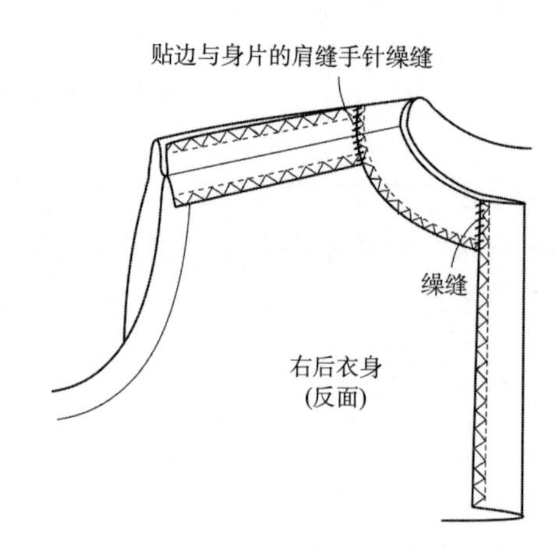

图2-7 缲缝固定领口贴边

二、一字型领口（船型领口）

1. 款式图

一字型领口款式图如图2-8所示。

2. 款式说明

一字型领口属于较典型的无领型领口之一。其制作方法可以同圆型领口一样，领口处采用斜纱条包边或绱贴边。但因其外形结构特点，横开领开得较大，以致小肩较窄。因此，其缝制方法更适合领口与袖窿贴边连裁，给人以整洁统一的美感。绱贴边时注意与身体的曲面相合，领口与袖窿处不要拉伸。门襟开口可根据款式需要设在前后中心线或套头穿。船型领口的设计多用于礼服、衬衣、连衣裙、休闲服装等。

图2-8　一字型领口款式图

3. 裁剪

一字型领口裁剪如图2-9所示。

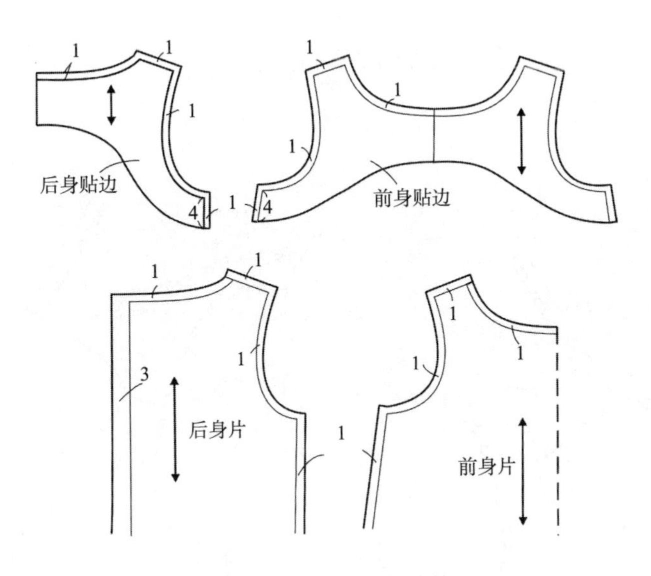

图2-9　一字型领口裁剪

4. 缝制工艺操作过程

（1）各裁片粘衬、锁边。后身片贴边粘衬，前后身片贴边粘衬与否，可根据面料实际性能与效果灵活选择。如果需要粘衬，贴边应先粘衬，后锁边，如图2-10所示。

（2）合身片、合贴边肩缝。缝合衣身及贴边的左右肩缝，劈烫肩缝。

（3）绱贴边。将贴边与衣身比齐摆正，按1cm缝份缉缝贴边与衣身的领口和袖窿。注意袖窿贴边缝至侧缝净样线处，并注意贴边与衣身在门襟处的层次关系，然后将领口与袖窿的拐弯处打剪口，倒烫袖窿和领口处的缝份，如图2-11所示。

（4）翻烫贴边。从前身的左右肩线处，将左右后身片掏出，使衣身与贴边的表面朝外，整理熨烫领口与袖窿处，注意身片的领口与袖窿吐止口0.1cm，如图2-12所示。

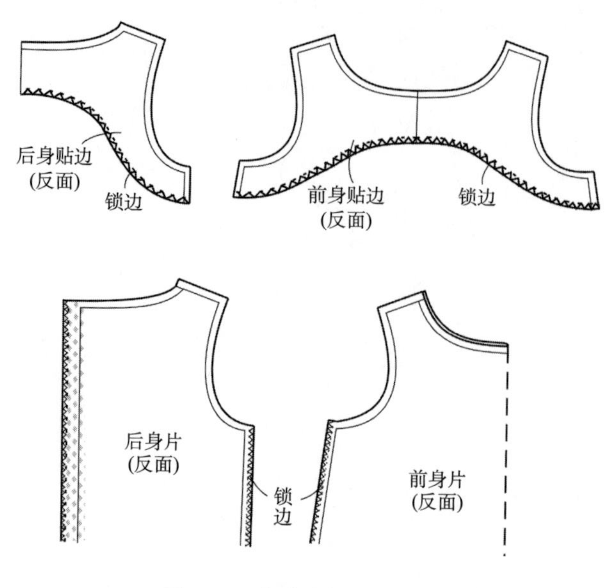

图2-10　各裁片粘衬、锁边

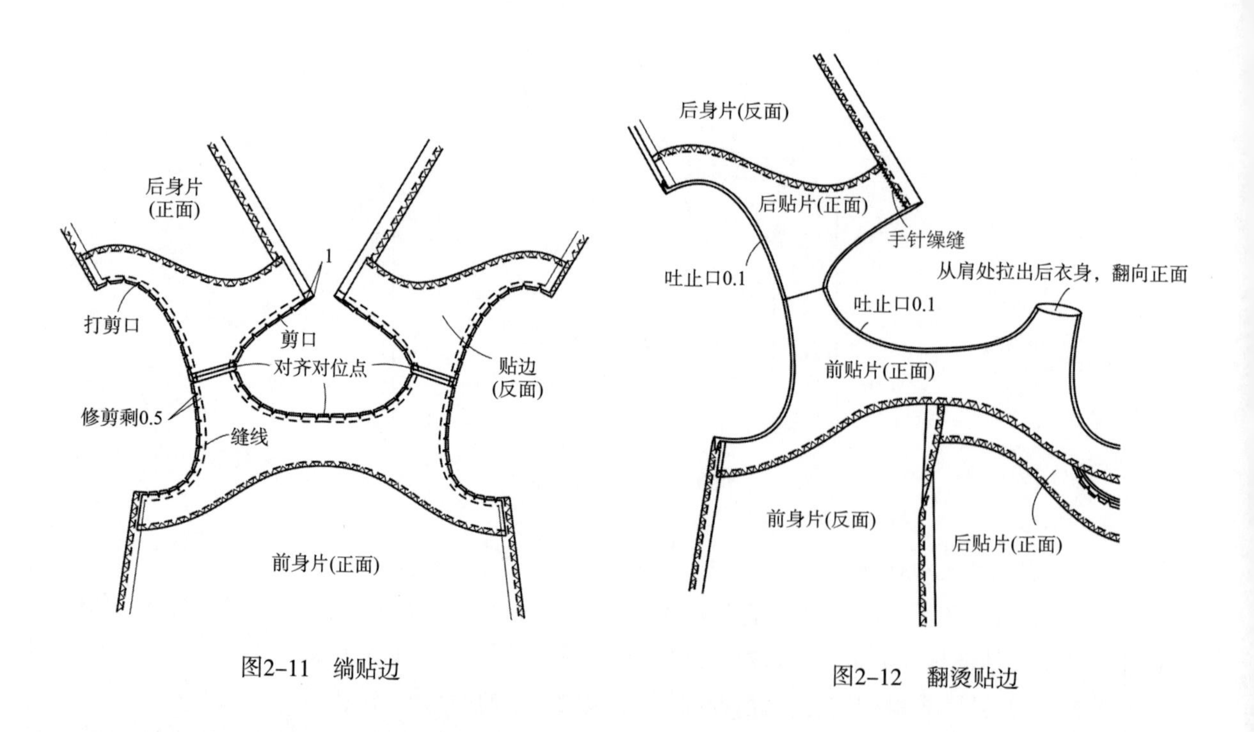

图2-11　绱贴边

图2-12　翻烫贴边

（5）缝合侧缝。身片与贴边侧缝一起缝合，劈烫侧缝；整烫袖下贴边处，手针缲缝贴边与衣身的侧缝处，如图2-13所示。

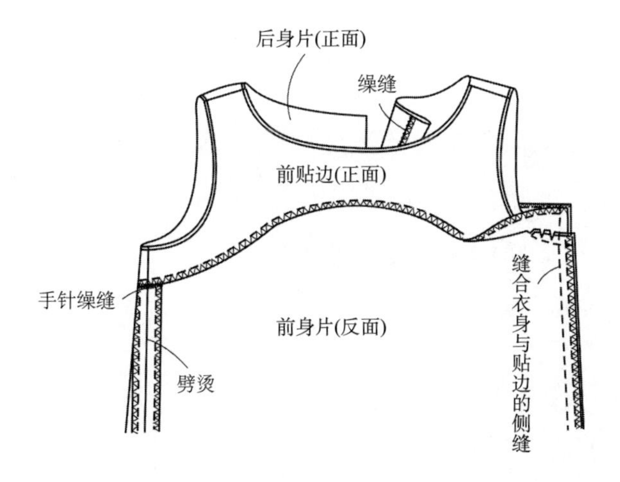

图2-13　缝合侧缝

三、V型领口

1. 款式图

V型领口款式图如图2-14所示。

图2-14　V型领口款式图

2. 款式说明

V型领口的形状多种多样，有宽V型领、细长V型领、短V型领等。V型领的效果给人以成熟的感觉。V型领应用范围较广，常见于衬衣、连衣裙、礼服、家居服等服装。能够做出漂亮的V型领线及V型领尖是缝制的关键。裁剪时贴边的肩接缝与衣身的肩接缝错开1cm，减小缝份堆积所致的厚度，或者前后领口的贴边裁成一片。门襟可以设在后中心线处，也可以做成套头式。

3. 裁剪

V型领口裁剪如图2-15所示。

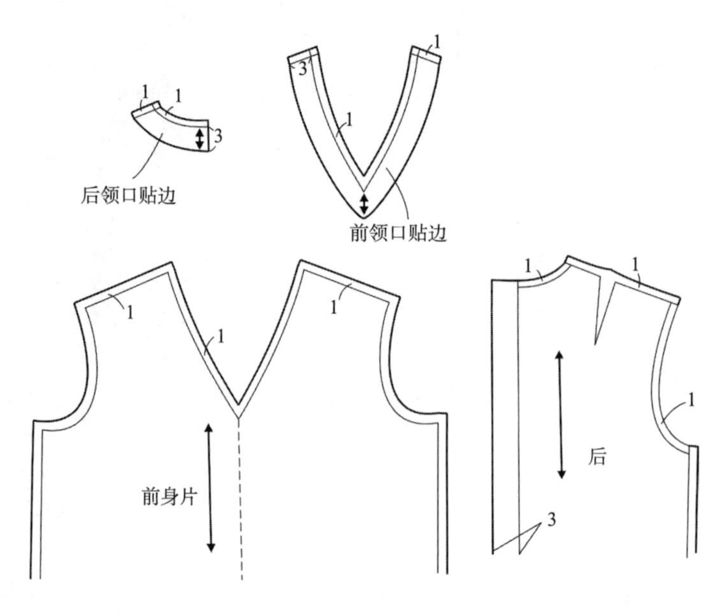

图2-15 V型领口裁剪

4. 缝制工艺操作过程

（1）各裁片粘衬、锁边，如图2-16所示。

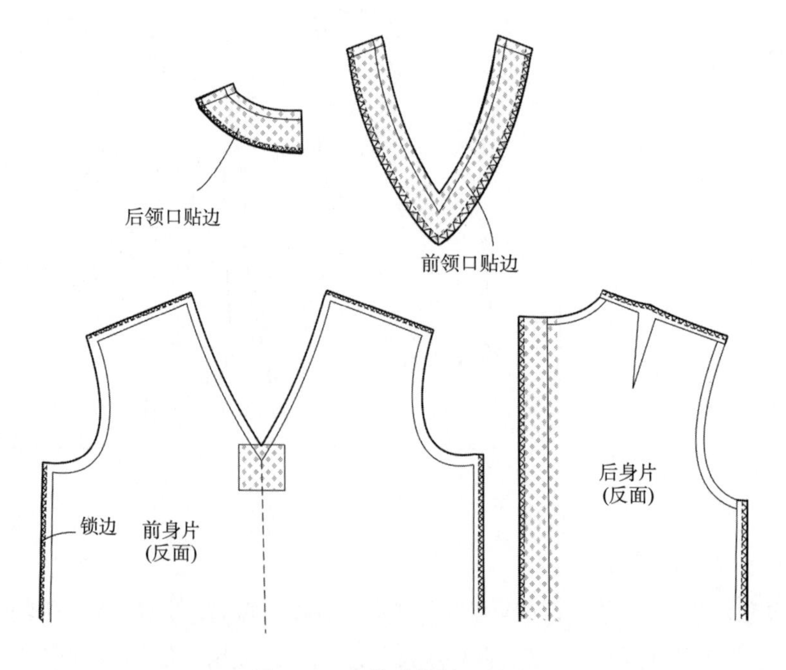

图2-16 各裁片粘衬、锁边

（2）合身片、贴边肩缝。缝合领口贴边与衣身的肩缝，然后将缝份劈烫。

（3）绱领口贴边。把身片展平，使领口贴边与衣身的正面相对，比齐对位标记，注意贴边与衣身门襟的层次关系，看着贴边按0.5cm缝份机缝绱贴边。在V型领尖处和后领口弯势大的地方打剪口，如图2-17所示。

（4）翻烫贴边。将贴边翻向身片的反面整理熨烫，身片吐止口0.1cm，然后将领口贴边与衣身领口的缝份倒向贴边，看着贴边缉压0.1cm明线，如图2-18所示。

（5）在领口贴边的肩缝处与衣身的肩缝处手针缲缝固定，最后整烫。

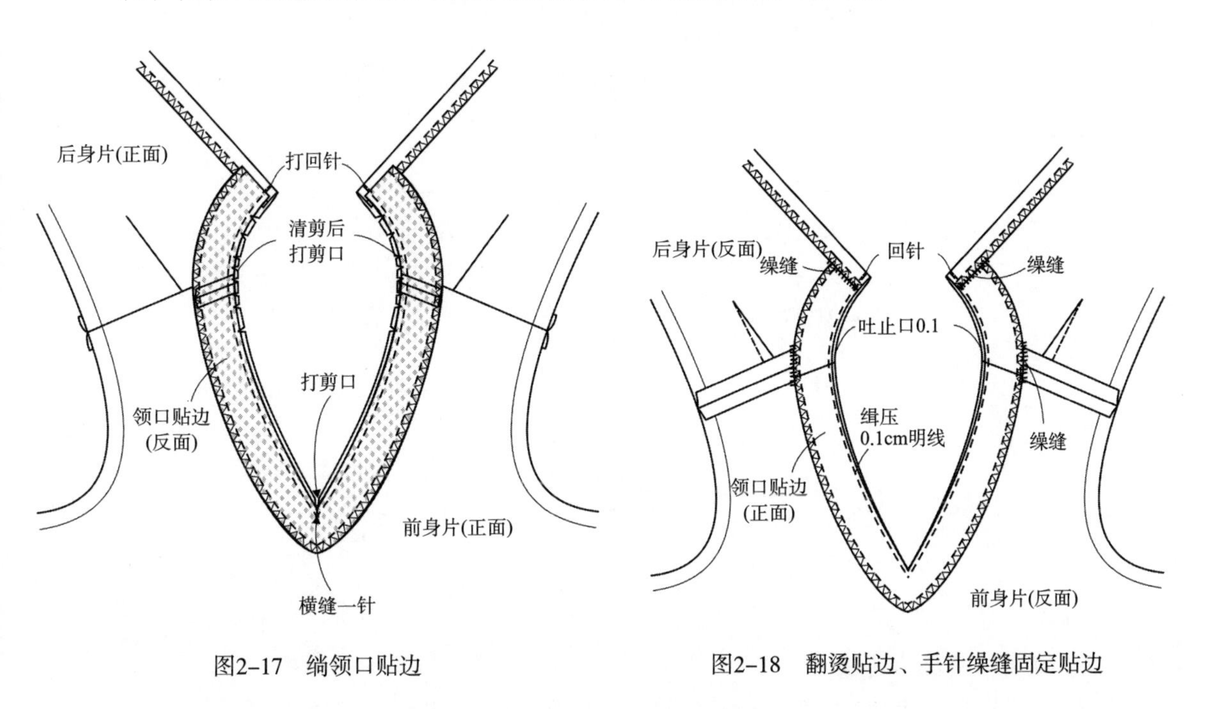

图2-17　绱领口贴边　　图2-18　翻烫贴边、手针缲缝固定贴边

四、方领口

1. 款式图

方领口衬衫款式如图2-19所示。

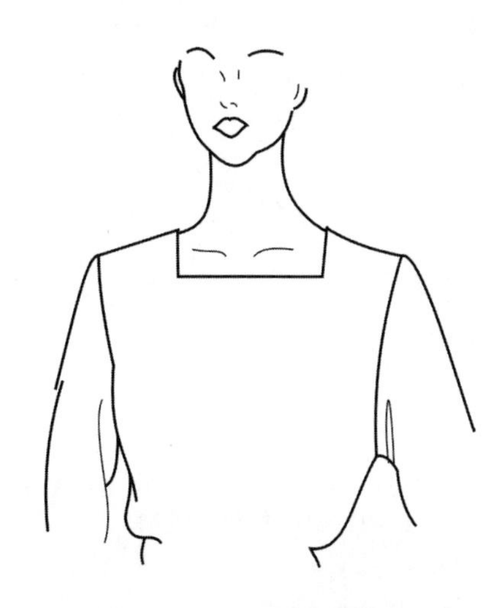

图2-19　方领口衬衫款式图

2. 款式说明

方领口呈四角形。有前后领口都开成方形的；也有前领口开方形，后领口是圆形的两种情况，该领型与前面的领型相比较更具个性。其缝制重点是外翻边的制作。

3. 裁剪

方领口裁剪如图2-20所示。

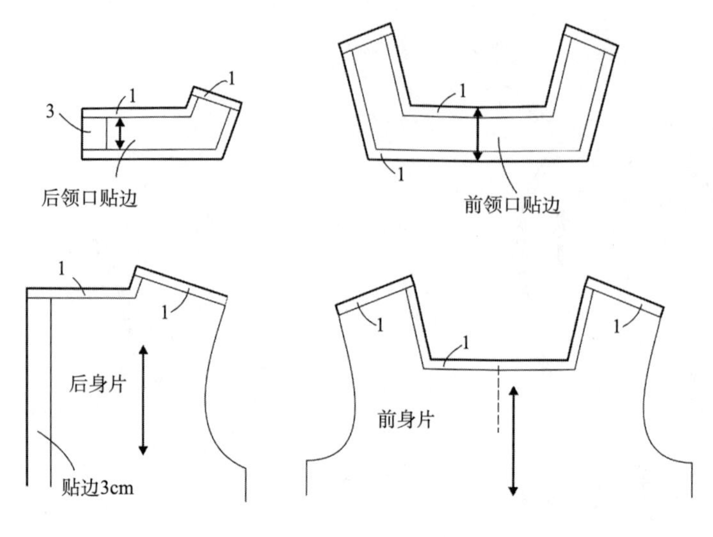

图2-20 方领口裁剪

4. 缝制工艺操作过程

（1）后身片贴边粘衬，领口贴边粘衬；前后身片肩缝锁边，如图2-21所示。

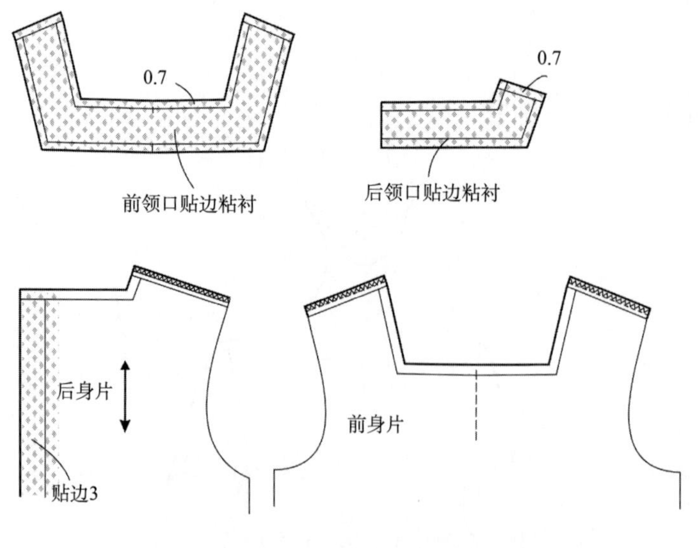

图2-21 粘衬、锁边

（2）缝合贴边、身片的肩缝，分缝熨烫，如图2-22所示。

（3）绱领口贴边。将做好的贴边正面与身片的反面相对，领口处比齐摆正，而且身片在上，看着身片按0.5cm缝份勾缝身片与贴边的领口。拐角处打剪口，倒烫领口缝份，贴边吐止口0.1cm；扣烫贴边的外口缝份，注意贴边的门襟部位，要熨烫方正，用大头针将贴边外口与身片固定在一起，门襟贴边与领口贴边一起锁边，熨烫贴边，如图2-23所示。

（4）贴边缉明线。领口贴边缉明线0.1～0.2cm，注意线迹的走向，最后整理熨烫，如图2-24所示。

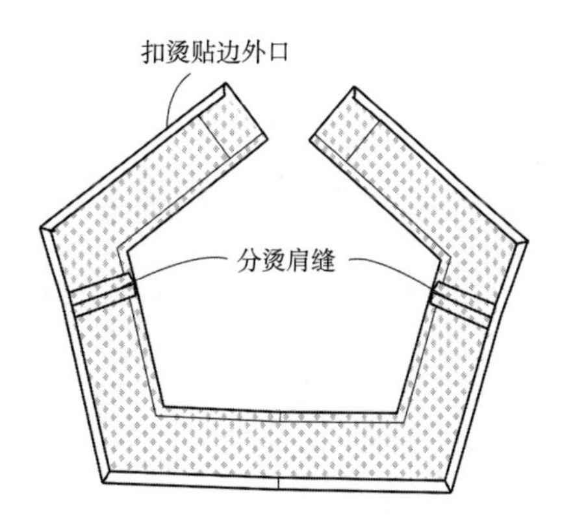

图2-22　缝合并劈烫贴边肩缝

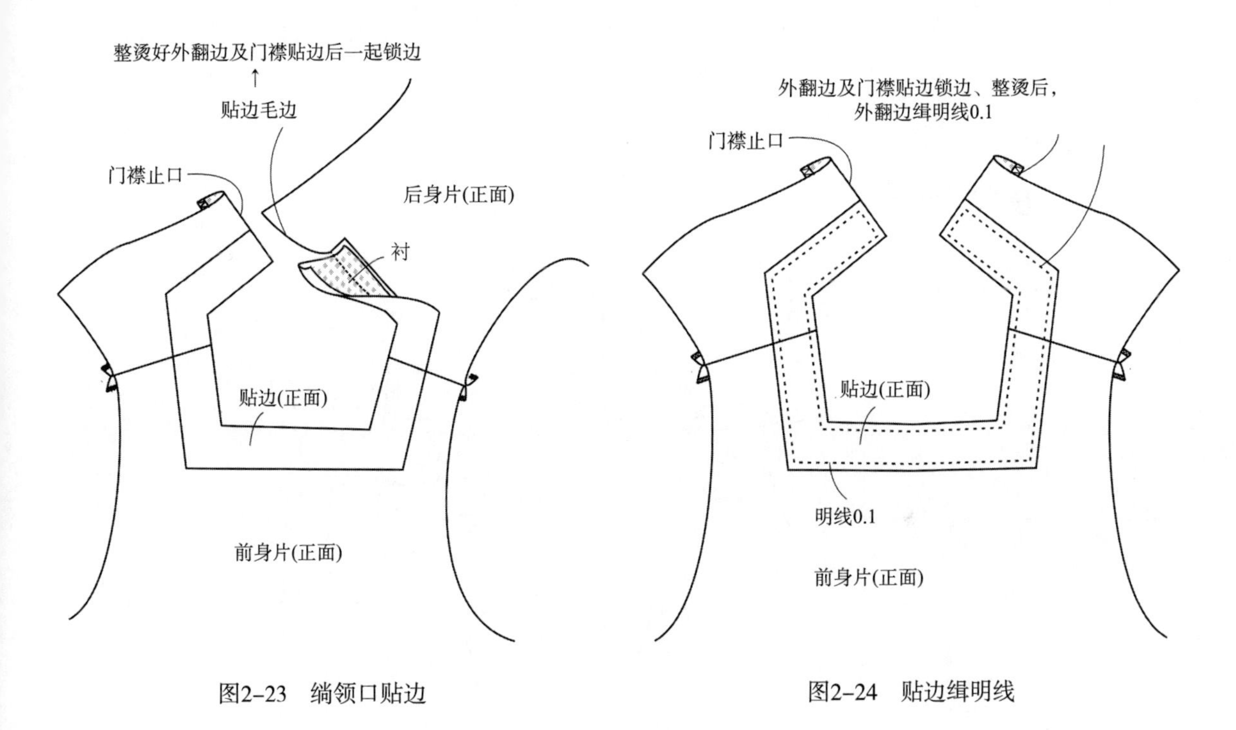

图2-23　绱领口贴边

图2-24　贴边缉明线

学习任务二　女衬衫局部缝制工艺——衣领

一、长方领

1. 款式图

长方领女衬衫款式图如图2-25所示。

2. 款式说明

长方领是一种接近长方形的领子，有运动感，在衬衫中经常使用；也可用于夹克衫、休闲服等。着装时领子可以立起来也可以翻下去。前领绱至门襟止口处，后领绱领时其缝份用斜纱条包光。

图2-25　长方领女衬衫款式图

3. **裁剪**

长方领裁剪如图2-26所示。

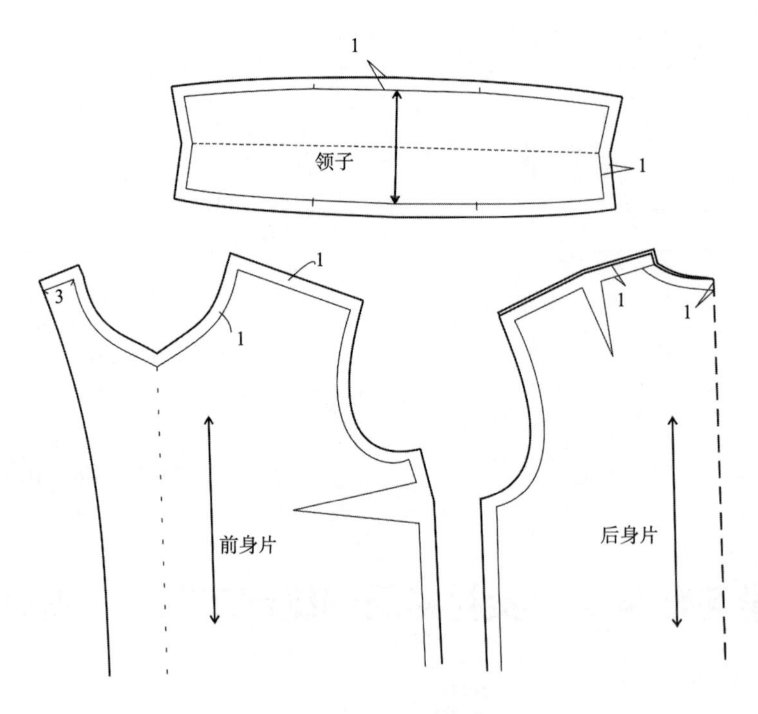

图2-26　长方领裁剪

4. **缝制工艺操作过程**

（1）领子、贴边粘衬，各裁片锁边，如图2-27所示。

（2）制作衣领，如图2-28所示。将领里及领面正面相对叠放，勾缝领子两端，然后倒烫两端的缝份，再把领子翻向正面，整理熨烫。

（3）绱领子。

①首先缝合肩缝，再将肩缝缝份劈烫。扣烫门襟贴边的肩线处缝份，然后将做好的领子与衣身片领口处比齐放好，用大头针别住或用手针粗缝固定，注意把门襟贴边折转过来将领子夹在中间，如图2-29所示。

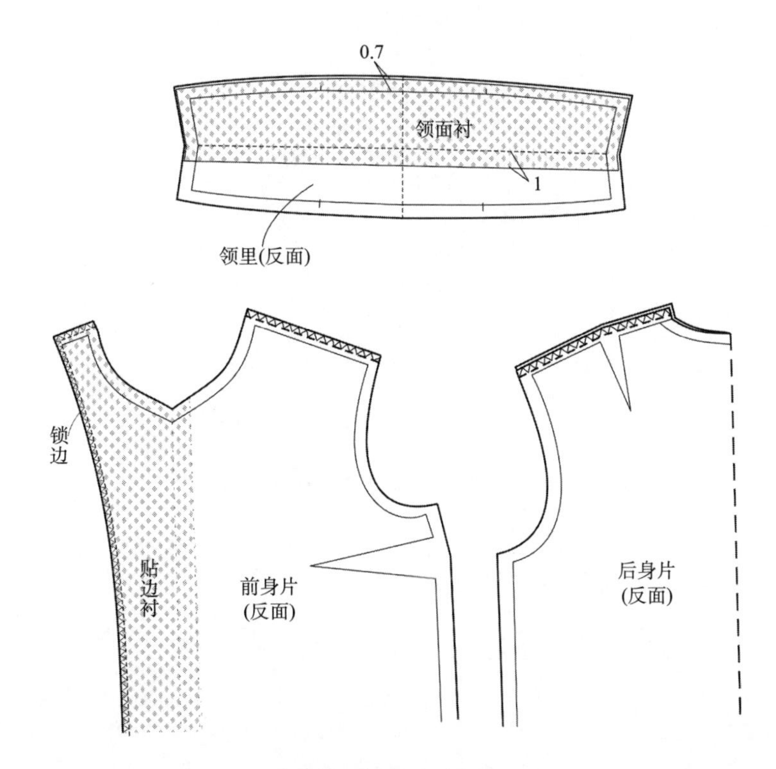

图2-27　粘衬、锁边

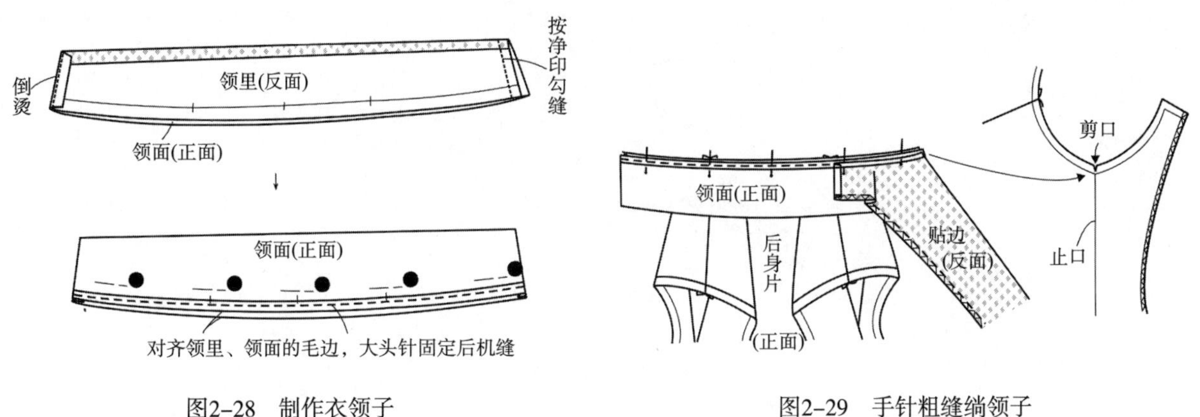

图2-28　制作衣领子

图2-29　手针粗缝绱领子

②扣烫后领口处的斜纱条，然后将斜纱条放到后领口处，大针码手针粗缝，注意斜纱条与门襟贴边的位置关系，如图2-30所示。

③从门襟的一端开始缉缝绱领子，缝份0.7cm。清剪掉领子的缝份0.3cm，如图2-31所示。

④领子缝份清剪后，将领子翻向正面，把后领口处的斜纱条整理熨烫，用手针缲缝或缉缝固定，然后把门襟贴边与肩缝手针缲缝固定。最后整理熨烫衣领，如图2-32所示。

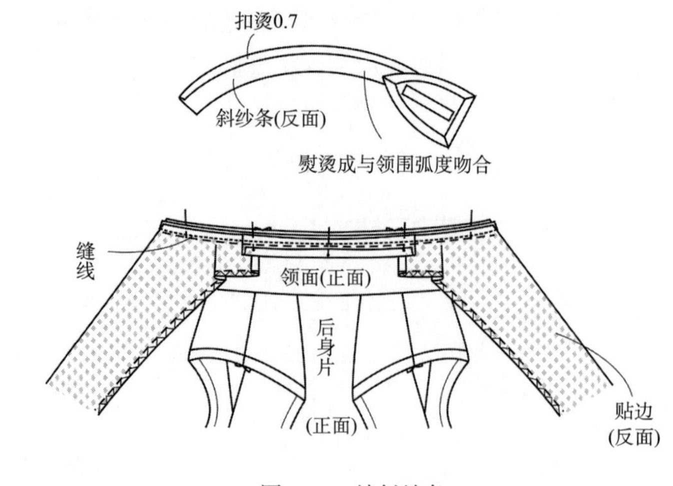

图2-30　绱斜纱条

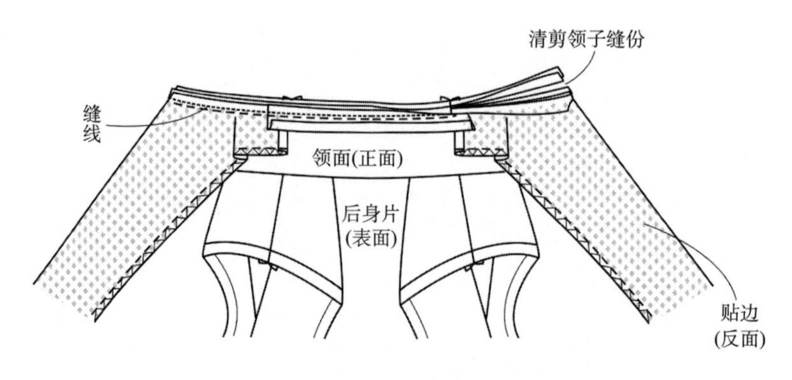

图2-31　缉缝绱领子

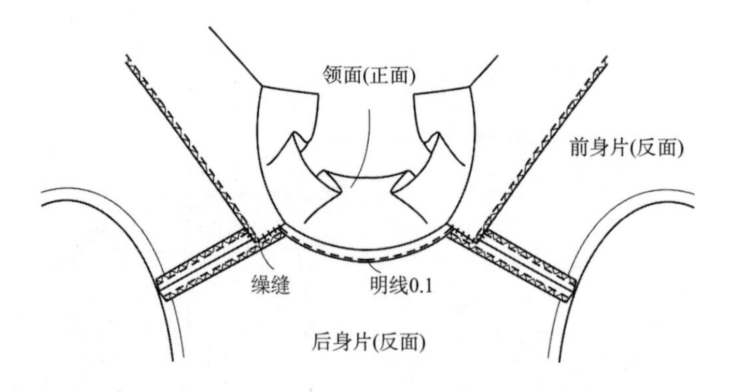

图2-32　整烫领子

二、敞领

1. 款式图

敞领女衬衫款式图如图2-33所示。

2. 款式说明

敞领属于开门领的造型，是敞领的基本型。驳头可宽可窄，形状多种多样。由于前领口呈拐角形状，故缝制时较有代表性，后身领口处的缝份用斜纱条包光处理。领面样板应根据面料薄厚加放翻折量和止口量。

图2-33　敞领女衬衫款式图

3. **裁剪**

敞领裁剪如图2-34所示。

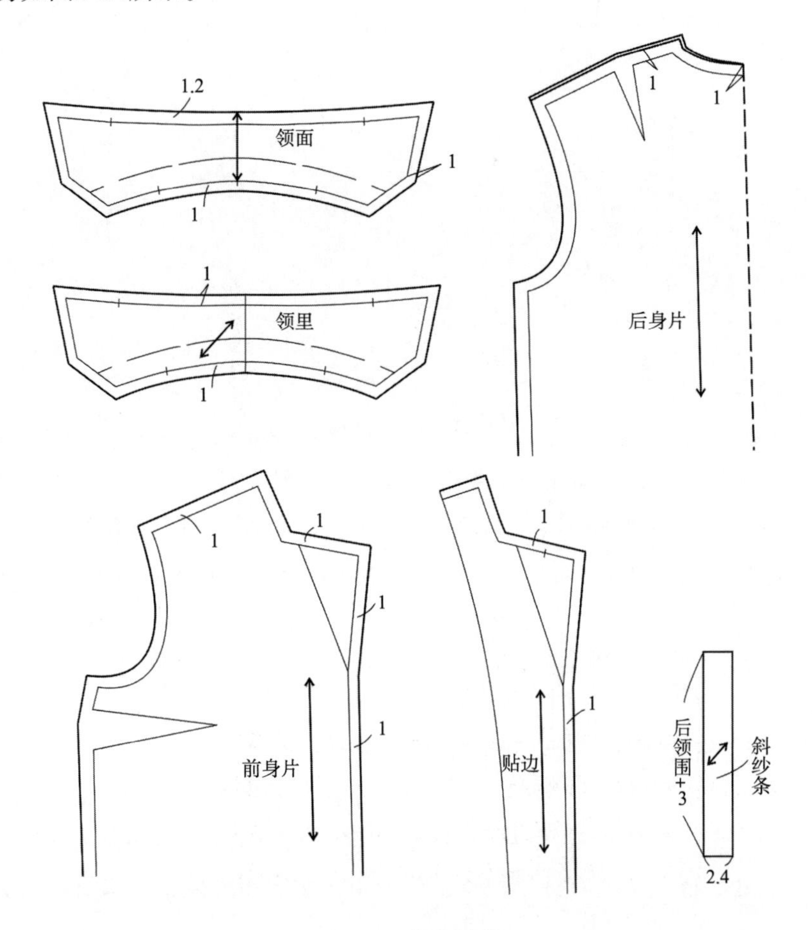

图2-34　敞领裁剪

4. **缝制工艺操作过程**

（1）衣领、贴边粘衬，各裁片锁边，如图2–35所示。

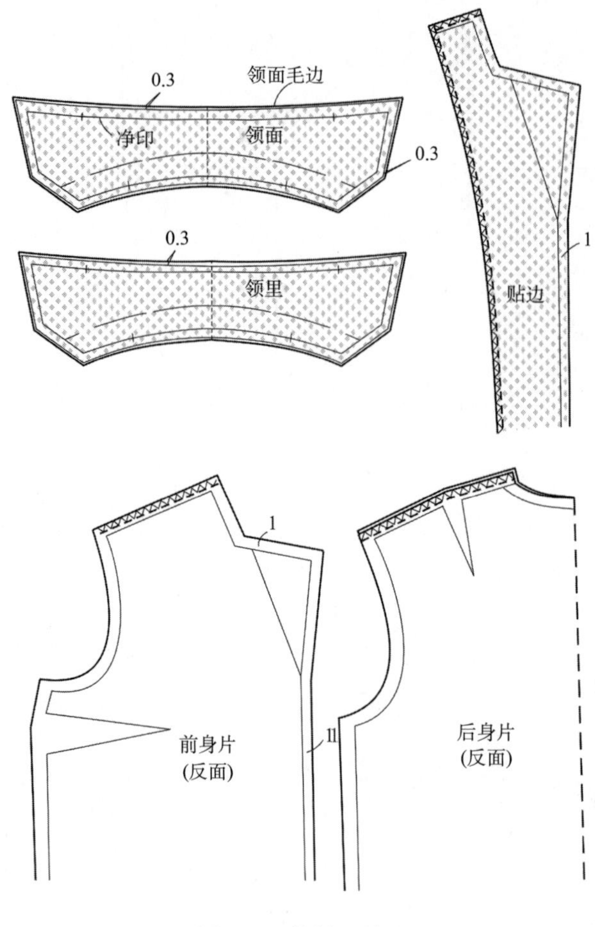

图2–35　粘衬、锁边

（2）制作衣领，如图2–36所示。首先将领里领面正面相对摆正，领里领面的后中心线外口对齐，看着领里按0.3～0.4cm缝份粗缝（或用大头针别住），注意两领角要加放吃势；然后看着领里按净印线勾缝领外口，勾完后观察领面，领面两端应有鼓势而且左右对称；将领子翻向正面，整理熨烫领子，吐止口0.1cm。最后将领子呈翻折状，确认领子翻折量，适当修剪领下口缝份。

（3）缝合左右肩缝，劈烫肩缝。

（4）绱领子。

①将衣领与前身片的串口线处对齐，对准绱领点并用大头针别住，如图2–37所示。

②勾缝门襟止口及领子的串口线处，在领口拐角处打剪口，如图2–38所示。

③将贴边的剩余部分与衣身片的领口粗缝固定；扣烫斜纱条边缘0.7cm，把斜纱条放到衣身片的后领口处，将领子及衣身片领口粗缝固定，然后缉缝领子、衣身片与斜纱条，如图2–39所示。

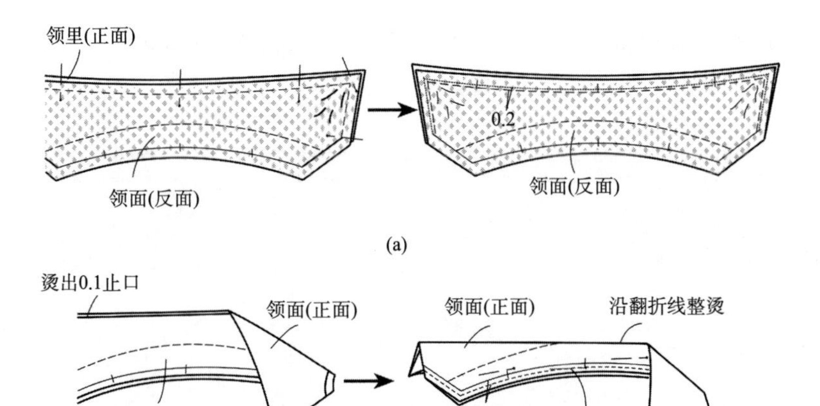

图2-36　制作衣领

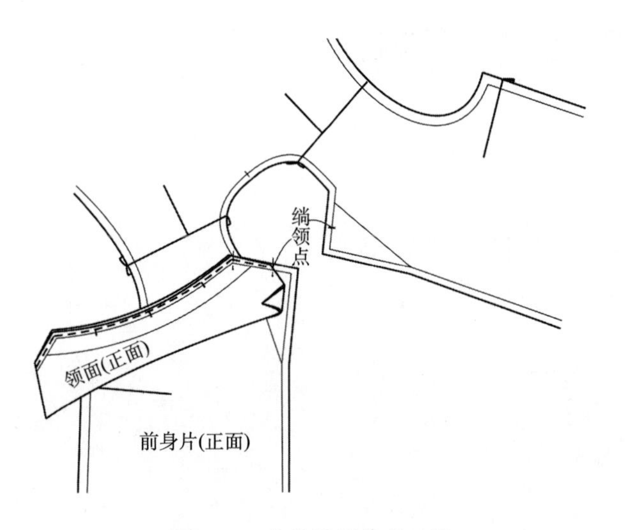

图2-37　大头针别住串口线

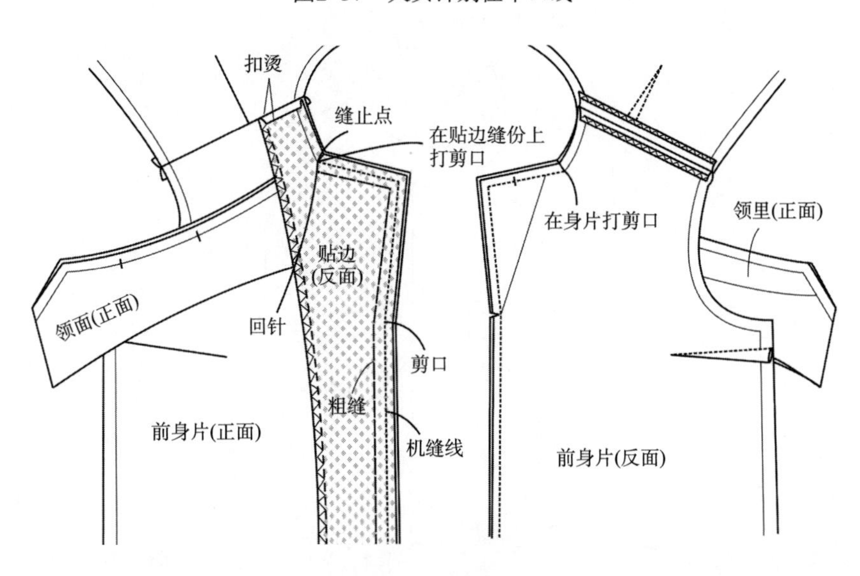

图2-38　勾缝领串口

④整理斜纱条，领口斜纱条缉0.1cm明线，斜纱条成品宽1cm，领子与贴边接合处缉0.2cm明线，最后把领子与驳头整理熨烫，如图2-40所示。

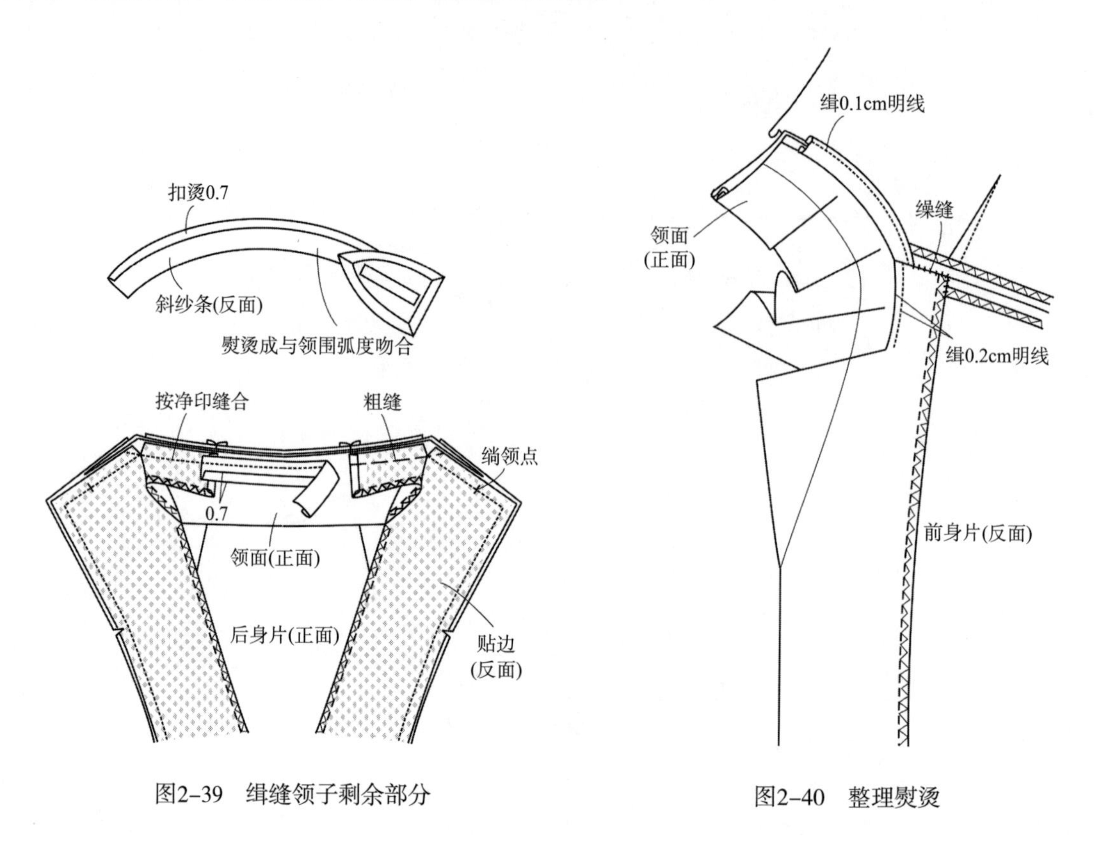

图2-39　绢缝领子剩余部分

图2-40　整理熨烫

三、立领

1. 款式图

立领女衬衫款式图如图2-41所示。

图2-41　立领女衬衫款式图

2. **款式说明**

直立环绕颈部的领型，是立领的基本型。领子可宽可窄，领口也可变化。整体效果比较男性化，给人以精干、威严的感觉。缝制时如果面料较厚，领面样板的缝份应给出适当止口量。其缝制特点是领里绱领线缝份的手缲技法处理。

3. **裁剪**

立领裁剪如图2–42所示。

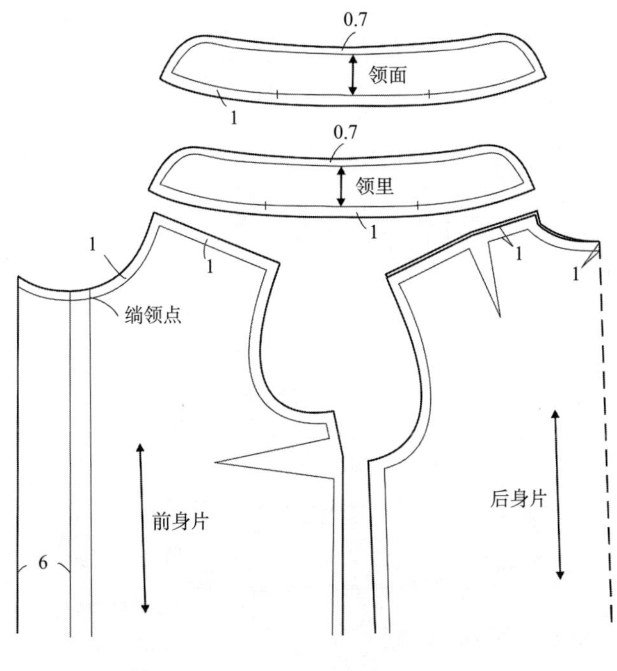

图2–42　立领裁剪

4. **缝制工艺操作过程**

（1）各裁片粘衬、锁边，如图2–43所示。根据面料决定领面粘衬或领里、领面全粘衬。

（2）制作衣领。如图2–44所示，将领里及领面正面相对，用大头针别住或手针粗缝固定，然后按净印线勾缝领子外口，注意起止点在净印线上。在领子圆角处打剪口，然后扣烫领里绱领线处的缝份和领子外口缝份。最后把领子翻向正面，整理熨烫领子外型，吐止口0.1cm 。

（3）后身片收省，倒烫省缝；缝合前后身片左右肩缝，劈烫肩缝。

（4）绱领子。

①把领面的正面与身片的正面相对，各对位点对齐，用大头针别住，按0.7cm缝份绱领子，如图2–45所示。

②勾缝领嘴，缝至绱领点；在贴边的绱领点处打剪口。将领子、衣身片与贴边的缝份倒向领里、领面中间，整理熨烫，可以将领里的下口用大头针别在衣身片上，然后用细针把领里缲缝固定，最后整理熨烫，如图2–46所示。

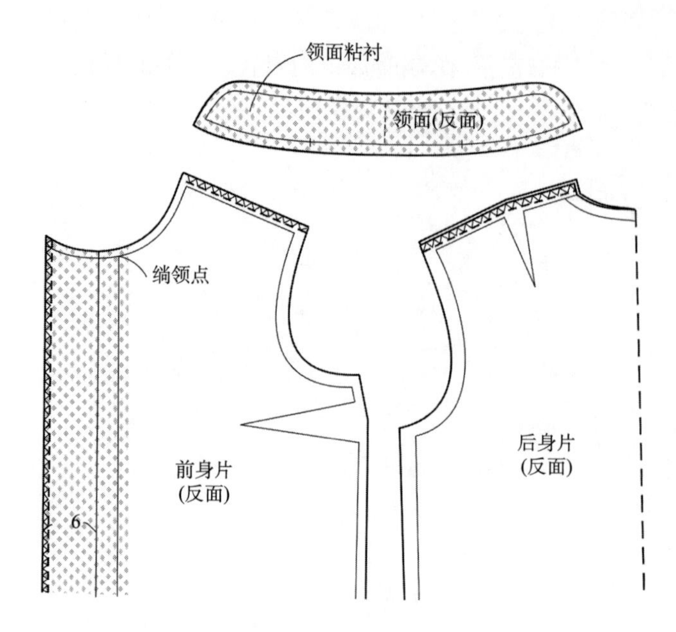

图2-43 粘衬、锁边

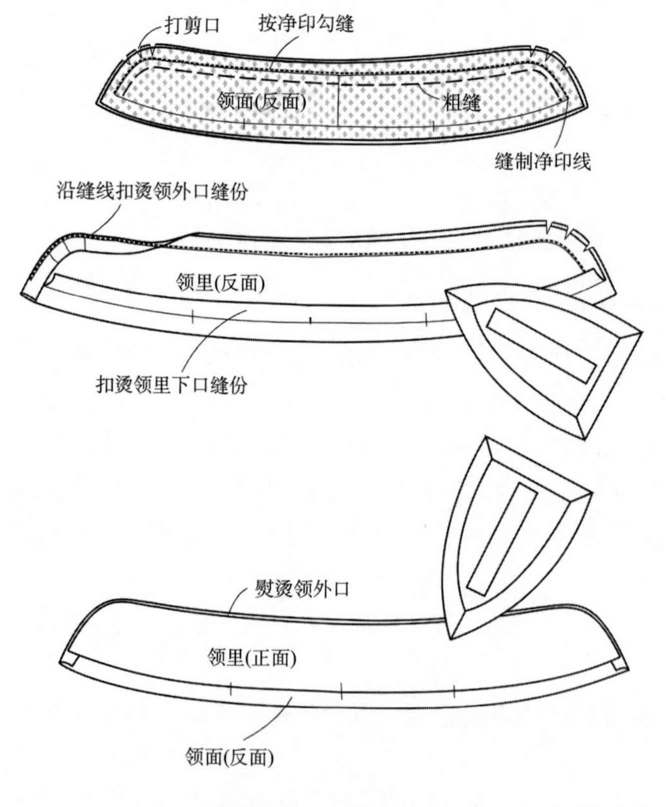

图2-44 制作衣领

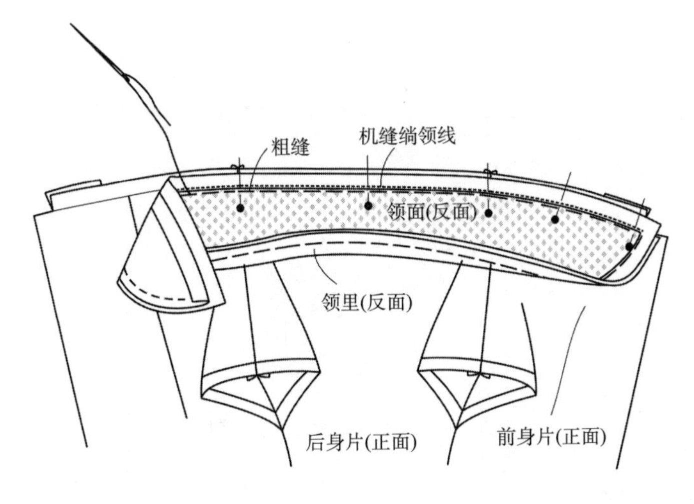

图2-45　绱领面

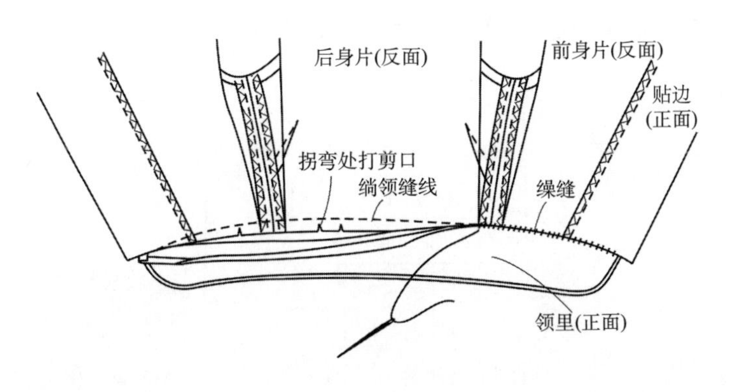

图2-46　缲缝绱领里

学习任务三　女衬衫局部缝制工艺——袖开衩

一、袖开衩A

1. 款式图

女衬衫袖开衩A款式图如图2-47所示。

2. 款式说明

如图2-47所示，袖开衩在女式衬衫中较为常用，其特点是袖开衩的掩襟与袖开衩的贴边用同一片斜纱布制作而成。

3. 裁剪

裁剪袖片，并在袖开衩处作标记。袖开衩掩襟与袖开衩贴边可以用横纱也可以用斜纱，宽约3.5cm，长约为袖开衩尺寸的两倍加缝份，如图2-48所示。

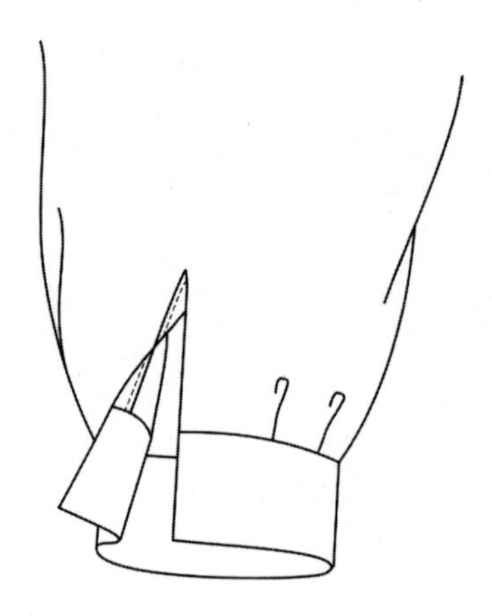

图2-47　女衬衫袖开衩A款式图

4. **缝制工艺操作过程**

（1）方法一：

①在距袖开衩终止点0.3cm处开剪口，如图2-49所示。

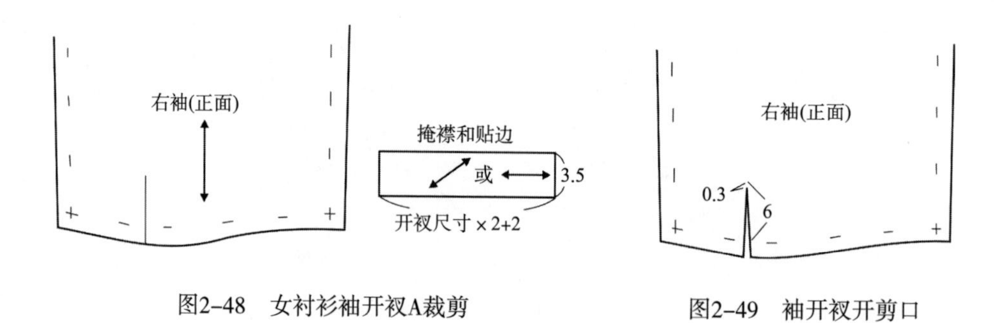

图2-48　女衬衫袖开衩A裁剪

图2-49　袖开衩开剪口

②袖开衩掩襟、袖开衩贴边正面与袖片正面相对，将开衩处拉成一条直线，用细针码机缝，如图2-50所示。

③折烫袖开衩掩襟、袖开衩贴边，并将缝份包住缉0.1cm明线，如图2-51所示。

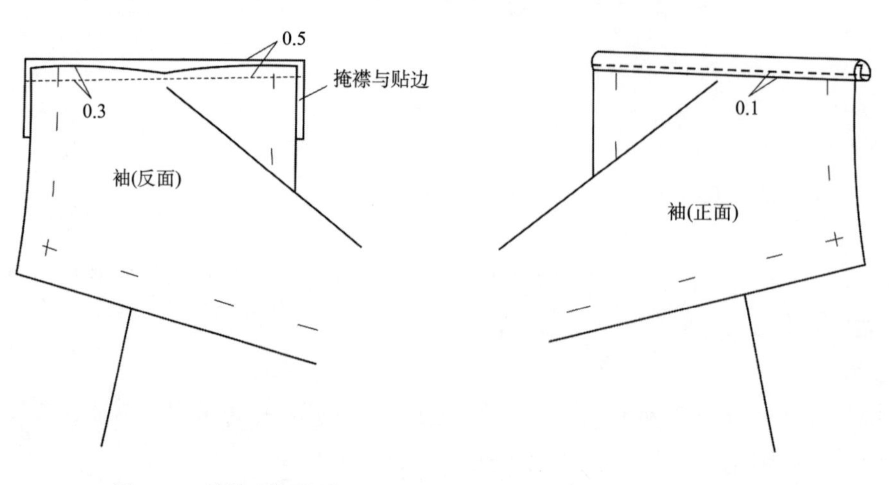

图2-50　绱袖开衩掩襟

图2-51　缉缝袖开衩掩襟

④在袖开衩终止位置，三次回针打结，然后向前袖侧倒烫，如图2-52所示。

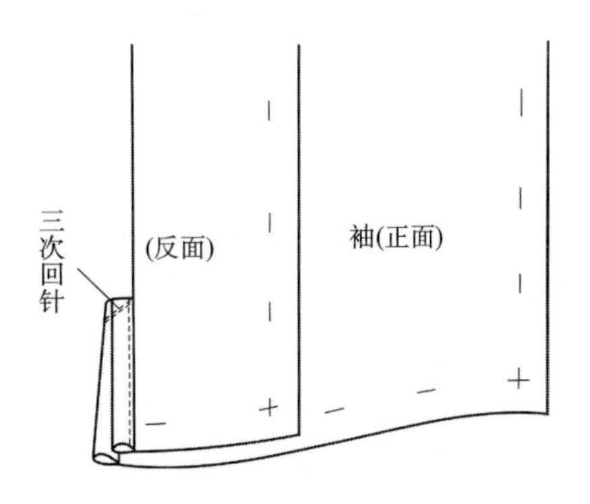

图2-52　袖开衩打结

（2）方法二：

①扣烫袖开衩条：将袖开衩条两边缝份都扣烫0.7cm，然后对折烫平，要求里比面多烫出0.1cm，如图2-53所示。

②缉缝绱袖开衩掩襟：将袖开衩处剪开，然后把剪开的开衩拉开成直线，夹在袖开衩条面与里之间，在袖开衩条边缉0.1cm明线，如图2-54所示。

③袖开衩封口打结：将袖子沿衩口正面对折，袖口

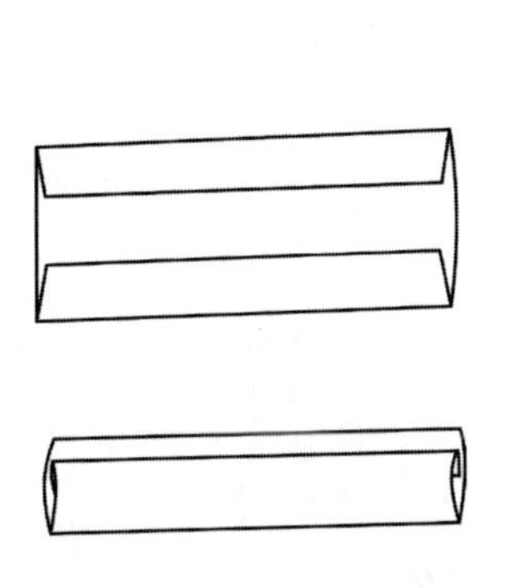
图2-53　扣烫袖开衩条

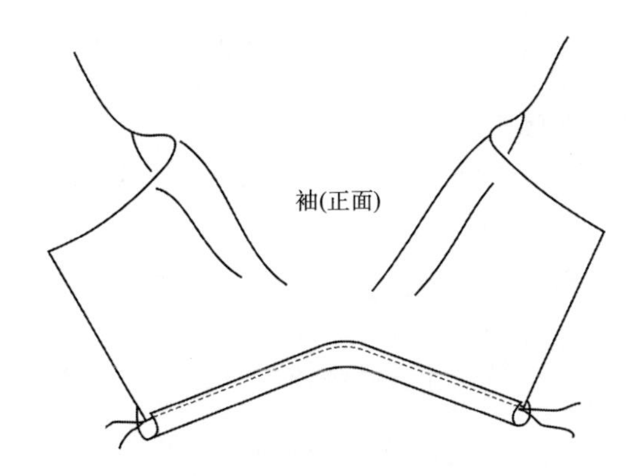

图2-54　缉缝绱袖开衩掩襟

平齐，在开衩上端部位（转弯处）向袖衩外口斜下1cm打回针封口，如图2-55所示。

④熨烫：将前袖开衩条倒向前袖一侧，熨烫平整，如图2-56所示。

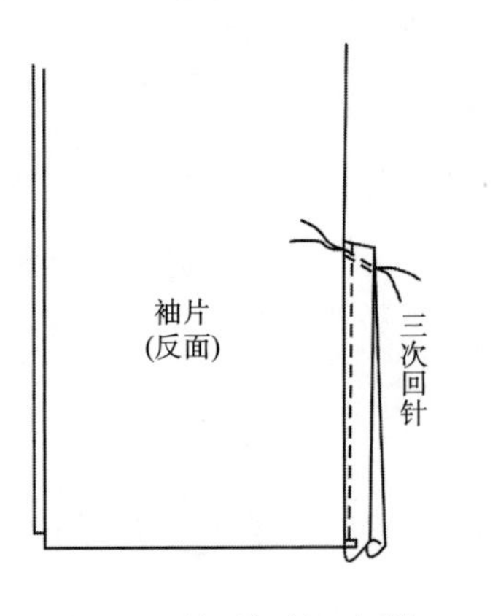

图2-55　袖开衩封口打结

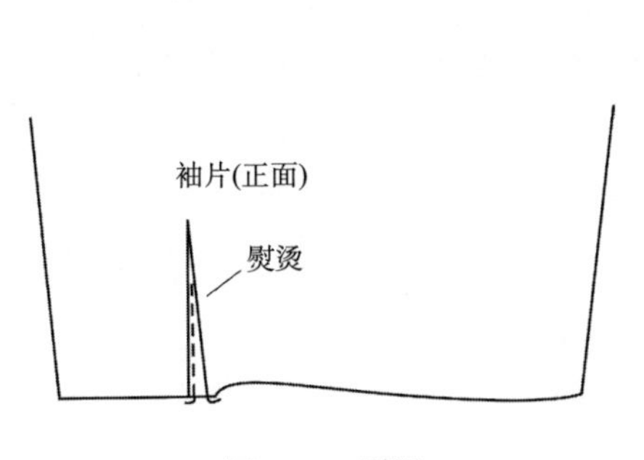

图2-56　熨烫

二、袖开衩B

1. 款式图

女衬衫袖开衩B款式图如图2-57所示。

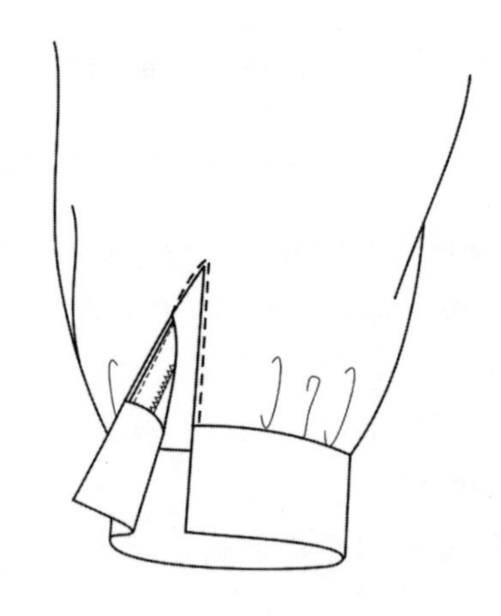

图2-57　女衬衫袖开衩B款式图

2. 款式说明

女衬衫袖开衩B也是女式衬衫常用的袖开衩，其特点是只用一片袖开衩贴边制作而成。

3. 裁剪

（1）袖片及袖开衩贴边的裁剪，如图2-58所示。裁剪袖片，在袖开衩处作标记。

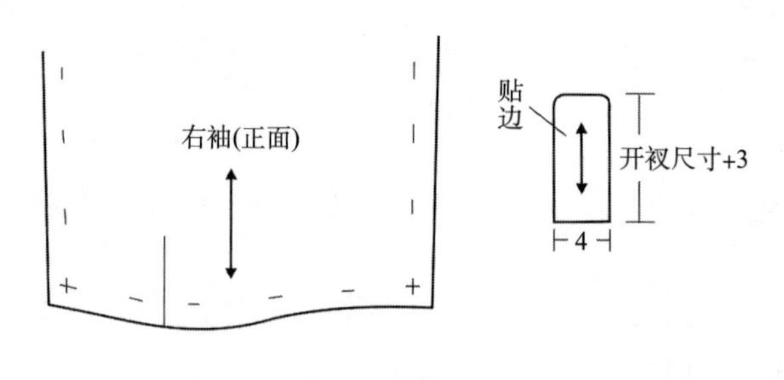

图2-58　裁剪

4. 缝制工艺操作过程

（1）袖开衩贴边粘衬，如图2-59所示。

（2）袖开衩贴边锁边，如图2-60所示。

图2-59　贴边粘衬　　　　图2-60　贴边锁边

（3）袖开衩贴边正面与袖片正面相对，距开衩位置0.2cm处用细针码机缝，并在开衩位置剪开，如图2-61所示。

（4）开衩贴边翻转到袖子反面，清剪缝份并熨烫平整，距开衩边0.1～0.2cm缉明线，开衩贴边边缘扣烫缉明线或手工缲缝，如图2-62所示。

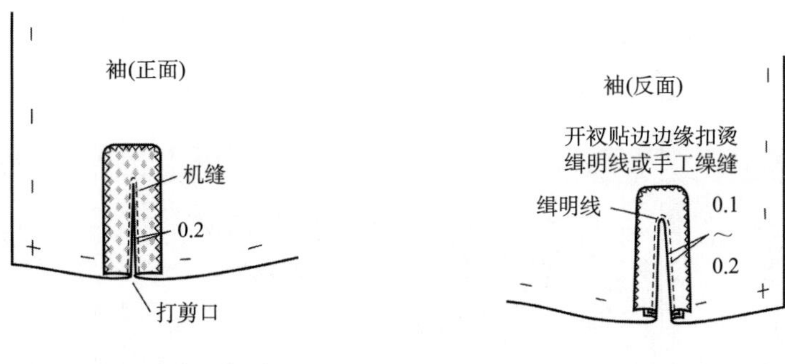

图2-61　机缝袖开衩贴边　　图2-62　袖开衩缉明线

学习任务四　平领女衬衫的缝制工艺

一、款式图

平领女衬衫款式图如图2-63所示。

图2-63　平领女衬衫款式图

二、款式说明

此款平领女衬衫，其设计特征为：

（1）衣身：直腰身、前身收腋下省、后身收肩省。

（2）衣领：属于平领结构，领外口镶有花边。花边根据宽窄、褶量的不同会给人不一样的视觉效果。

（3）袖子：一片平面式半袖，袖口带有外翻边增添了活力。

三、裁剪

平领女衬衫裁剪如图2-64所示。

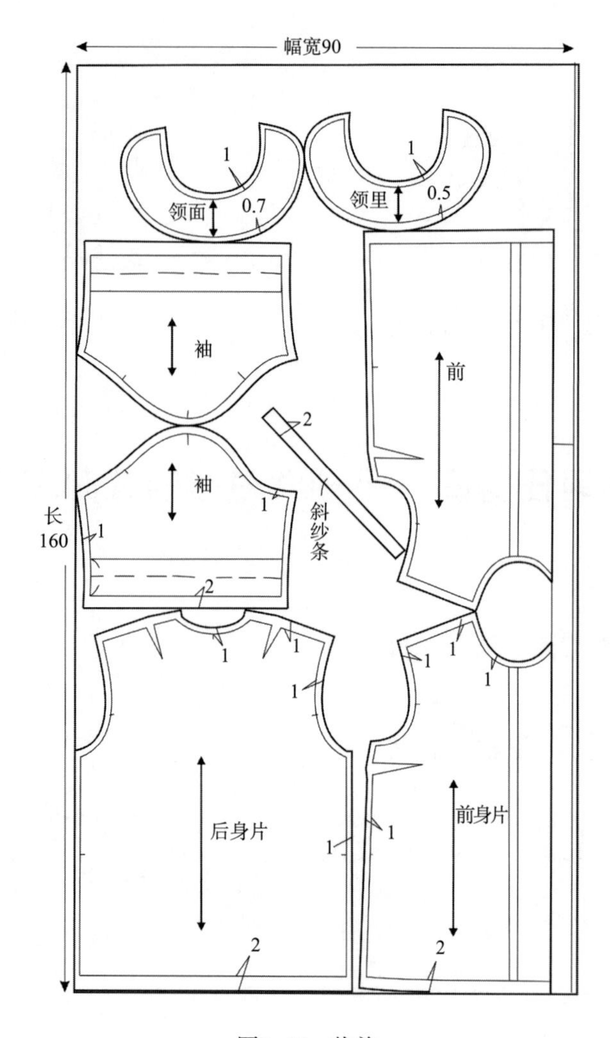

图2-64　裁剪

四、缝制工艺工程分析及工艺流程

缝制工艺工程分析及工艺流程如图2-65、表2-3所示。

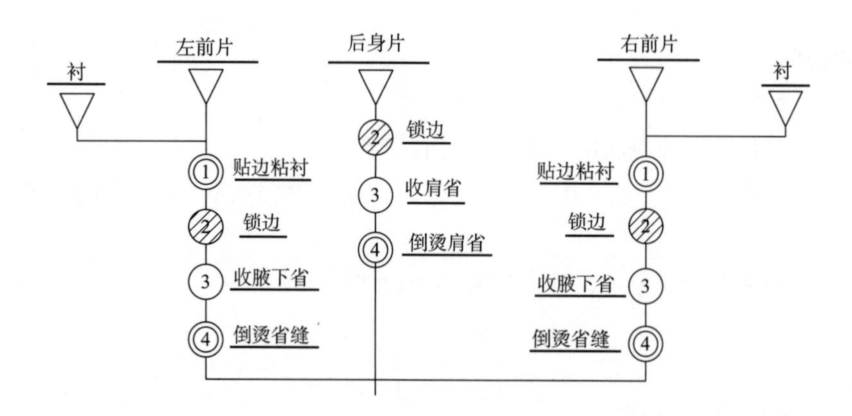

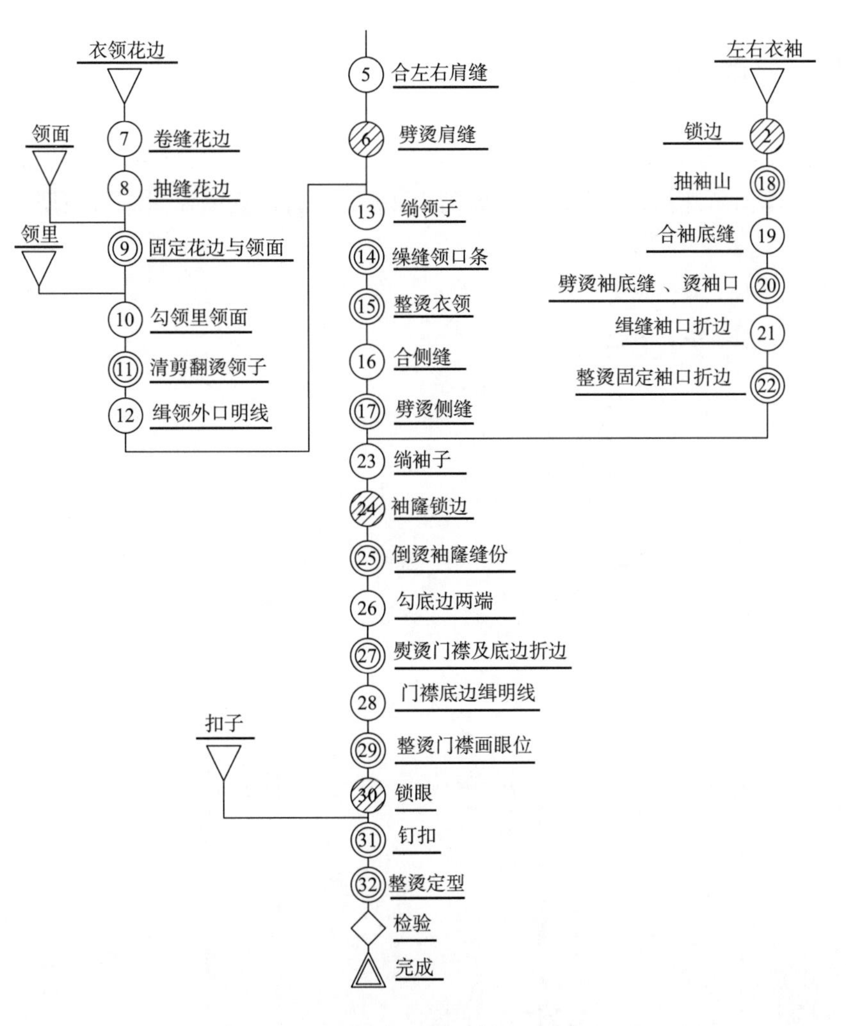

图2-65　缝制工艺工程分析及工艺流程

表2-3　工程记号说明

工程	记号	内容
加工工程	○	平缝机加工工程
	◍	特种机加工工程
	◎	熨斗、手工加工工程
	◉	整烫机、黏合机加工工程
检查工程	◇	品质检查工程
停滞工程	▽	裁片、部件停滞工程
	△	完成品停滞工程

五、缝制工艺操作过程

1. 前身贴边粘衬、各裁片锁边

根据布料薄厚适当选择黏合衬；确认熨斗的温度，掌握压力、时间；熨烫时熨斗沿纱向方向动作，压实粘牢。根据面料厚度可以单层锁边，也可以在缝制过程中双层一起锁边，如图2–66所示。

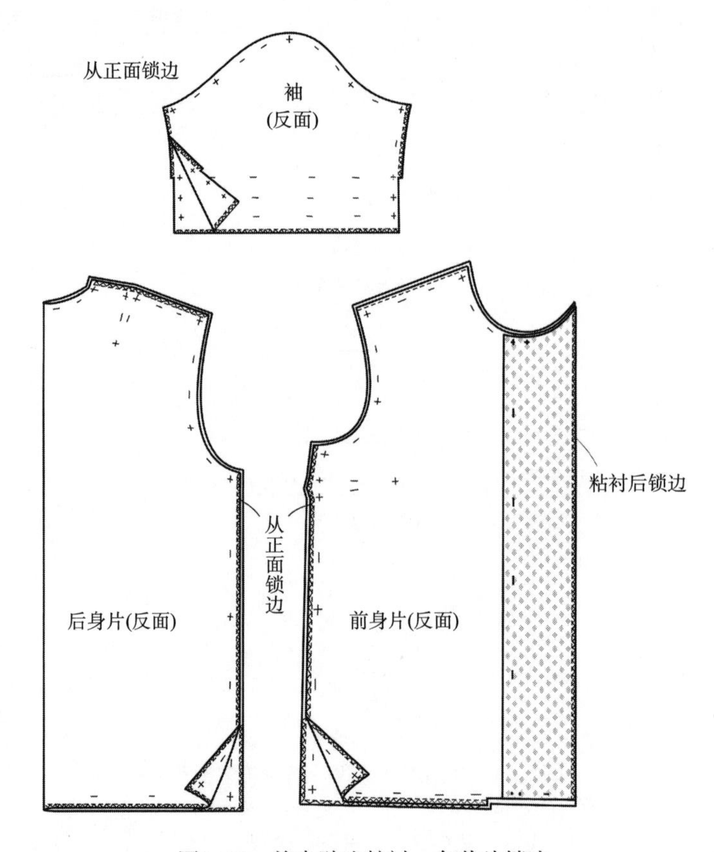

图2–66　前身贴边粘衬、各裁片锁边

2. 前后身收省、烫省

收省时不要拉伸，打回针要牢固。熨烫省尖时，一定要把省尖处分散烫开，不可有褶裥现象，如图2–67所示。

3. 合肩缝、烫肩缝

将前后身肩缝正面相对，前肩在上、后肩在下，缝合肩缝，注意不要拉伸。然后分烫肩缝缝份，如果面料非常薄，可以合完肩缝后双层一起锁边，缝份倒向后身熨烫，如图2–68所示。

4. 制作衣领

（1）制作花边。把花边的一端卷缝或用专用锁边机锁边。在花边的一侧用大针码抽缝，然后根据领外口大小抽褶。将抽好的花边粗缝固定到领面的正面，如图2–69所示。

（2）勾缝领外口、领面缉压明线、整烫领子。注意缝线应圆顺，吃势均匀准确，左右对称。之后，将领外口缝份清剪至0.5cm；然后将领子翻向表面，整理熨烫，为使花边平服，在领面外口缉压0.1cm明线，如图2–70所示。

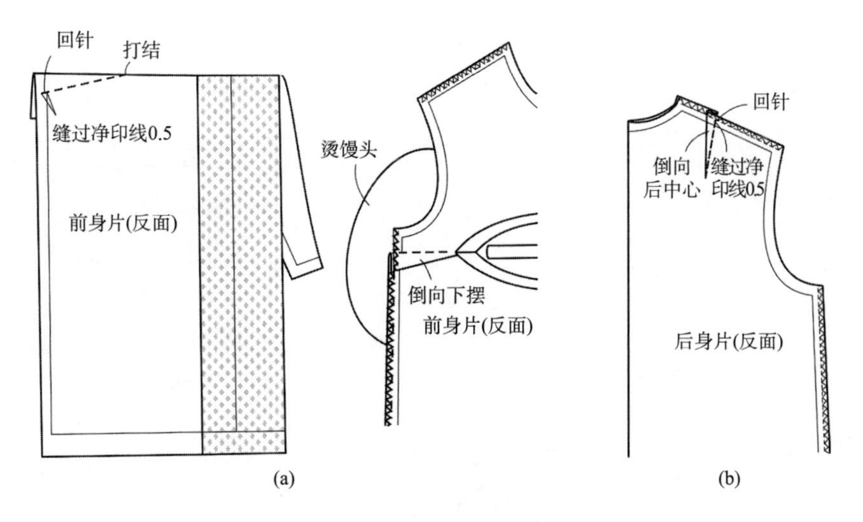

图2-67　前后身收省、烫省

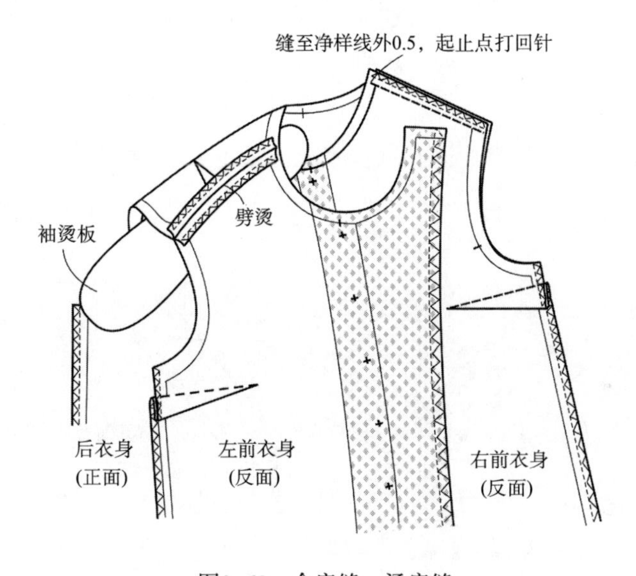

图2-68　合肩缝、烫肩缝

5. 绱领子

将领子按照正确的层次关系与衣身片领口比齐，门襟贴边沿止口线反折，并且把斜纱条沿领口放上使之稍带松量，然后沿绱领线缉缝，缝至肩部时稍稍拔开，如图2-71所示。清剪领口处缝份剩0.5cm或0.6cm。而后用斜纱条包住领口细针缲缝或用机缝，缝透衣身片，注意衣身片不要有褶皱现象，斜纱条成品宽为0.7cm，如图2-72所示。

6. 制作衣袖

核对袖山吃量，抽缝袖山；缝合袖底缝、劈烫袖底缝；整理熨烫袖口外翻边，然后机缝，最后固定袖口外翻边，如图2-73所示。

7. 缝合、劈烫侧缝

缝合侧缝、劈烫侧缝。

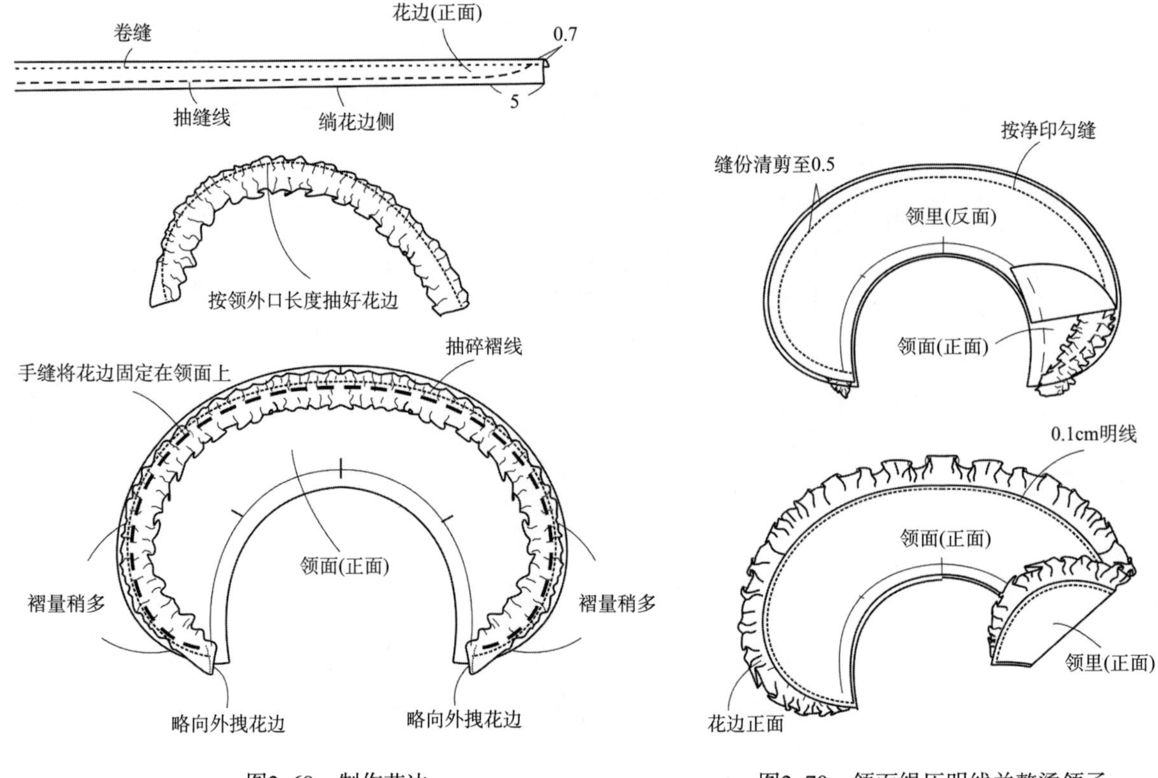

图2-69　制作花边　　　图2-70　领面缉压明线并整烫领子

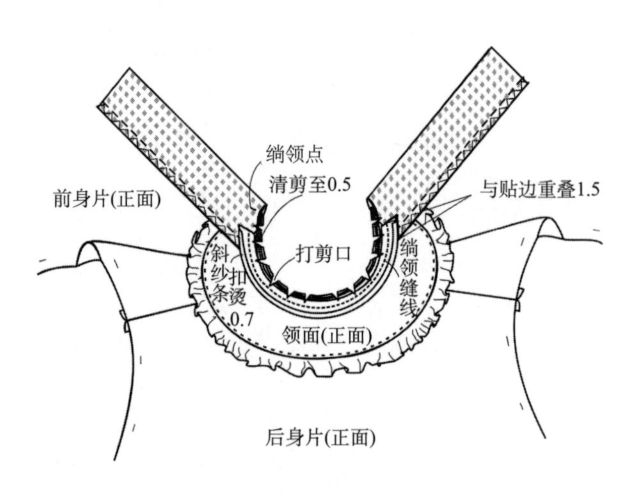

图2-71　机缝绱领子

8. **绱袖子、缉门襟与底边明线**

再次确认袖山与袖窿的尺寸，比齐对位点，沿袖窿缉线一圈。袖窿底部因着装时受力较大，因此在袖窿底部缝双道线。绱完后的袖窿缝份双层一起锁边。注意左右袖应吃势均匀对称。

确认底边折边及左右门襟长度，勾缝门襟底边两端，门襟贴边的松度适中，翻转门襟下摆两端，整理熨烫门襟及下摆，缉门襟明线0.1cm，缉底边明线1.5cm，最后整烫下摆，如图2-74所示。

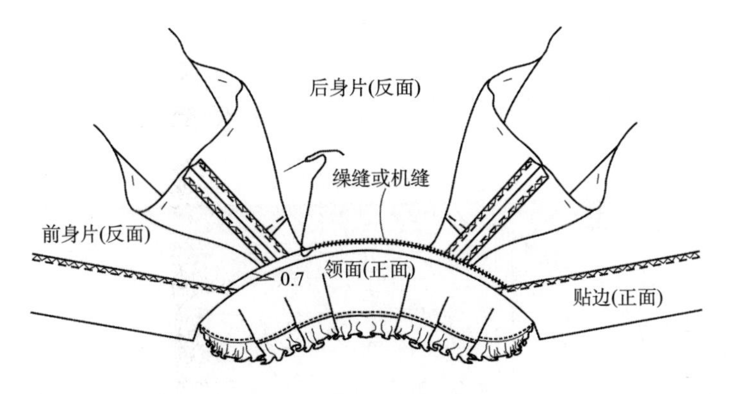

图2-72　斜纱条缲缝或用机缝

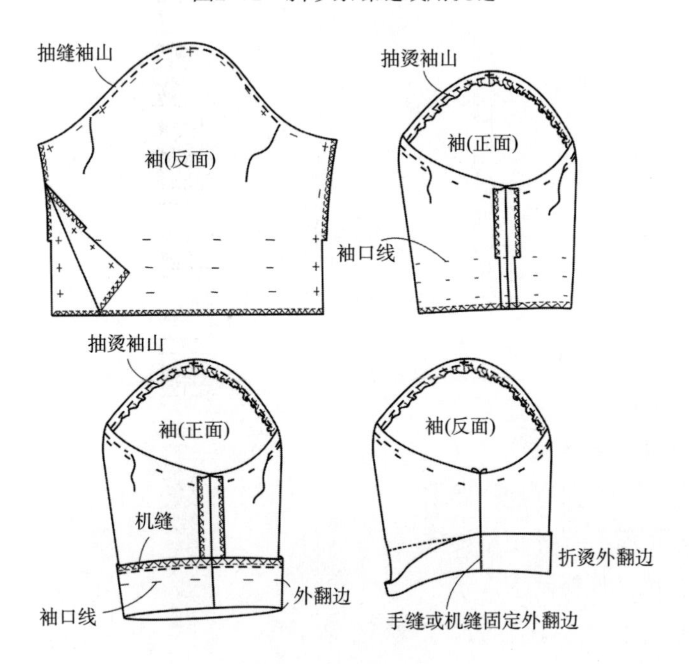

图2-73　制作衣袖

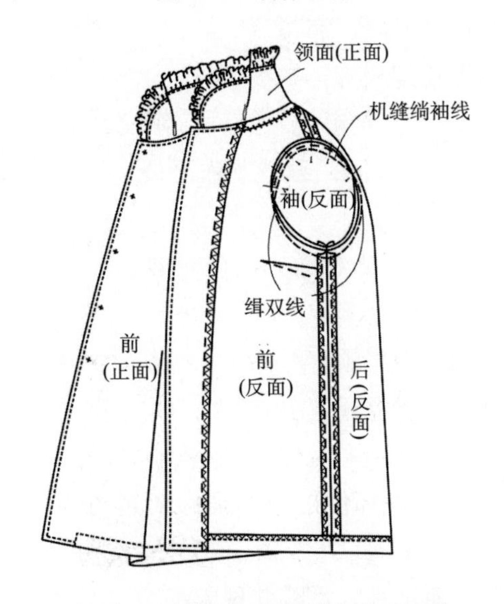

图2-74　绱袖子、缉门襟与底边明线

9. **锁眼、整烫、钉扣**

把门襟熨烫平整，画扣眼位置锁扣眼，然后整烫，钉扣，如图2-75所示。

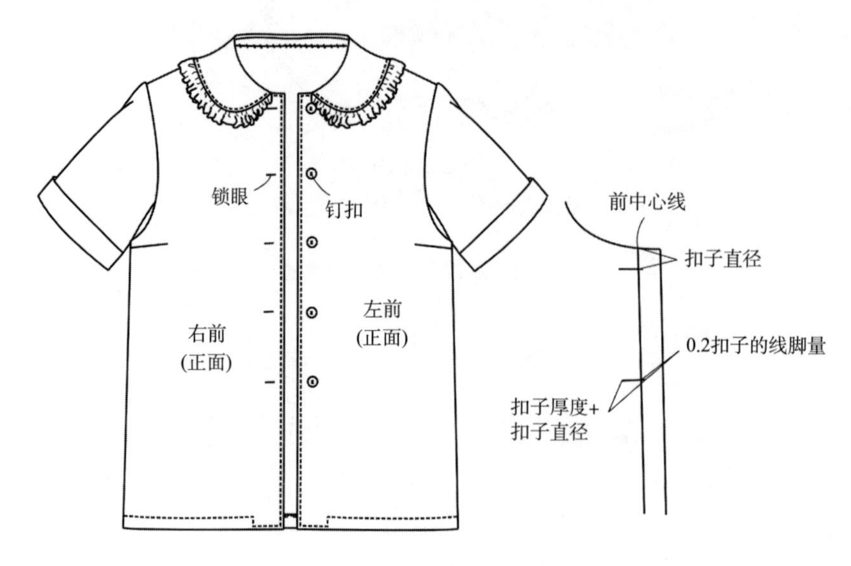

图2-75　锁眼、整烫、钉扣

六、质量检验方法

1. **主要部位尺寸规格要求**

（1）衣长、袖长符合尺寸规格要求。

（2）胸围、领围符合尺寸规格要求。

（3）肩宽符合尺寸规格要求。

（4）领子大小、袖口大小符合尺寸规格要求。

2. **缝制工艺要求**

（1）平领女衬衣衫缝制工序正确、完整。

（2）前门襟：左右前门襟长度相等，缉线顺直。

（3）衣领：绱领要正、要平；衣领左右对称；领面纱向顺直，不紧、不吃，花边抽褶均匀美观；领面缉线圆顺、流畅、牢固；领里制作平展、规范合理。领口斜纱条制作平展，宽窄一致，层次规范合理。

（4）衣袖：两只衣袖位置、吃势对称、符合造型要求；袖口外翻边制作方法正确，松度合理美观。

（5）底边：明线走向正确，缉线顺直漂亮。

（6）手工工艺：钉扣结实，符合规范要求。

3. **其他要求**

（1）外观造型：美观大方，各部位造型准确；成品整洁，表面平服；工艺处理得当，能给人舒适感。

（2）线迹：线迹顺直，针距适当，无跳线现象。

学习任务五　翻领女衬衫缝制工艺

一、款式图

翻领女衬衫款式图如图2–76所示。

图2–76　翻领女衬衫款式图

二、款式说明

翻领女衬衫外轮廓呈直腰身，翻领，长袖，基本型女衬衫，右门襟开七个扣眼，前身左右各收腋下省一个，后身左右肩省各收一个，装袖、袖开衩抽碎褶、装袖克夫。如果改变领型与袖长即可改变款式造型。翻领女衬衫适用的材料为棉（泡泡纱、牛津布、细平纹布、条格面料）、麻、化纤织物、薄毛料等，同时可根据配套的裙子或裤子进行颜色、花纹的选择。

三、裁剪

翻领女衬衫裁剪如图2–77所示。

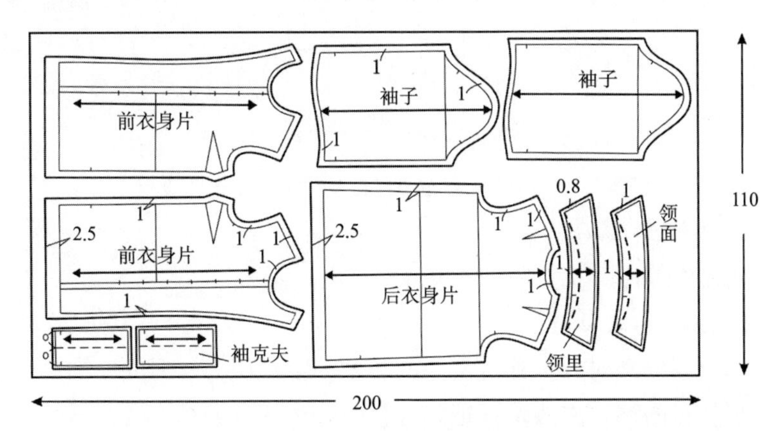

图2–77　翻领女衬衫的裁剪

四、缝制工艺工程分析及工艺流程

翻领女衬衫缝制工艺工程分析及工艺流程如图2–78所示。

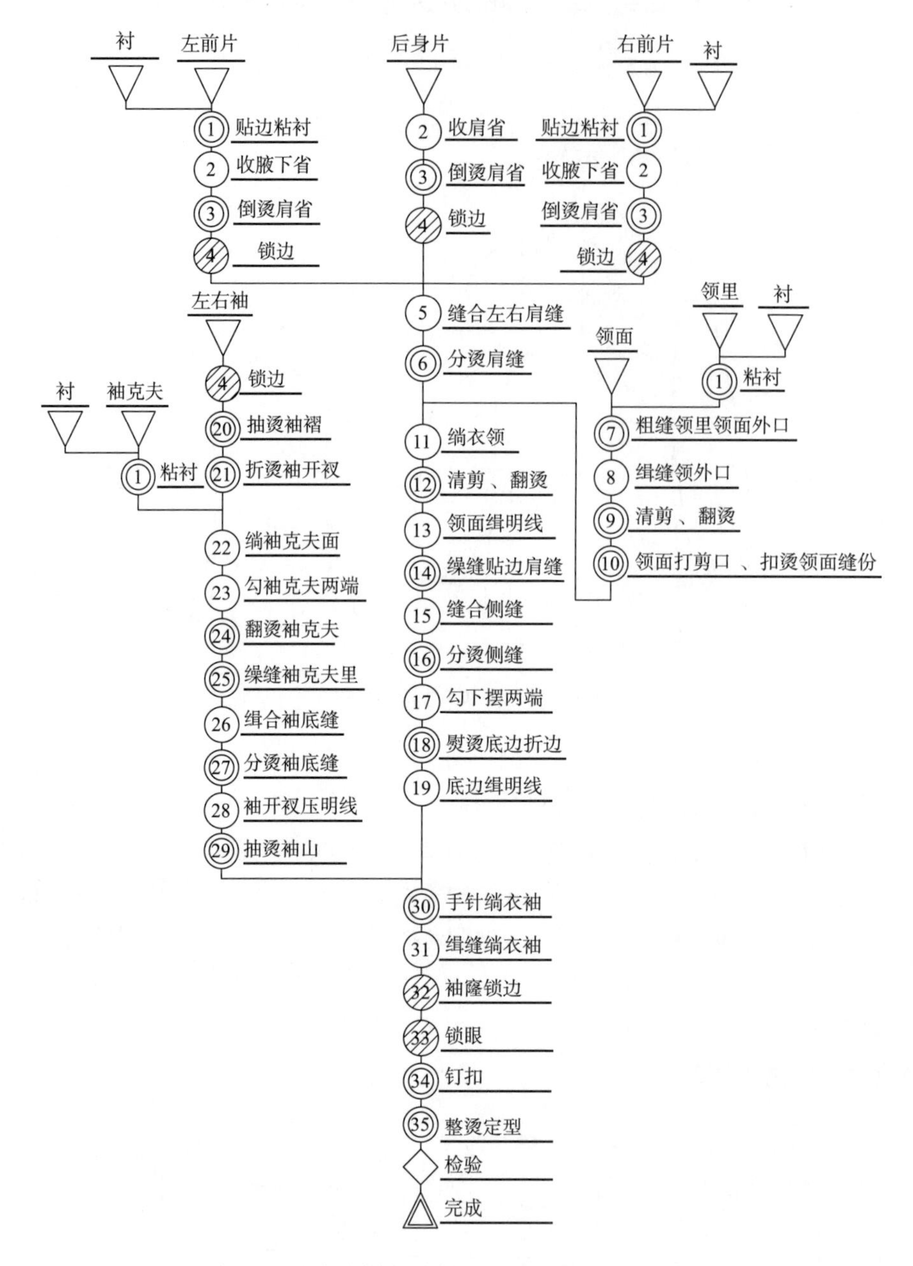

图2–78 翻领女衬衫缝制工艺工程分析及工艺流程

五、缝制工艺操作过程

1. 领里、袖克夫、贴边粘衬

根据布料薄厚适当选择衬料；确认熨斗的温度，掌握压力、时间；熨烫时熨斗沿纱向方向动作，压实粘牢。衬的粘贴方法是：把黏合衬带胶粒的一面粘在各片裁片的反面，注意衬与裁片的纱向，可垫上纸用熨斗压烫，各部位受力应均匀，如图2–79所示。

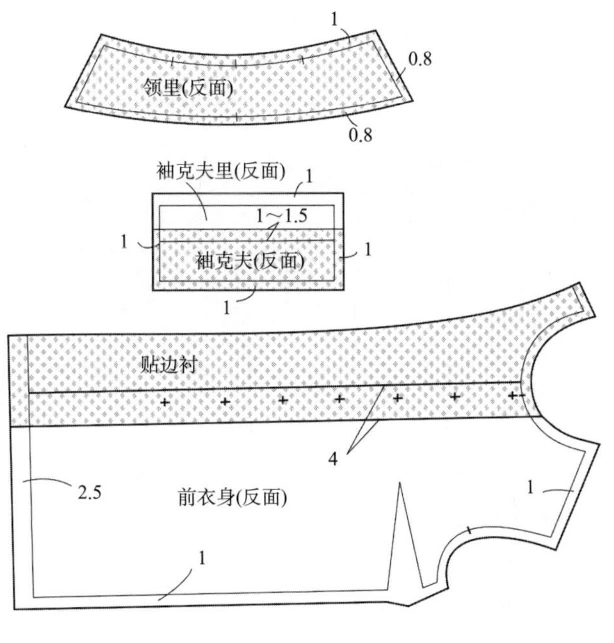

图2–79 粘衬

2. **收省、各裁片锁边**

衬衫因其面料较薄，可以收省后再锁边，这样具有整洁感。根据面料厚度可以单层锁边，也可以在缝制过程中双层一起锁边。收前衣身片腋下省和后身片肩省，然后烫倒省缝；前后衣身片肩、侧缝、贴边、袖底缝处锁边，如图2–80所示。

3. **缉合左右肩缝**

按净样线缝合左右肩缝，注意不要拉伸，然后分烫肩缝，如图2–81所示。

4. **制作衣领**

（1）勾领子。首先确认领里和领面，对位记号应齐全；将领里和领面正面相对，可领面在上，也可以领里在上；如图2–82所示，在领面净样线处用大头针固定外领口或手针粗缝领里、领面外口，检查左右吃势是否对称，最后在领面净样线外0.2cm处机缝领外口。

（2）清剪、翻烫领子。领外口缝份清剪剩0.5cm，剪去领尖，将领外口缝份分开熨烫，然后将领子翻向正面整理熨烫，领外口吐止口0.1cm，如图2–83所示。

（3）手针固定翻折量、领面打剪口、扣烫缝份。领面在下，向上折转领子，手针固定翻折量；在领子颈侧点前1～1.5cm处打剪口，扣烫剪口之间的缝份，如图2–84所示。

5. **绱领子**

（1）将做好的领子领面在上，放到衣身片领口的正面，对齐对位记号，然后机缝绱领子，如图2–85所示。

（2）将贴边肩缝处的缝份扣烫，沿前门襟折叠贴边与衣身正面相对，按净样线机缝贴边、领子与衣身，缝至领面剪口处，如图2–86所示。

（3）清剪缝份、开剪口。首先清剪缝份剩0.5～0.6cm；在做领子时确定领面的剪口位置，将贴边、领里、衣身的此位置也打剪口，如图2–87所示。

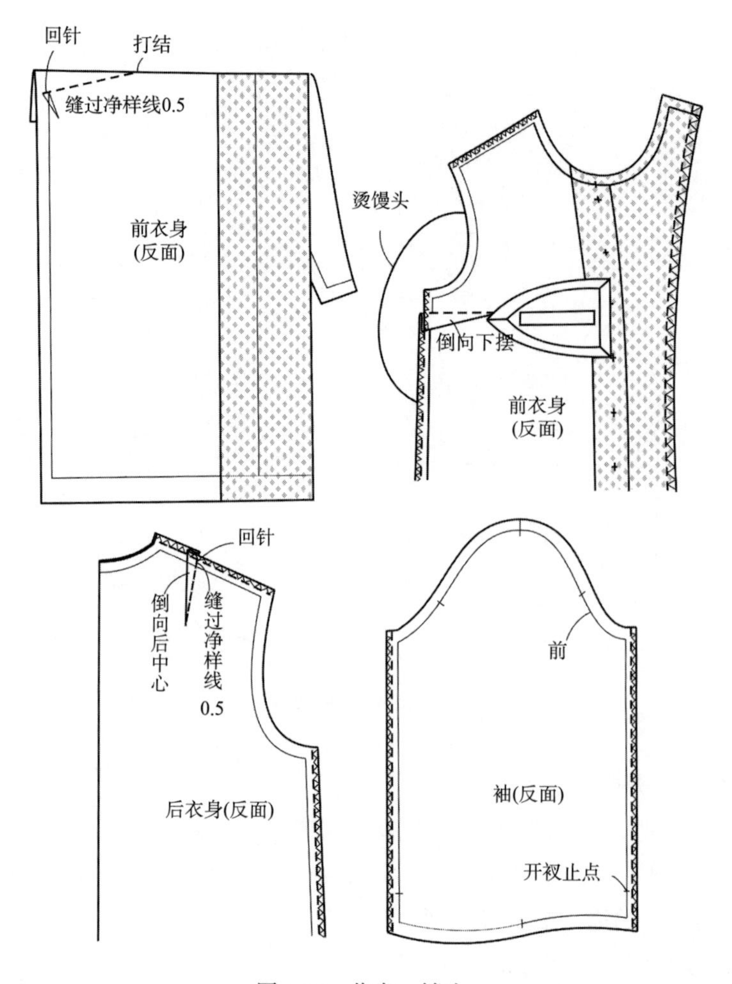

图2-80 收省、锁边

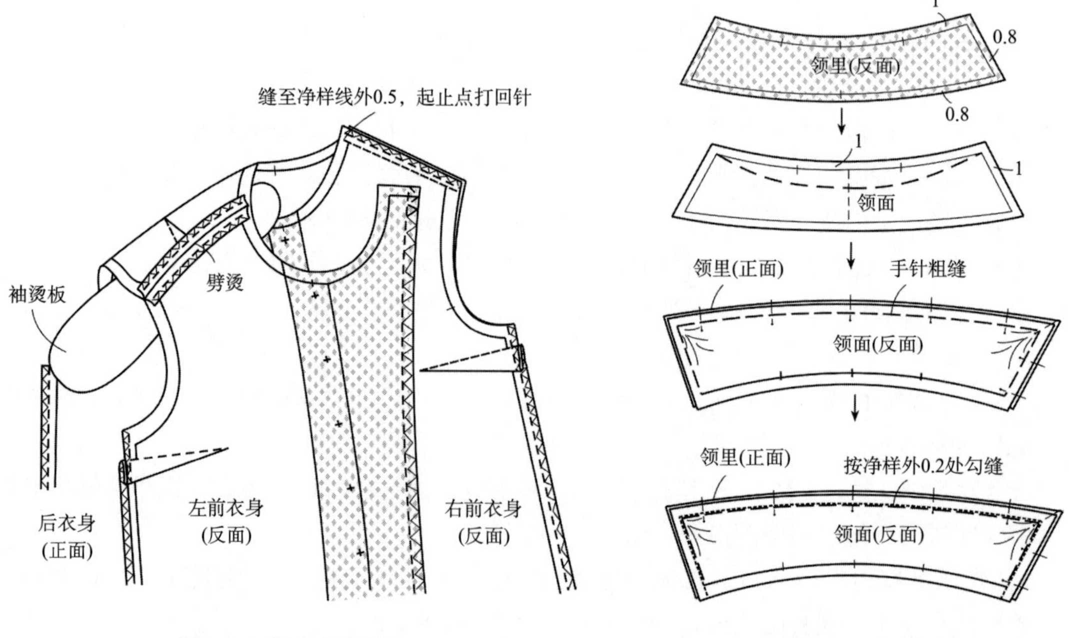

图2-81 缉合左右肩缝

图2-82 勾领子

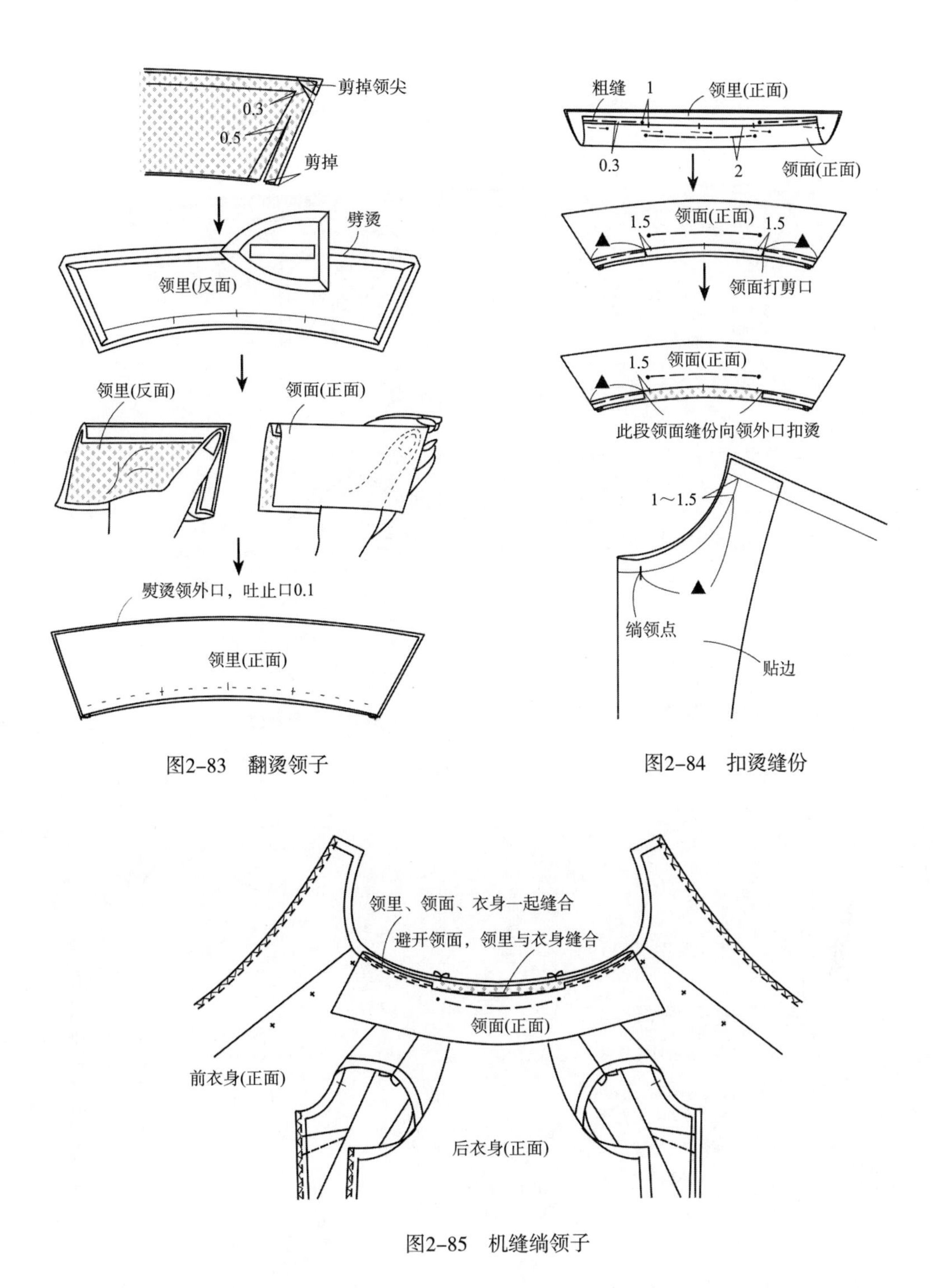

图2-83　翻烫领子

图2-84　扣烫缝份

图2-85　机缝绱领子

（4）领面压明线。将领里、衣身及贴边的缝份塞进领里与领面之间，把领面下口与身片的净样线对合，看领面缉0.1～0.2cm明线。缲缝贴边与衣身的肩缝处；贴边的领口处根据个人审美可缉压0.2cm明线，如图2-88所示。

6. **缝合侧缝**

按净样线缝合侧缝，然后把缝份劈开熨烫，如图2-89所示。

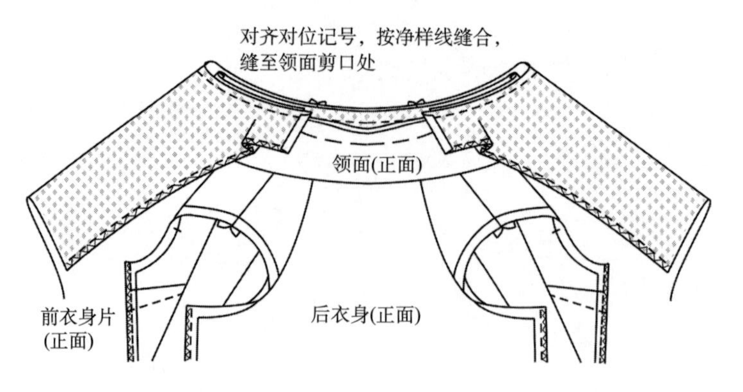

图2-86　缝合门襟贴边

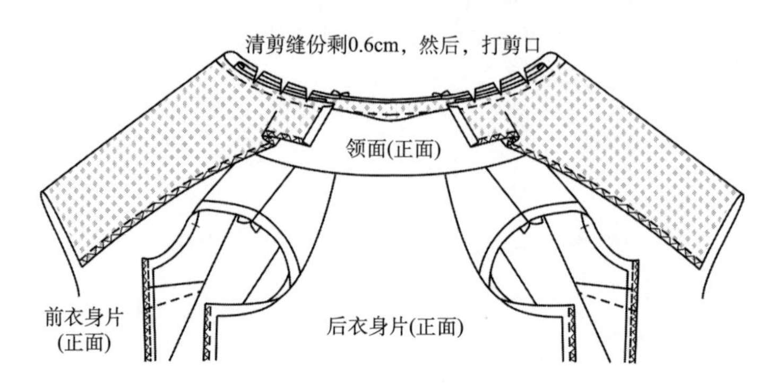

图2-87　领口处打剪口

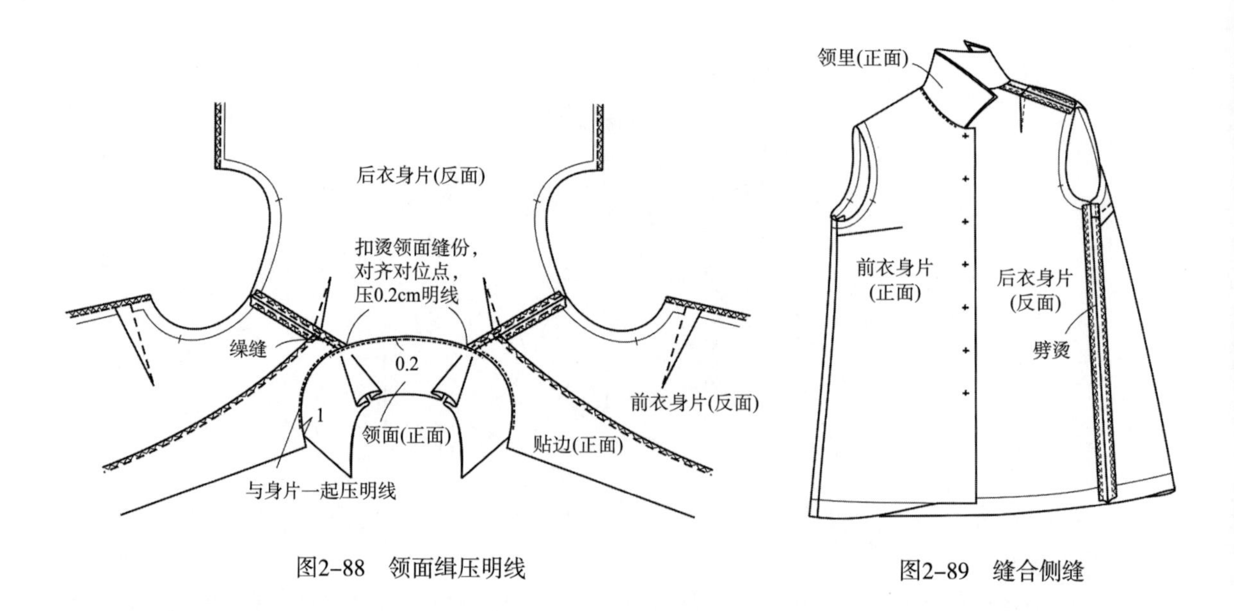

图2-88　领面缉压明线

图2-89　缝合侧缝

7. **折缝底边**

勾下摆两端；清剪底边两端；翻转扣烫底边折边，缉底边明线0.2cm，如图2-90所示。

8. **制作衣袖、绱袖克夫**

（1）抽缝袖山、袖口。制作衬衫时衣袖抽袖山可以抽一道线，也可以抽两道线；可以用手针锋线抽缝，也可以用机器放大针距缝线抽缝，如图2–91所示。

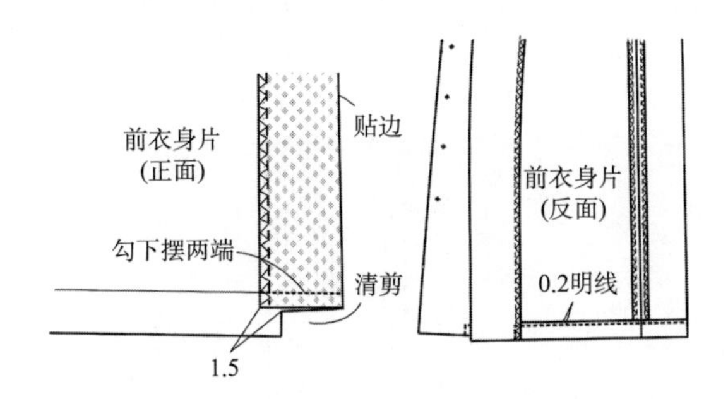

图2–90　折缝底边

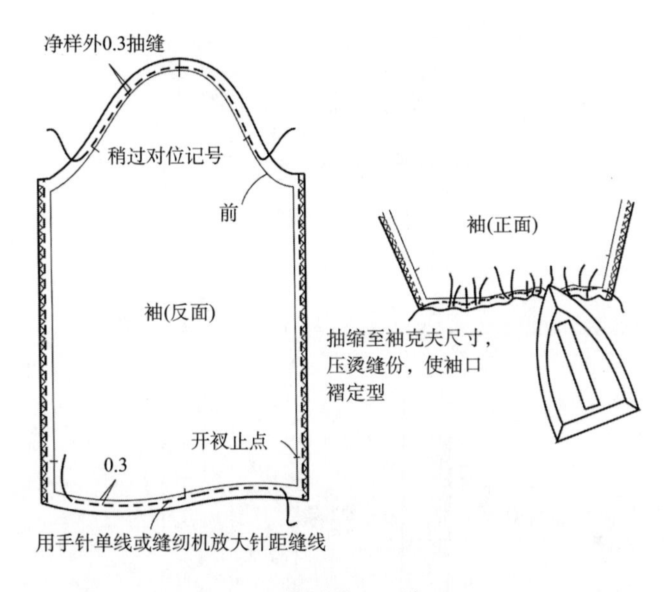

图2–91　抽缝袖山、袖口

（2）绱袖克夫。首先沿净样线折烫袖开衩处的缝份，把袖克夫与衣袖正面相对，按净样线绱袖克夫面；勾缝袖克夫两端及搭门处；把衣袖及袖克夫的缝份塞进袖克夫的里面之间，将袖克夫里与袖子手针缲缝，如图2–92所示。

（3）合袖底缝、抽烫袖山。缝合左右袖子的袖底缝，分缝熨烫袖底缝；袖开衩压0.2～0.5cm明线。确认袖山与袖窿的尺寸，抽缩袖山缩缝量，然后熨烫袖山缝份，使之定型，如图2–93所示。

9. **绱衣袖**

将袖子与衣身正面相对，对齐袖山点与肩缝、袖底缝与侧缝及前后袖窿的对位记号，然后手针粗缝或大头针固定；试装，确认衣袖的前后位置、袖山吃量的分配是否合理，是否符合款式要求和工艺要求后开始机缝绱衣袖；缝线要缉牢而且圆顺。左右袖的制作效果应对称一致，如图2–94所示。

10. **袖窿锁边**

衣袖绱好确认无误后，将袖窿双层一起锁边，然后熨烫袖窿缝份，使之平展，如图2–95所示。

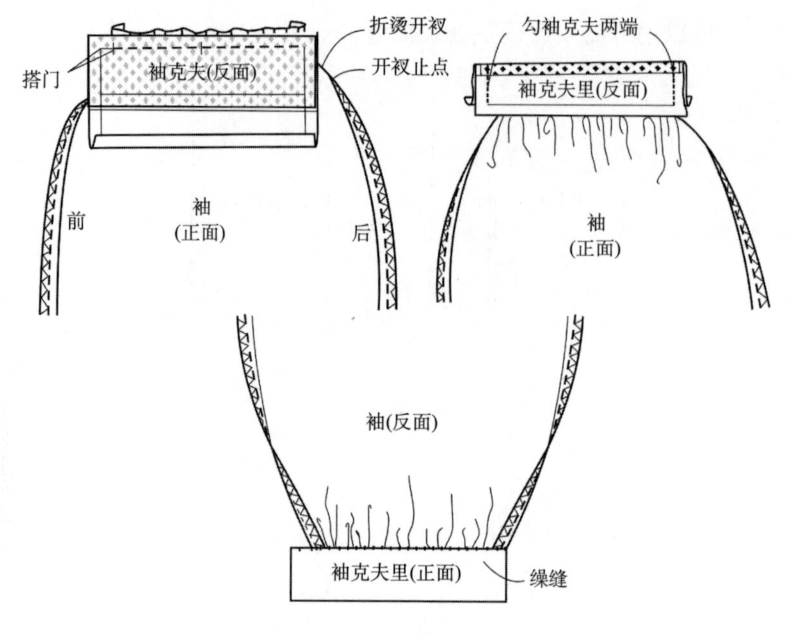

图2-92 绱袖克夫

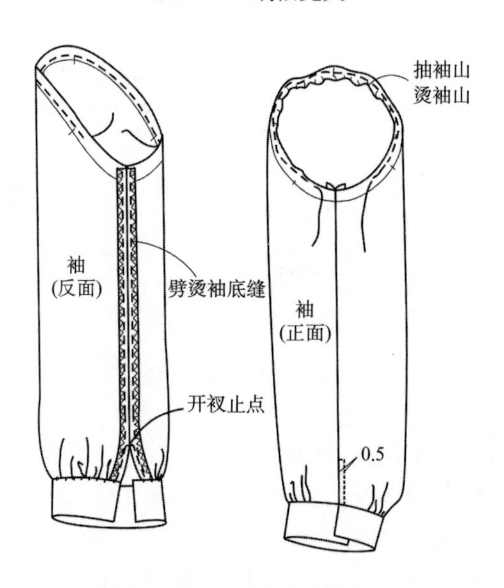

图2-93 合袖底缝、抽烫袖山

11. 锁眼、钉扣、整烫

使用锁眼机锁扣眼时针迹一定要细密，锁缝起止点要稍微重叠一小段。面料易脱纱时，要在扣眼正中间处机缝一道。扣眼大小要一致，位置要准确；钉扣要牢。最后，把缝制过程中熨烫不定型之处熨烫平服定型；再从左前身至右前身的顺序进行整烫，如图2-96所示。

六、质量检验方法

1. 主要部位尺寸规格要求

（1）衣长、袖长符合尺寸规格要求。

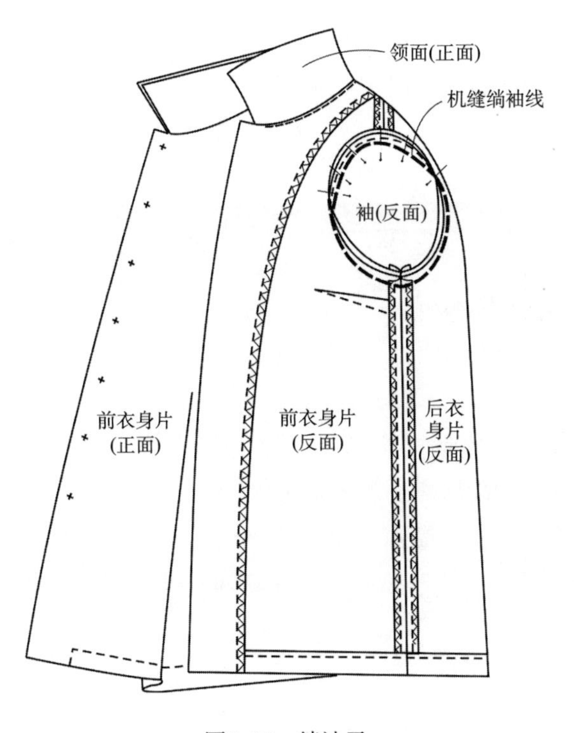

图2-94　绱袖子

图2-95　袖窿锁边

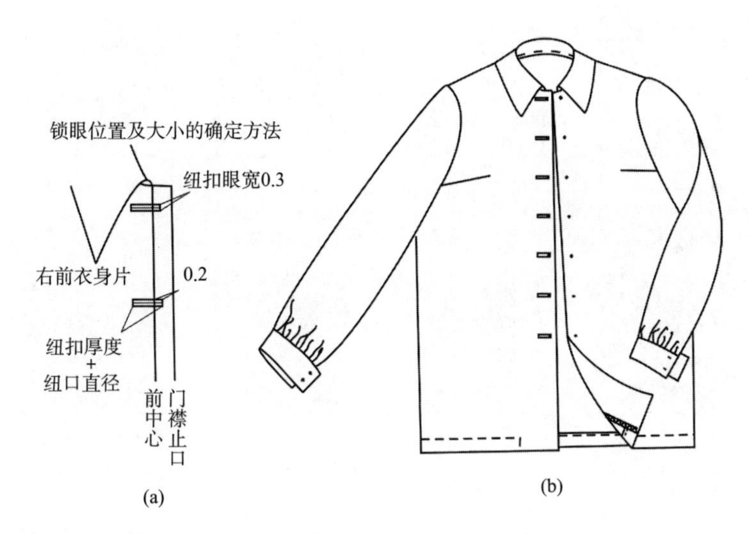

图2-96　锁眼、钉扣、整烫

（2）胸围、领围符合尺寸规格要求。

（3）肩宽符合尺寸规格要求。

（4）领子大小、袖口大小符合尺寸规格要求。

2. 缝制工艺要求

（1）翻领女衬衫缝制工序正确规范、完整、工艺设计效率高。

（2）前门襟：左右前门襟长度相等、熨烫平整顺直。

（3）领子：绱领要正、要平；衣领左右对称；领面纱向顺直，不紧、不吐里；领面缉线顺直、牢固；领里制作平展、规范合理。

（4）衣袖：两只衣袖对称、符合造型要求；袖开衩制作方法正确、工序完整、美观。

（5）手工工艺：钉扣结实，其他手工部位制作美观，符合规范要求。

3. **其他要求**

（1）外观造型：美观大方，各部位造型准确；成品整洁，表面平服；工艺处理得当、给人舒适感。

（2）线迹：线迹顺直，针距适当，无跳线现象。

（3）衣服反面整洁，符合规范要求。

课后延学：根据学习任务，完成女衬衫实训操作

实训任务一：女衬衫局部制作实训练习（按规格要求分组完成）

实训任务二：女衬衫成衣工艺实训练习（按规格要求分组完成）

实训任务三：结合本单元学习任务，查阅有关书籍或利用互联网，进一步了解女衬衫款式变化、工艺变化，撰写本单元学习心得。

本单元微课资源（扫二维码观看视频）

13. 一字型领口——收省、粘衬
14. 一字型领口——合小肩、勾缝领口贴边、熨烫整理
15. 一字型领口——勾袖窿、清剪、翻烫整理
16. 一字型领口——贴边压明线、合侧缝、卷下摆、整烫展示
17. 平领女衬衫——粘衬、收省、合肩缝
18. 平领女衬衫——制作领子
19. 平领女衬衫——绱领子与斜纱条
20. 平领女衬衫——绱领子与斜纱条压明线
21. 平领女衬衫——平领整烫和下摆制作
22. 平领女衬衫——制作袖开衩、装袖克夫
23. 平领女衬衫——灯笼袖装袖
24. 翻领女衬衫——制作省缝、肩缝
25. 翻领女衬衫——领子的制作
26. 翻领女衬衫——绱领子
27. 翻领女衬衫——合侧缝、做袖开衩、绱袖克夫
28. 翻领女衬衫——绱袖子
29. 翻领女衬衫——下摆制作

学习单元三　男衬衫缝制工艺

课前导学：以男衬衫类的服装加工方式为本，提出学习任务，服装生产任务单见表3-1。

学习任务一：男衬衫局部缝制工艺

学习任务二：男衬衫缝制工艺

表3-1　服装生产任务单

<table>
<tr><td>客户名称</td><td></td><td>款号</td><td>×××</td><td>款名</td><td>男衬衫</td><td rowspan="4">成衣主要规格表
号型：175/92A　单位：cm
<table><tr><td>部位</td><td>后中长</td><td>胸围</td><td>领长</td><td>肩宽</td><td>袖长</td><td>袖口</td></tr><tr><td>尺寸</td><td>78</td><td>110</td><td>41</td><td>46</td><td>60</td><td>24</td></tr></table>注　未标注尺寸的部位，可根据订单要求、款式图及样板确定。

工艺要求：
1. 面料裁剪纱向正确，经纬纱垂平，达到丝绺平衡，符合成本要求。
2. 针距为3cm，14～15针，缉线要求宽窄一致，缝型正确，无断线、脱线、毛漏等不良现象。
3. 衣缝采用包缝工艺；明线宽窄美观，缝份倒向合理，处理得当，衣缝平整。
4. 工艺细节处理得当，领尖窝服不外翻，胸袋、开衩左右对称，层次关系清晰。
5. 具体缝型、工艺方法，根据订单要求及款式图及样板确定。
6. 纽扣、线等辅料符合订单要求。
7. 后整理：烫平冷却后折装，不可烫脏、渗胶等。
8. 装箱方法：单色单码</td></tr>
<tr><td>产量</td><td></td><td>面料</td><td>×××</td><td>工期</td><td></td></tr>
<tr><td colspan="6">款式图：
正面　　背面</td></tr>
<tr><td colspan="3">款式特征：
1. 衣身：直腰身，圆下摆，左右胸分别各有一个贴袋，肩部横向分割设计双层过肩，后背中心有一个活褶，可变换纱向的非连衣身片前门襟是这件衬衫的亮点。
2. 衣领：领座与翻领分开的翻立式尖领。
3. 衣袖：一片袖，袖克夫收袖口，袖开衩是绱袖牌和掩襟的袖开衩</td><td colspan="3">外观造型要求：
1. 整体：工艺设计符合造型要求，辅料配置合理，服装里外整洁。
2. 衣身：胸腰松量适中；肩部服帖，有活动量，无不良折痕；下摆不起吊，不外翻。
3. 衣领：松紧适中，止口平顺。
4. 衣袖：肩、袖衔接平顺，袖体圆顺，无不良皱褶</td></tr>
</table>

依据服装加工方式，设计梳理本单元应掌握的技能及学习目标，见表3-2。

表3-2 本单元应掌握的技能及学习目标

职业面向	技能点	学习目标		
		知识目标	能力目标	素质目标
1. 样衣制作人员 2. 裁剪人员 3. 生产班组长 4. 模板操作员	熟知男衬衫款式变化及对应的工艺方法	熟知男衬衫款式、选料及工艺方法	熟悉男衬衫款式风格特点及常规工艺特点	1. 培养学生依据标准文件设计工艺方法 2. 培养学生与人合作完成项目任务 3. 培养学生独立完成男衬衫裁剪、排版、成衣制作的能力 4. 培养爱岗敬业的工作作风和吃苦耐劳的工作精神
	掌握男衬衫的局部缝制工艺技法	掌握男衬衫的局部缝制工艺技法	能够熟练使用常规缝纫设备，运用现有制作工艺技能，完成领子等局部制作并能够结合款式不同设计工艺方法、编写工艺流程	
	掌握男衬衫成衣缝制工艺技法	掌握男衬衫成衣缝制工艺技法	能够熟练掌握各种缝纫设备、机缝技法进行女衬衫成衣的缝制	

课中探究：围绕学习任务，进行技能学习

学习任务一　男衬衫局部缝制工艺

一、衣领

1. 款式图

男衬衫衣领款式如图3-1所示。

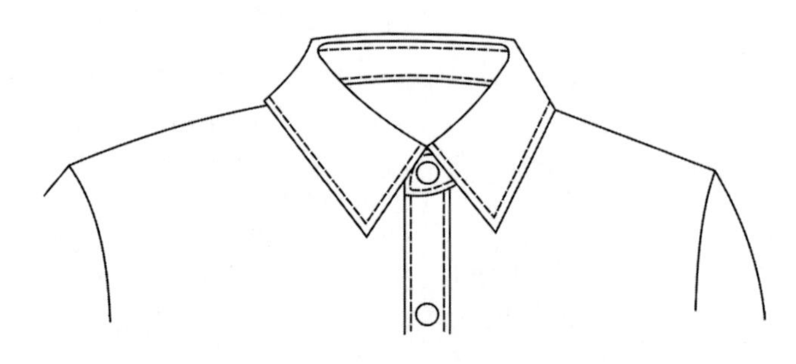

图3-1　男衬衫衣领款式图

2. 款式说明

此款领型是由翻领和领座组成的封闭式领子。翻领外口、领座一周压明线，明线可以是单明线，也可以是双明线，明线宽度可以宽可以窄，要求明线宽窄一致。绱领方法为座领外口夹着翻领进行机缝，翻领绱到前中心终止；然后领座夹着衣身片领口绱领座，领座绱到前门止口终止。此款衣领是男式衬衫常用的领型之一。

3. 裁剪

（1）男衬衫衣领面料的裁剪，如图3-2所示。

（2）男衬衫衣领衬料的裁剪，如图3-3所示。

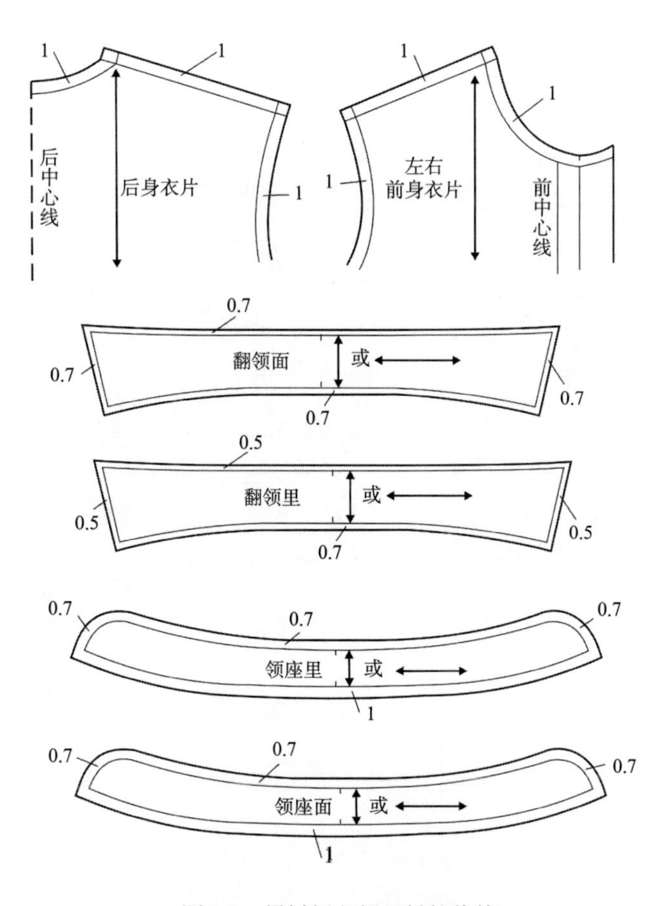

图3-2　男衬衫衣领面料的裁剪

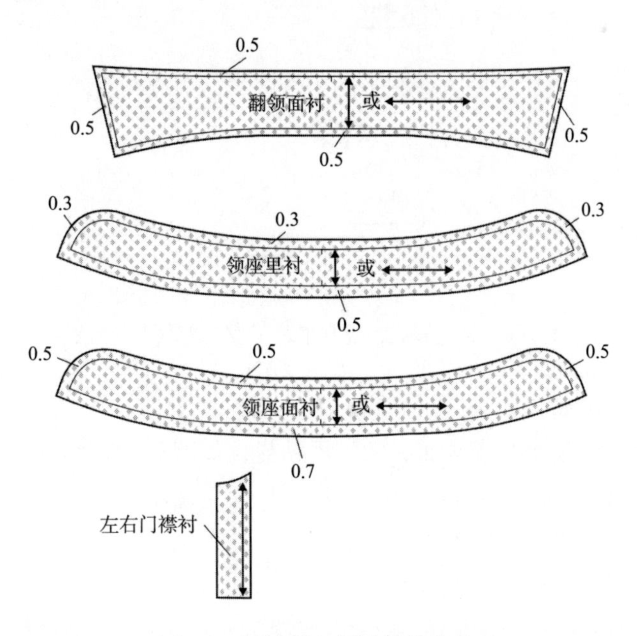

图3-3　男衬衫衣领衬料的裁剪

4. 缝制工艺工程分析及工艺流程

男衬衫衣领缝制工艺工程分析及工艺流程如图3-4所示。

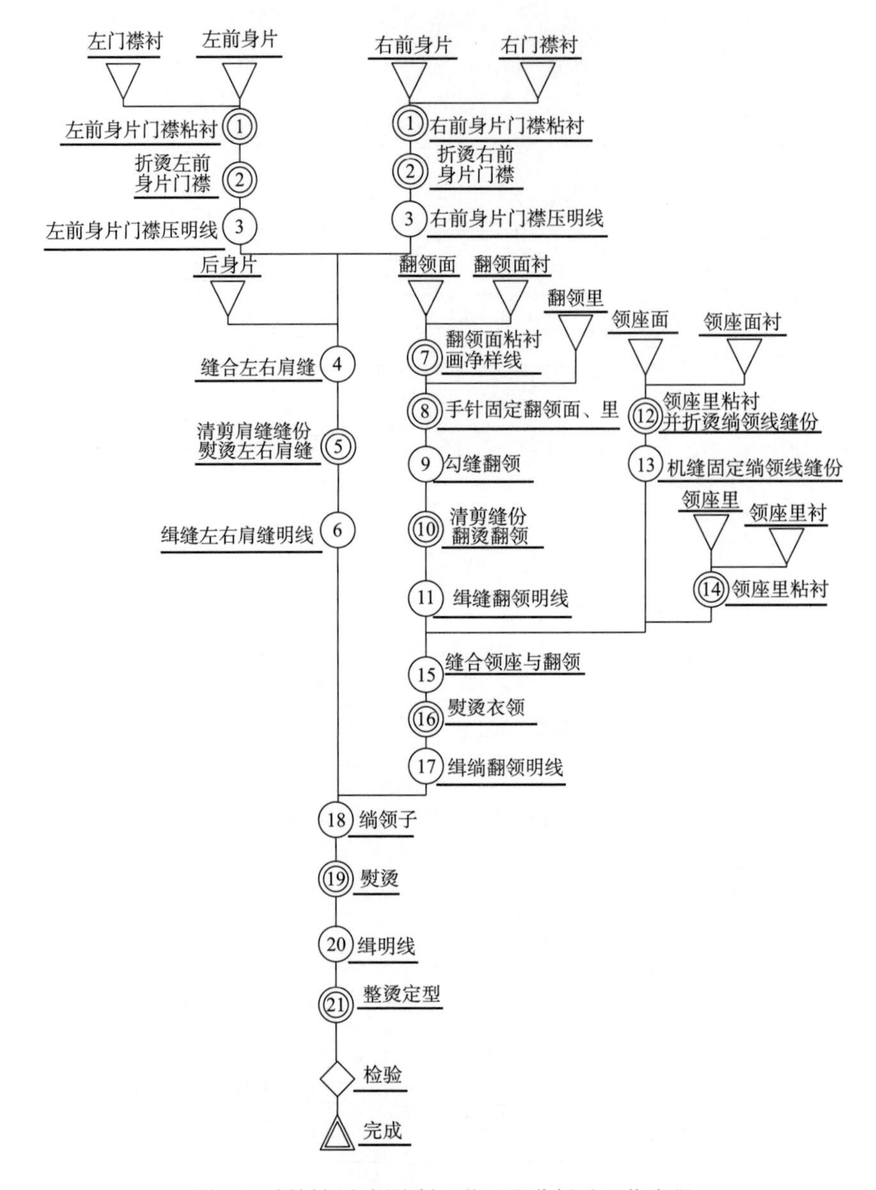

图3-4 男衬衫衣领缝制工艺工程分析及工艺流程

5. 缝制工艺操作过程

（1）左右门襟、翻领面、座领面、领座里粘衬，如图3-5所示。

（2）折烫左右前门襟，如图3-6所示。

（3）缉左右前门襟明线，如图3-7所示。

（4）缝合左右肩缝，如图3-8所示。

（5）清剪左右前肩缝份至0.3cm，折烫后肩缝份，然后将左右肩缝份向前烫倒，如图3-9所示。

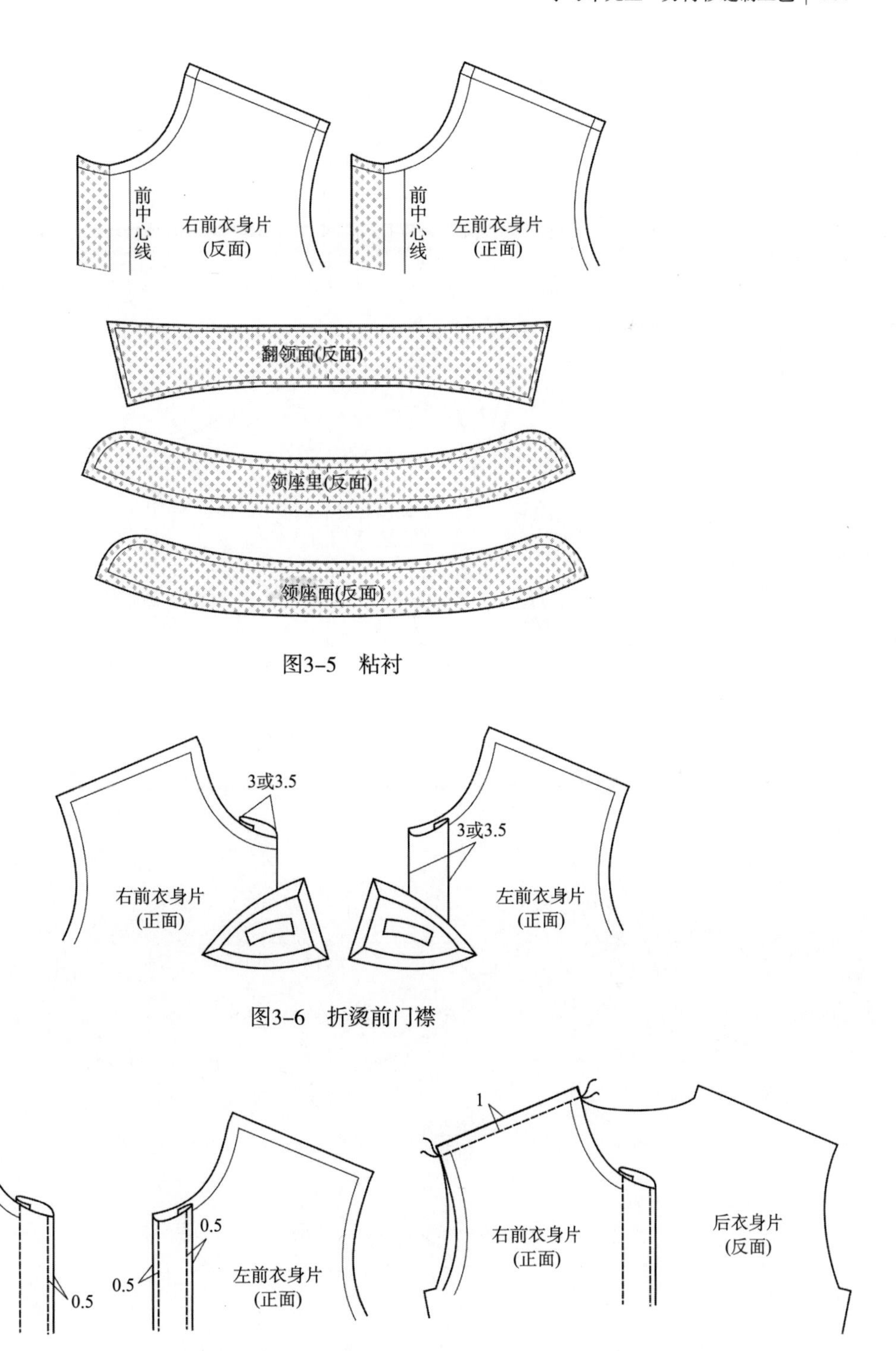

图3-5　粘衬

图3-6　折烫前门襟

图3-7　缉前门襟明线

图3-8　缝合肩缝

（6）缉左右肩缝明线，如图3-10所示。

（7）制作翻领。

①在翻领面的反面粘衬，画净样线，如图3-11所示。

②将翻领面、里裁边对齐，用手针固定翻领面与翻领里，领面在领角处给一定的松量，

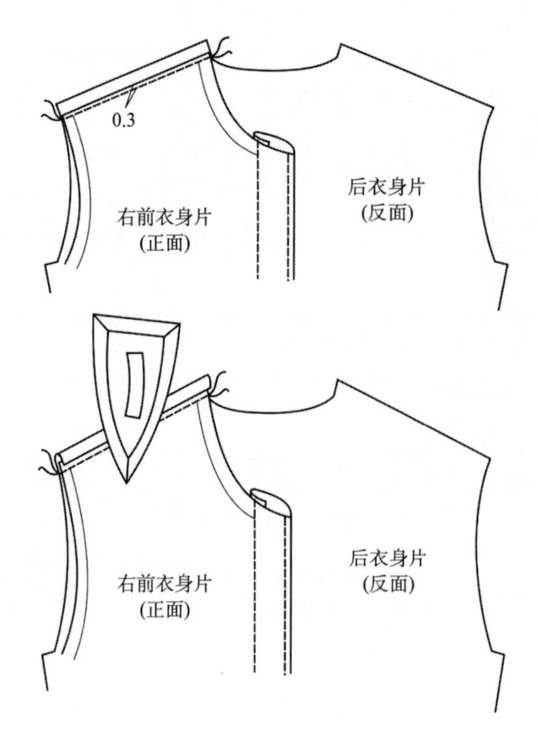

图3-9 清剪、烫倒肩缝

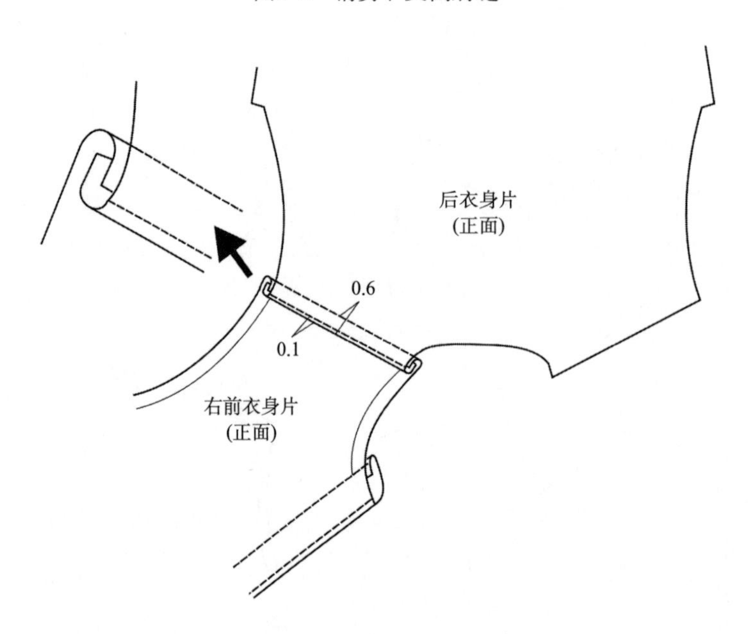

图3-10 缉肩缝明线

领里在领角处略拉紧，使领角产生窝势；然后沿翻领正面净样线外侧按0.6cm缝份机缝领外口，如图3-12所示。注意：如果面料较厚，或翻领里粘衬，可在翻领里的反面画净样线，机缝翻领时，沿翻领里净样线内侧按0.6cm缝份机缝领外口。

③清剪缝份，翻烫领子。清剪翻领缝份，缝份剩0.3～0.4cm，扣烫、翻转至领正面，并熨烫，翻领面吐0.1cm的止口量，把翻领角烫出窝势，如图3-13所示。

④缉翻领明线。翻领缉0.5cm明线，明线不许有重线接头，一次性缉好，再把领子翻折，留出翻领面翻折需要的余量，然后固定翻领面和翻领里，如图3–14所示。

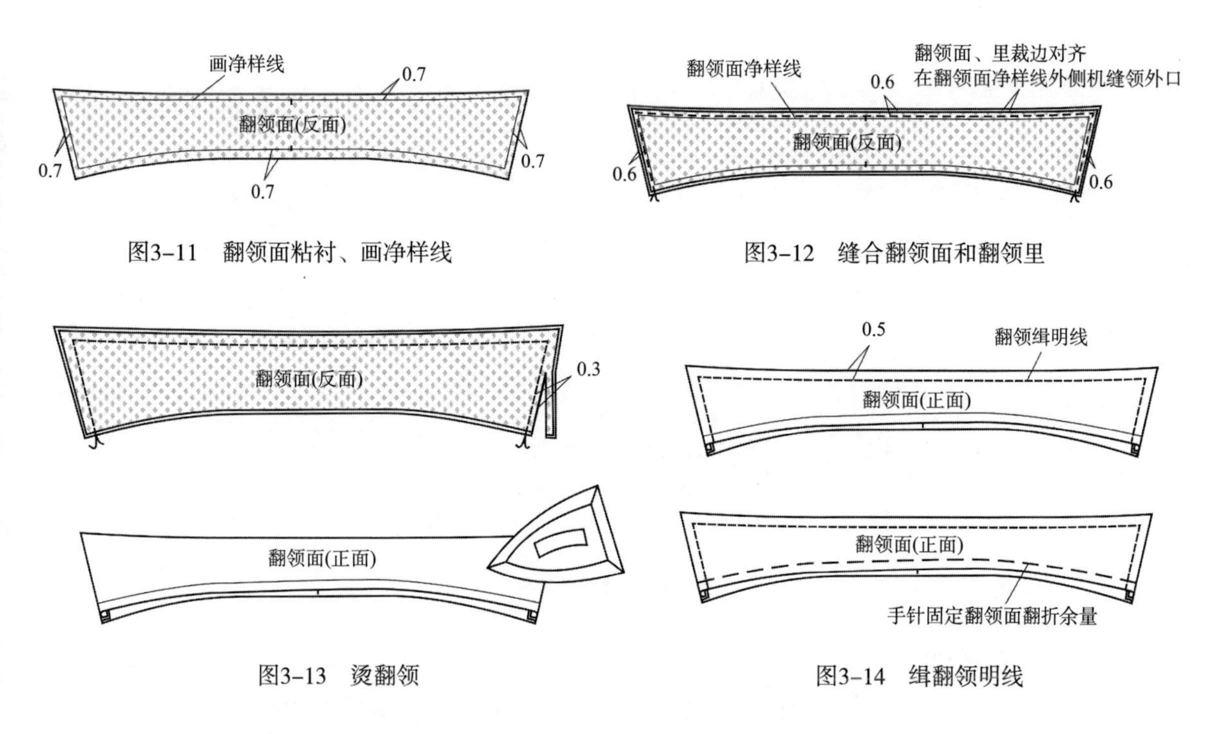

图3–11　翻领面粘衬、画净样线

图3–12　缝合翻领面和翻领里

图3–13　烫翻领

图3–14　缉翻领明线

（8）按净样线，折烫领座面绱领线缝份，如图3–15所示。

（9）按0.5cm缉明线，机缝固定领座面绱领线缝份，如图3–16所示。

（10）领座与翻领缝合。

①用领座面、里夹住翻领，用0.7cm缝份缝合领座与翻领，注意翻领绱至领座前中心绱领终止处，如图3–17所示。

图3–15　折烫领座面绱领线缝份

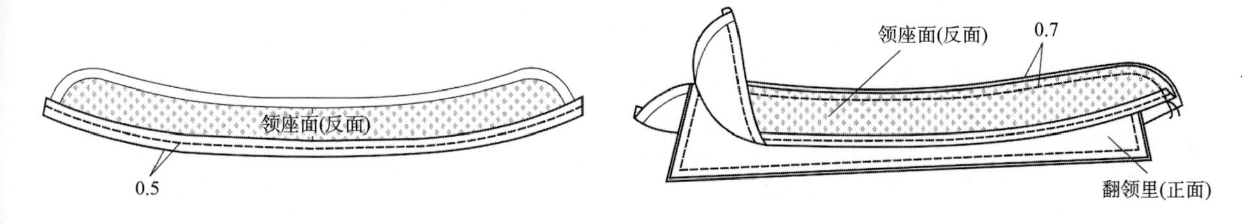

图3–16　领座面缉明线

图3–17　领座与翻领缝合

②熨烫领子，如图3–18所示。

③缉绱翻领明线，如图3-19所示。

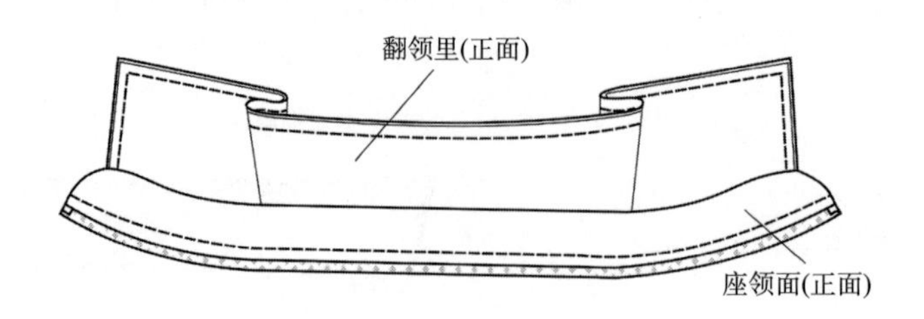

图3-18 熨烫领子

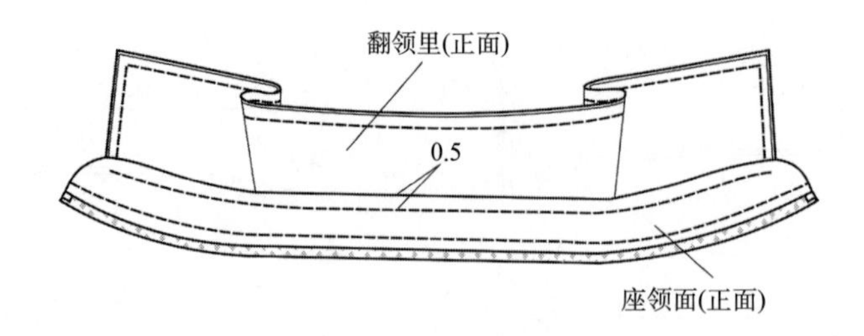

图3-19 缉绱翻领明线

（11）绱领子。

①比对衣身片领口线与领座绱领线的长度，将领座与衣身片领口对位点对齐，绱领座里，然后清剪缝份，熨烫领子，如图3-20所示。

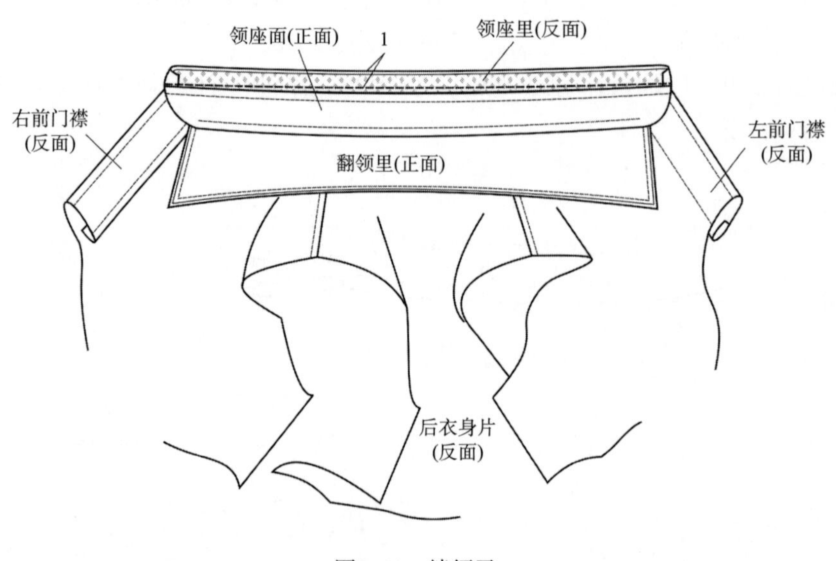

图3-20 绱领子

②缉明线，绱领座面。缉缝明线时，不要缝出斜褶，领里、领面要平服，如图3-21所示。

（12）整烫定型。绱完领子后，熨烫平整，最后锁眼钉扣。

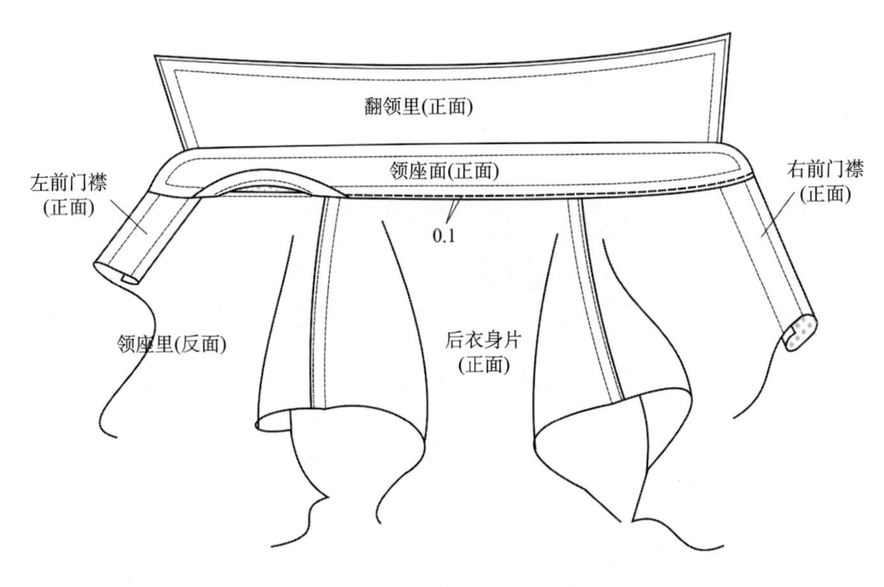

图3-21　缉明线，绱领座面

6. *质量检验方法*

（1）前后身片、门襟与表里翻领、表里座领等各部位尺寸规格符合局部制作要求，各裁片纱向正确。

（2）缝制工艺要求：

①翻领中心与座领中心要吻合，座领下口线与身片领口要吻合、平服，结构合理。

②绱领后，领窝平服，领口左右对称，不歪斜，松紧适宜，不吃不拉不打褶。

③领子正，左右两边对称，领角大小一致、有窝势，不反翘，不反吐；翻领自然翻折后不露座领。

④所有明线顺直、流畅，明线无断接现象。

（3）其他要求：

①外观：领子自然，外形美观。

②线迹：各部位线迹顺直，针距适当，无跳线现象。

③整烫：整烫平整，无烫黄、烫焦现象，无水花。

二、袖开衩

1. *款式图*

男衬衫袖开衩款式如图3-22所示。

2. *款式说明*

此款袖开衩是男式衬衫常用的袖开衩之一，由掩襟和袖牌构成。掩襟为长方形状、袖牌为宝剑头形状，并且掩襟、袖牌都压有明线，明线可以是单明线，也可以是双明线，明线宽度可宽可窄，要求明线宽窄一致。

3. *裁剪*

（1）男衬衫袖开衩面料的裁剪如图3-23所示。

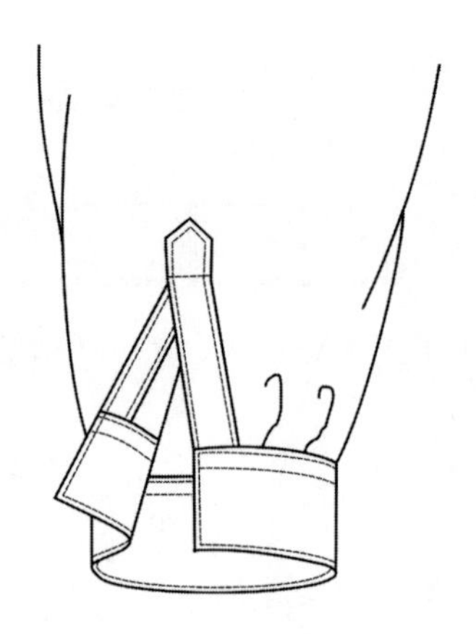

图3-22 男衬衫袖开衩款式图

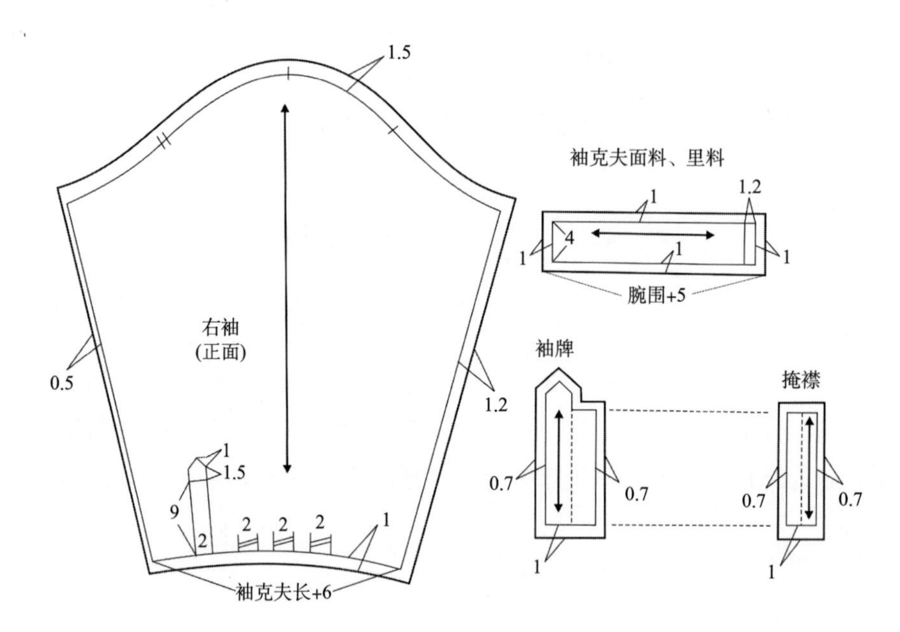

图3-23 面料的裁剪

（2）衬料的裁剪如图3-24所示。

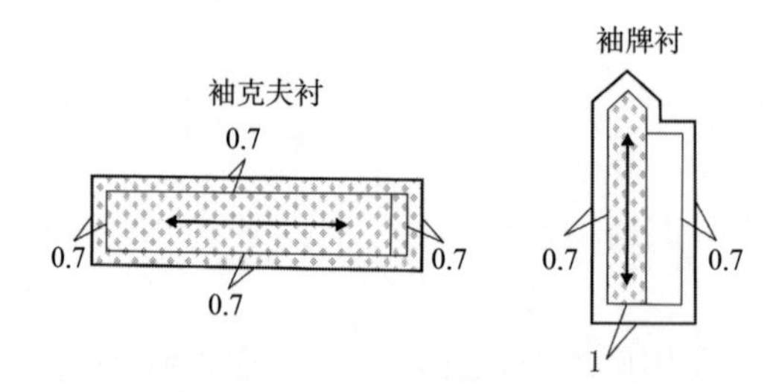

图3-24 衬料的裁剪

4. 缝制工艺工程分析及工艺流程

男衬衫衣袖缝制工艺工程分析及工艺流程如图3-25所示。

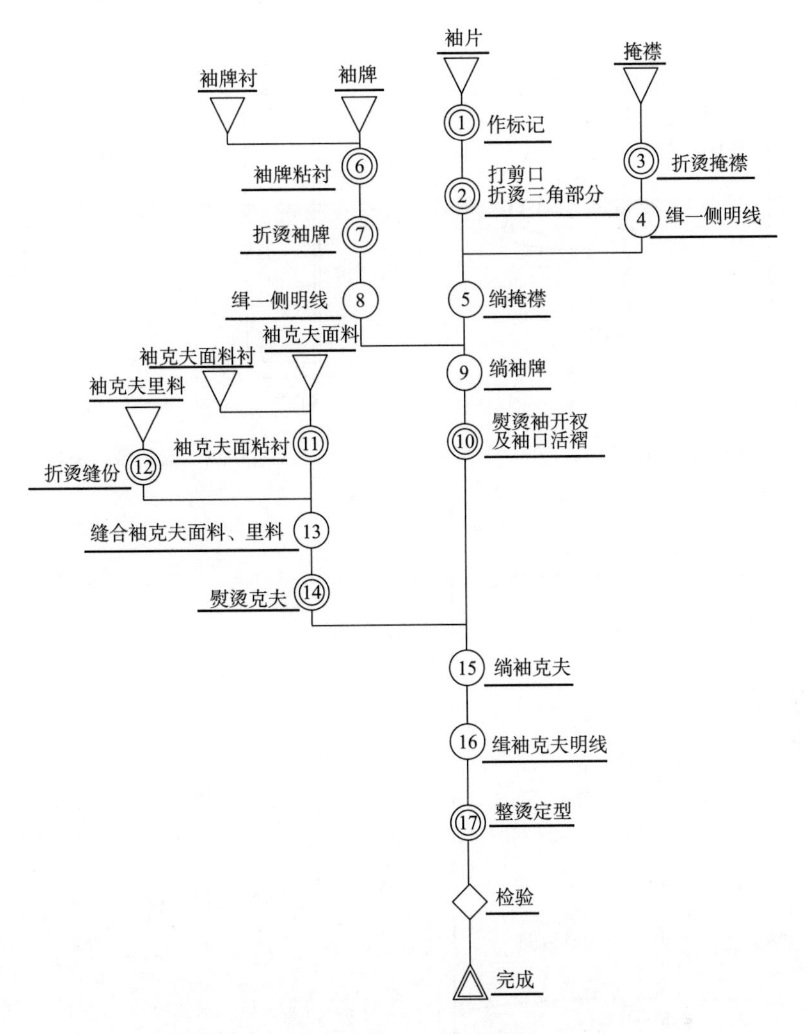

图3-25　男衬衫衣袖缝制工艺工程分析及工艺流程

5. **缝制工艺操作过程**

（1）袖克夫面料、袖牌粘衬，如图3-26所示。

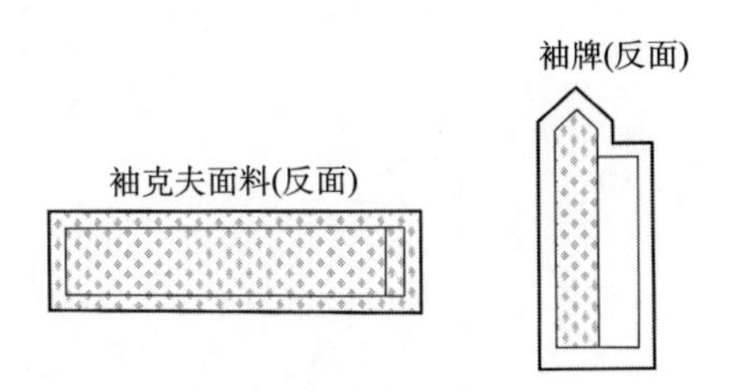

图3-26　粘衬

（2）折烫袖牌、掩襟，如图3-27所示。

（3）分别缉袖牌、掩襟一侧明线，如图3-28所示。

（4）作袖开衩标记，打剪口，折烫三角部分，如图3-29所示。

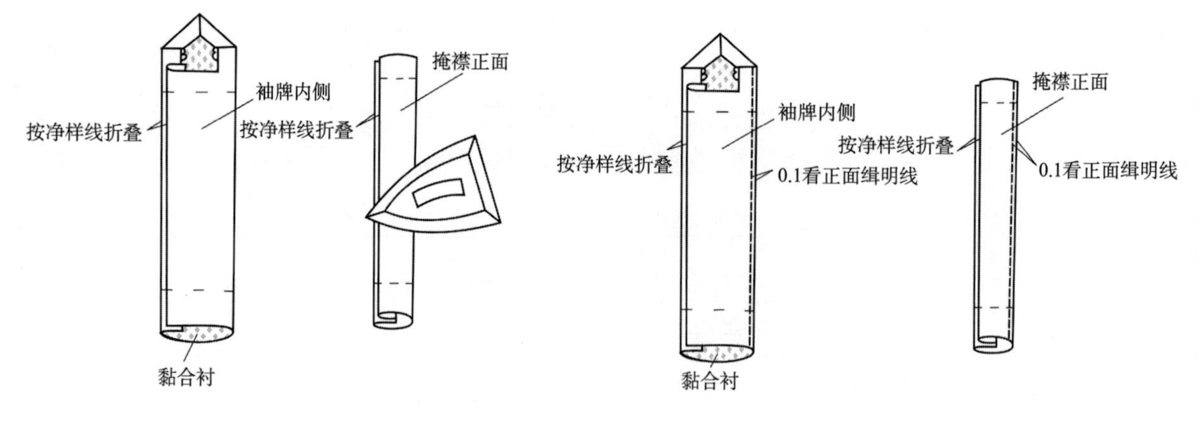

图3-27 折烫袖牌、掩襟

图3-28 缉袖牌、掩襟明线

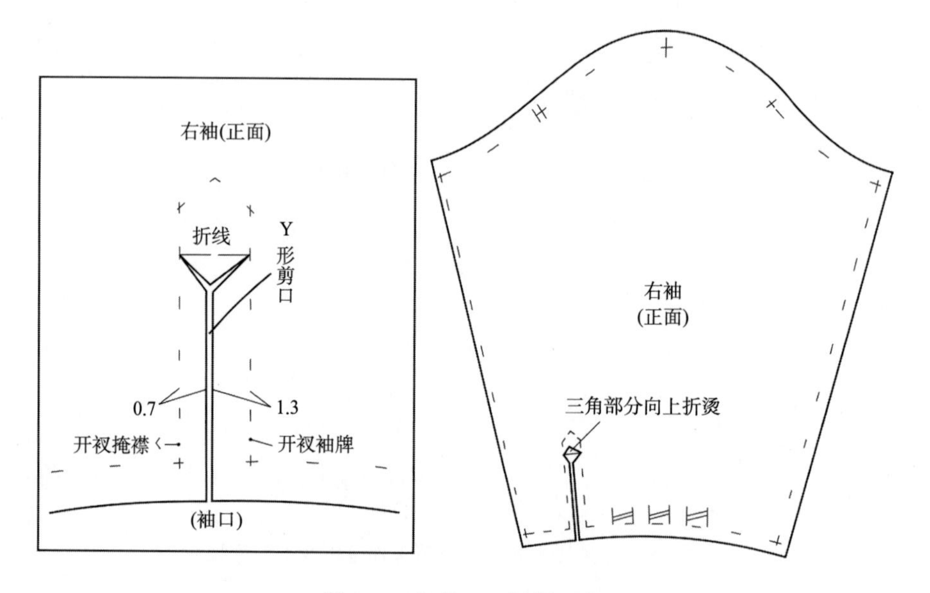

图3-29 打剪口、折烫三角

（5）绱掩襟，如图3-30所示。

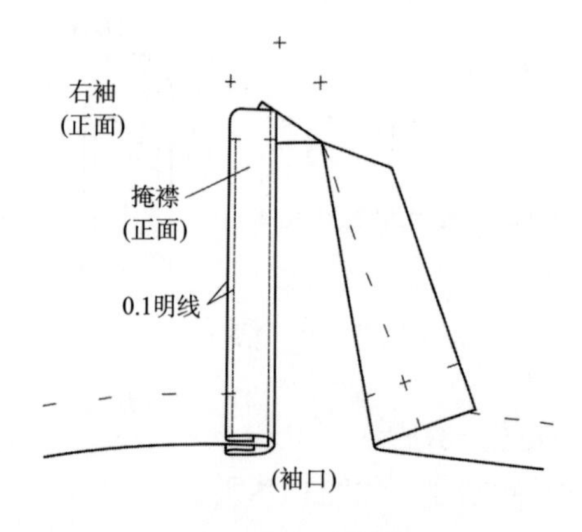

图3-30 绱掩襟

（6）绱袖牌，如图3–31所示。

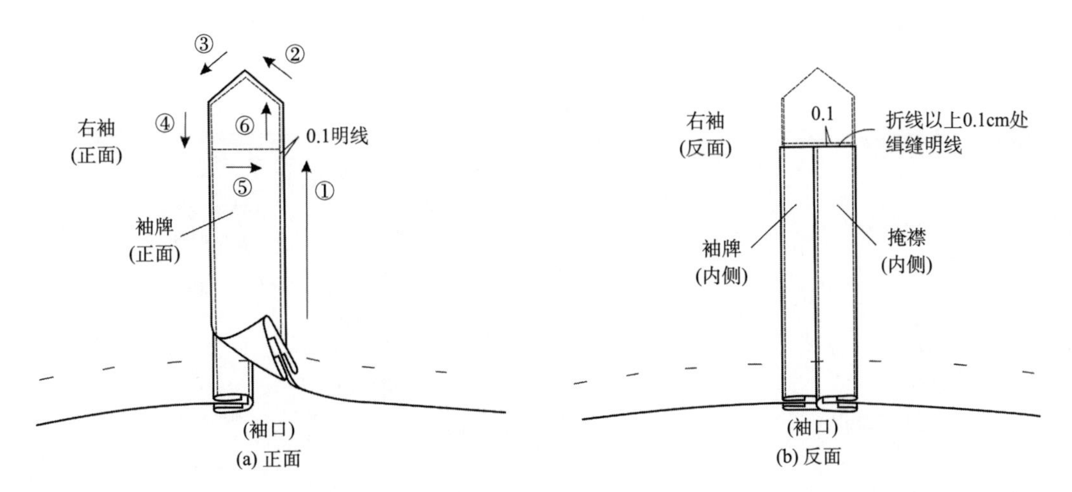

图3–31　绱袖牌

（7）熨烫袖开衩及折袖口活褶，如图3–32所示。

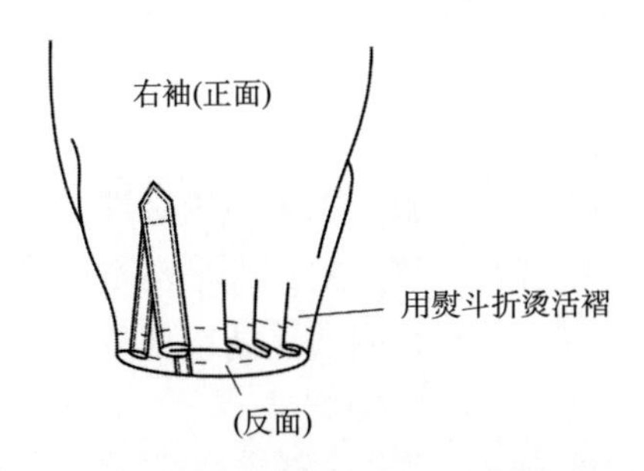

图3–32　熨烫袖开衩及袖口活褶

（8）制作袖克夫。

①按净样线折烫袖克夫里料一侧缝份，如图3–33所示。

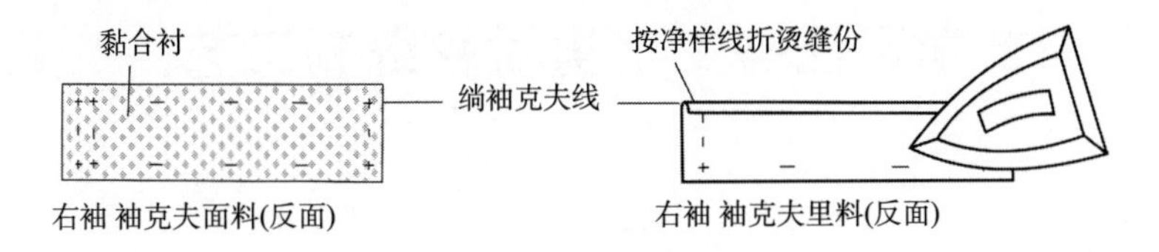

图3–33　折烫袖克夫里料

②缝合袖克夫里料、面料，如图3–34所示。

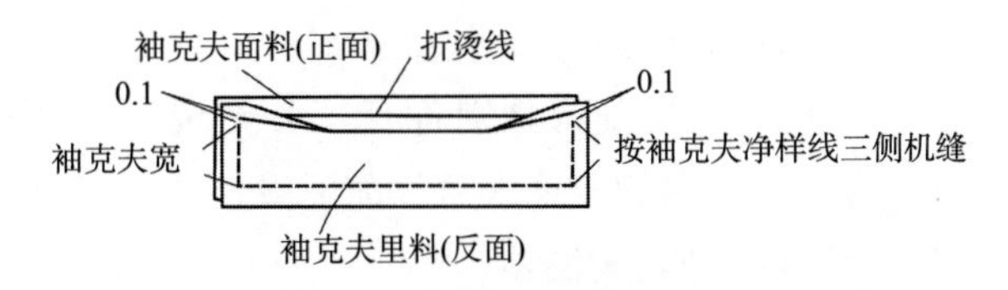

图3–34　缝合袖克夫

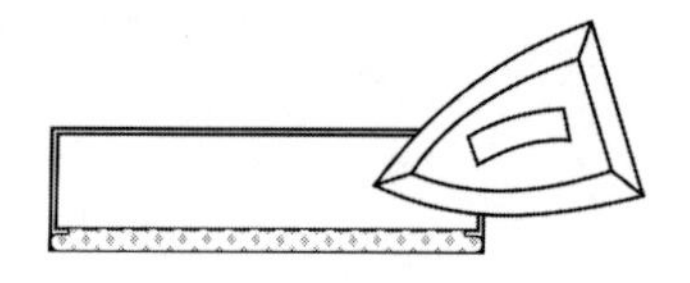

图3-35　熨烫袖克夫

③熨烫袖克夫，如图3-35所示。

（9）绱袖克夫，如图3-36所示。

（10）缉袖克夫明线，如图3-37所示。

（11）整烫定型。

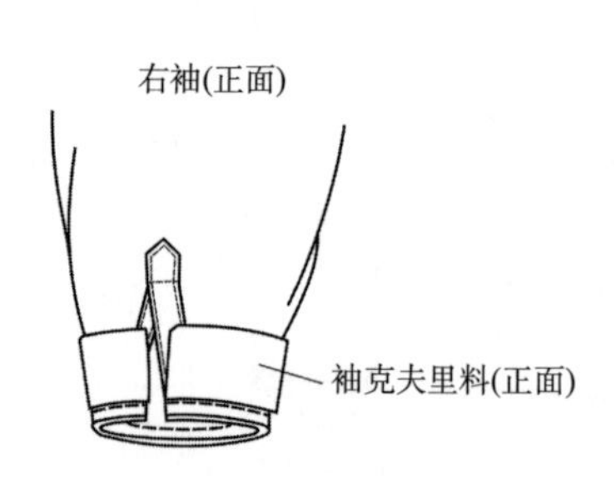

图3-36　绱袖克夫

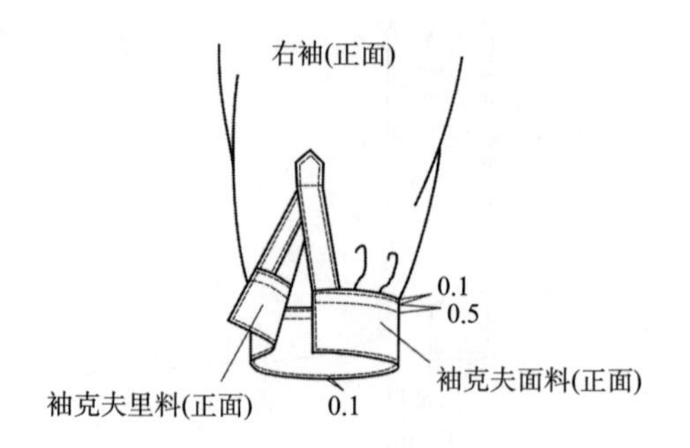

图3-37　缉袖克夫明线

6. ***质量检验方法***

（1）袖开衩长度、掩襟宽度、袖牌宽度、克夫长度与宽度、明线宽度等各部位尺寸规格符合局部制作要求，各裁片纱向正确。

（2）缝制工艺要求：

①袖克夫长与袖口要吻合，袖开衩平服，工艺结构合理。

②掩襟、袖牌、袖克夫宽度左右要一致，袖克夫平整不反翘、不反吐。

③所有明线顺直、流畅，且宽窄一致，明线无断接现象。

（3）其他要求：

①外观：袖开衩自然，外形美观。

②线迹：各部位线迹顺直，针距适当，无跳线现象。

③整烫：整烫平整，无烫黄、烫焦现象，无水花。

学习任务二　男衬衫缝制工艺

一、款式图

男衬衫款式如图3-38所示。

二、款式说明

此款基本型男式衬衫，其设计特征为：

（1）衣身：直腰身，圆下摆，左右胸分别各有一个贴袋，肩部横向分割设计双层过肩，后背中心有一个活褶，可变换纱向的非连衣身片前门襟是这件衬衫的亮点。

（2）领子：领座与翻领分开的翻立式尖领。

（3）袖子：一片袖，袖口用袖克夫收袖口，袖开衩是绱袖牌和掩襟的袖开衩。

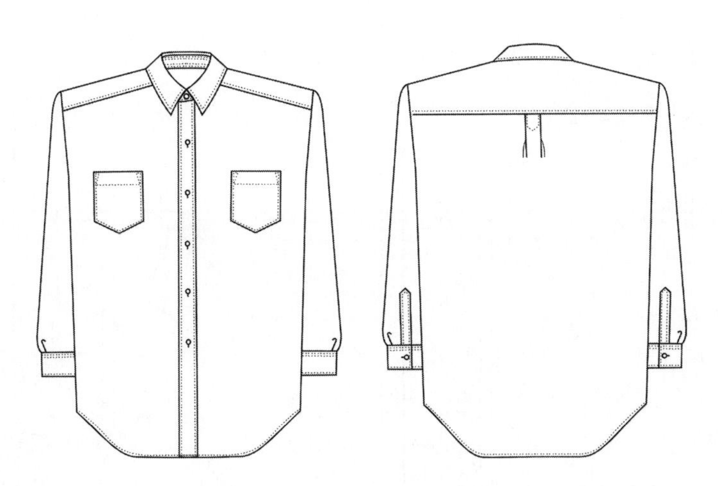

图3-38　男衬衫款式图

三、裁剪

1. 面料的裁剪

面料的裁剪如图3-39所示。

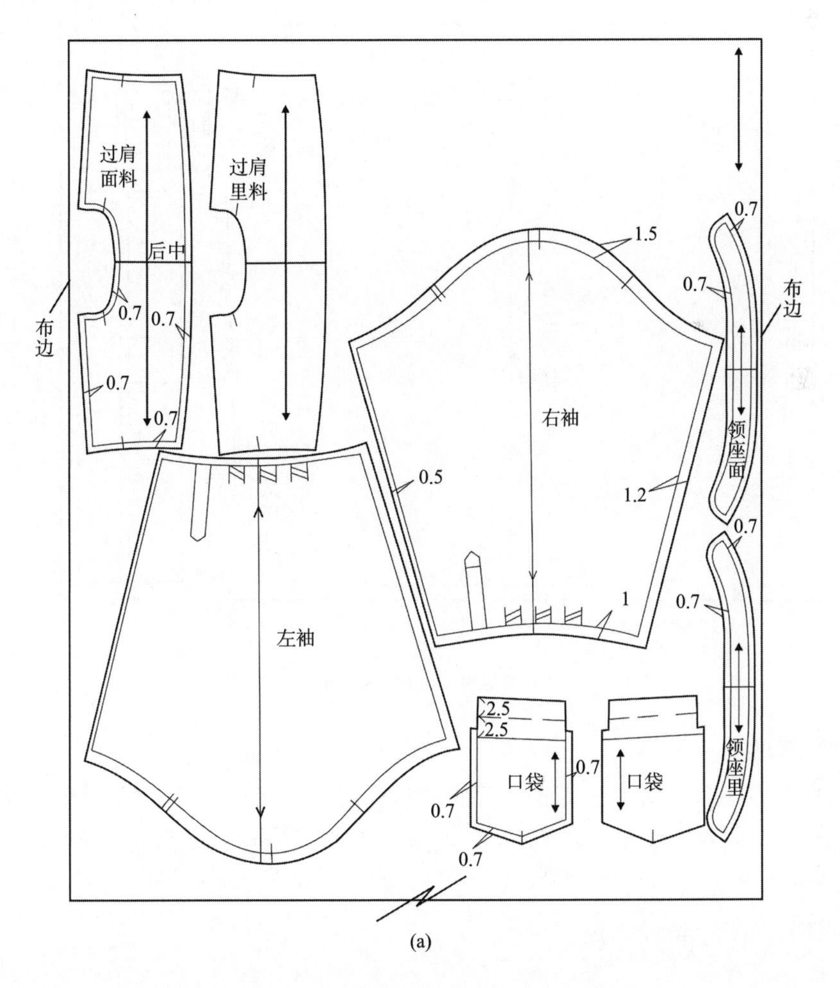

(a)

图3-39

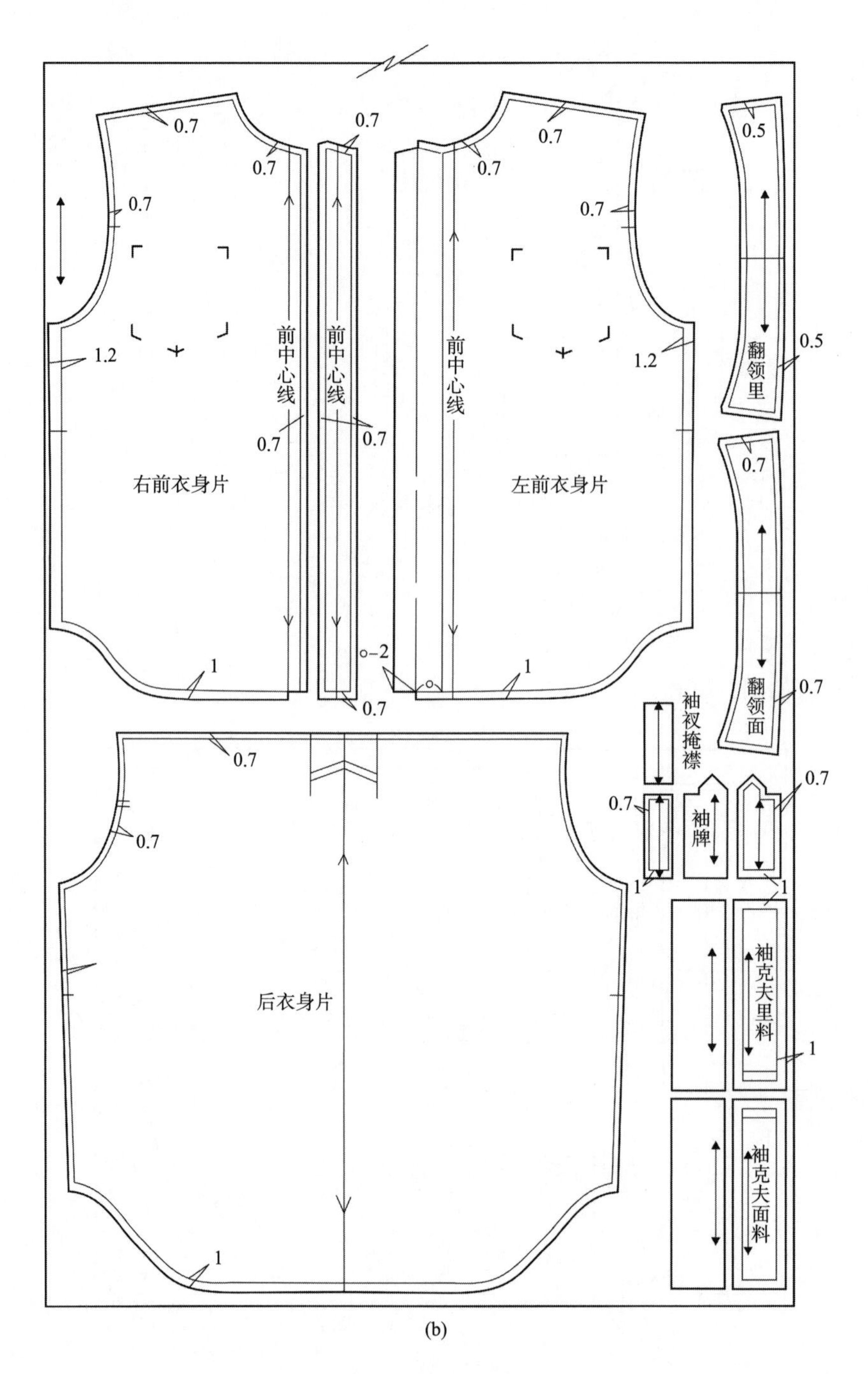

图3-39 面料的裁剪

排版注意事项：

排料一般掌握一套、两对、三先三后的基本要点。一套——凸套凹；两对——直对直、斜对斜；三先三后——先排大片后排小片、先排主片后排辅片、先排表衣片后排贴边。

2. **衬料的裁剪**

衬料的裁剪如图3-40所示。

四、缝制工艺工程分析及工艺流程

男衬衫缝制工艺工程分析及工艺流程如图3-41所示。

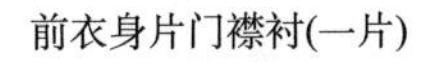

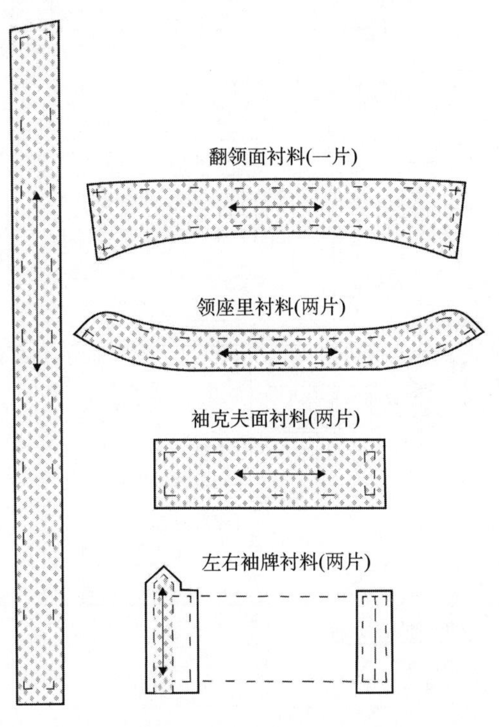

图3-40　衬料的裁剪

五、缝制工艺操作过程

1. 粘衬

根据面料薄厚适当选择衬料；确认熨斗的温度，掌握压力、时间；熨斗沿纱向方向动作，压实粘牢，如图3-42所示。

2. 制作前门与贴边

该款男式衬衫与基本型男式衬衫缝制方法基本相同。只是门襟不同，基本型男式衬衫左侧门襟在上；本款男式衬衫右侧门襟在上。注意前门明贴边须平展不可有斜缕，如图3-43所示。

3. 扣烫口袋

先折烫袋口，缉袋口明线；然后按净样线，折烫袋布周边缝份；袋口处清剪缝份，向内折进两端缝份，如图3-44所示。

4. 绱口袋

袋布在前身片上平展定位，与前中心线平行；缝纫时首尾回针，明线宽窄须一致，如图3-45所示。

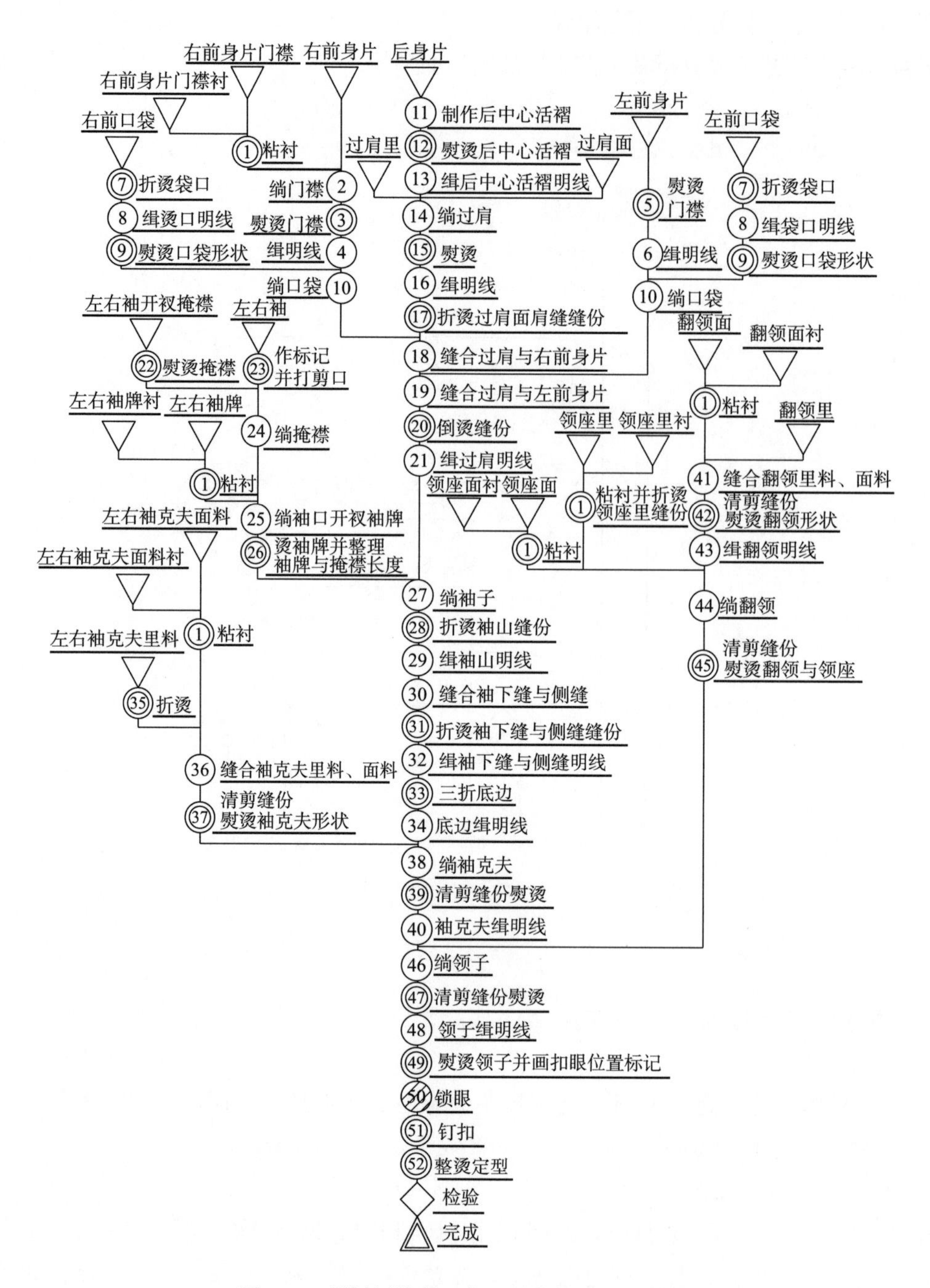

图3-41 男衬衫缝制工艺工程分析及工艺流程

5. 折缝后中心线活褶

先按照活褶宽度合缝，之后压烫活褶，使其左右平均；明线也是正面的装饰线，须宽窄一致，如图3-46所示。

6. 绱后过肩

用两层过肩夹起后衣身片，对齐两端及后中心线对合点，同时缝合，如图3-47所示。

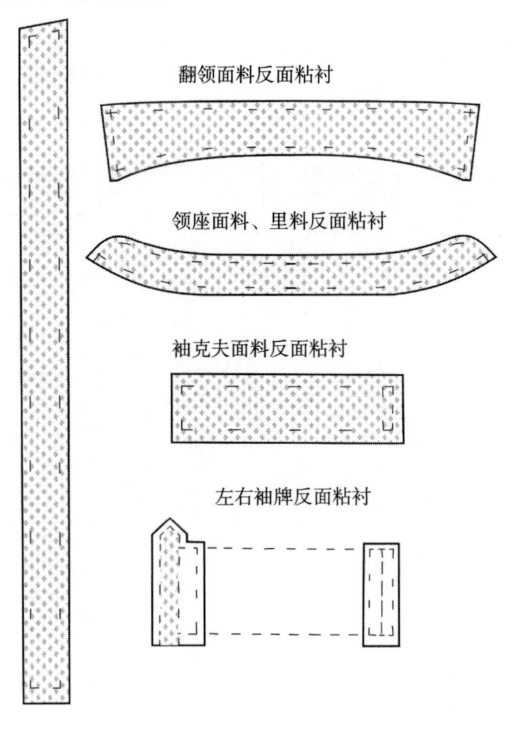

图3-42　粘衬

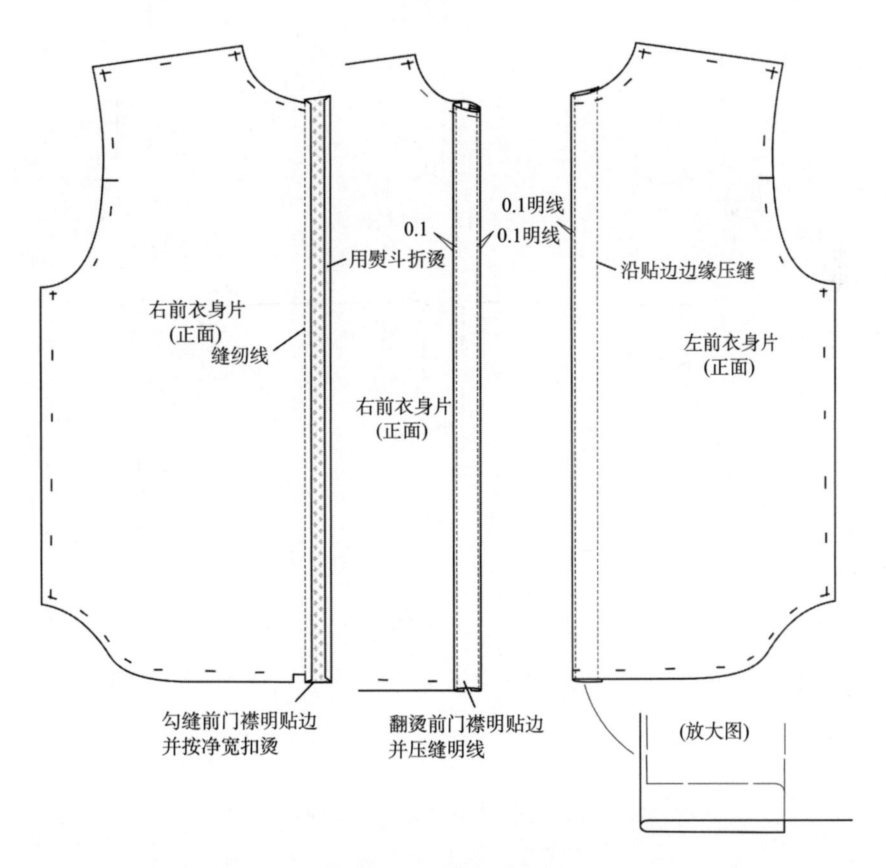

图3-43　制作前门与贴边

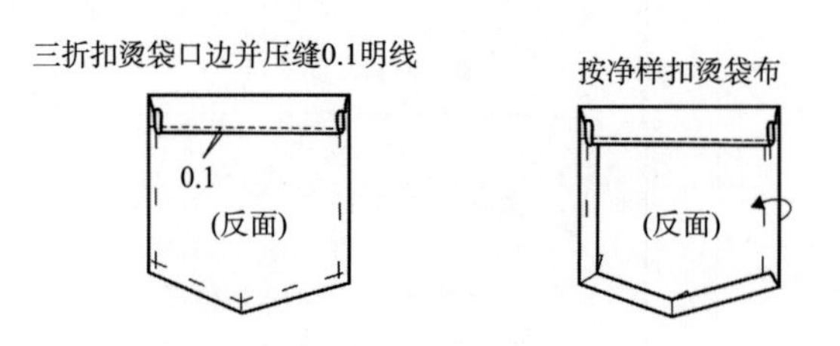

图3-44 扣烫口袋

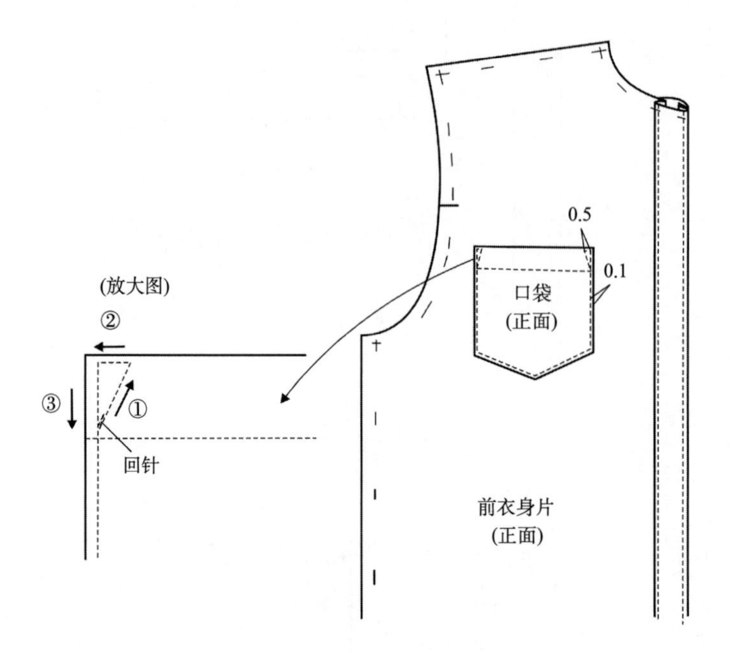

图3-45 绱口袋

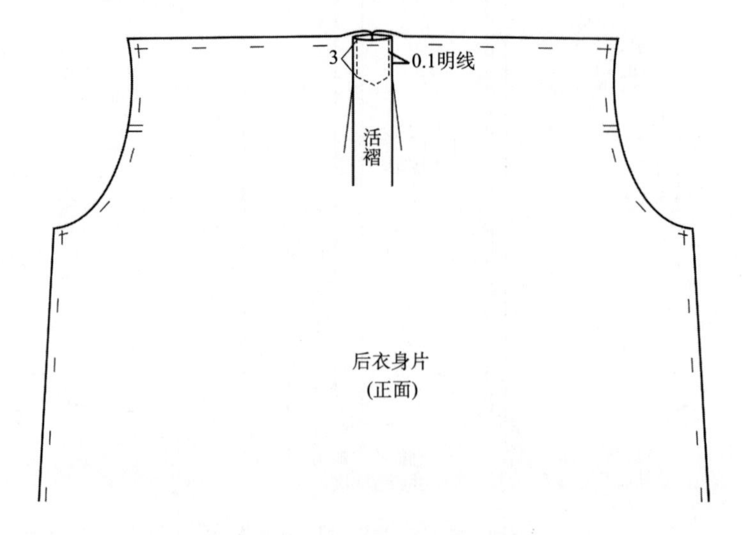

图3-46 制作后中心线活褶

缝纫线

过肩里料(正面)

过肩面料
(反面)

后衣身片
(正面)

图3-47　绱后过肩

7. **后过肩缉明线**

沿绱后过肩线将过肩面料翻折，正面朝上，距翻折线0.1cm缉明线；比净样线多出0.2cm，折烫后过肩的肩缝份，如图3-48所示。

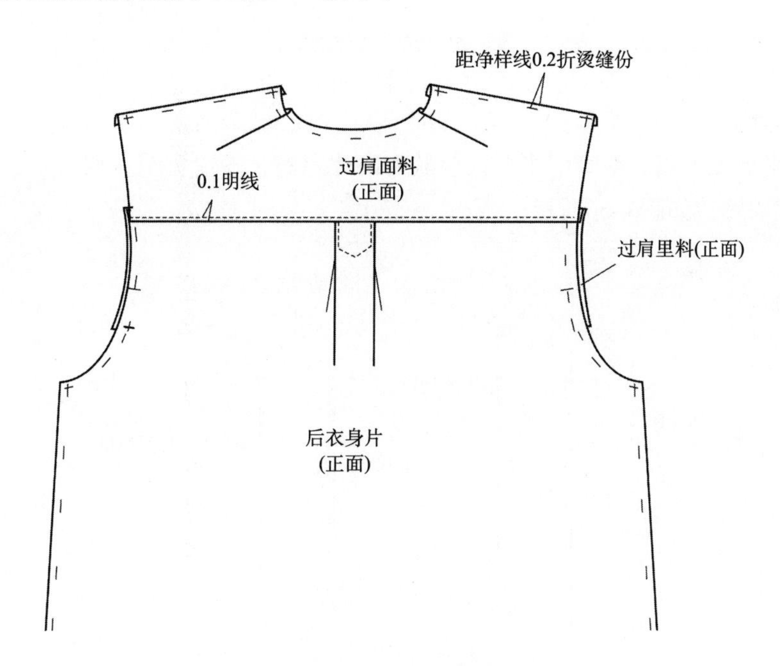

图3-48　后过肩缉明线

8. **缝合前后肩缝**

缝合前后肩缝时，先合缝过肩里料与前衣身肩缝，缝份向后烫倒；用过肩面料压住前衣身片肩缝处，压缝0.1cm明线，因预留的是0.2cm的缝份，从反面看即得到一条下炕线；下炕线应距边一致，如图3-49所示。

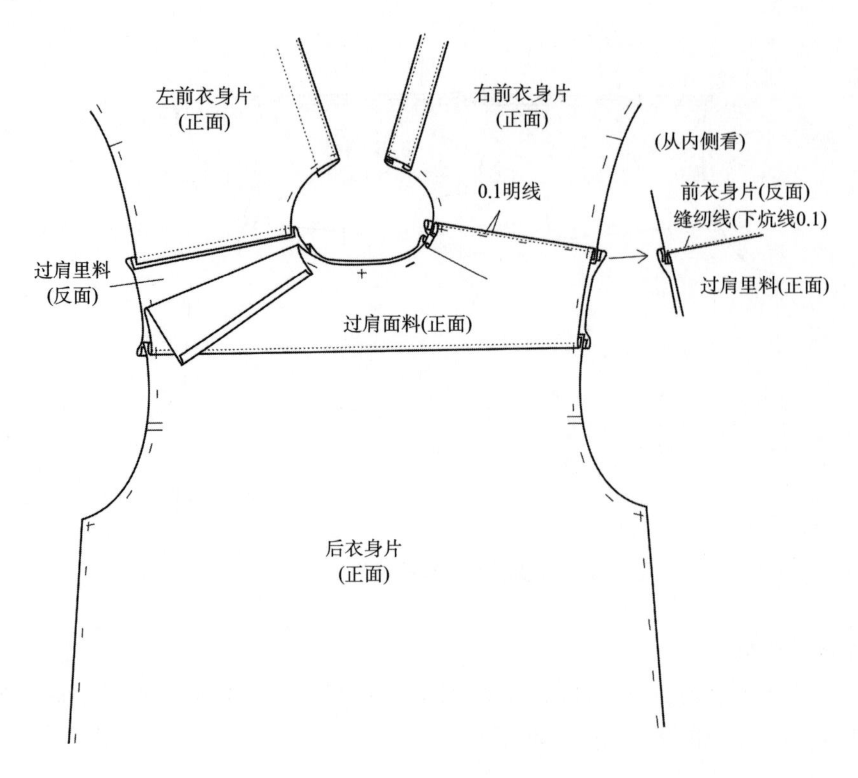

图3-49　缝合前后肩缝

9. **制作袖开衩**

袖开衩须平展无毛露，对合时平服，检验时对比左右长短、宽窄一致。

（1）制作袖牌，如图3-50所示。

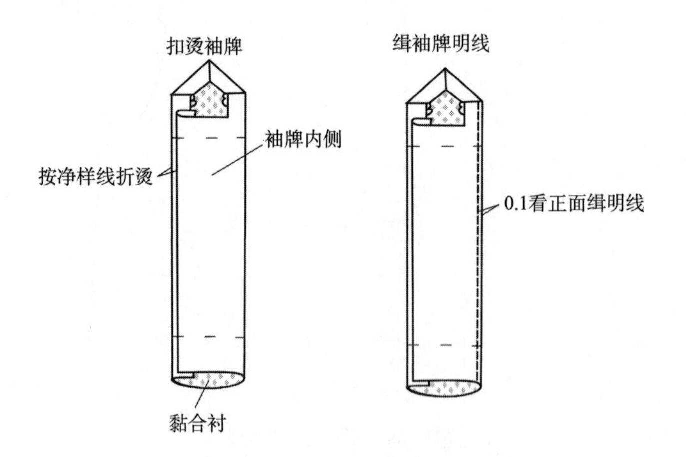

图3-50　制作袖牌

（2）制作袖掩襟，如图3-51所示。

（3）开袖衩剪口，如图3-52所示。

（4）缃袖掩襟，如图3-53所示。

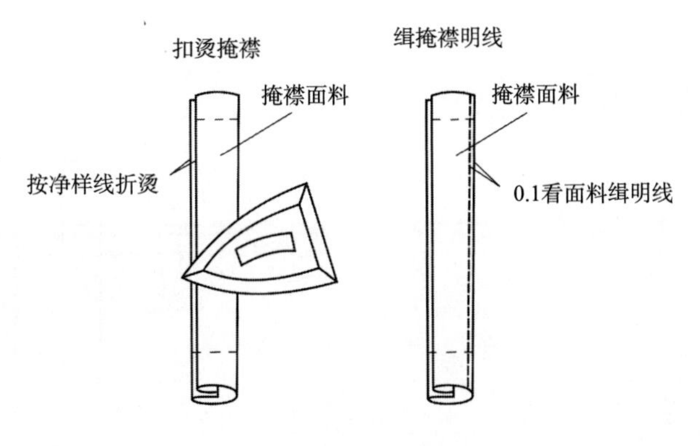

图3-51　制作袖掩襟

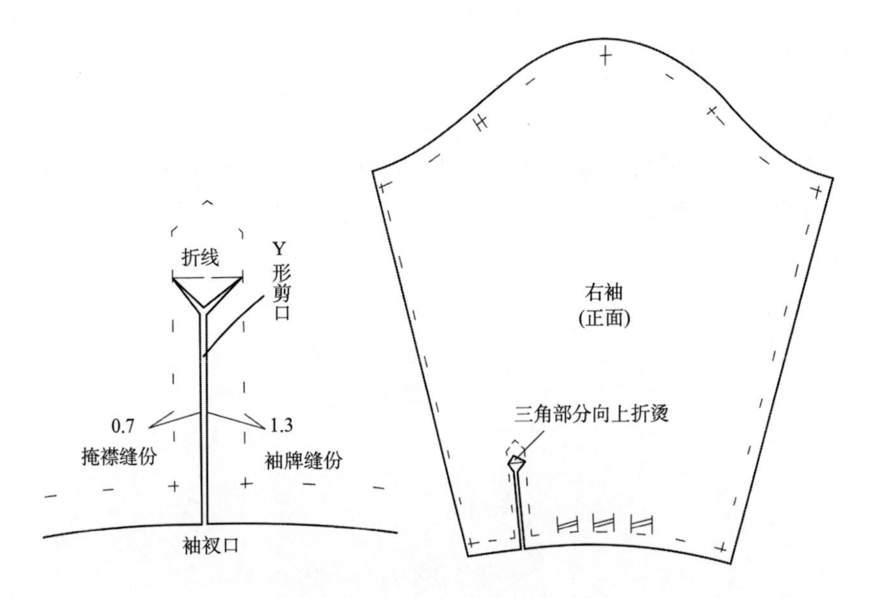

图3-52　开袖衩剪口

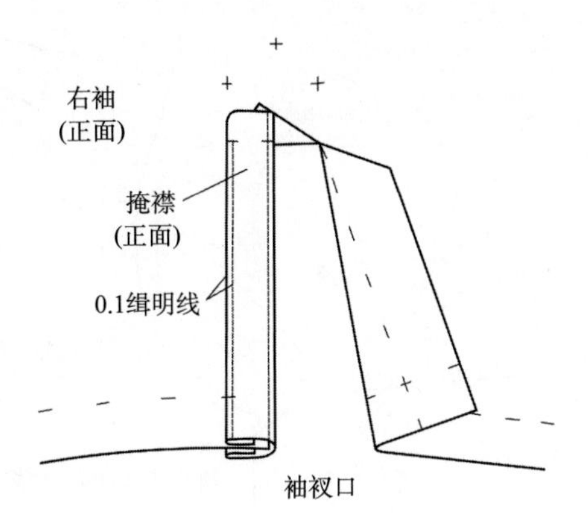

图3-53　绱袖掩襟

（5）绱袖牌，如图3-54所示。

（6）熨烫袖开衩，如图3-55所示。

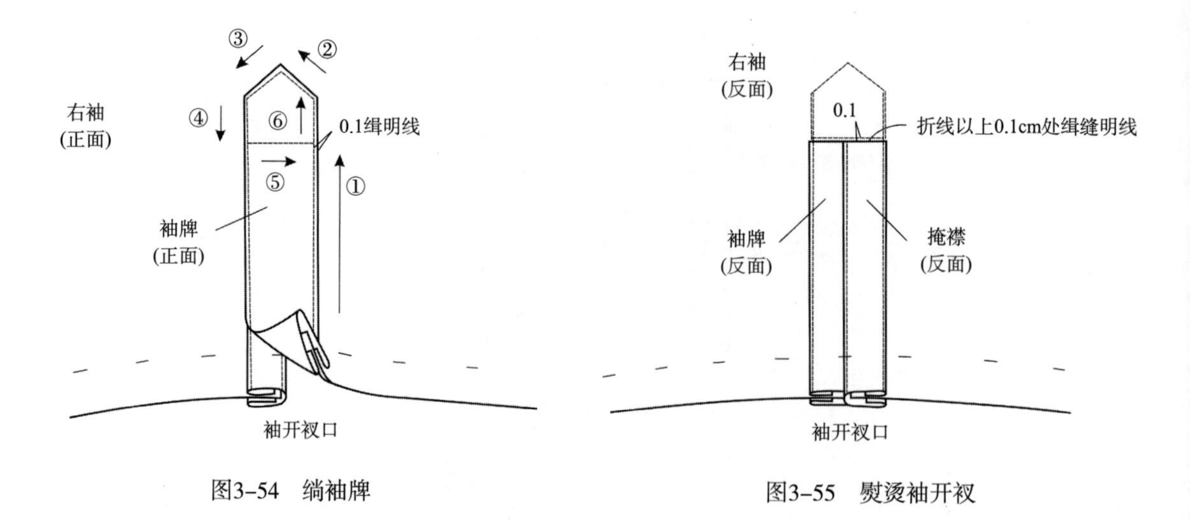

图3-54　绱袖牌　　　图3-55　熨烫袖开衩

10. **绱袖子**

对好对合点，先将袖子与袖窿缝合在一起；清剪衣身片袖窿缝份，开剪口；从反面折起袖山缝份包裹袖窿缝份，用0.1cm明线将袖山缝份压缝在衣身片上，如图3-56所示。

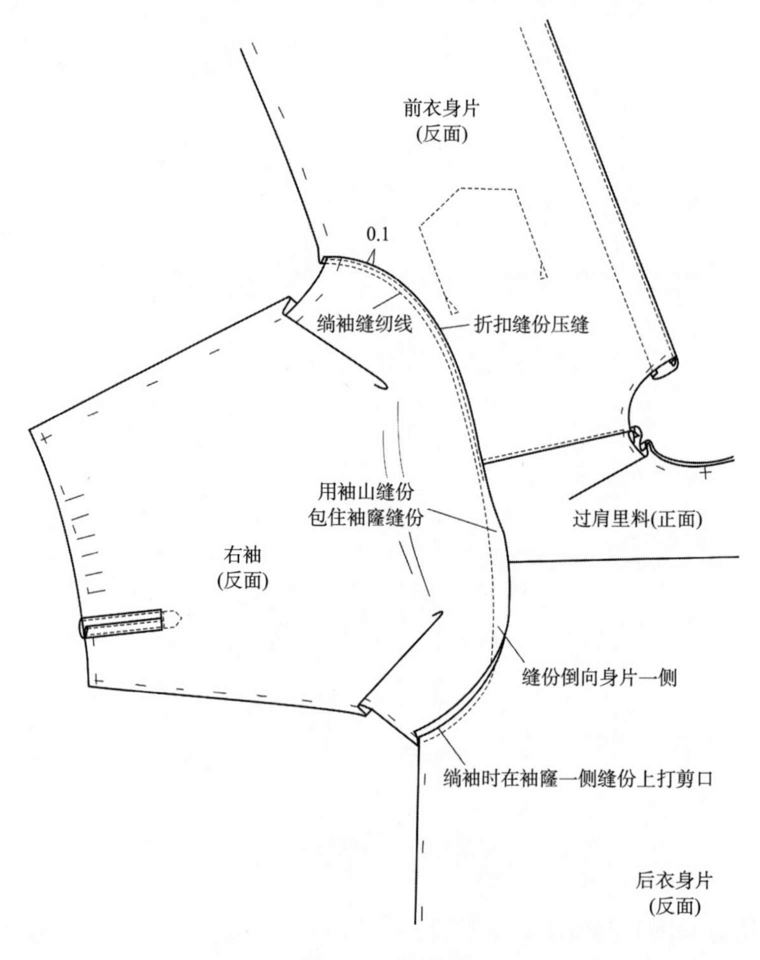

图3-56　绱袖子

11. 合侧缝、折底边

第一道线合侧缝与袖底缝，或清剪后衣身片缝份，或错开缝份合缝，使前衣身侧缝的缝份大于后衣身侧缝的缝份；缝第二道线，用前衣身片侧缝的缝份包裹后衣身片侧缝的缝份，缝份向后倒，缉缝0.1cm明线。折烫底边，用三折缝缉缝0.1cm明线，如图3-57所示。

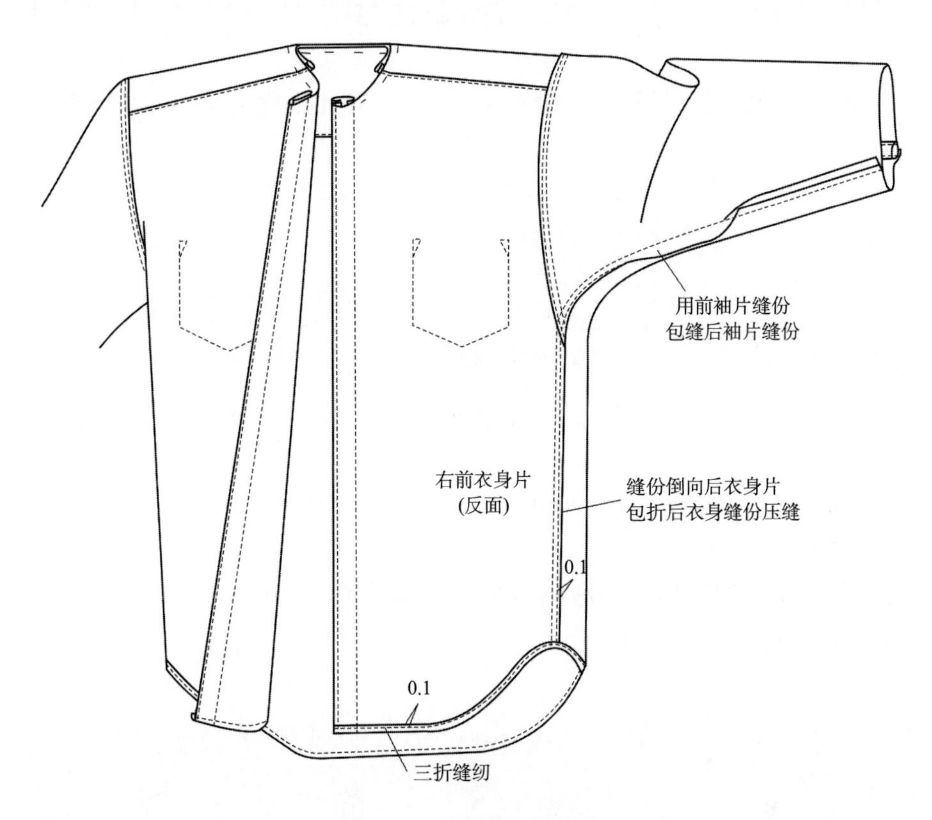

图3-57　合侧缝、折底边

12. 做袖克夫

（1）整理后折烫袖口褶，如图3-58所示。

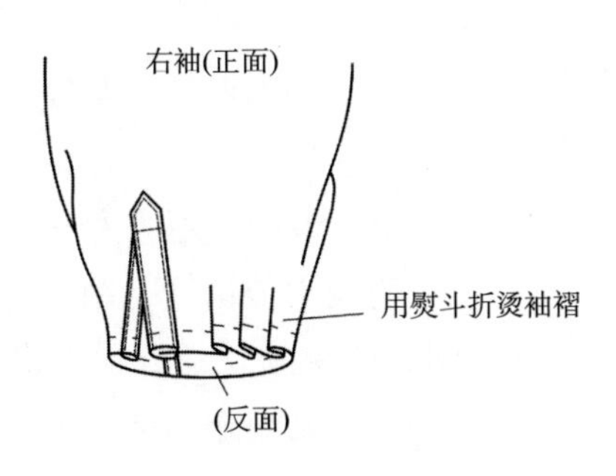

图3-58　折烫袖口褶

（2）折烫袖克夫里料，使袖克夫里料大出净样线0.1cm；并比对袖克夫面料、里料，如图3-59所示。

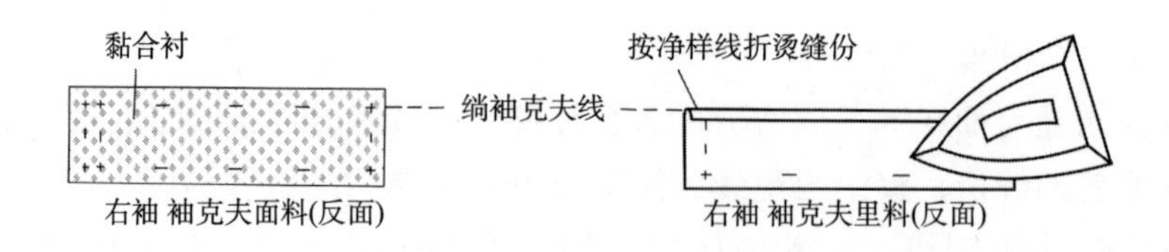

图3-59　折烫袖克夫里料

（3）勾缝袖克夫面料、里料。勾缝袖克夫时注意留出袖克夫面料的止口与松量，如图3-60所示。

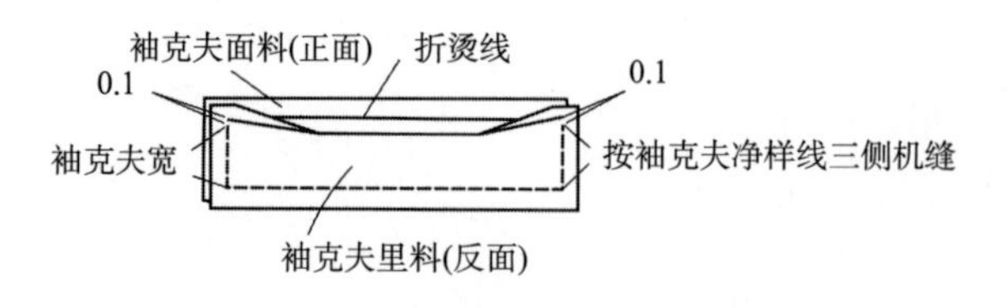

图3-60　勾缝袖克夫面料、里料

（4）熨烫袖克夫，袖克夫面料吐出0.1cm止口量，如图3-61所示。

13. **绱袖克夫**

先绱袖克夫面料，之后翻转，缉袖克夫明线，绱袖克夫里料。

（1）绱袖克夫面料，如图3-62所示。

图3-61　熨烫袖克夫　　图3-62　绱袖克夫

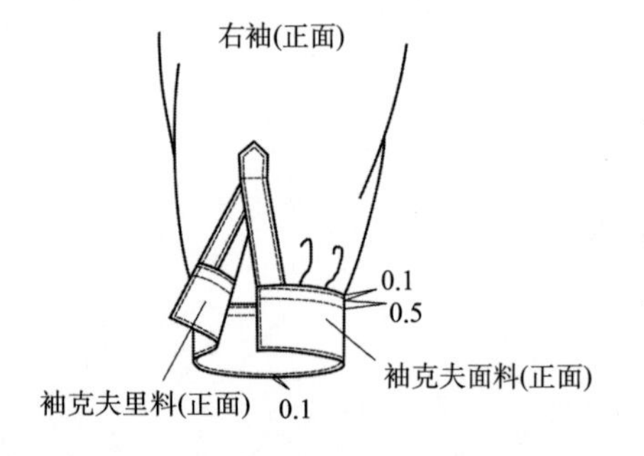

图3-63　缉袖克夫明线，绱袖克夫里料

（2）缉袖克夫明线，绱袖克夫里料，如图3-63所示。

第一道明线距边为0.1cm，要求缝住袖克夫里料。第二道明线为装饰线，距边为0.6cm，两明线相距0.5cm，要求压住袖克夫里、面缝份，明线宽窄要均匀一致。

14. **做领子（与局部制作的方法不同）**

（1）勾缝领子，如图3-64所示。

在翻领里料的反面画净样线，勾缝翻领时，翻领面料在下，翻领里料在上，留出翻领面料的翻折余量及止口量；尤其注意翻领面料角的余量。

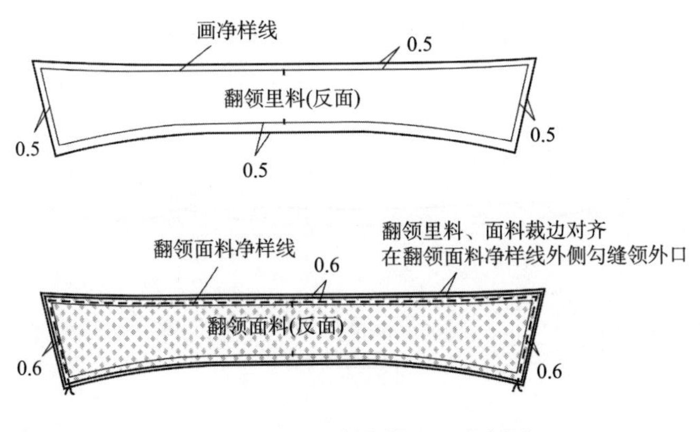

图3-64　缝合翻领面、翻领里

（2）清剪缝份，翻烫领子，缉翻领明线，并用手针固定翻领面料余量，如图3-65所示。

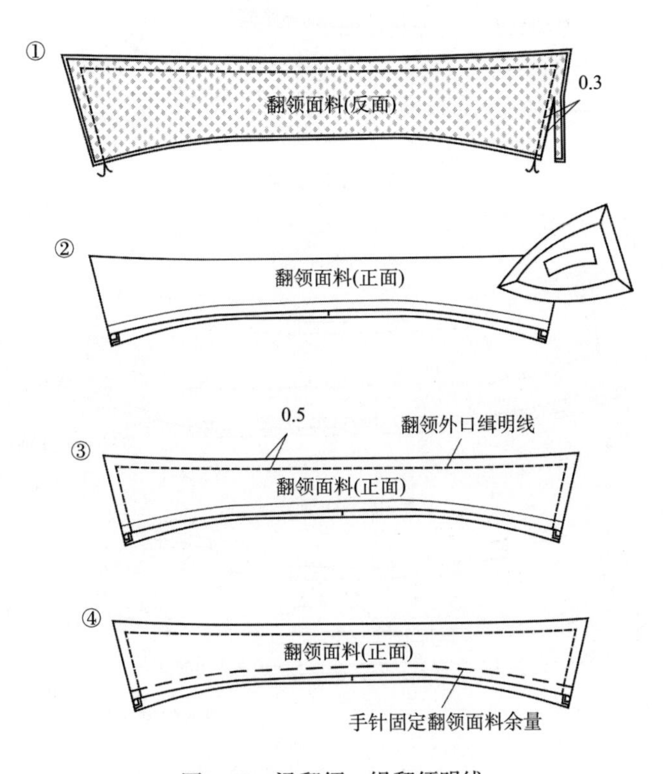

图3-65　烫翻领，缉翻领明线

（3）扣烫领座里料缝份，并缉0.5cm明线，如图3-66所示。

（4）合缝翻领与领座，如图3-67所示。

合缝翻领与领座时留出左右领台。翻领与领座须比对左右形状，一致方可。

（5）熨烫领子，并缉0.5cm明线，如图3-68所示。

15. **绱领子（与局部制作的方法不同）**

（1）绱领座面料。先绱领座面料，对齐各部位剪口，使领子不偏斜。两端领台与搭门务必对齐，左右前领座宽度一致，如图3-69所示。

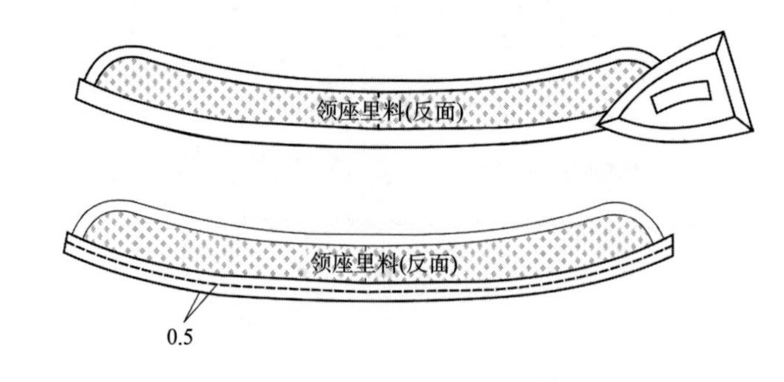

图3-66 扣烫领座里料并缉明线

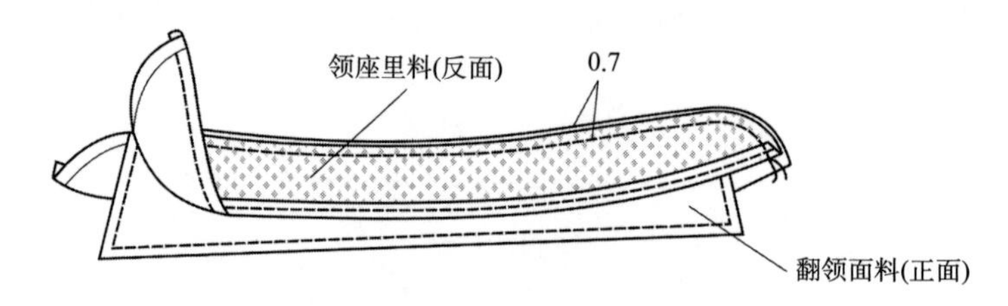

图3-67 合缝翻领与领座

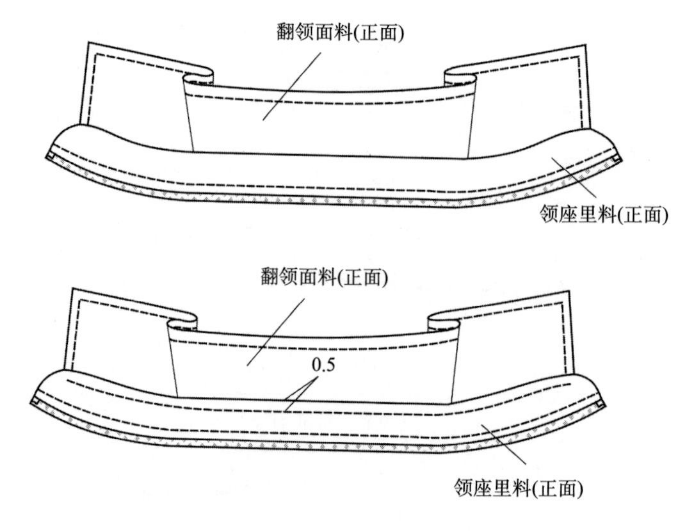

图3-68 熨烫领子并缉明线

（2）绱领座里料，缉领座明线。绱领座里料时，将下面的领座面料铺平，对正剪口，若有错位极易出现斜缕。绱领后应保持领子平展，如图3-70所示。

16. **锁扣眼、钉纽扣**

（1）确定扣眼的大小以及扣眼、纽扣的位置。扣眼的大小由纽扣的直径和厚度来确定。另外钉扣位置在扣眼中央，或距扣眼上端向下0.2～0.3cm（一线脚宽度）处。这是考虑了钉扣线脚在扣眼内滑动的因素，如图3-71所示。

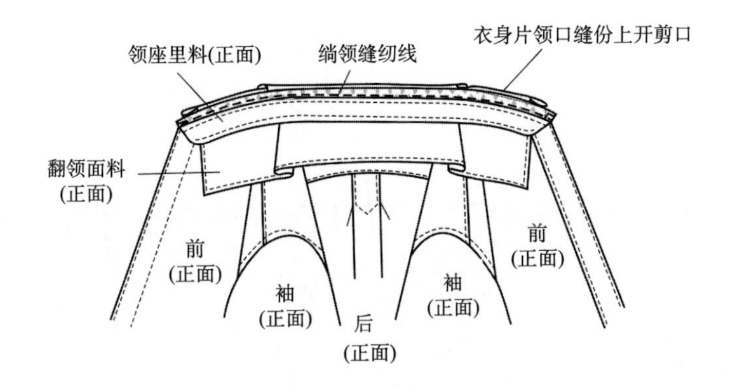

图3-69　绱领座面料

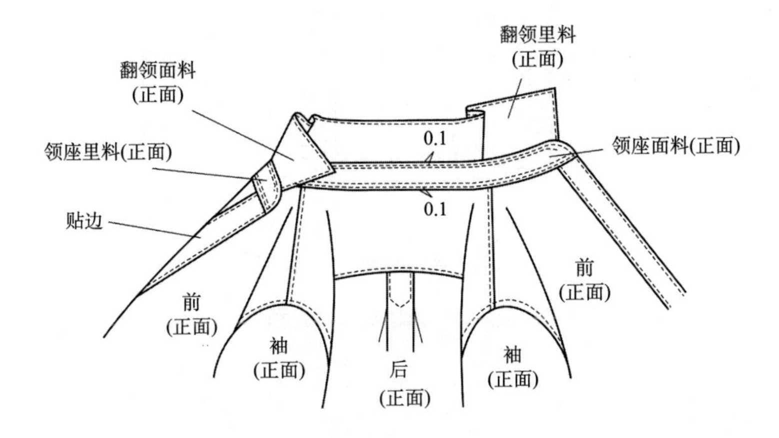

图3-70　绱领座里料、缉领座明线

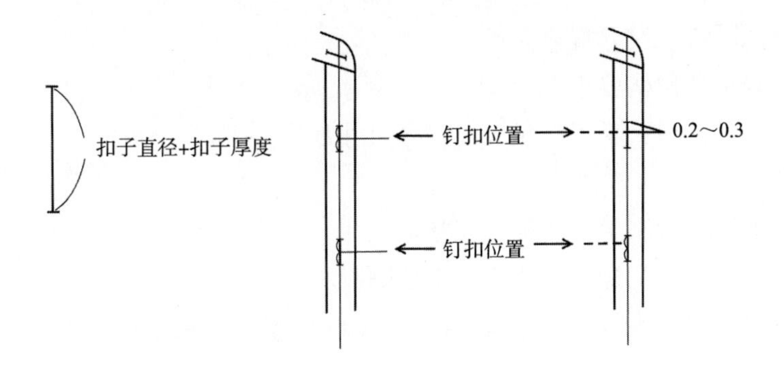

图3-71　确定扣眼的大小及扣眼、纽扣的位置

（2）锁扣眼、钉纽扣，如图3-72所示。

17. **整烫定型**

将衬衫平放在烫台上，选用适当的熨烫工具，用熨斗将各部位整烫平展即可。熨烫不耐高温的面料所制作的衬衫时，应在熨斗与衣服之间垫上一层烫布。

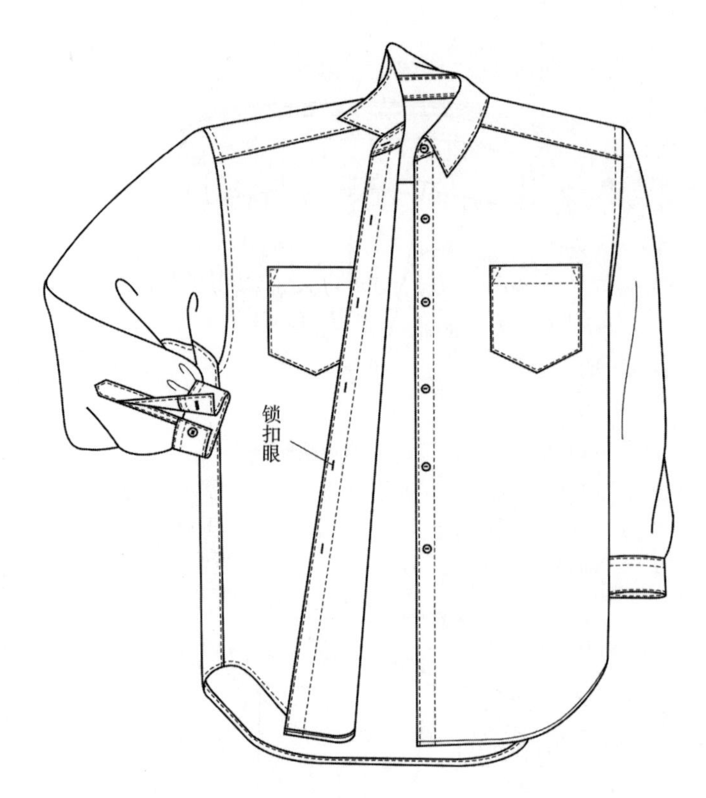

图3-72 锁扣眼、钉纽扣

六、质量检验方法

1. 主要部位尺寸规格要求

（1）衣长、袖长符合尺寸规格要求。

（2）胸围、领围符合尺寸规格要求。

（3）肩宽符合尺寸规格要求。

（4）领子大小、袖口大小、口袋大小符合尺寸规格要求。

2. 缝制工艺要求

（1）基本型男衬衣缝制工序正确、完整。

（2）前门襟：左右前门襟长度相等，缉线顺直。

（3）口袋：两贴袋造型准确，左右对称；袋口平服、松紧适宜；缉线顺直，两端封结牢固对称。

（4）衣领：绱领要正、要平；衣领左右对称；领面纱向顺直、不紧、不吐里；领面缉线顺直、牢固；领里制作平展，规范合理。

（5）衣袖：两只衣袖对称、符合造型要求；袖开衩制作方法正确，工序完整，美观。

（6）手工工艺：钉扣结实符合规范要求。

3. 其他要求

（1）外观造型：美观大方，各部位造型准确；成品整洁，表面平服；工艺处理得当，能给人舒适感。

（2）线迹：线迹顺直，针距适当，无跳线现象。

课后延学：根据学习任务，完成男衬衫实训操作

实训任务一：男衬衫局部制作实训练习（按规格要求分组完成）

实训任务二：男衬衫成衣工艺实训练习（按规格要求分组完成）

实训任务三：结合本单元学习任务，查阅有关书籍或利用互联网，进一步了解男衬衫款式变化、工艺变化，撰写本单元学习心得。

本单元微课资源（扫二维码观看视频）

30. 男衬衫——排版裁剪
31. 男衬衫——粘衬、装贴胸袋
32. 男衬衫——制作门襟
33. 男衬衫——收省、制作过肩
34. 男衬衫——制作袖开衩
35. 男衬衫——绱袖子、合腋下缝
36. 男衬衫——制作袖克夫、绱袖克夫
37. 男衬衫——领子粘衬、清剪、扣烫底领
38. 男衬衫——底领压明线、制作翻领
39. 男衬衫——底领、翻领结合
40. 男衬衫——绱领子
41. 男衬衫——做下摆、整烫成衣
42. 男衬衫——锁眼、钉扣

学习单元四　裙子缝制工艺

课前导学：以裙装类的服装加工方式为本，提出学习任务，服装生产任务单见表4-1。

学习任务一：裙子局部缝制工艺——裙开衩

学习任务二：裙子局部缝制工艺——绱拉链

学习任务三：裙子成衣缝制工艺

表4-1　服装生产任务单

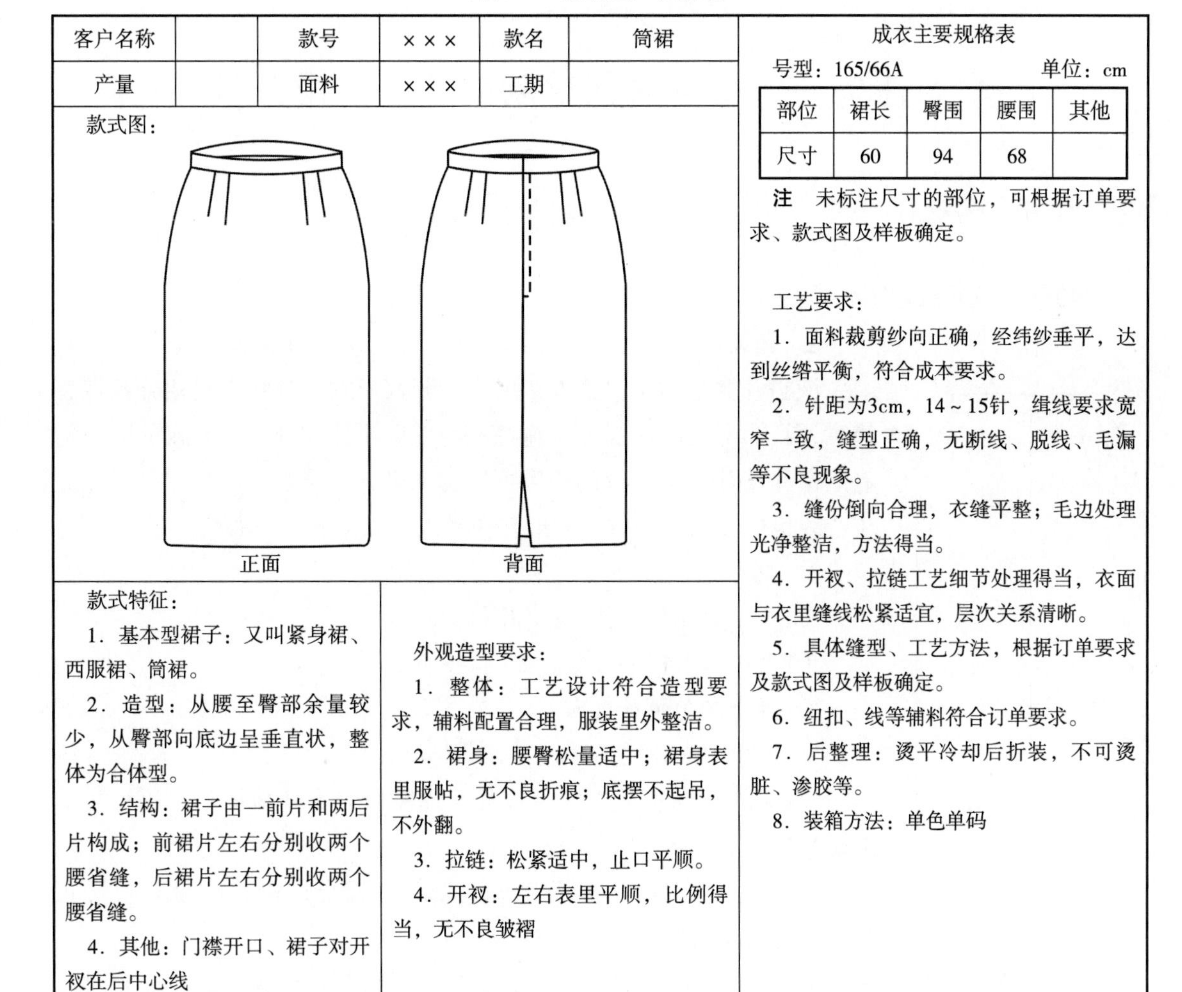

<table>
<tr><td>客户名称</td><td></td><td>款号</td><td>×××</td><td>款名</td><td>筒裙</td><td rowspan="4">成衣主要规格表
号型：165/66A　　单位：cm
<table><tr><td>部位</td><td>裙长</td><td>臀围</td><td>腰围</td><td>其他</td></tr><tr><td>尺寸</td><td>60</td><td>94</td><td>68</td><td></td></tr></table>注　未标注尺寸的部位，可根据订单要求、款式图及样板确定。

工艺要求：
1．面料裁剪纱向正确，经纬纱垂平，达到丝绺平衡，符合成本要求。
2．针距为3cm，14～15针，缉线要求宽窄一致，缝型正确，无断线、脱线、毛漏等不良现象。
3．缝份倒向合理，衣缝平整；毛边处理光净整洁，方法得当。
4．开衩、拉链工艺细节处理得当，衣面与衣里缝线松紧适宜，层次关系清晰。
5．具体缝型、工艺方法，根据订单要求及款式图及样板确定。
6．纽扣、线等辅料符合订单要求。
7．后整理：烫平冷却后折装，不可烫脏、渗胶等。
8．装箱方法：单色单码</td></tr>
<tr><td>产量</td><td></td><td>面料</td><td>×××</td><td>工期</td><td></td></tr>
<tr><td colspan="6">款式图：
正面　　背面</td></tr>
<tr><td colspan="3">款式特征：
1．基本型裙子：又叫紧身裙、西服裙、筒裙。
2．造型：从腰至臀部余量较少，从臀部向底边呈垂直状，整体为合体型。
3．结构：裙子由一前片和两后片构成；前裙片左右分别收两个腰省缝，后裙片左右分别收两个腰省缝。
4．其他：门襟开口、裙子对开衩在后中心线</td><td colspan="3">外观造型要求：
1．整体：工艺设计符合造型要求，辅料配置合理，服装里外整洁。
2．裙身：腰臀松量适中；裙身表里服帖，无不良折痕；底摆不起吊，不外翻。
3．拉链：松紧适中，止口平顺。
4．开衩：左右表里平顺，比例得当，无不良皱褶</td></tr>
</table>

依据裙子类服装加工方式，设计梳理本单元应掌握的技能和学习目标，见表4-2。

表4–2 本单元应掌握的技能和学习目标

职业面向	技能点	学习目标		
		知识目标	能力目标	素质目标
1．样衣制作人员 2．裁剪人员 3．生产班组长 4．模板操作员	熟知裙子款式变化及对应的工艺方法	熟知裙子款式、选料及工艺方法	熟悉裙子款式风格特点及常规工艺特点	1．培养学生依据标准文件设计工艺方法 2．培养学生与人合作完成项目任务 3．培养学生独立完成裙子裁剪、排版、成衣制作的能力 4．培养爱岗敬业的工作作风和吃苦耐劳的工作精神
	掌握裙子的局部缝制工艺技法	掌握裙子的局部缝制工艺技法	能够熟练使用常规缝纫设备，运用现有制作工艺技能，完成开衩等局部制作并能够结合款式不同设计工艺方法、编写工艺流程	
	掌握裙子成衣缝制工艺技法	掌握裙子成衣缝制工艺技法	能够熟练掌握必要缝纫设备、机缝技法进行裙子成衣的缝制	

课中探究：围绕学习任务，进行技能学习

学习任务一　裙子局部缝制工艺——裙开衩

一、裙开衩A

1．款式图

裙开衩A款式图如图4–1所示。

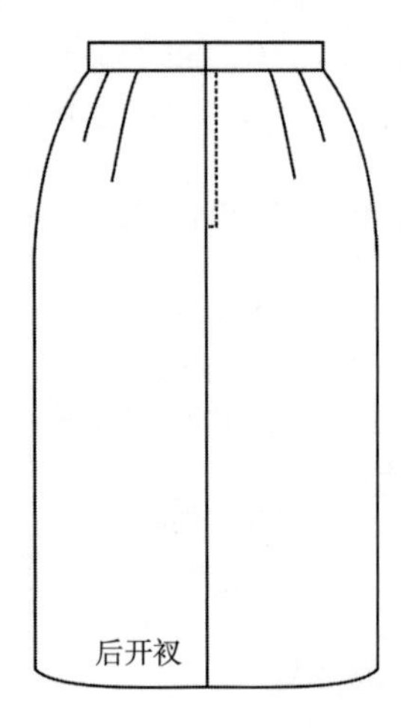

图4–1　裙开衩A款式图

2．款式说明

该裙开衩是裙子、连衣裙的常用开衩形式，其特点是裙开衩带有掩襟，且裙开衩的掩襟面、掩襟里与左后裙片连裁，裙开衩的贴边与右后裙片连裁。裙开衩的长度可以自由确定；裙开衩的位置可以在后中心线也可在其他位置，一般在裙子或连衣裙的后中心线。

3．裁剪

（1）裙片面料的裁剪，如图4–2所示。

（2）裙片里料的裁剪，如图4–3所示。

4．缝制工艺操作过程

（1）裙片面料底边锁边，如图4–4所示。

（2）裙片面料后中心开衩处反面粘衬，有些薄面料不用粘衬，如图4–5所示。

（3）将左右后裙片面料正面相对，缝合后中心线至开衩终止处，机缝首尾要回针，如图4–6所示。

（4）将左后裙片面料与裙开衩掩襟正面相对、右后裙片面料与裙开衩贴边正面相对，并折烫底边，缝合后中心线左右开衩处下摆，如图4–7所示。

（5）首先，翻烫后中心线开衩下摆处，将多余缝份清剪；其次，对合好裙开衩掩襟与裙开衩贴边，在裙开衩终止位置机缝，固定开衩终止处。此道工序也可以与后中心线缝合一起完成，如图4-8所示。

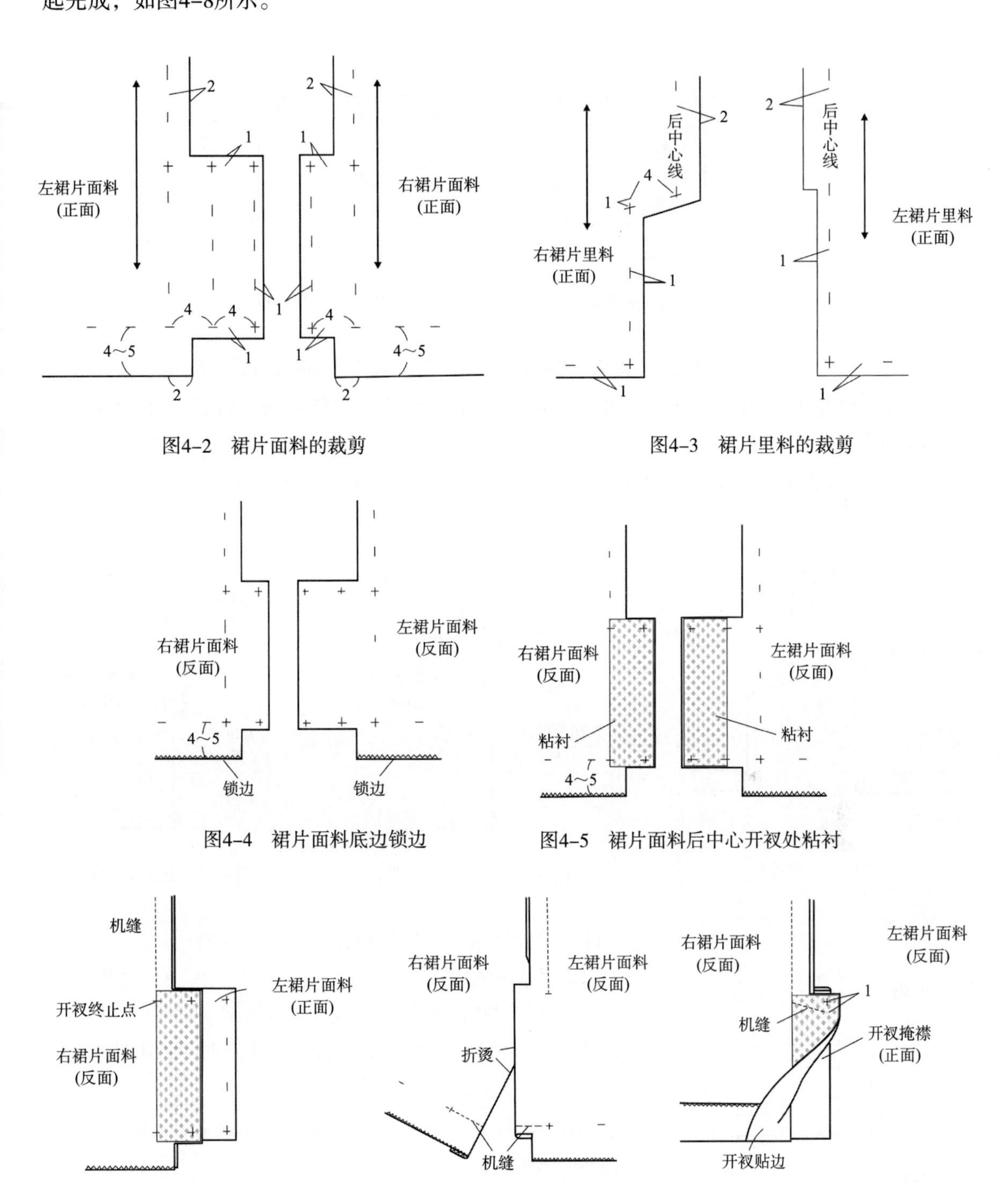

图4-2　裙片面料的裁剪

图4-3　裙片里料的裁剪

图4-4　裙片面料底边锁边

图4-5　裙片面料后中心开衩处粘衬

图4-6　左右后裙片面料缝合后中心

图4-7　缝合开衩处下摆

图4-8　翻烫、固定开衩处

（6）左裙片开衩掩襟缝份折转处打剪口，劈烫后中心线缝份，并用手针暗缲裙片面料底边，如图4-9所示。

（7）折烫左右后裙片里料底边，如图4-10所示。

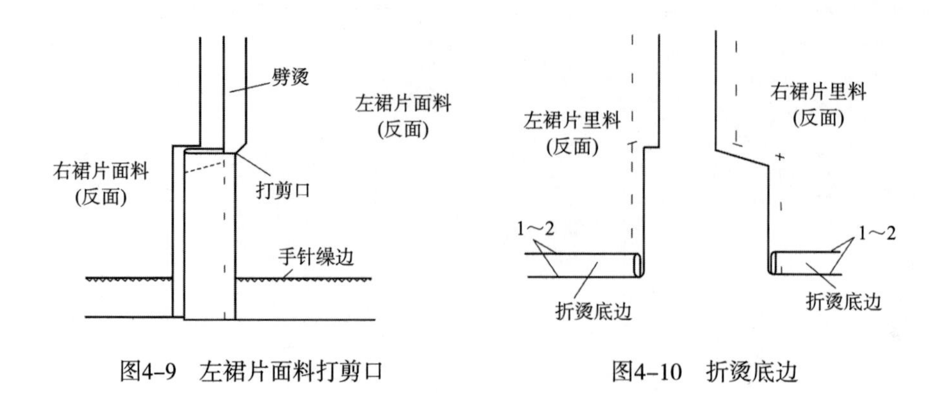

图4-9 左裙片面料打剪口

图4-10 折烫底边

（8）三折左右后裙片里料底边后，距折边0.1cm缉缝明线，如图4-11所示。

（9）将左右后裙片里料正面相对，缝合后中心线至开衩终止处，缝线首尾回针，如图4-12所示。

（10）熨烫后裙片里料后中心线及开衩处，并在右后裙片里料开衩拐弯处打剪口，如图4-13所示。

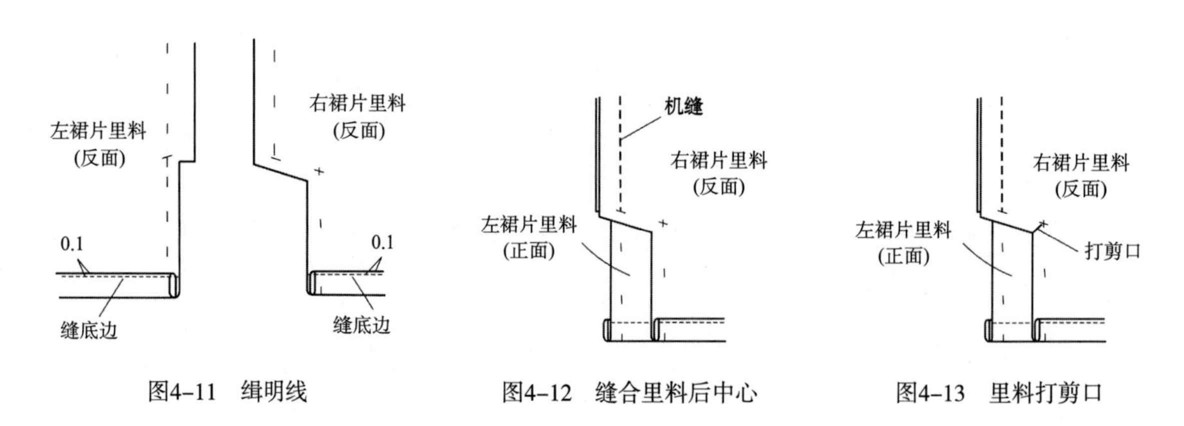

图4-11 缉明线

图4-12 缝合里料后中心

图4-13 里料打剪口

右裙片里料
(正面)
左裙片里料
(正面)

图4-14 对合面料里料裙片

（11）对合好面料和里料裙片，如图4-14所示。

（12）缝合裙片里料和面料，有三种方法可将裙片里料后中心线开衩处与裙片面料后中心线开衩处固定。

①方法一：掀开裙片面料和里料，用缝纫机暗缝开衩处里料与面料缝份，如图4-15所示。

②方法二：让开裙片面料，直接在开衩处里料上缉0.1cm明线，如图4-16所示。

③方法三：手针缲缝，如图4-17所示。

（13）用三角手针缲缝开衩下摆处，如图4-18所示。

（14）整烫定型。对齐开衩合口位置，用熨斗从正反两面熨烫平展。熨烫正面时，可在裙片开衩上下两层的中间夹垫一片硬纸片，避免烫出下层痕迹。

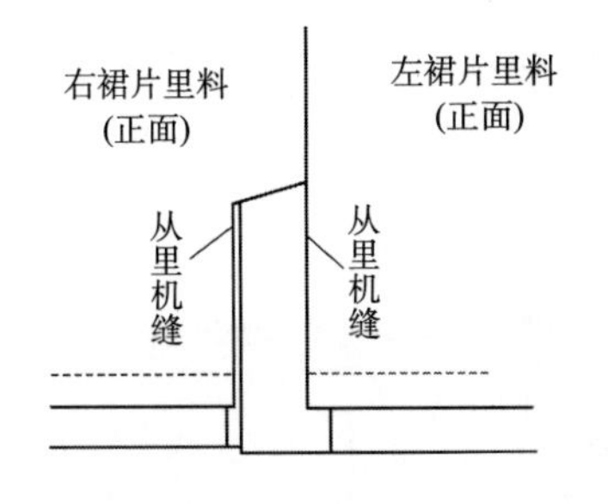

图4-15　暗缝开衩处里料与面料缝份

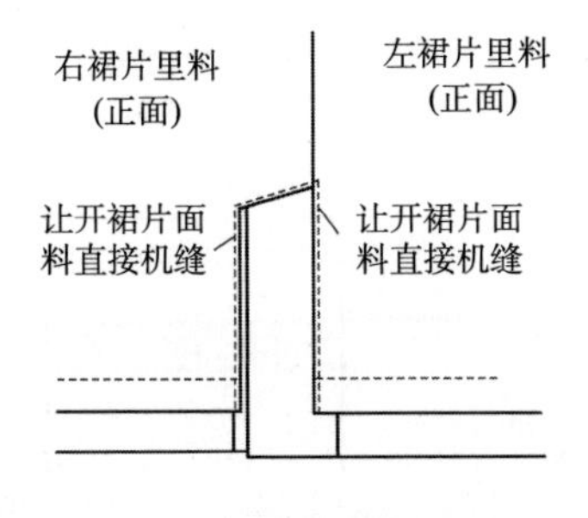

图4-16　开衩处缉明线

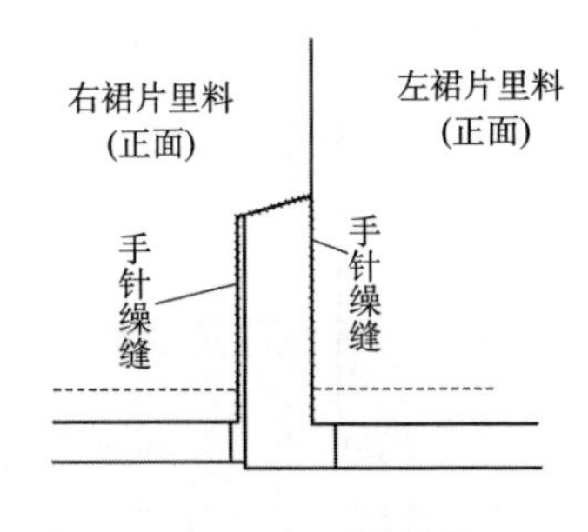

图4-17　手针缲缝

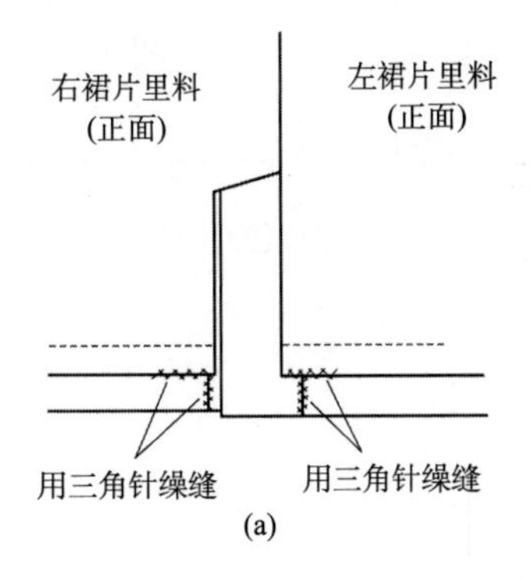

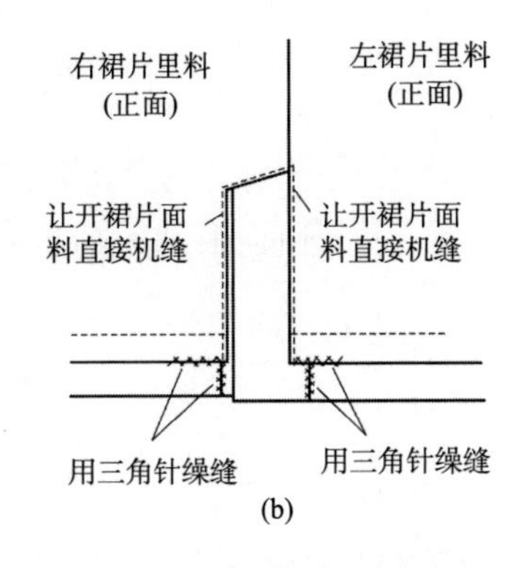

图4-18　三角针缲缝开衩下摆处

二、裙开衩B

1. 款式图

裙开衩B款式图如图4-19所示。

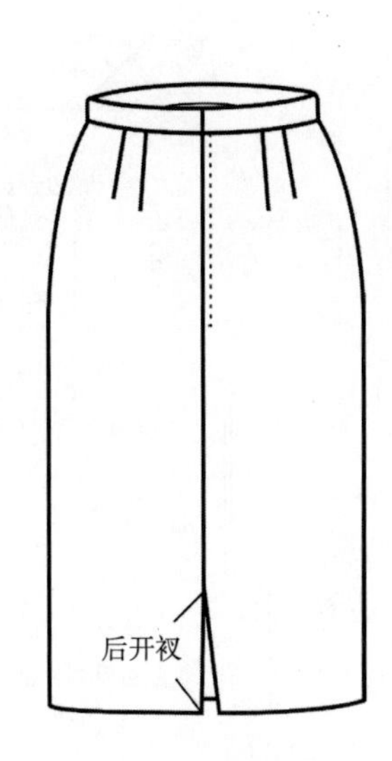

图4-19　裙开衩B款式图

2. 款式说明

该裙开衩形式也是裙子、连衣裙的常用方法，其特点是裙开衩没有掩襟，且裙开衩的贴边与后裙片连裁，裙开衩的长度可以自由确定，裙开衩的位置可以在后中心线也可在侧缝等其他位置。

3. 裁剪

（1）裙片面料的裁剪，如图4-20所示。

（2）裙片里料的裁剪，如图4-21所示。

4. 缝制工艺操作过程

（1）后裙片面料底边锁边，如图4-22所示。

（2）作标记，并将下摆多余部分剪掉，如图4-23所示。

（3）裙片面料后中心线开衩处贴边的反面粘衬。有些薄面料或特别厚的面料不用粘衬，如图4-24所示。

（4）将左右后裙片面料正面相对，缝合后中心线至开衩终止处，机缝首尾回针，如图4-25所示。

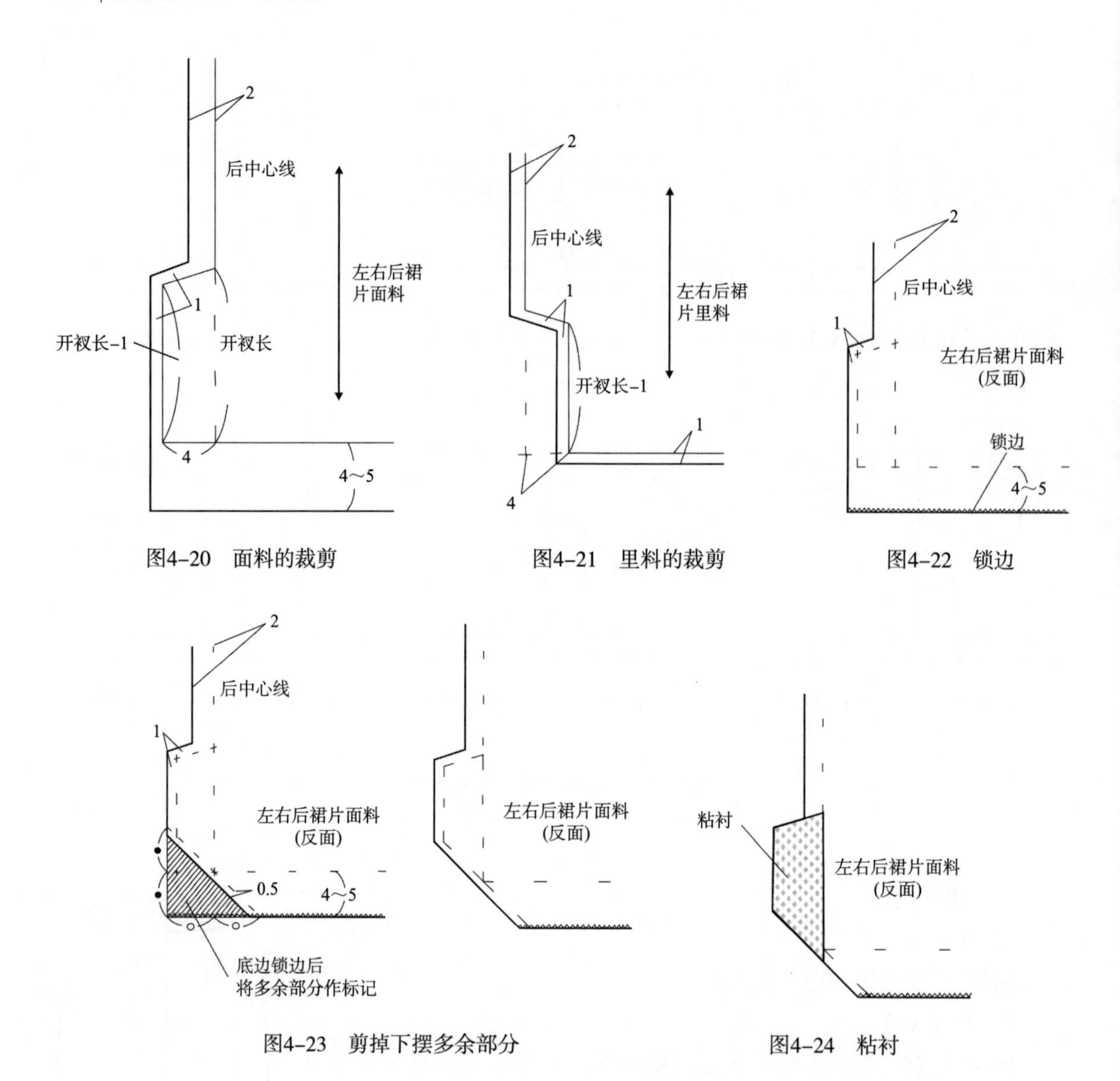

图4-20 面料的裁剪　　图4-21 里料的裁剪　　图4-22 锁边

图4-23 剪掉下摆多余部分　　图4-24 粘衬

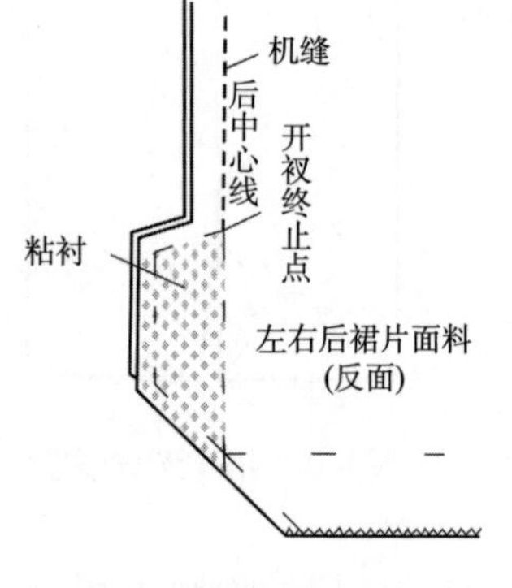

图4-25 缝合后中心线

（5）缝合左右后裙片面料开衩处下摆角，如图4-26所示。

（6）劈烫后中心线，并熨烫开衩处下摆角，将下摆角熨烫美观，如图4-27所示。

（7）缝合左右后裙片里料中心线。缝合后中心线时，先在后中心的净样线上手针缲缝固定，然后距净样线0.3cm，在后中心线缝份侧机缝，如图4-28所示。

（8）在左右后裙片里料下摆开衩处打剪口，如图4-29所示。

（9）倒烫后中心线缝份，并折烫后中心线开衩处缝份，左右后裙片里料后中心缝份向右侧倒烫，并折烫后中心开衩处缝份，如图4-30所示。

（10）折烫底边，并拆除后中心线处的手缝线，如图4-31所示。

（11）后裙片里料底边三折缝，如图4-32所示。

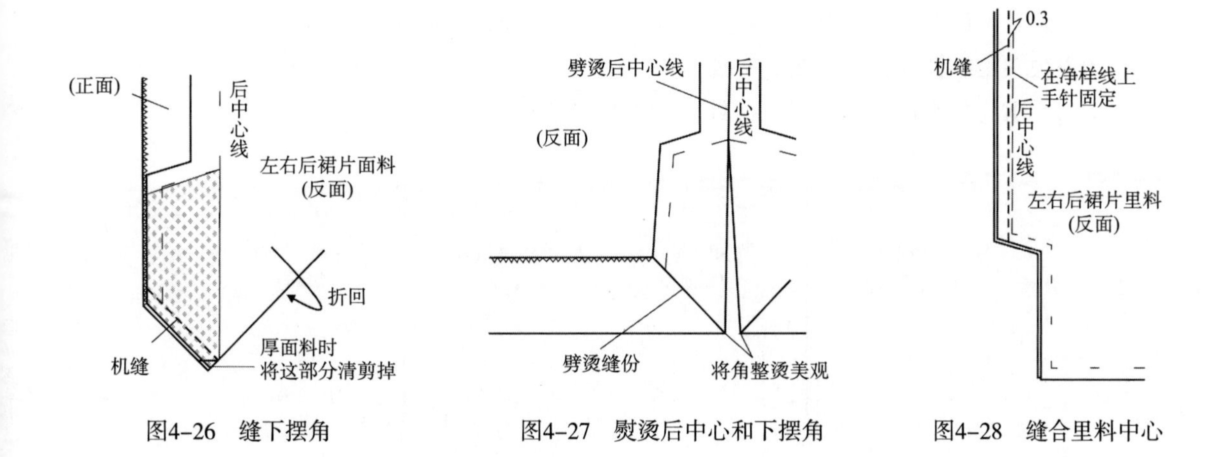

图4-26　缝下摆角　　图4-27　熨烫后中心和下摆角　　图4-28　缝合里料中心

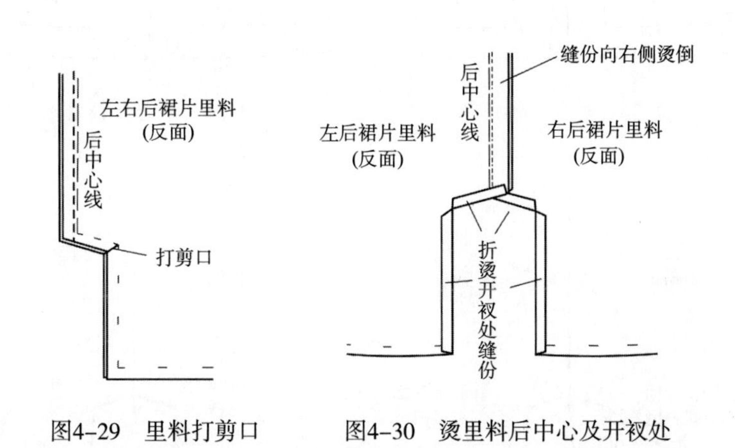

图4-29　里料打剪口　　图4-30　烫里料后中心及开衩处

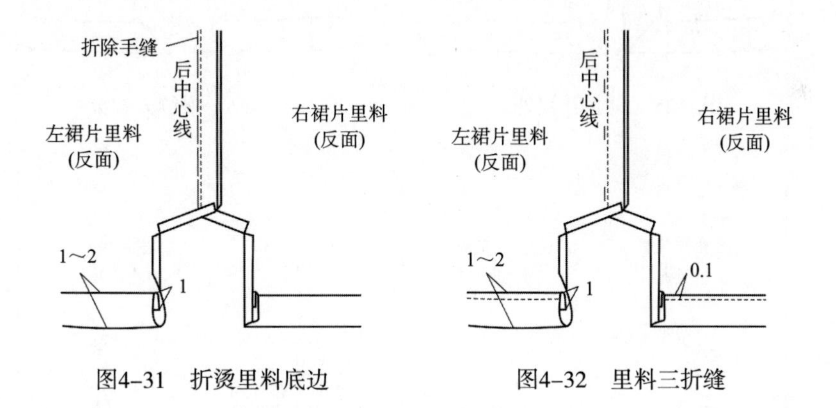

图4-31　折烫里料底边　　图4-32　里料三折缝

（12）对合好裙片面料和里料，如图4-33所示。

（13）缝合裙片面料和里料，有三种方法将裙片里料后中心线开衩处与裙片面料后中心线开衩处固定。

①方法一：掀开裙片面料和里料，用缝纫机暗缝开衩处里料与面料缝份，如图4-34所示。

②方法二：让开裙片面料，直接在开衩处里料面上缉0.1cm明线，如图4-35所示。

③方法三：手针缲缝，如图4-36所示。

（14）用三角手针缲缝开衩下摆处，如图4-37所示。

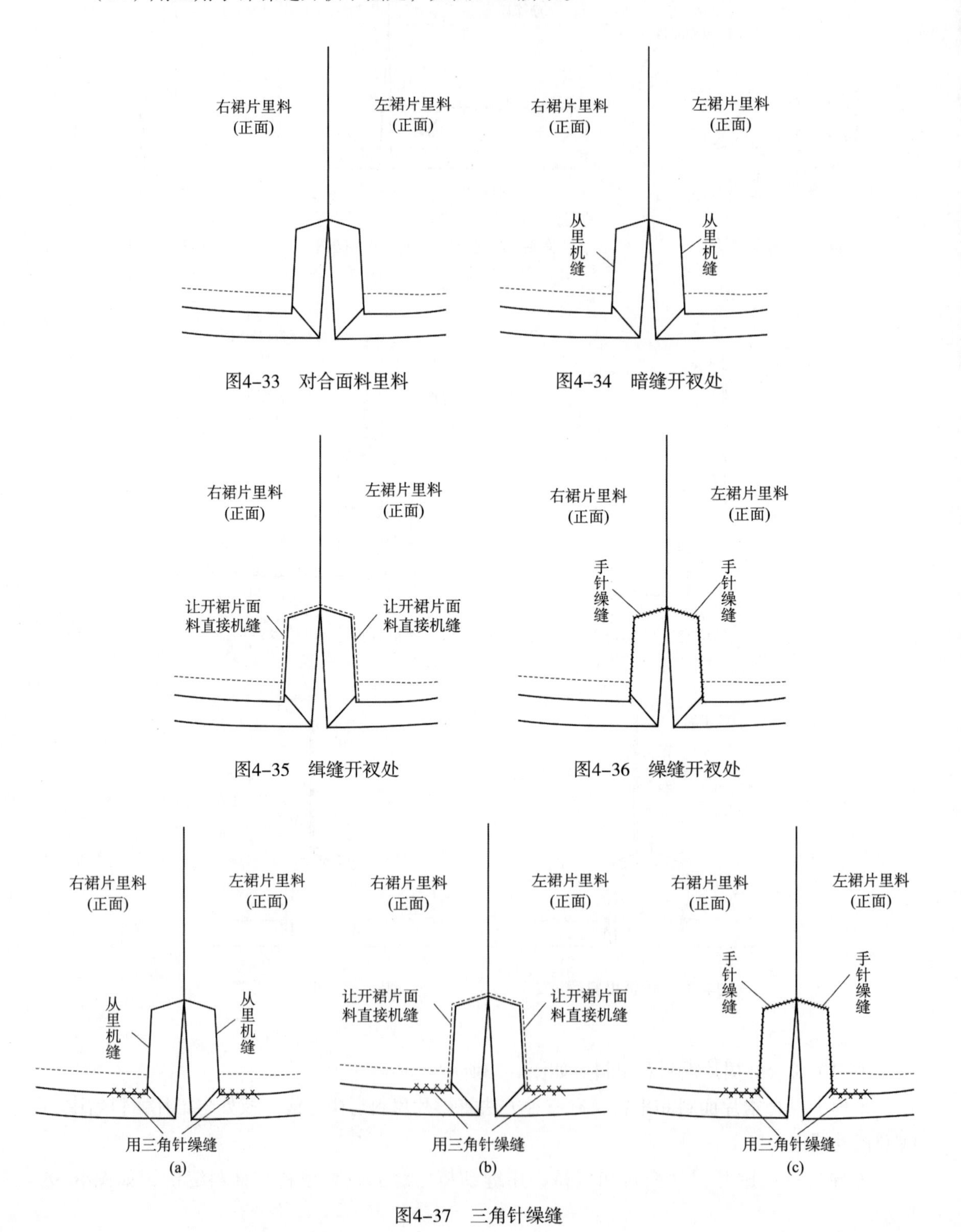

图4-33　对合面料里料

图4-34　暗缝开衩处

图4-35　缉缝开衩处

图4-36　缲缝开衩处

图4-37　三角针缲缝

（15）整烫定型，方法同前。

学习任务二　裙子局部缝制工艺——绱拉链

一、普通绱拉链方法A

1. 款式图

普通绱拉链方法A款式图如图4-38所示。

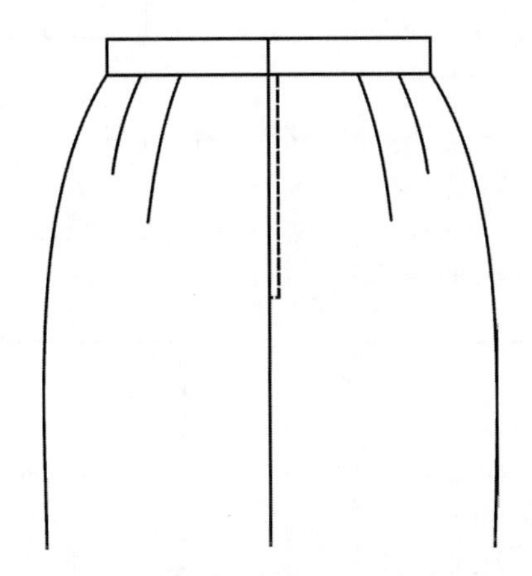

图4-38　普通绱拉链方法A款式图

2. 款式说明

普通绱拉链的方法A常被裙子、连衣裙使用，其特点是绱拉链处面料正面缉有明线。拉链的长度一般是从腰围线至臀围线下2cm处，拉链的位置在后中心线，也可在侧缝处。普通绱拉链方法A的工艺特点是先将拉链绱在面料上，然后用手针缲缝将里料固定。

3. 裁剪

（1）裙片面料的裁剪，如图4-39所示。

（2）裙片里料的裁剪，如图4-40所示。

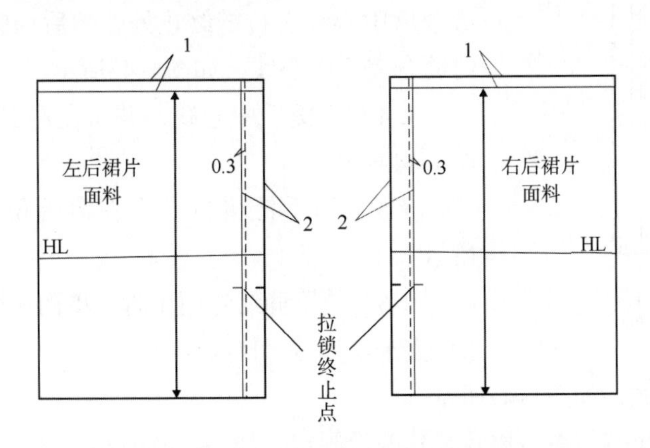

图4-39　裙片面料的裁剪

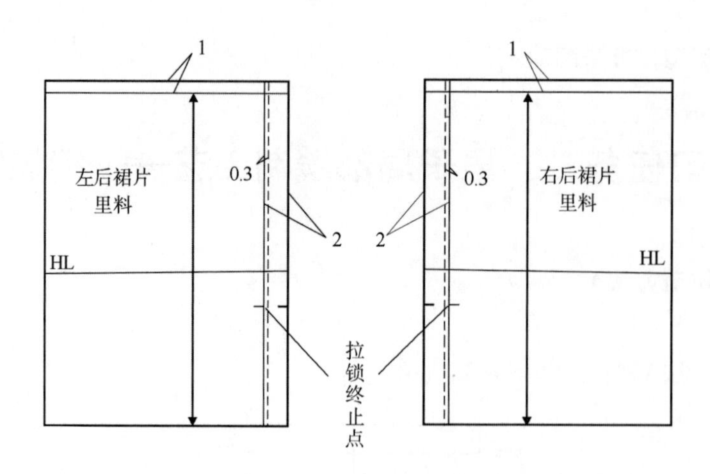

图4-40　裙片里料的裁剪

4. 缝制工艺操作过程

（1）裙片面料锁边，如图4-41所示。

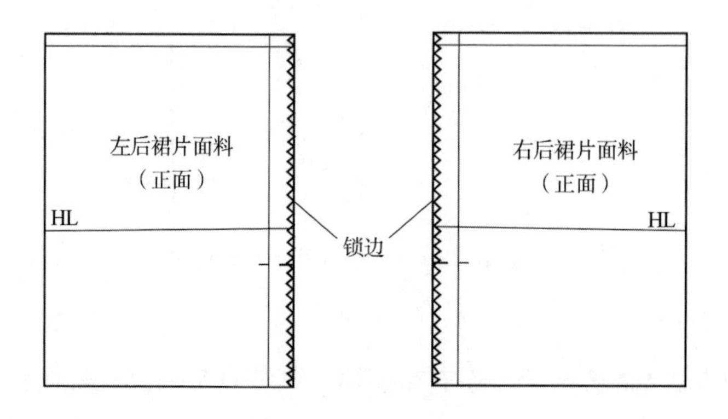

图4-41　裙片面料锁边

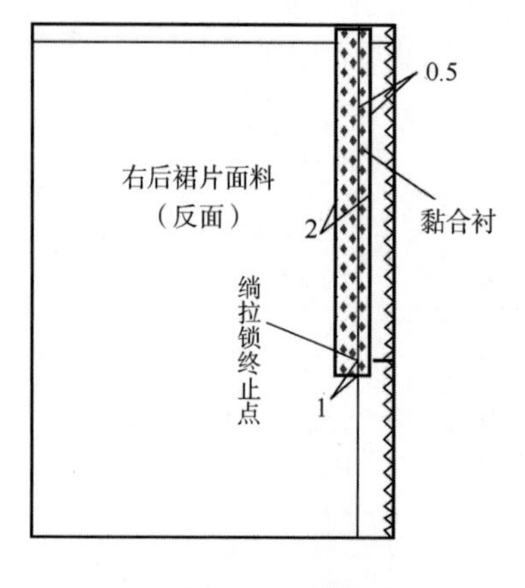

图4-42　粘衬

（2）右后裙片面料反面绱拉链处粘衬,有些密实的面料不用粘衬，如图4-42所示。

（3）将左右后裙片面料正面相对，从下至上用小针迹缝合后中心线至拉链终止处，然后回针，接着用大针迹临时缝合完后中心线，如图4-43所示。

（4）劈烫后中心线，并将左侧缝份折烫出0.3cm，如图4-44所示。

（5）用手针将拉链在左侧缝份上固定，如图4-45所示。

（6）使用缝纫专用压脚，单面压脚，将拉链与左侧缝份机缝固定，如图4-46所示。

（7）拆除手缝线，如图4-47所示。

（8）用手针将拉链与右后裙片及其缝份固定，如图4-48所示。

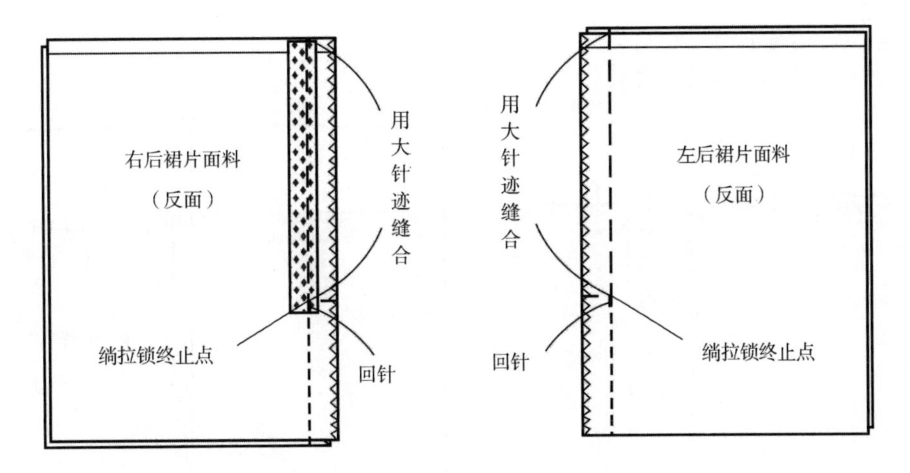

图4-43　缝合后中心

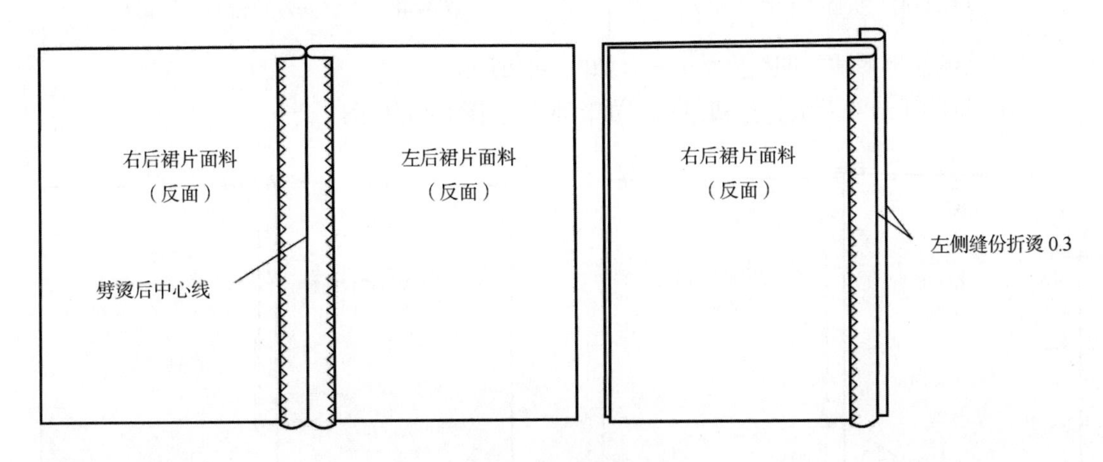

图4-44　劈烫后中心线

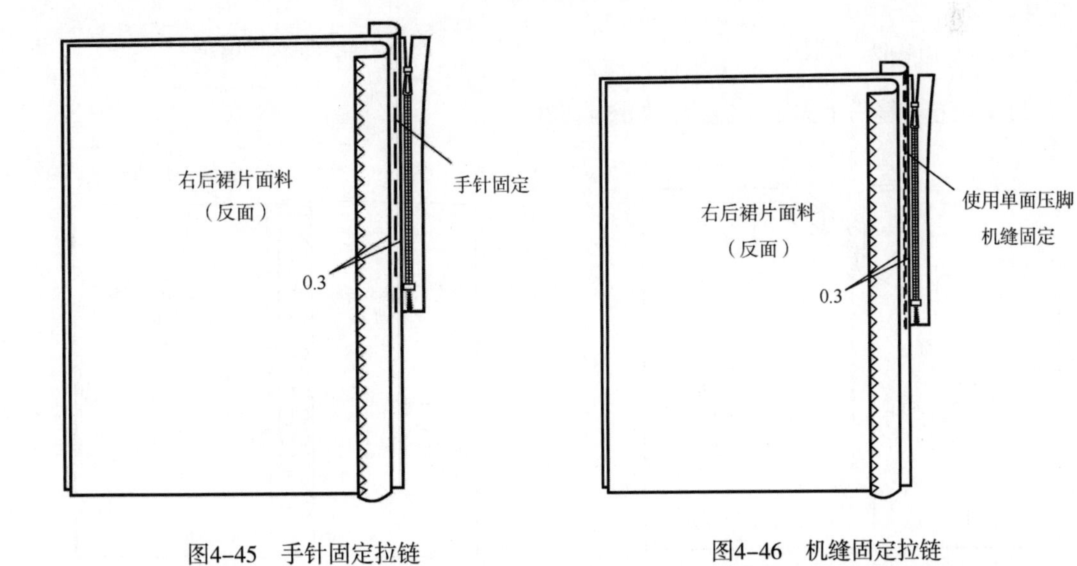

图4-45　手针固定拉链

图4-46　机缝固定拉链

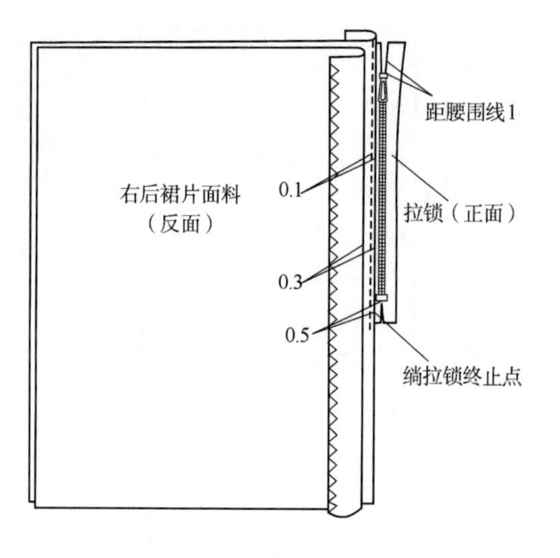

图4-47　拆除手缝线

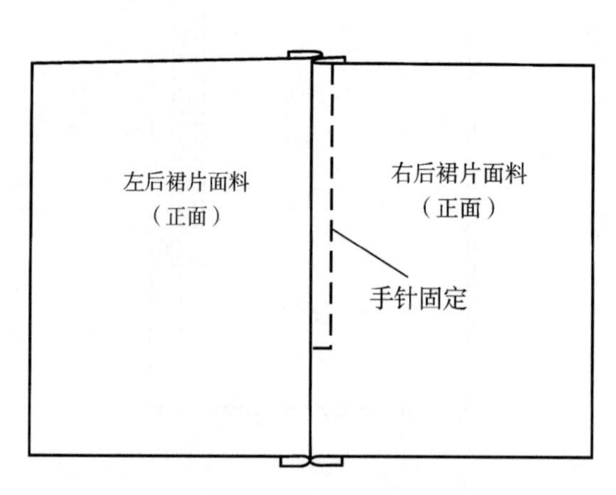

图4-48　手针固定拉链与右后裙片

（9）缉绱拉链明线，明线宽为1cm，如图4-49所示。

（10）拆除手缝线及大针迹机缝线，如图4-50、图4-51所示。

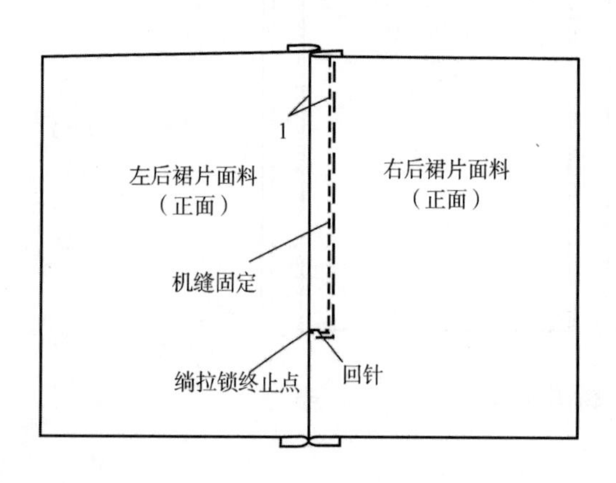

图4-49　缉明线

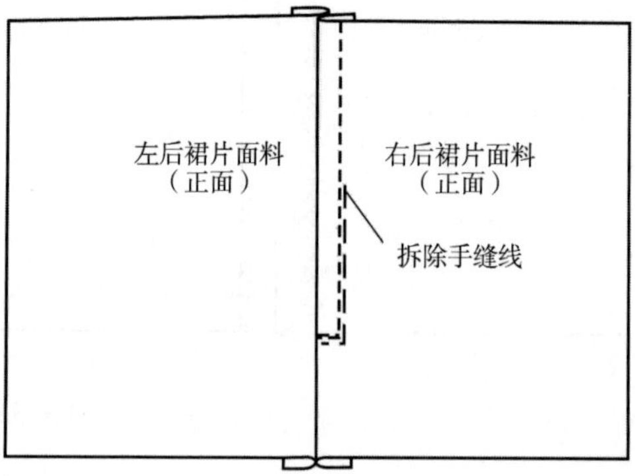

图4-50　拆除手缝线

（11）在左右缝份上固定拉链边，如图4-52所示。

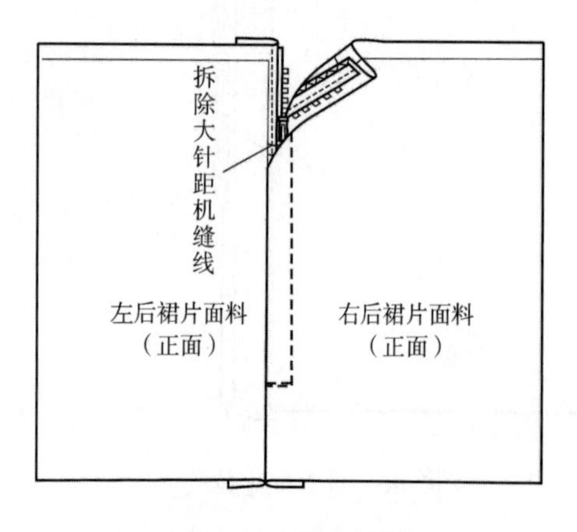

图4-51　拆除机缝线

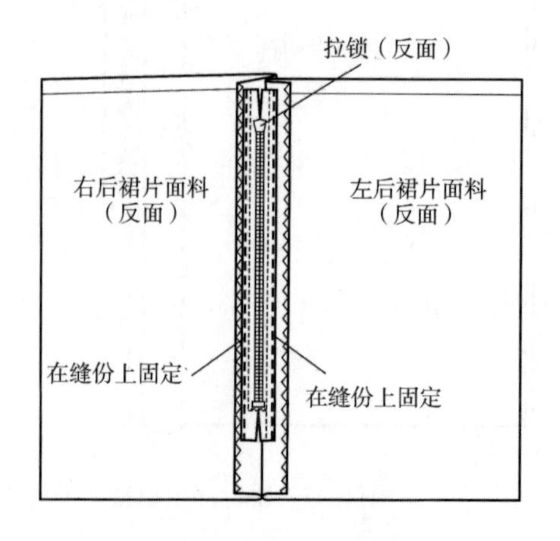

图4-52　固定拉链边

（12）手针固定左右裙片里料。距拉链终止点1.5～2cm，沿净样线用手针将左右裙片里料固定，如图4-53所示。

（13）缝合左右后裙片里布后中心线。距拉链终止点1.5～2cm，距净样线0.3cm，靠缝份侧，机缝左右后裙片里料后中心线，如图4-54所示。

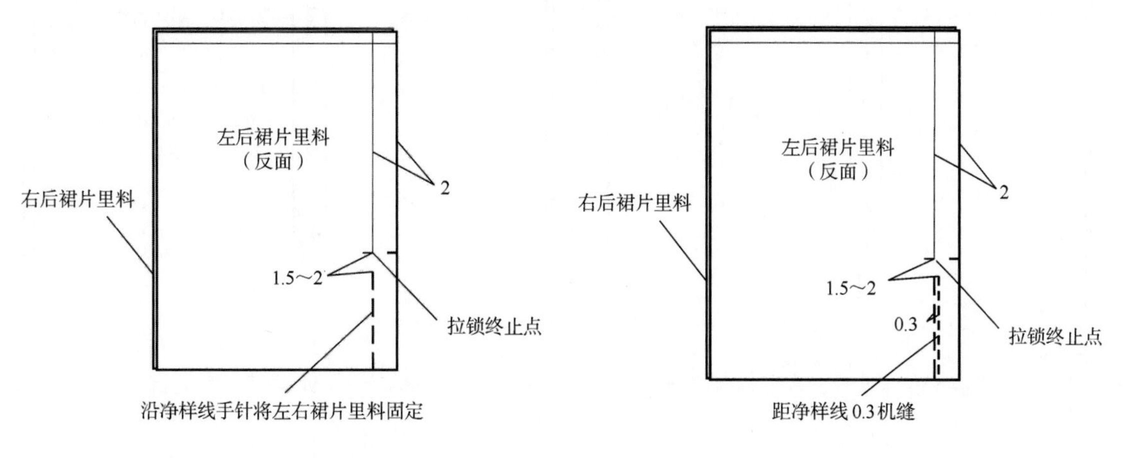

图4-53　手针固定里料　　　　图4-54　缝合里料后中心

（14）熨烫后裙片里料后中心线。先将后裙片里料后中心线缝份沿净样线向右倒烫，如图4-55所示，然后折烫绱拉链处缝份，右后裙片里料缝份距净样线折烫进去1.2cm，左后裙片里料缝份距净样线折烫进去0.3cm，如图4-56所示。

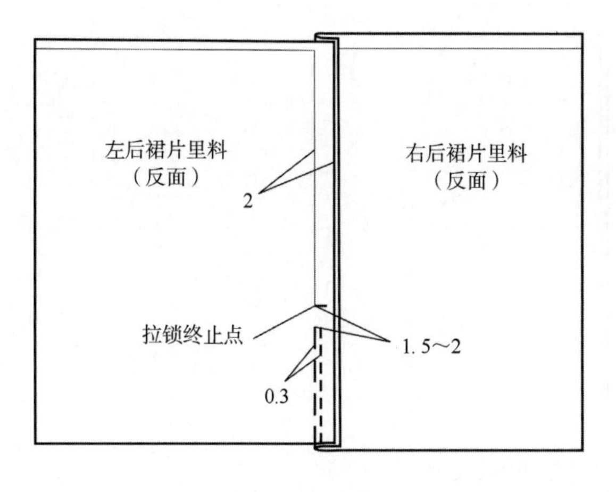

图4-55　倒烫里布后中心

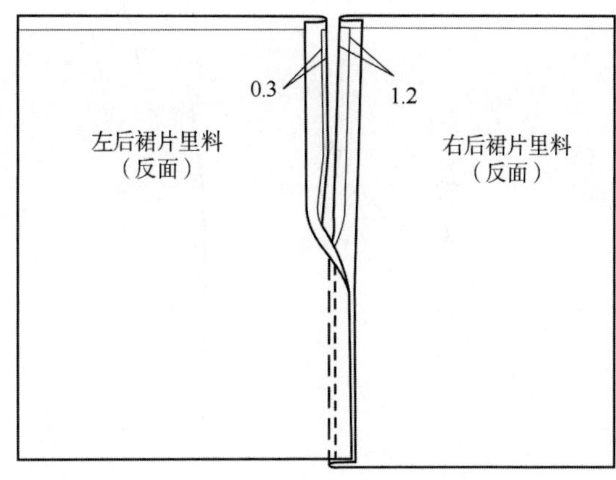

图4-56　折烫里布后中心绱拉链处

（15）用手针将左右裙片里料固定在拉链上。先用大头针临时固定，如图4-57所示，然后用手针小针迹缲缝固定，如图4-58所示。

（16）整烫定型。拉上拉链，用熨斗从正反两面熨烫平展。熨烫时，可在裙片绱拉链处垫一片烫布，避免烫脏、烫伤。

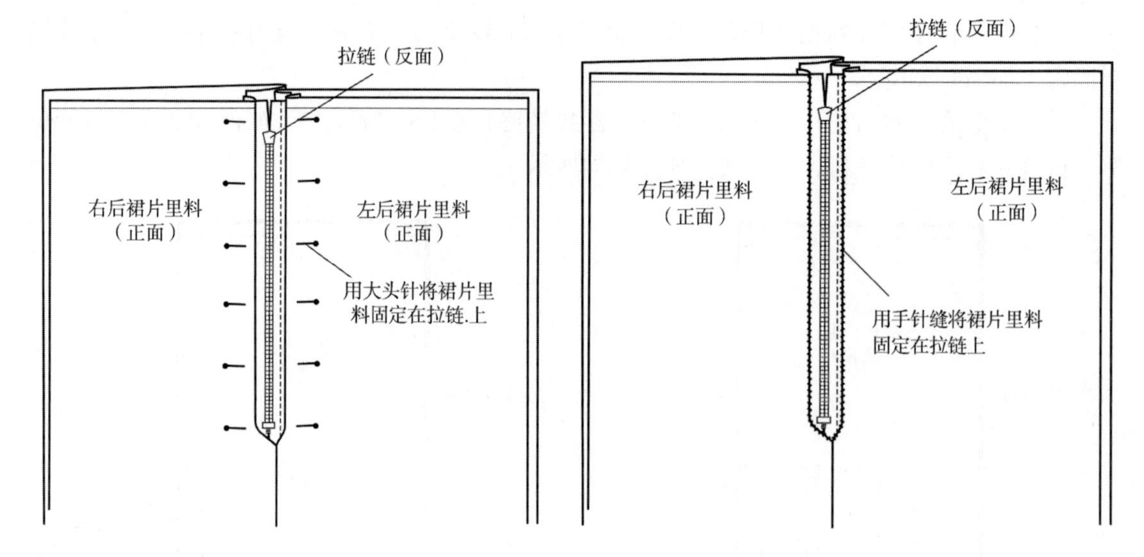

图4-57　大头针固定里料与拉链　　图4-58　手针固定里料与拉链

二、普通绱拉链方法B

1. 款式图

普通绱拉链方法B款式图如图4-59所示。

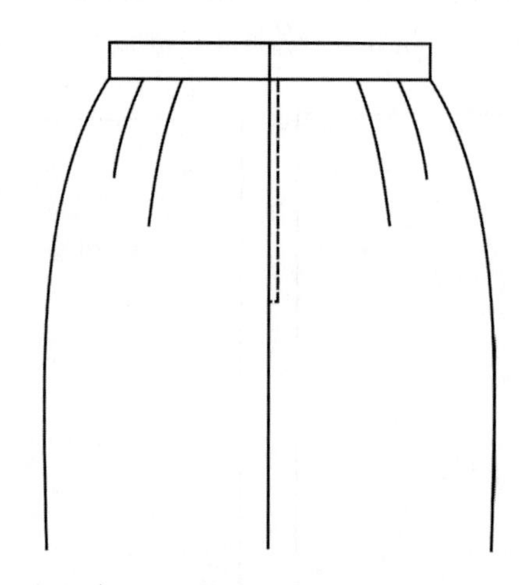

图4-59　普通绱拉链方法B款式图

2. 款式说明

普通绱拉链方法B的特点是绱拉链处面布缉有明线，绱拉链的长度一般缝到臀围线以下，拉链的位置在后中心线也可在侧缝。普通绱拉链方法B的工艺特点是先将拉链绱在里料上，然后将拉链缝到面料上固定。

3. 裁剪

（1）裙片面料的裁剪，如图4-60所示。

（2）裙片里料的裁剪，如图4-61所示。

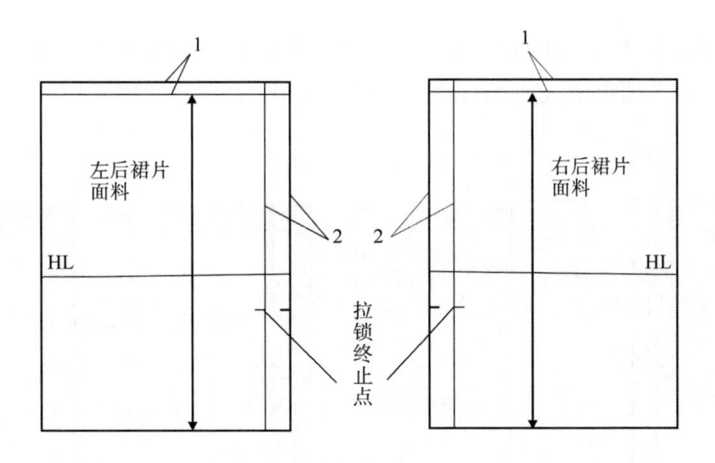

图4-60 面料的裁剪

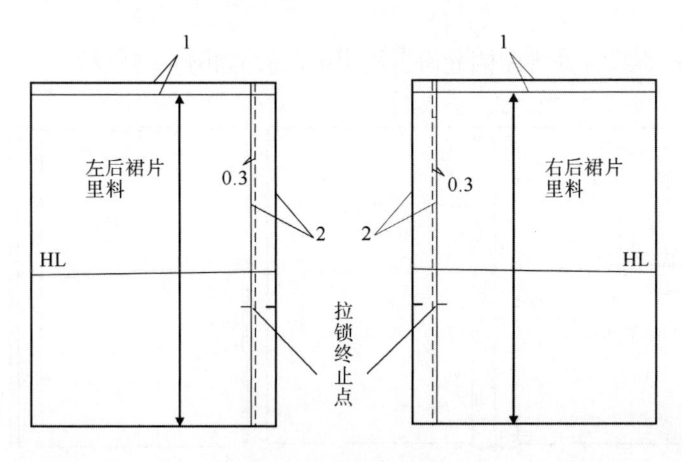

图4-61 里料的裁剪

4. **缝制工艺操作过程**

（1）裙片面料锁边，如图4-62所示。

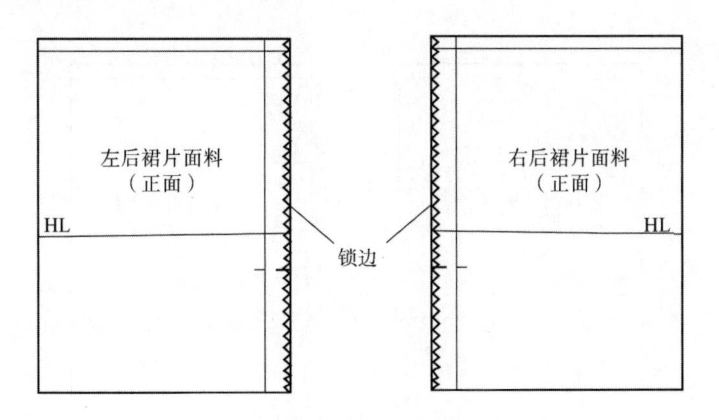

图4-62 裙片面料锁边

（2）右后裙片面料反面绱拉链处粘衬，有些密实的面料不用粘衬，如图4-63所示。

（3）将左右后裙片面料正面相对，从下至上用小针距缝合后中心线至拉链终止处，然后回针，接着用大针距临时缝合后中心线，如图4-64所示。

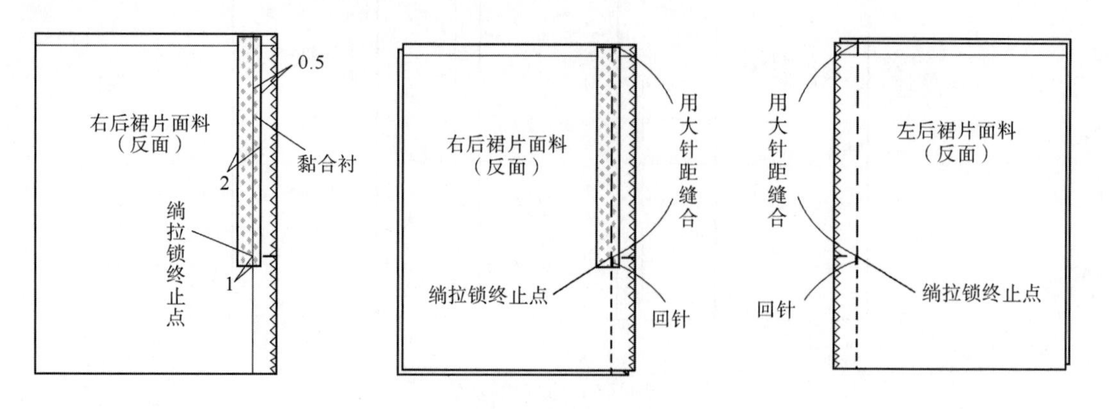

图4-63 粘衬

图4-64 缝合后中心下线

（4）劈烫后中心线，并将左侧缝份折烫出0.3cm，如图4-65所示。

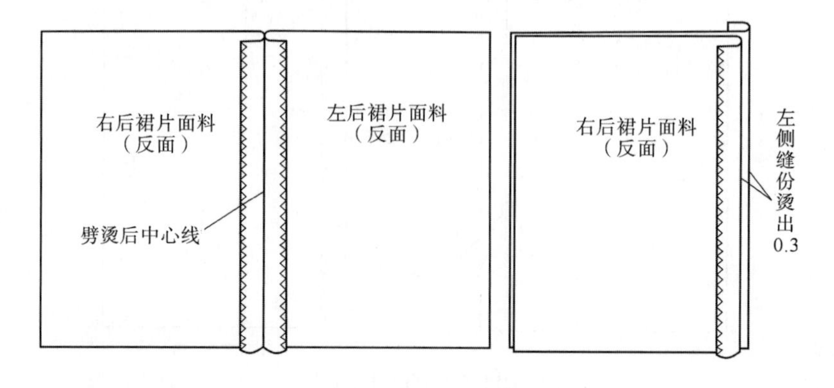

图4-65 烫后中心线

（5）作标记，并清剪。在左右后裙片里料的绱拉链处作标记，并清剪多余的部分，如图4-66所示。

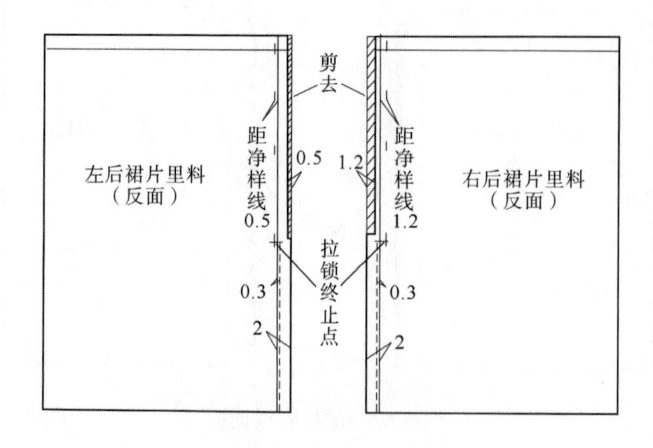

图4-66 作标记、清剪

（6）手针固定两裙片。缝合左右后裙片里料后中心线时，先在里料后中心线的净样线上手针拱缝固定左右裙片，如图4-67所示。

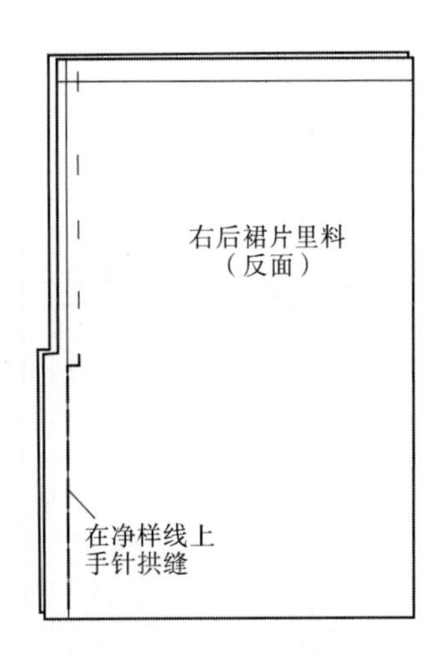

图4-67　手针固定

（7）缝合里后中心线。手针拱缝固定后，距净样线0.3cm，在后中心线缝份处机缝，如图4-68所示。

（8）打剪口。在后中心线绱拉链处，左右裙片里料一片一片地打剪口，剪口不要剪切得过深或过浅，如图4-69所示。

（9）倒烫后中心线，并折烫后中心线绱拉链处。后中心线缝份向右侧倒烫，后中心线绱拉链处将缝份向反面折烫，如图4-70所示。

（10）将拉链绱在裙片里料上，如图4-71所示。

（11）用手针将拉链与裙片面料左侧缝份固定。参见普通绱拉链方法A，如图4-45所示。

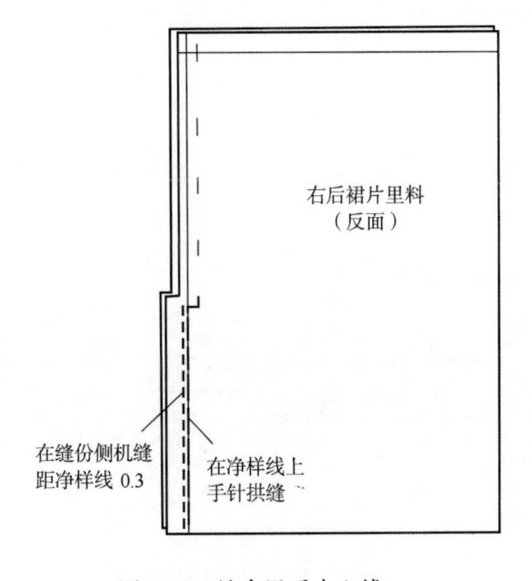

图4-68　缝合里后中心线

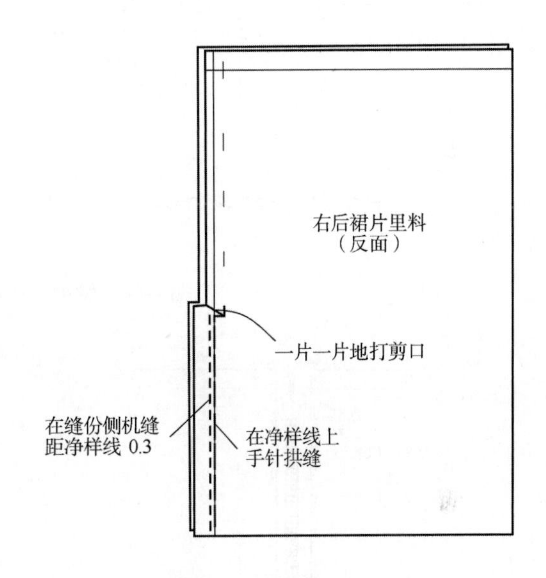

图4-69　打剪口

（12）使用缝纫专用压脚——单面压脚，将拉链与裙片面料左侧缝份机缝固定。参见普通绱拉链方法A，如图4-46所示。

（13）拆除手缝线。参见普通绱拉链方法A，如图4-47所示。

（14）用手针将拉链与右裙片面料临时固定，如图4-72所示。

（15）按照①、②和箭头所示的方向顺序缉绱拉链明线，明线宽为1～1.2cm，如图4-73所示。

（16）拆除手缝线及大针距机缝线，如图4-74、图4-75所示。

（17）整烫定型，方法同前，效果如图，如图4-76所示。

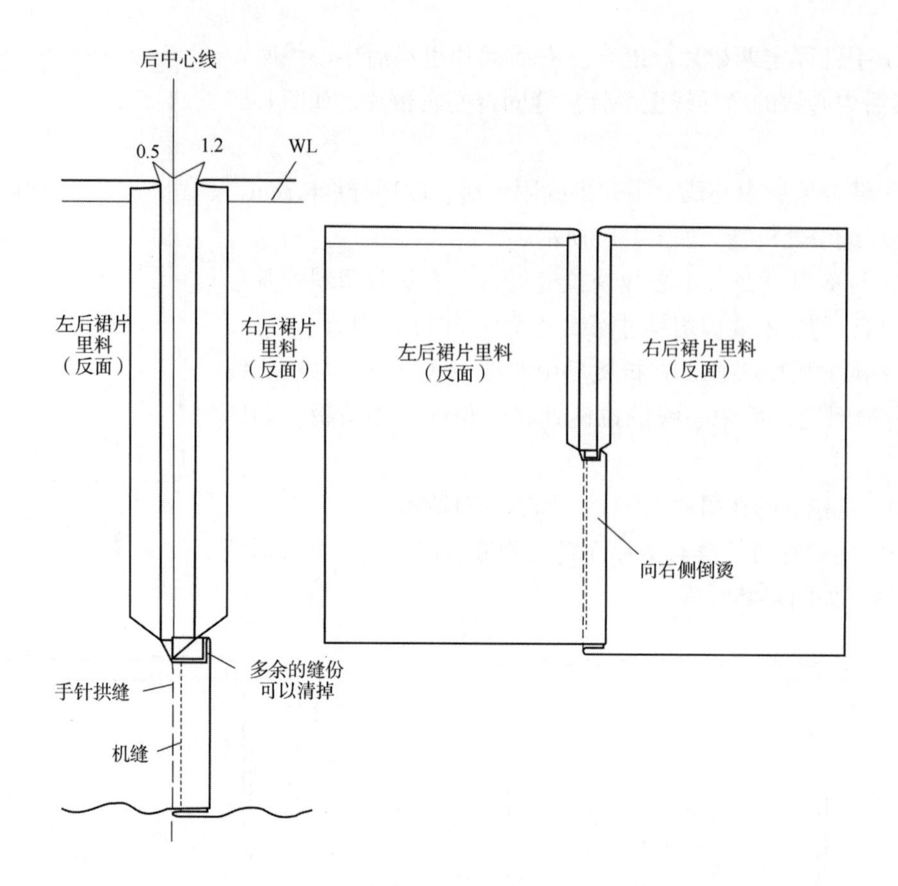

图4-70　倒烫后中心、折烫绱拉链处

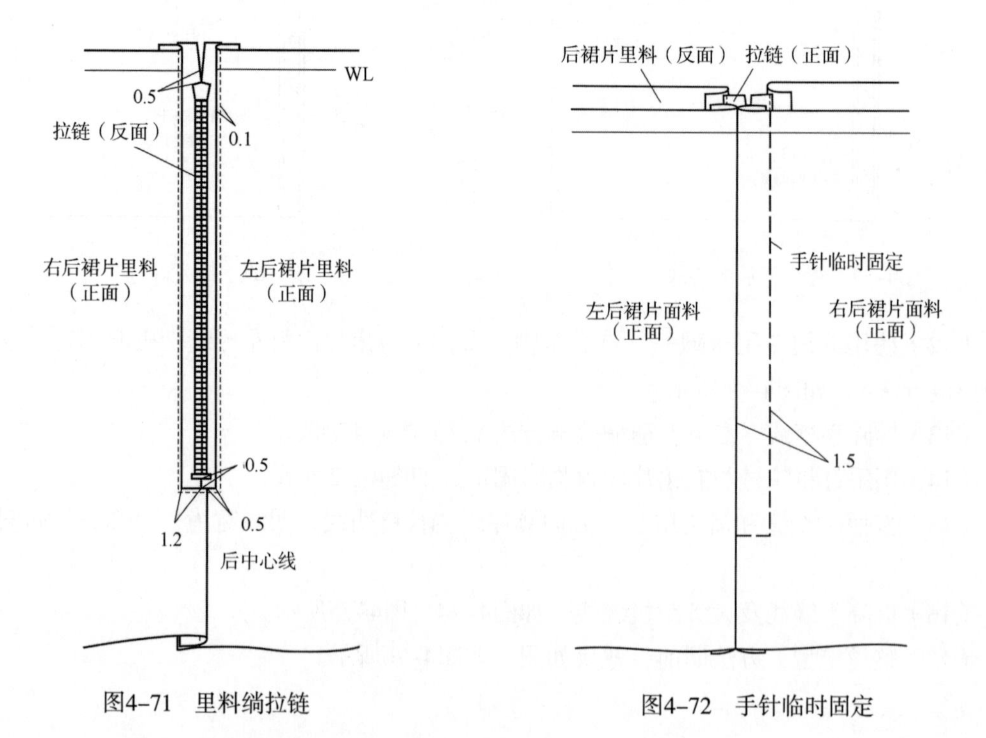

图4-71　里料绱拉链

图4-72　手针临时固定

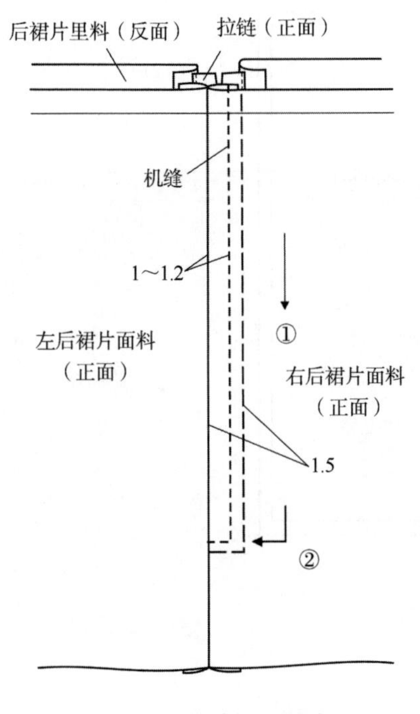

图4–73　缉绱拉链明线

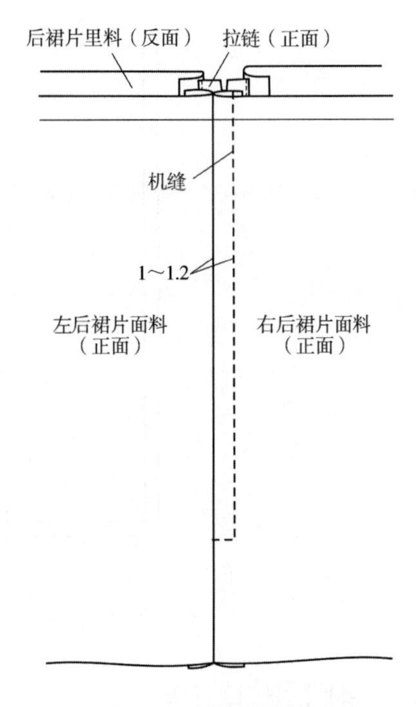

图4–74　拆除手缝线

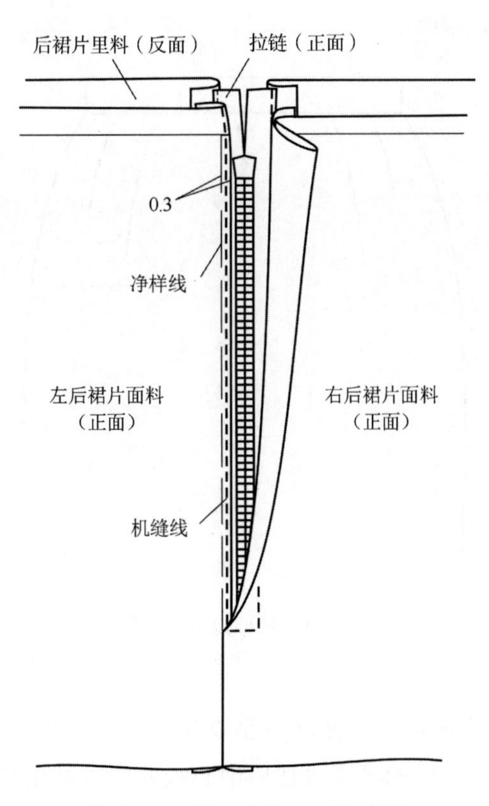

图4–75　拆除大针距机缝线

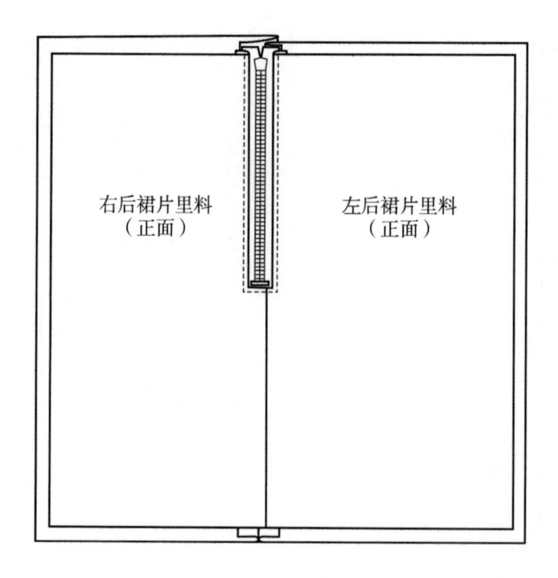

图4-76　整烫定型

三、绱隐形拉链方法

1. 款式图

隐形拉链款式图如图4-77所示。

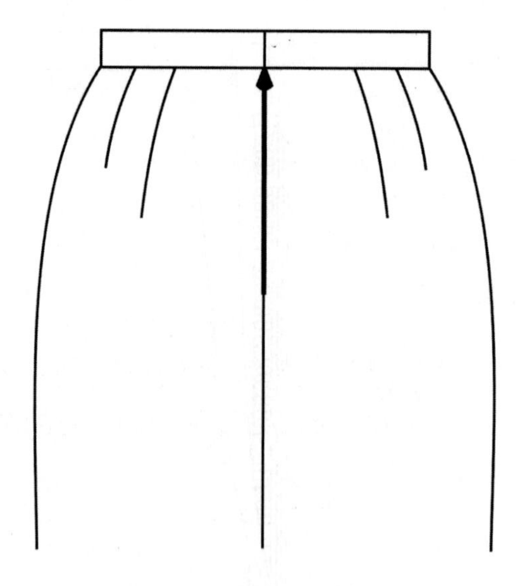

图4-77　隐形拉链款式图

2. 款式说明

裙子、连衣裙经常绱隐形拉链，其特点是绱拉链处的表面看不见拉链。拉链的长度一般从腰围线到臀围线以下，拉链的位置可在后中心线处，也可在侧缝处。隐形拉链的缝制工艺可以如绱普通拉链A那样，先将拉链绱在面料上，然后将里料手针缲缝，固定在拉链布带上；也可以如绱普通拉链B那样，先将拉链绱在里料上固定，然后将拉链绱在面料上。下面介绍面料绱隐形拉链的缝制工艺方法。

3. **裁剪**

（1）裙片面料的裁剪，如图4–78所示。

（2）裙片里料的裁剪，如图4–79所示。

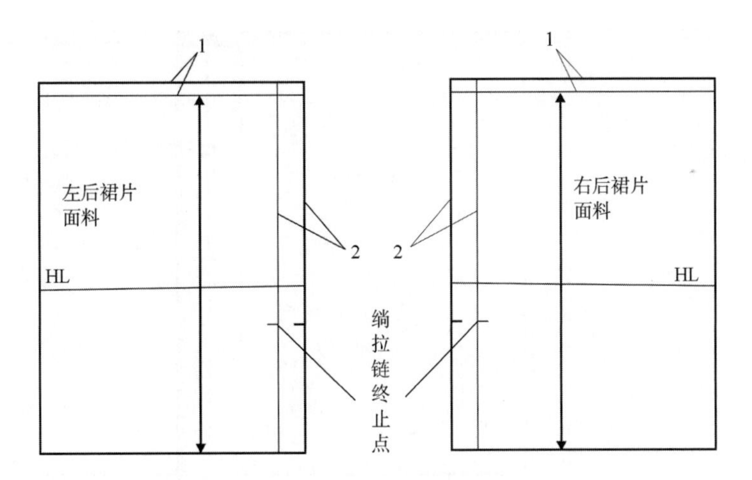

图4–78　裙片面料的裁剪

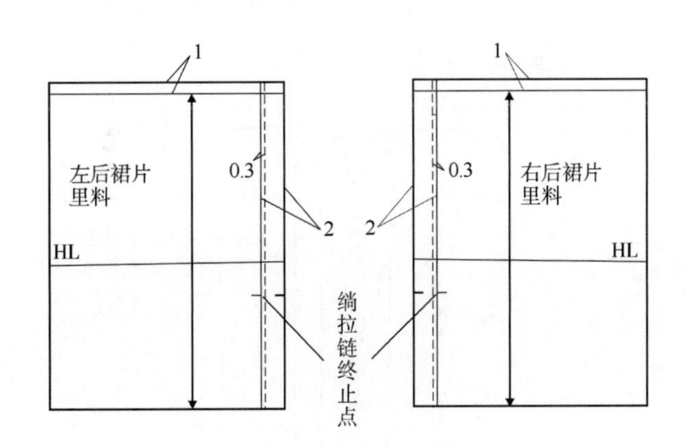

图4–79　裙片里料的裁剪

4. **缝制工艺操作过程**

（1）裙片面料锁边，如图4–80所示。

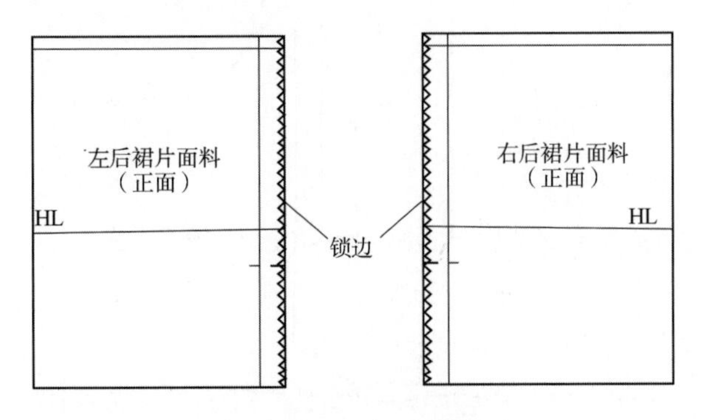

图4–80　裙片面料锁边

（2）将左右后裙片面料正面相对，从下至上用小针距缝合后中心线，至拉链终止2cm处，然后回针，接着用大针距缝合完后中心线，如图4-81所示。

（3）劈烫后中心线，如图4-82所示。

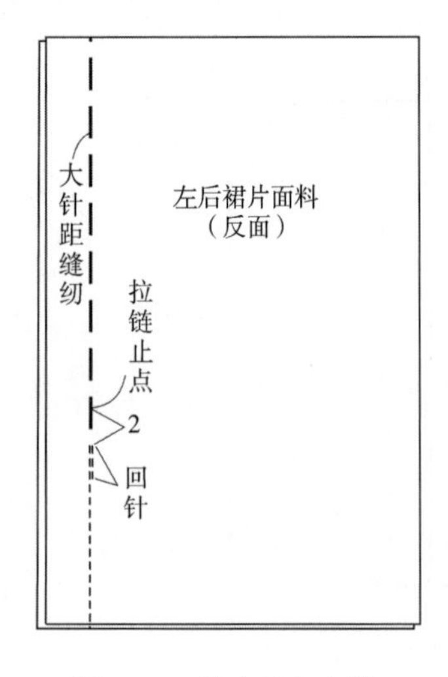

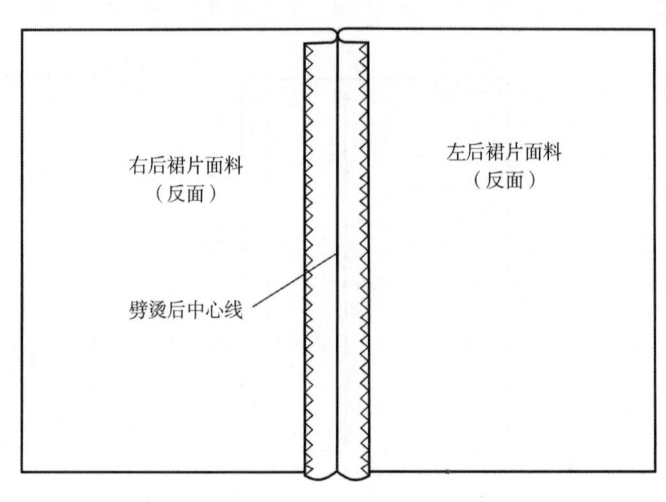

图4-81　缝合后中心线

图4-82　劈烫后中心线

（4）手针将拉链与缝份临时固定，如图4-83所示。

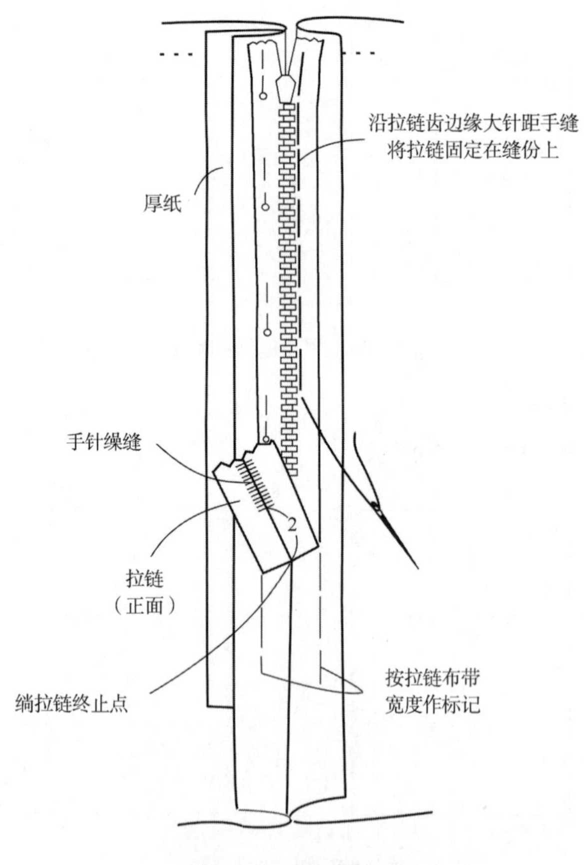

图4-83　手针临时固定拉链

（5）拆除后中心线大针距手缝线，然后机缝绱拉链，如图4-84、图4-85所示。

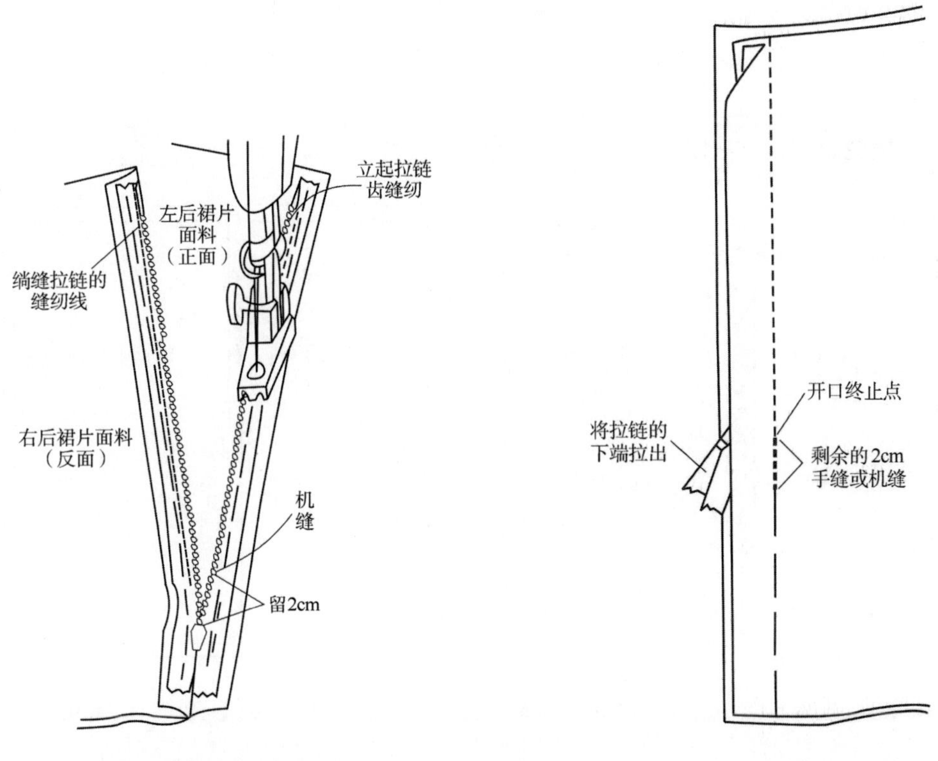

图4-84　机缝绱拉链

图4-85　后整理绱拉链处

（6）拆除拉链上的手缝线，然后在左右后裙片的缝份上固定拉链布带，如图4-86所示。

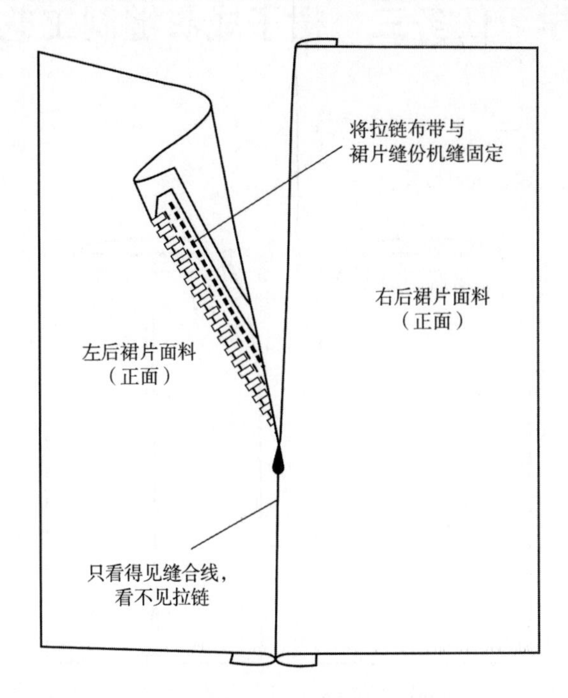

图4-86　拆除手缝线

（7）如果采用手针将左右裙片里料固定在拉链布带上时，请参照普通拉链A的缝制工艺，如图4-87所示。

（8）如果采用机缝将左右里裙片固定在拉链上时，请参照普通拉链B的缝制工艺，如图4-88所示。

（9）整烫定型，方法同前。

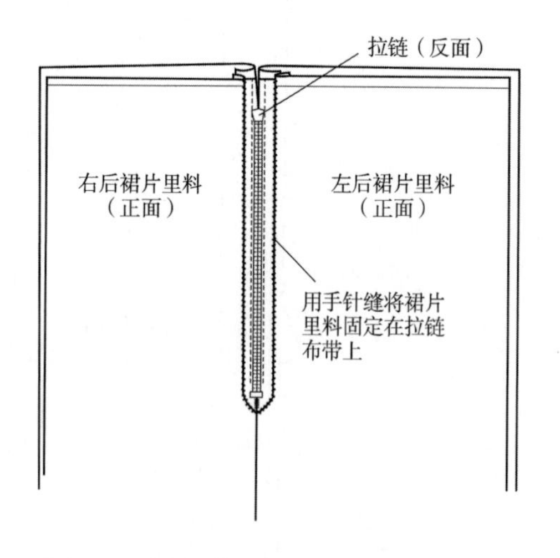

图4-87　拆除手缝线、手针固定拉链布带

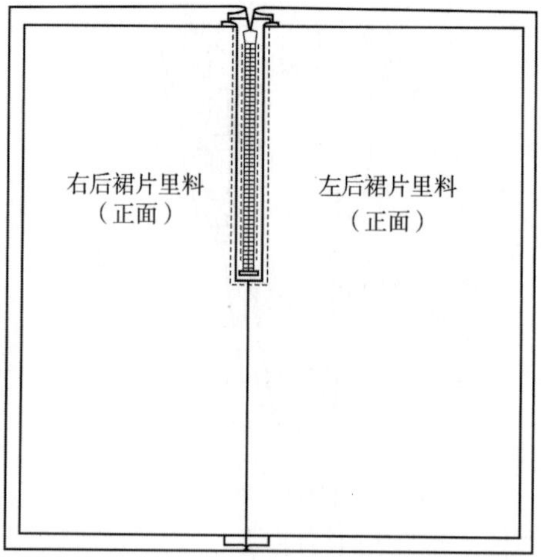

右后裙片里料
（正面）
左后裙片里料
（正面）

图4-88　拆除手缝线、机缝固定拉链布带

学习任务三　裙子成衣缝制工艺

一、款式图

基本型裙子款式图如图4-89所示。

图4-89　基本型裙子款式图

二、款式说明

基本型裙子又叫紧身裙、西服裙、筒裙。其设计特点为：

（1）造型：从腰至臀部余量较少，从臀部向底边呈垂直状，整体为合体型。

（2）裙腰：在正常腰位。

（3）裙子结构：裙子由一前片和两后片构成；前裙片左右分别收两个腰省缝，后裙片左右分别收两个腰省缝，且前腰省缝比后腰省缝短一些。

（4）其他：门襟开口、裙开衩在后中心线。

三、裁剪

（1）裙片面料的裁剪，如图4–90所示。

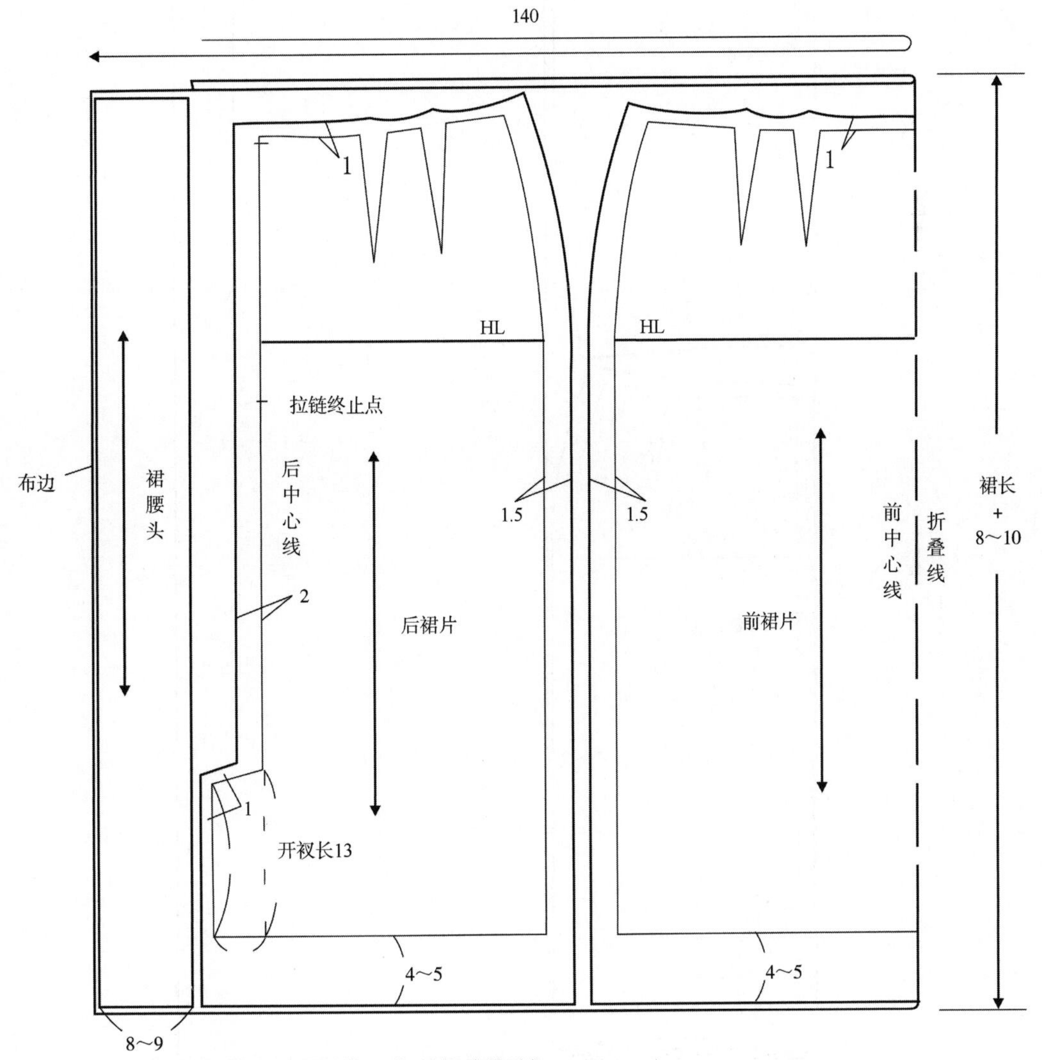

图4–90　面料的裁剪

（2）裙片里料的裁剪，如图4-91所示。

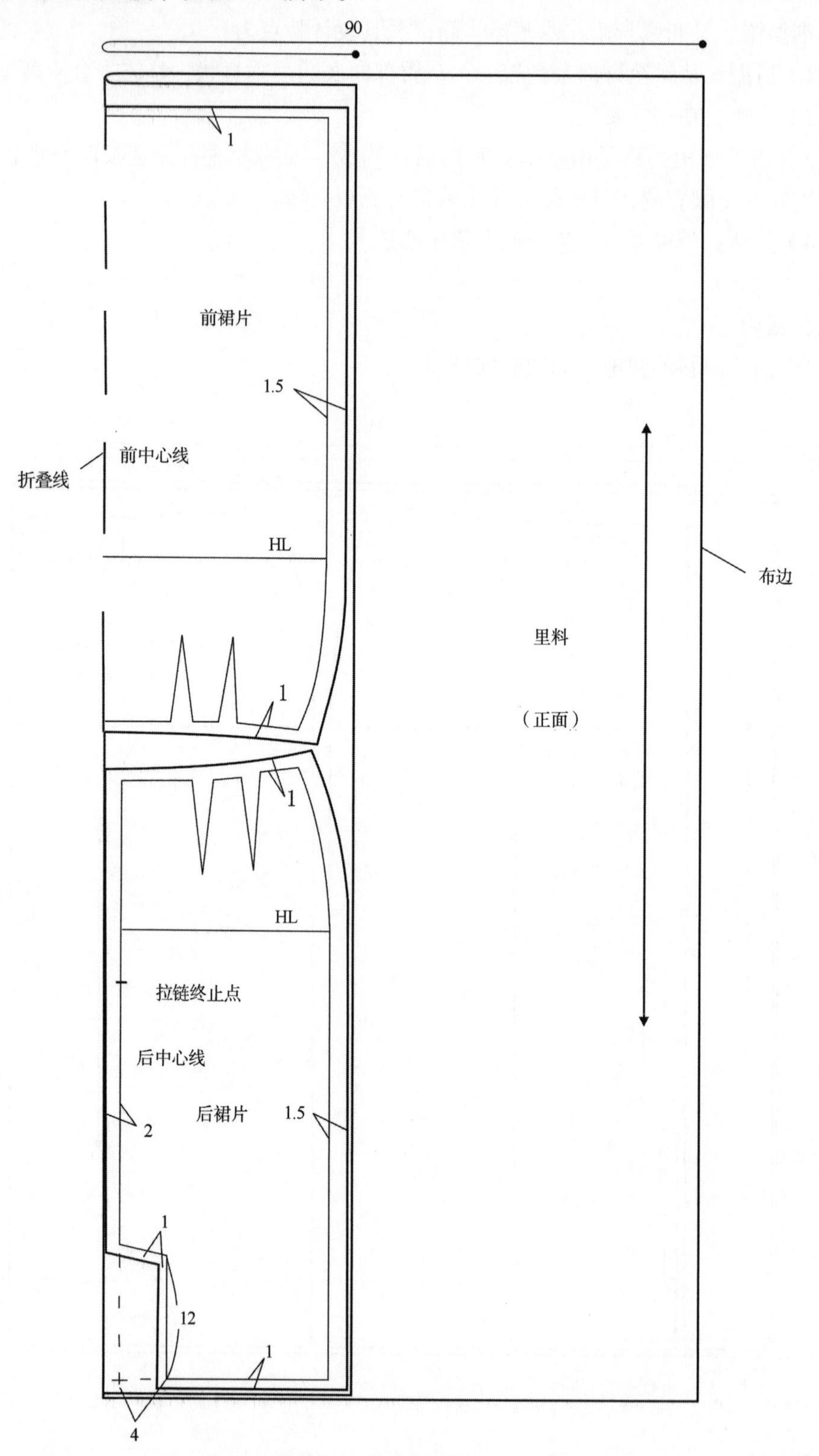

图4-91　里料的裁剪

四、缝制工艺工程分析及工艺流程

缝制工艺工程分析及工艺流程如图4-92所示。

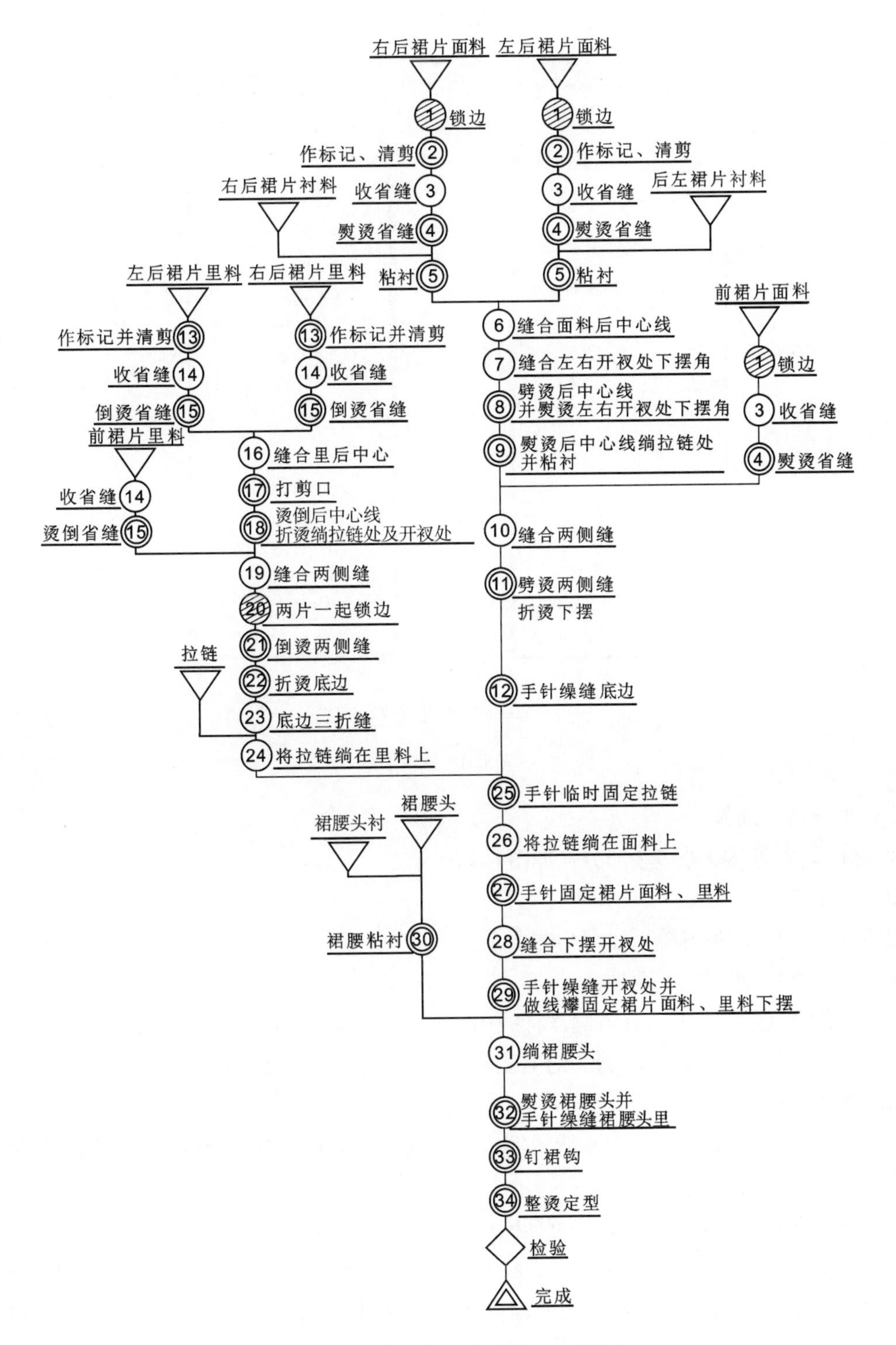

图4-92　缝制工艺工程分析及工艺流程

五、缝制工艺操作过程

1. 锁边

将前、后裙片面料侧缝与底边锁边，如图4-93所示。

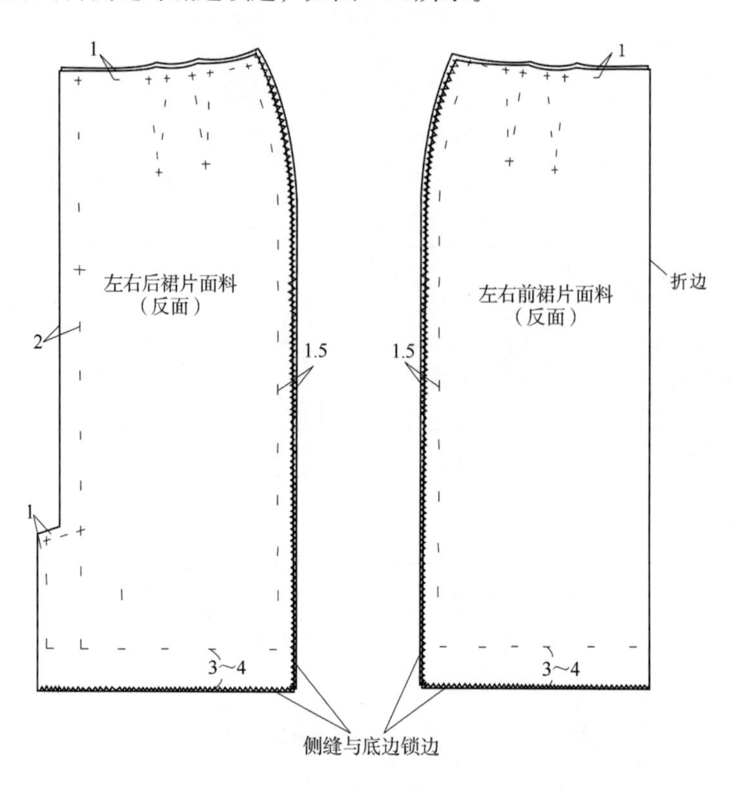

图4-93 锁边

2. 作标记、清剪

作标记、清剪开衩处多余部分，如图4-94所示。

3. 收省缝

缝制前后裙片面料省缝，如图4-95所示。

省缝的缝制方法有如下两种：

（1）省缝缝到终止时，在省缝净样线内回针，如图4-96所示。

（2）省缝缝至终止时，将缝纫的上线与下线打结，如图4-97所示。

4. 熨烫省缝

左右后裙片面料省缝向后中心线烫倒；左右前裙片面料省缝向前中心线烫倒。省缝的熨烫方法根据布料的情况有以下三种：

（1）一般面料熨烫省缝时，将省缝向一侧烫倒，如图4-98所示。

（2）熨烫厚且不易脱纱的面料时，将省缝长度的2/3的中央剪开劈烫，如图4-99所示。

（3）熨烫薄且透的面料时，将省缝的中央用熨斗劈烫，然后用手针拱缝，如图4-100所示。

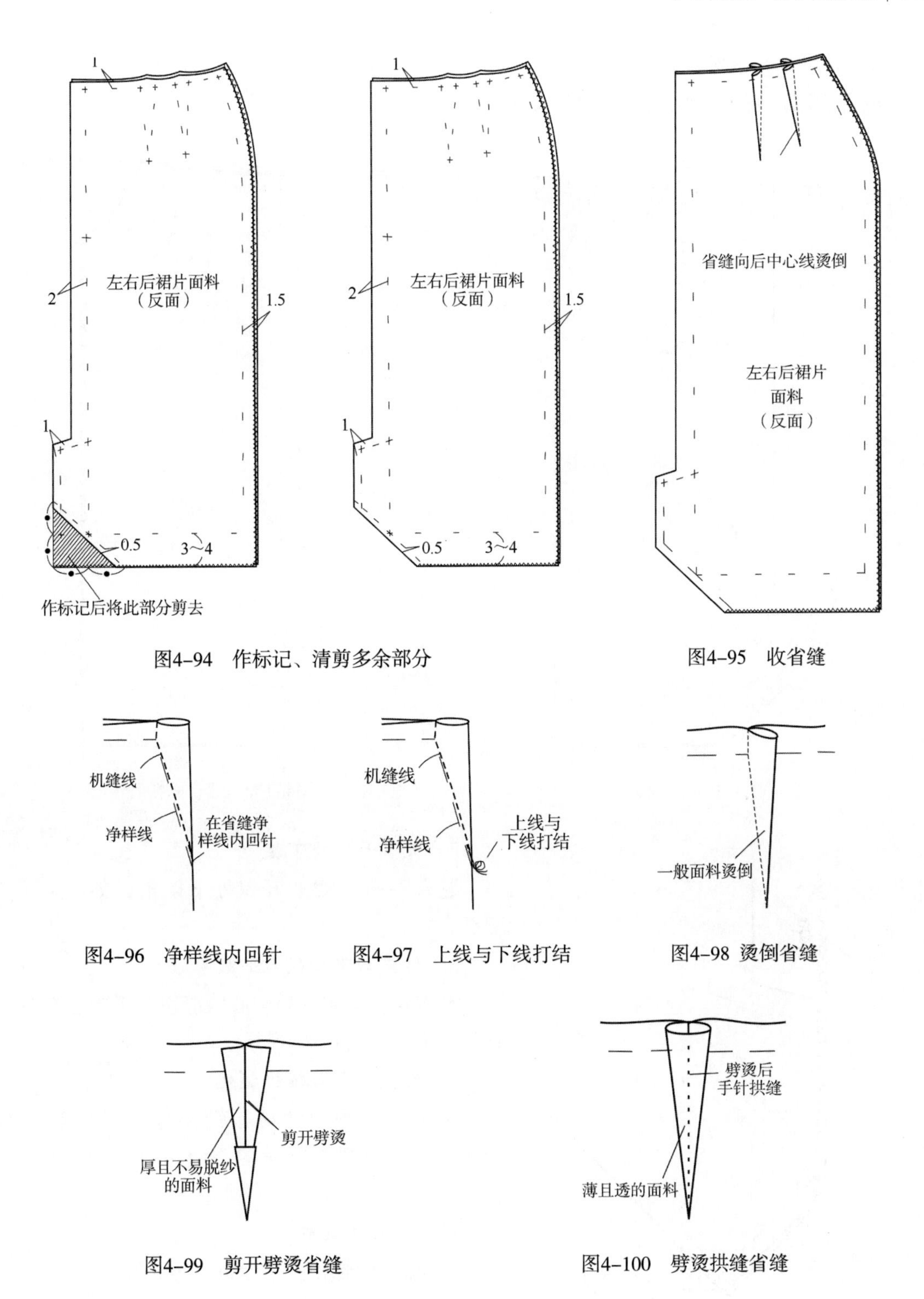

图4-94　作标记、清剪多余部分

图4-95　收省缝

图4-96　净样线内回针

图4-97　上线与下线打结

图4-98 烫倒省缝

图4-99　剪开劈烫省缝

图4-100　劈烫拱缝省缝

5. **粘衬**

开衩处贴边的反面粘衬，如图4-101所示。

6. 缝合后中心线

缝合后裙片面料后中心线，如图4-102所示。

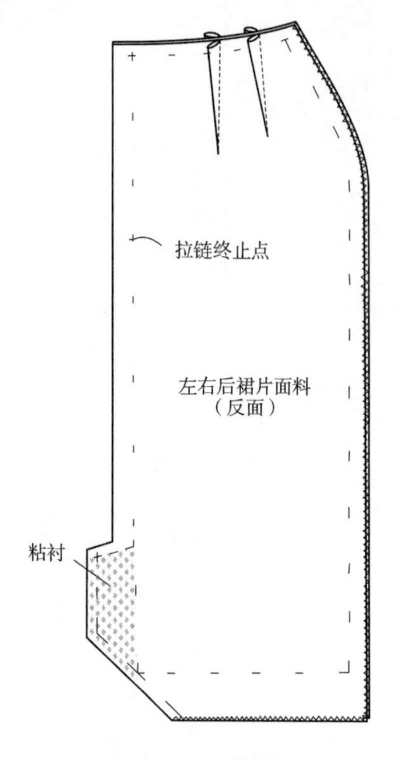

图4-101 粘衬

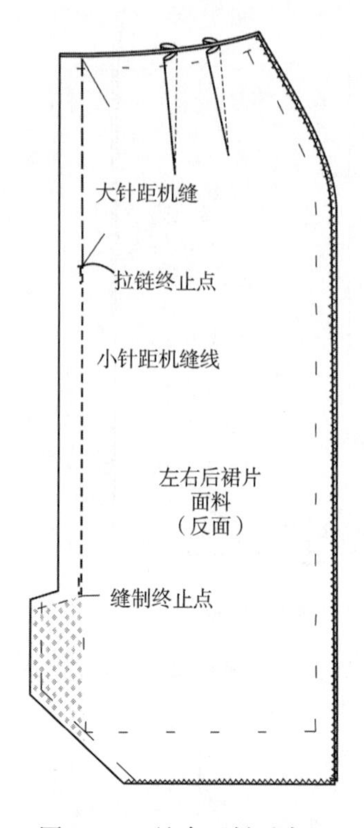

图4-102 缝合面料后中心

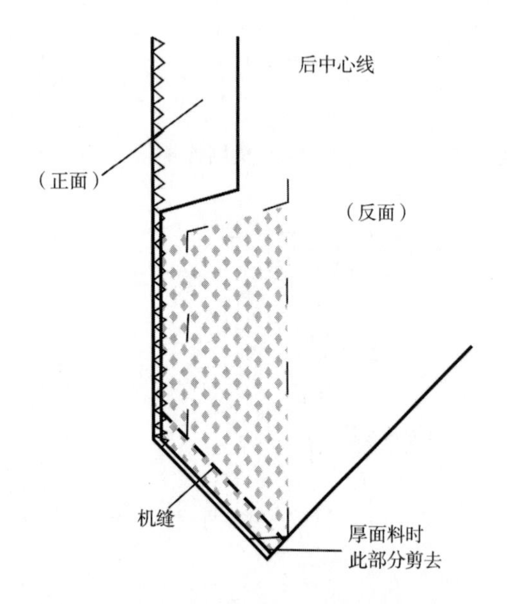

图4-103 缝合开衩处下摆角

7. 缝合开衩处下摆角

缝合左右后裙片开衩处下摆角，如图4-103所示。

8. 劈烫后中心线与下摆角

劈烫左右后裙片后中心线缝份并熨烫左右开衩处下摆角，如图4-104所示。

9. 熨烫后中心绱拉链处

熨烫左右后裙片绱拉链部位，并根据面料情况，在右侧裙片缝份的反面粘衬，如图4-105所示。

10. 缝合侧缝线

缝合面料侧缝线，如图4-106所示。

11. 劈烫侧缝线、折烫底边

劈烫侧缝线、折烫底边线，如图4-107所示。

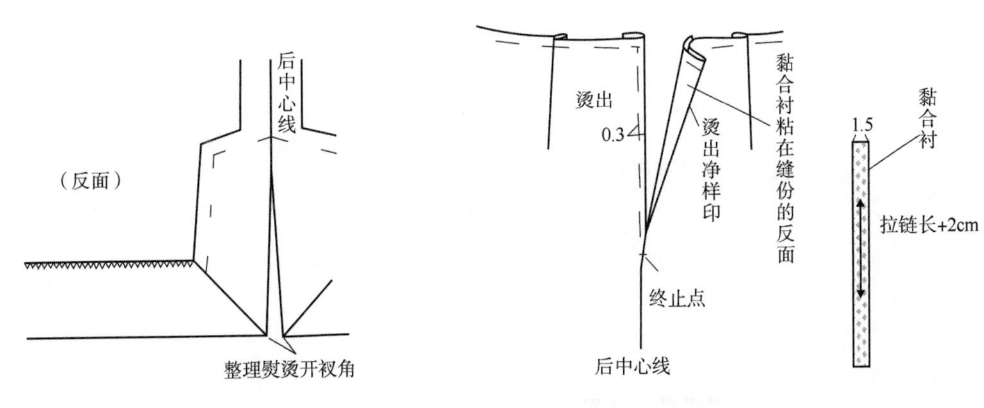

图4-104　熨烫后中心线与下摆角　　图4-105　熨烫后中心绱拉链处

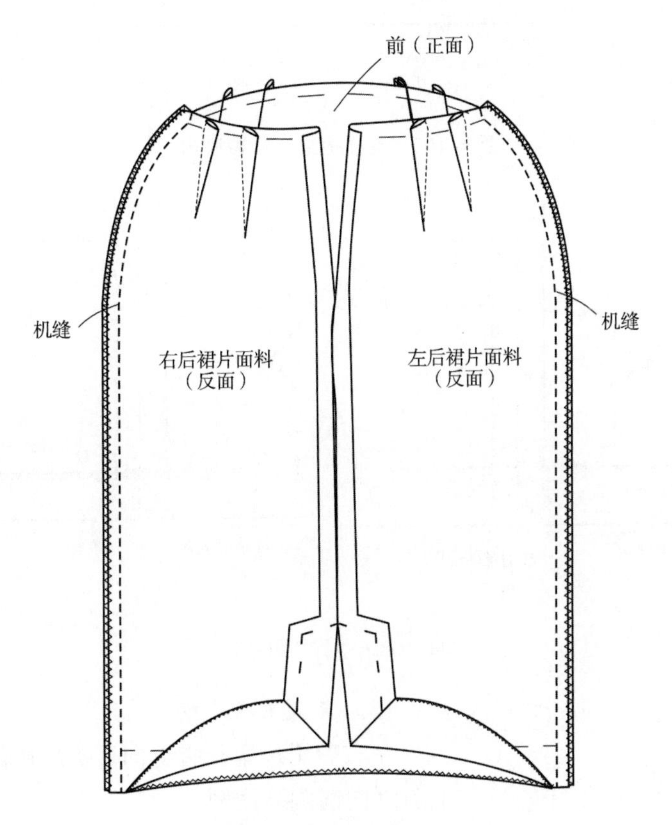

图4-106　缝合面料侧缝线

12. **手针缲缝底边**

先用手针大针距临时固定底边，然后用手针小针距暗插缲缝底边，如图4-108所示。

13. **作标记并清剪**

在左右后裙片里布绱拉链处作标记，并且清剪多余的部分，如图4-109所示。

14. **制作里布省缝**

收省缝时，先在省缝的净样线上手工绗针缝，然后距净样线0.3cm在省缝处机缝，如图4-110所示。

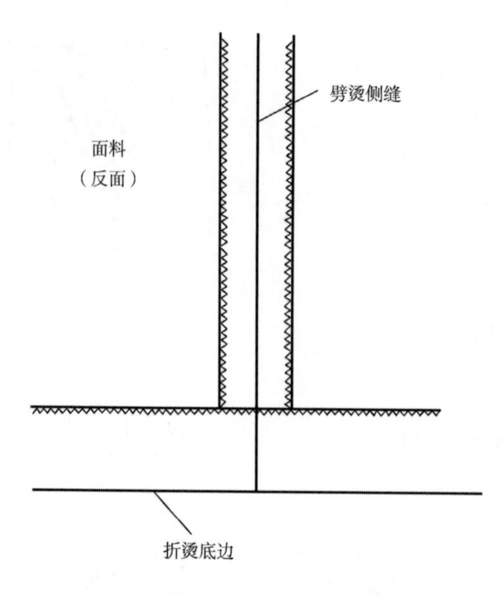

图4-107　劈烫侧缝、折烫底边

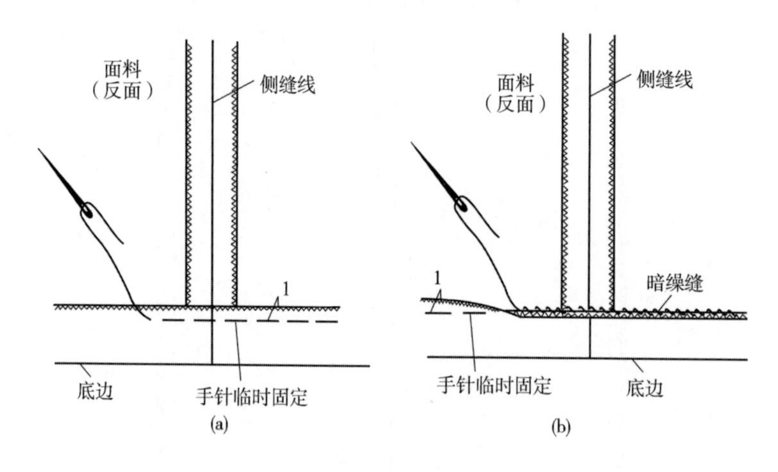

图4-108　手针缲缝底边

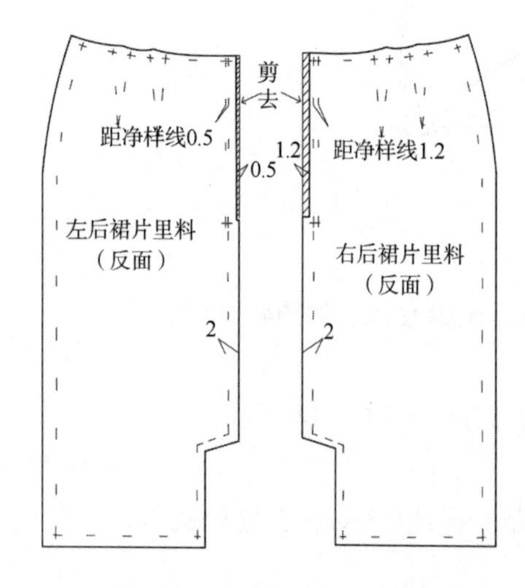

图4-109　作标记并清剪里料

15. 烫倒里料省缝

左右后裙片里料省缝向后侧缝烫倒；前裙片里料左右省缝向前侧缝烫倒。

16. 缝合里料后中心线

缝合后裙片里料后中心线时，先在后中心线的净样线上手工绗针缝，然后距净样线0.3cm，在后中心线缝份处机缝，如图4-111所示。

17. 打剪口

在后裙片里料后中心绱拉链处，一片一片地打剪口；后中心线开衩处，两片一起打剪口。注意剪口不要打得过深或过浅，如图4-112所示。

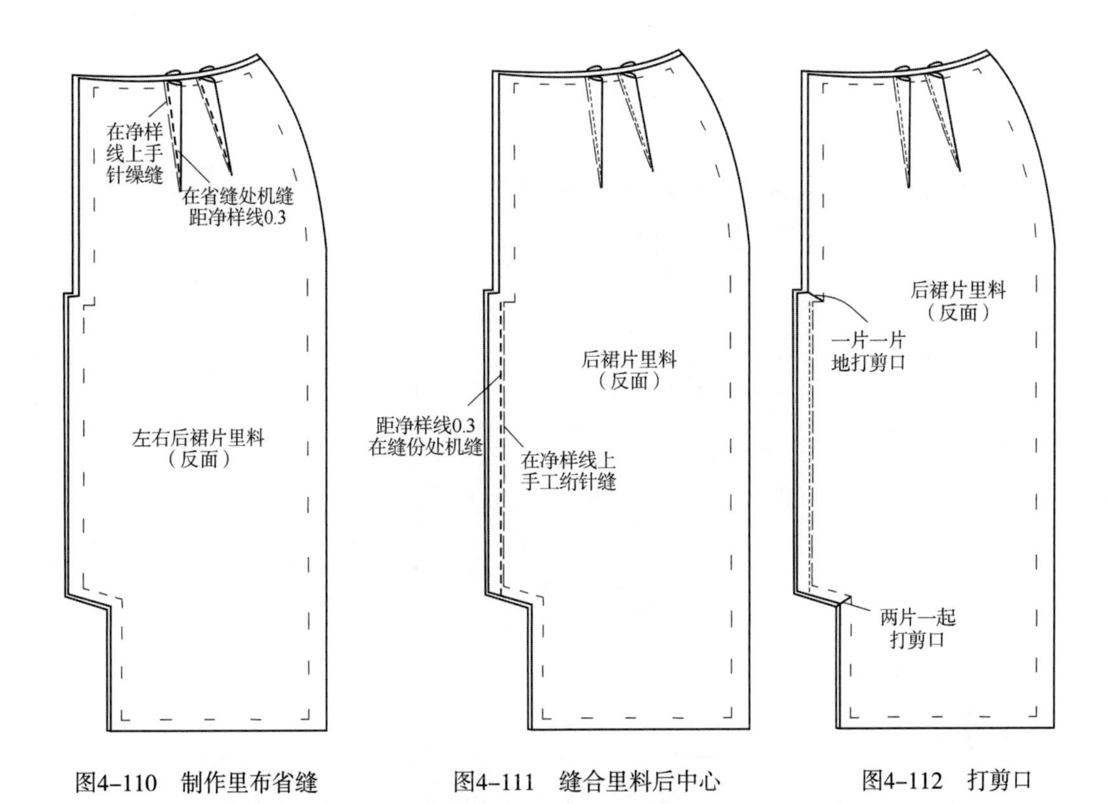

图4-110　制作里布省缝　　图4-111　缝合里料后中心　　图4-112　打剪口

18. **烫倒后中心线，折烫绱拉链处及开衩处**

烫倒后中心线，折烫后中心线绱拉链处及开衩处。后裙片里料后中缝份向右侧烫倒，后中心绱拉链处及开衩处按图将缝份向里料反面折烫，如图4-113所示。

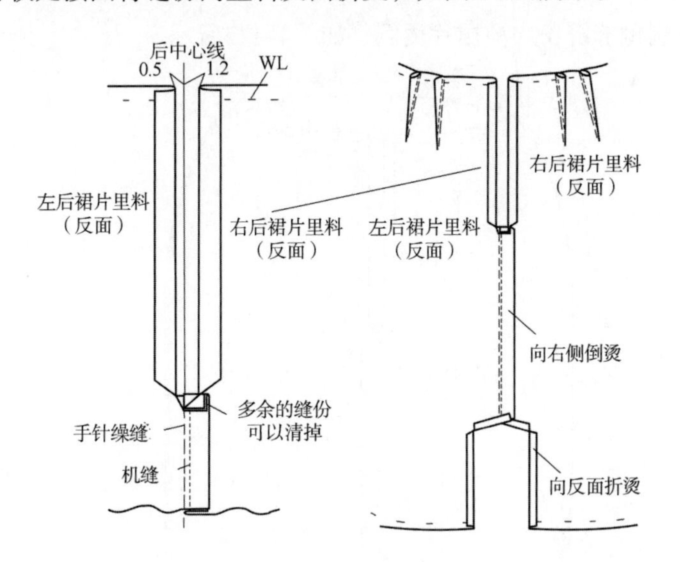

图4-113　烫倒后中心、折烫绱拉链处与开衩处

19. **缝合两侧缝**

缝合前后裙片里料两侧缝时，先在侧缝的净样线上手针缲缝，然后距净样线0.3cm，在侧缝的缝份处机缝，如图4-114所示。

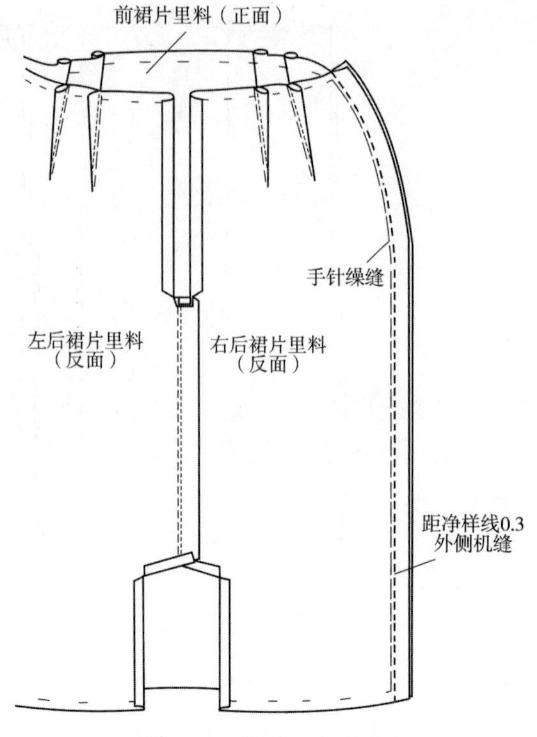

图4-114　缝合里料侧缝线

20. **侧缝锁边**

前后裙片里料侧缝两片一起锁边，如图4-115所示。

21. **烫倒两侧缝**

将前后裙片里料侧缝缝份向前裙片烫倒，如图4-115所示。

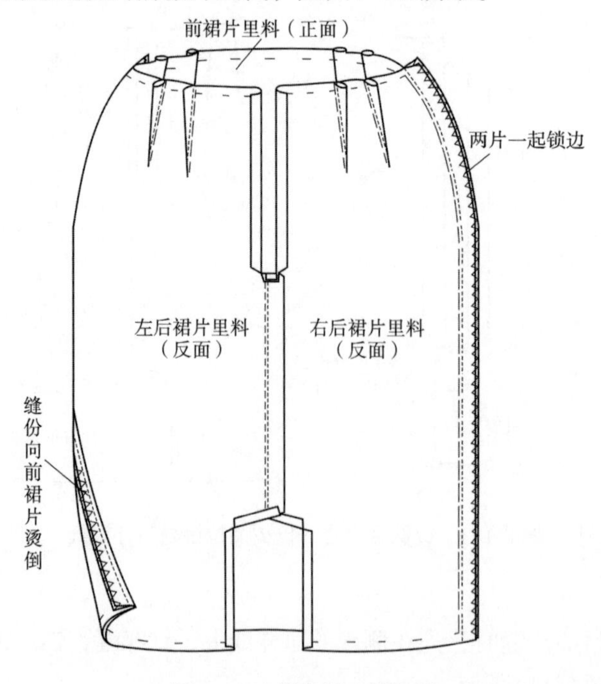

图4-115　侧缝锁边并烫倒

22. **折烫底边**

折烫底边边，如图4-116所示。

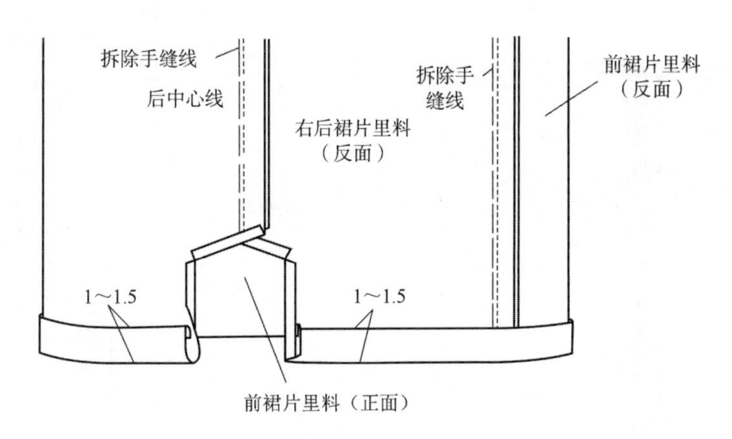

图4-116　折烫底边

23. **底边三折缝**

底边三折缝，如图4-117所示。

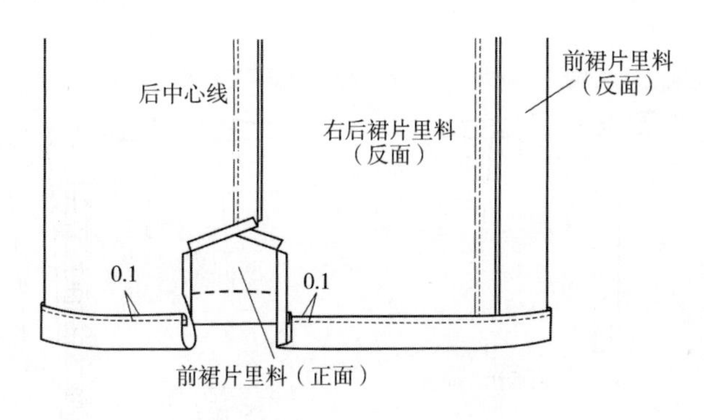

图4-117　底边三折缝

24. **里布绱拉链**

将拉链绱在里料上，如图4-118所示。

25. **手针固定拉链**

手针将拉链布带临时固定在后裙片面料上，如图4-119所示。

26. **绱拉链**

将拉链机缝绱在后裙片面料上，绱完拉链后，拆除手针缝线，如图4-120、图4-121所示。

27. **手针固定裙片面料、里料**

用手针将裙片面料、里料在腰围线处用拱针缝固定，然后将裙片面料、里料两侧缝缝份绗针缝固定，如图4-122所示。

28. **缝合下摆开衩处**

用明机缝、暗机缝或手针缲缝缝合裙片面料、里料和后中心线下摆开衩处，如图4-123所示。

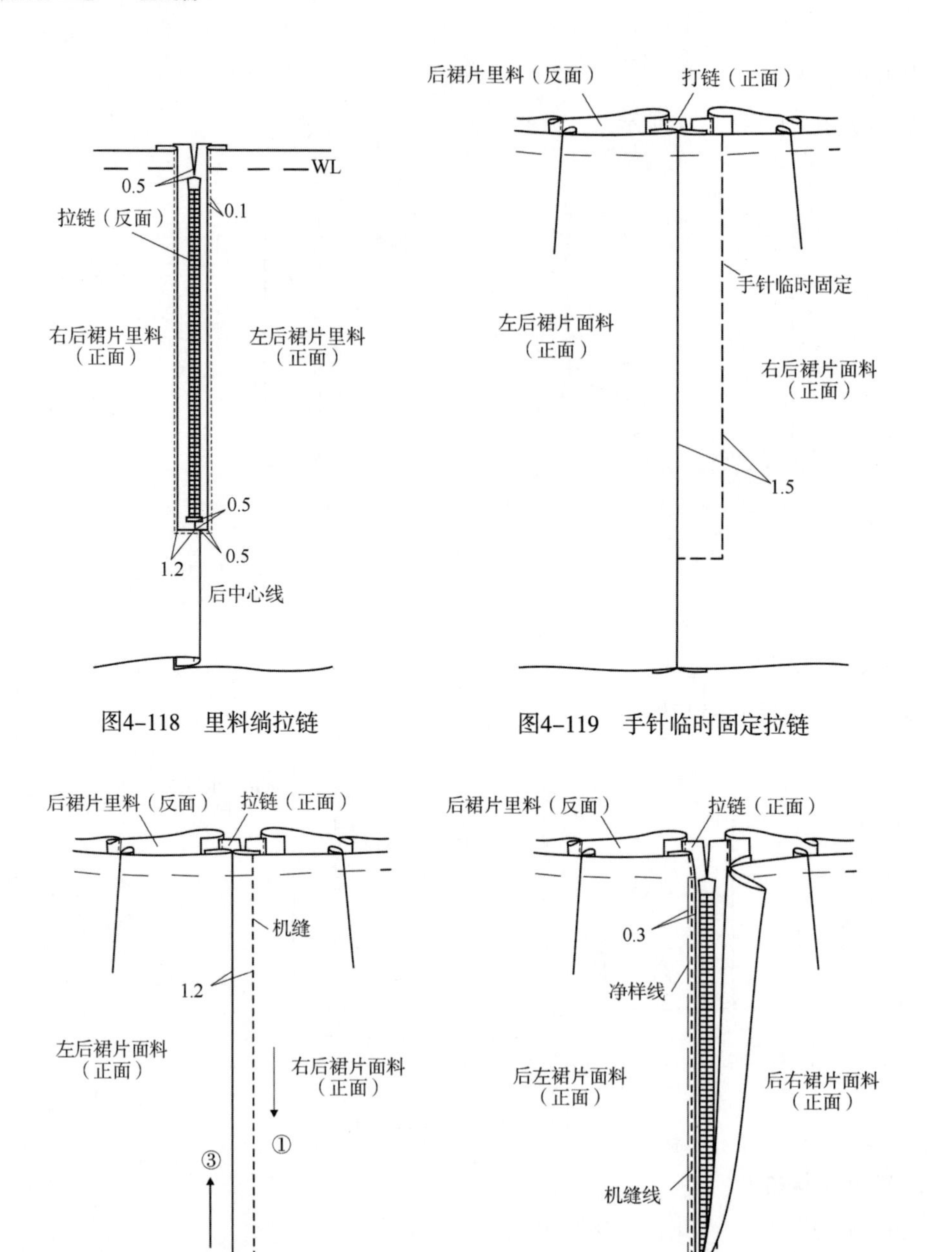

图4-118　里料绱拉链

图4-119　手针临时固定拉链

图4-120　绱拉链

图4-121　拆除手针缝线

29. **绷三角针缝、做线襻**

开衩处裙片面料、里料的下摆处绷三角针缝固定，裙片面料、里料两侧缝下摆处做线襻固定，注意线襻不要过长，如图4-124所示。

30. **裙腰头粘衬**

裙腰头粘衬，如图4-125所示。

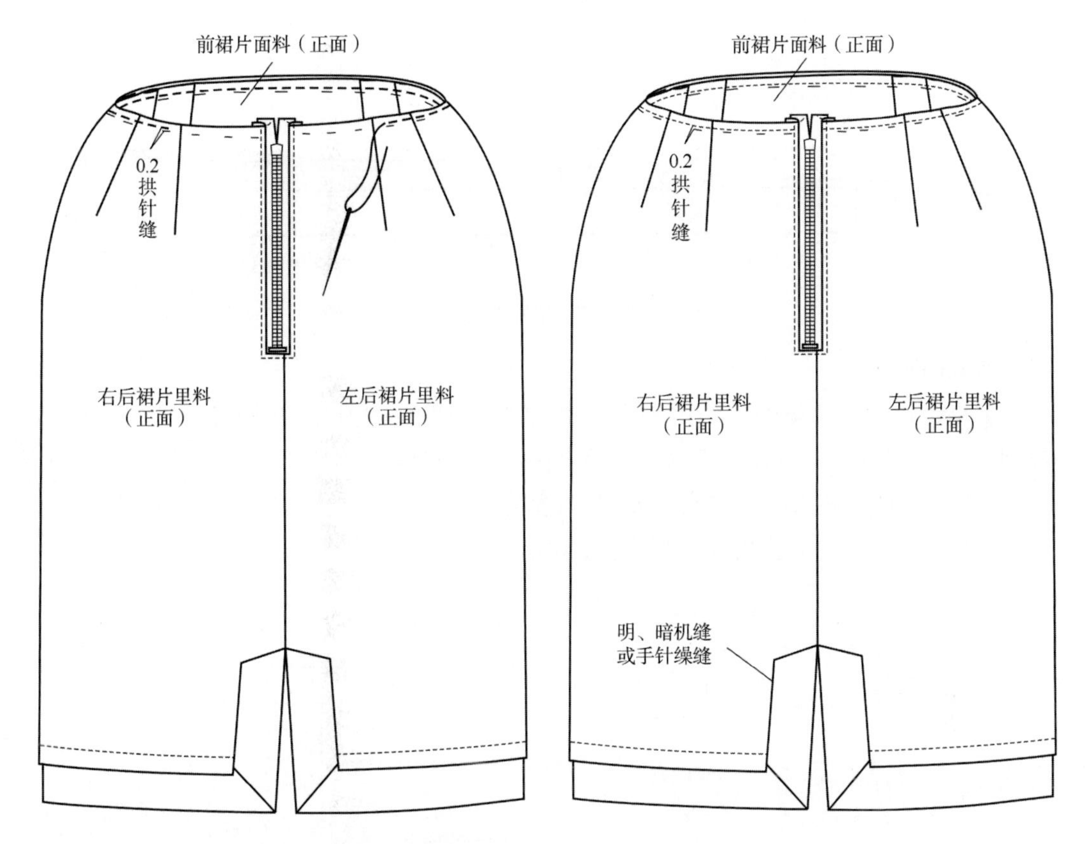

图4-122　手针固定裙片面料、里料

图4-123　缝合下摆开衩处

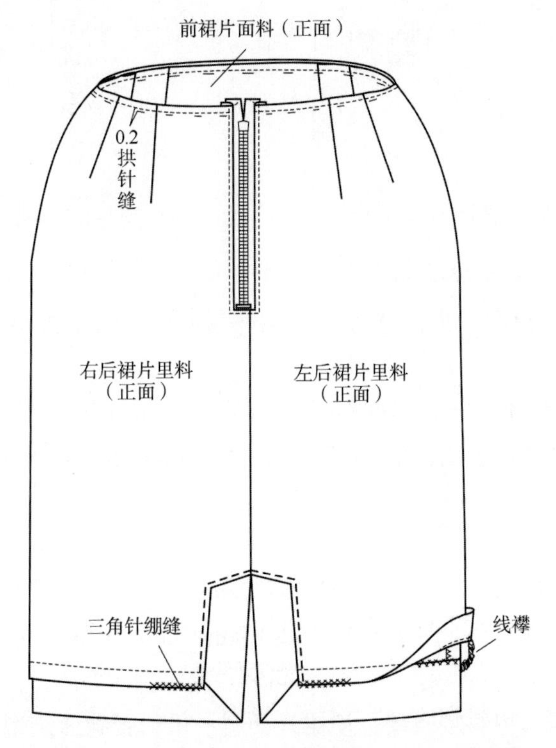

图4-124　绷三角针缝、做线襻固定面料、里料

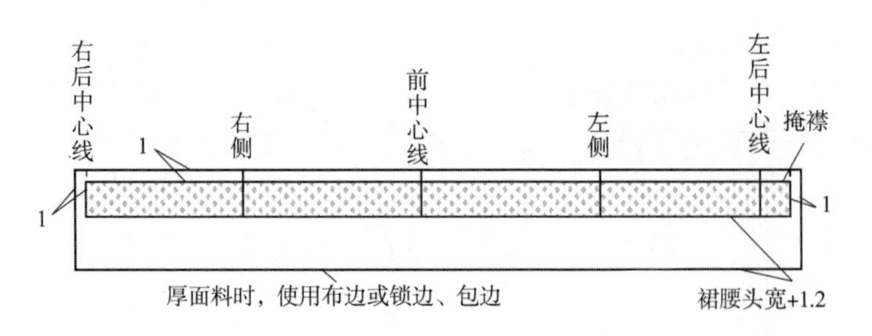

图4-125　裙腰头粘衬

31. **绱裙腰头**

（1）手针拱缝裙片裙腰头，用大头针将裙片和裙腰头的对位记号对好，使裙片裙腰头与裙腰头的腰围尺寸相合，并将腰围吃量固定在合适的部位。

（2）紧贴裙腰衬机缝绱裙腰头，如图4-126所示。

（3）紧贴裙腰头衬机缝裙腰头两端，如图4-127所示。

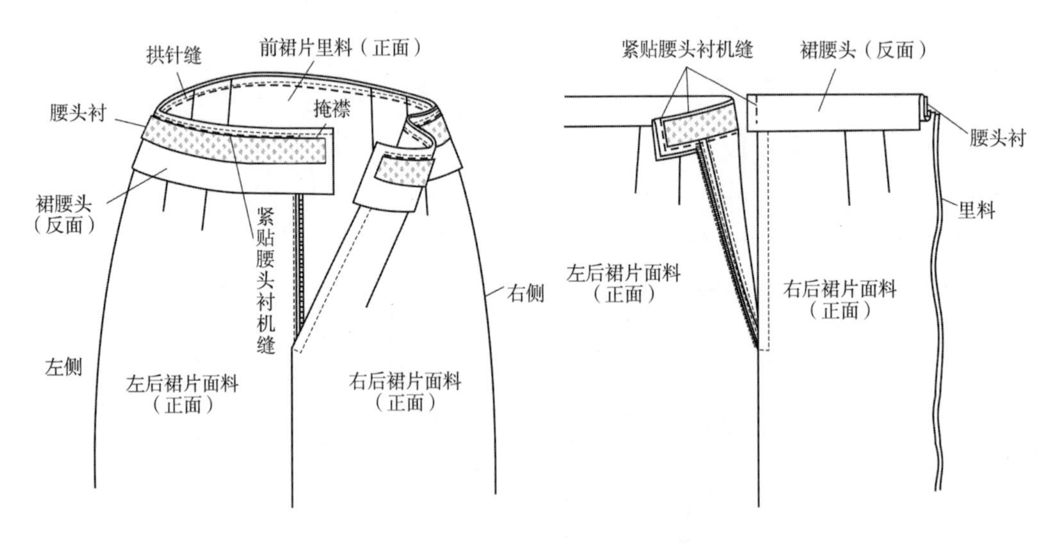

图4-126　绱裙腰头　　　图4-127　机缝裙腰头两端

32. **熨烫裙腰头，固定裙腰头里**

（1）手针缲缝固定裙腰头里。注意一般面料或薄面料时，将裙腰里折边，手针缲缝固定，如图4-128所示。

（2）落针缝固定裙腰头里。厚面料时，将裙腰头里锁边或用斜纱条里布包边，也可在裁剪时裙腰头里布边直接采用面料的布边，然后从裙腰头正面用落针缝，机缝固定，如图4-129所示。

33. **钉挂钩**

（1）在后裙腰头右侧钉钩，钩距离腰边缘0.5cm，如图4-130所示。

（2）在后裙腰头左侧钉环，环距离后中线0.5cm，如图4-131所示。

34. **整烫定型**

（1）熨烫裙片面料、里料腰省缝，使裙片面料、里料腰省缝定型、平服。

（2）熨烫绱拉链处及裙腰头。拉上拉链，用熨斗从正反两面熨烫平展。

（3）熨烫开衩处及裙下摆。对齐开衩合口位置，用熨斗从正反两面熨烫平展。

（4）熨烫裙片面料、里料侧缝。熨烫时，可用熨烫馒头垫着熨烫正反两面，使裙片面料、里料侧缝平展、服帖。

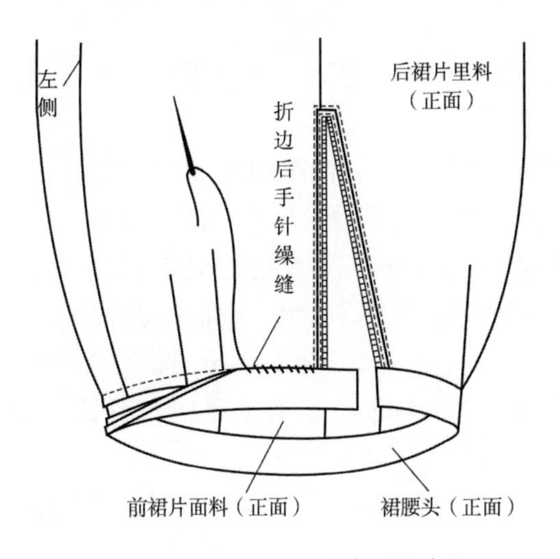

图4-128　手针缲缝固定裙腰头里

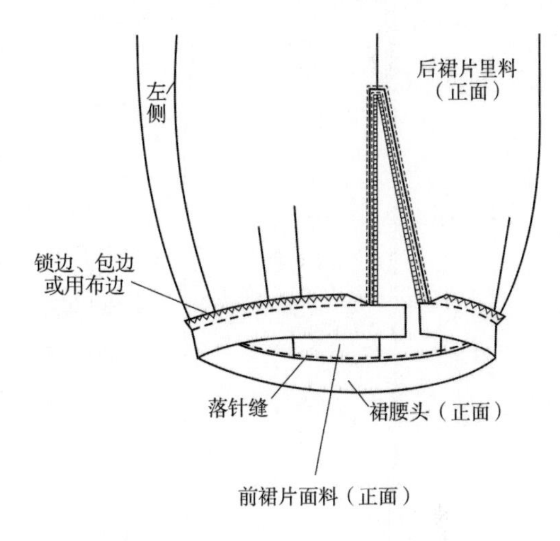

图4-129　落针缝固定裙腰头里

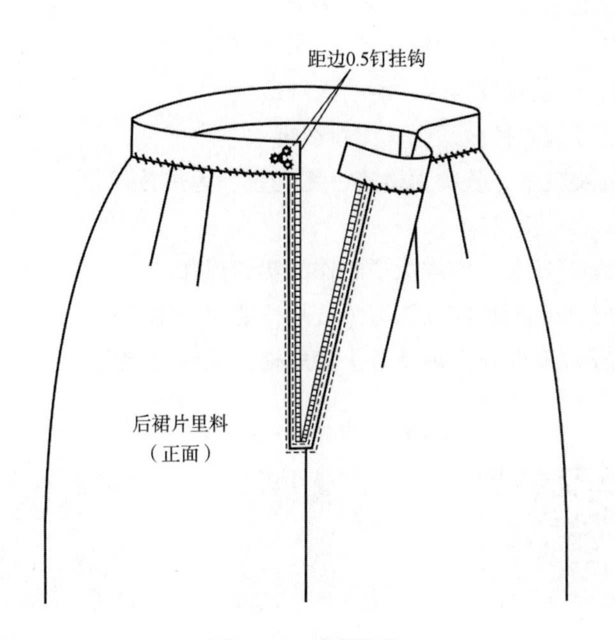

图4-130　右侧钉钩

注意：熨烫时，可用在一片烫布垫着熨烫，避免烫脏、烫伤。

六、质量检验方法

1. 主要部位尺寸规格要求

（1）裙长要符合尺寸规格要求。

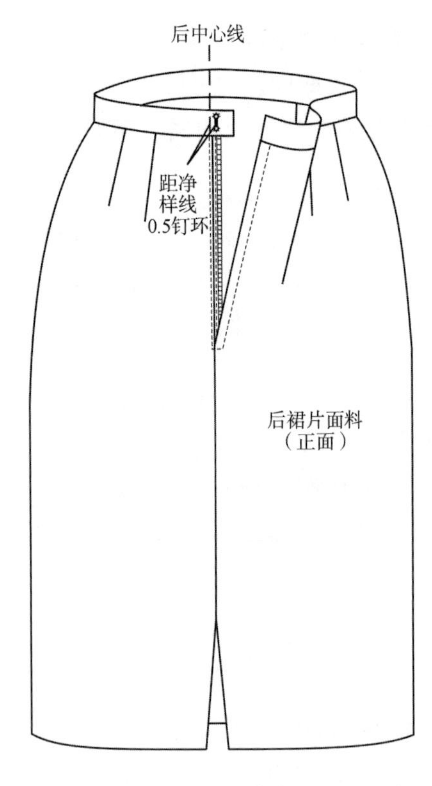

图4-131　左侧钉环

（2）腰围、臀围要符合尺寸规格要求。

2. **缝制工艺要求**

（1）基本型裙子缝制工序正确、完整。

（2）锁边及缝份：锁边整齐无线毛，缝份宽窄一致。

（3）裙面与裙里：裙面与裙里服帖平顺，松量适度。

（4）省缝：省缝顺直、收省平服、左右对称。

（5）腰头：宽窄一致，绱腰头不起皱、平整。

（6）绱拉链：绱拉链部位拉链无外露现象，表面无拉伸起褶皱；机缝明线要宽窄一致，封口处要平服。

（7）做后开衩：开衩处平服，无拉伸起褶皱现象。

（8）下摆：裙片面料、里料下摆整齐平服、长度规范。

（9）手工：钉裙钩结实符合规范要求，手针美观整齐。

3. **其他要求**

（1）外观造型：外形美观大方、各部位造型准确；成品整洁、表面平服；工艺处理得当、能给人舒适感。

（2）线迹：线迹顺直，针距适当，无跳线现象。

（3）烫熨：分缝要烫平，整烫无烫迹、无亮光、无焦黄现象。

课后延学：根据学习任务，完成裙子制作的实训操作

实训任务一：裙子局部制作实训练习（按规格要求分组完成）

实训任务二：裙子成衣制作实训练习（按规格要求分组完成）

本单元微课资源（扫二维码观看）

43．筒裙——收省

44．筒裙——缝合侧缝、熨烫侧缝、下摆

45．筒裙——绱腰头

46．筒裙——绱隐形拉链

47．筒裙——后整理

学习单元五　女裤缝制工艺

课前导学：以女裤类的服装加工方式为本，提出学习任务，服装生产任务单见表5-1。

学习任务一：女裤局部缝制工艺

学习任务二：女裤成衣缝制工艺

表5-1　服装生产任务单

<table>
<tr><td>客户名称</td><td></td><td>款号</td><td>×××</td><td>款名</td><td>女裤</td><td rowspan="4">成衣主要规格表
号型：165/66A　　单位：cm
<table><tr><td>部位</td><td>裤长</td><td>臀围</td><td>腰围</td><td>脚口</td></tr><tr><td>尺寸</td><td>98</td><td>96</td><td>68</td><td>40</td></tr></table>注　未标注尺寸的部位，可根据订单要求、款式图及样板确定。

工艺要求：
1. 面料裁剪纱向正确，经纬纱垂平，达到丝缕平衡，符合成本要求。
2. 单/双锁边包缝结实/不打绺/不跳线。
3. 针距为 3cm，14～15针，缉线要求宽窄一致，缝型正确，无断线、脱线、毛漏等不良现象。
4. 缝份倒向合理，衣缝平整；毛边处理光净整洁，方法得当。
5. 侧袋、门襟拉链工艺细节处理得当，缝线松紧适宜，层次关系清晰，线迹美观。
6. 具体缝型、工艺方法，根据订单要求及款式图及样板确定。
7. 纽扣、线等辅料符合订单要求。
8. 后整理：烫平冷却后折装，不可烫脏、渗胶等。
9. 装箱方法：单色单码。</td></tr>
<tr><td>产量</td><td></td><td>面料</td><td>×××</td><td>工期</td><td>×××</td></tr>
<tr><td colspan="6">款式图：
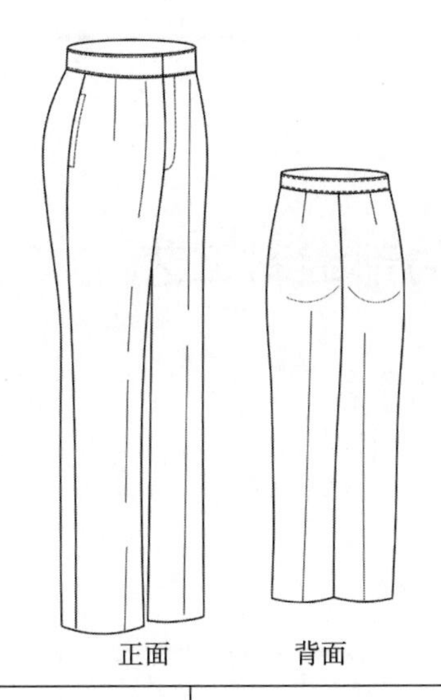
正面　　背面</td></tr>
<tr><td colspan="3">款式特征：
1. 基本型裤子：女西裤。
2. 造型：裤子从腰围至臀围较为合体；从膝关节至脚口为直筒形，脚口为平脚口。
3. 结构：前裤片腰省缝左右各一个，后裤片腰省缝左右各一个；左右两侧缝为直插袋。
4. 其他：前门襟装拉锁；腰线为中腰且绱腰头</td><td colspan="3">外观造型要求：
1. 整体：工艺设计符合造型要求，辅料配置合理，服装里外整洁。
2. 裤身：腰臀松量适中；前后身服帖，无不良折痕；脚口不起吊，不外翻。
3. 门襟拉链：松紧适中，止口平顺。
4. 侧袋：左右对称平顺，比例得当，无不良皱褶。</td></tr>
</table>

依据女裤在企业的生产方式，设计梳理本单元应掌握的技能和学习目标，见表5-2。

表5-2　本单元应掌握的技能和学习目标

职业面向	技能点	学习目标		
		知识目标	能力目标	素质目标
1. 样衣制作人员 2. 裁剪人员 3. 生产班组长 4. 模板操作员	熟知女裤款式变化及对应的工艺方法	熟知女裤款式、选料及工艺方法	熟悉女裤款式风格特点及常规工艺特点	1. 培养学生依据标准文件设计工艺方法 2. 培养学生与人合作完成项目任务 3. 培养学生独立完成女裤裁剪、排版、成衣制作的能力 4. 培养爱岗敬业的工作作风和吃苦耐劳的工作精神
	女裤的局部缝制工艺技法	女裤的局部缝制工艺技法	能够熟练使用常规缝纫设备，运用现有制作工艺技能，完成口袋等局部制作并能够结合款式不同设计工艺方法、编写工艺流程	
	女裤成衣缝制工艺技法	女裤成衣缝制工艺技法	能够熟练掌握必要缝纫设备、机缝技法进行女裤成衣的缝制	

课中探究：围绕学习任务，进行技能学习

学习任务一　女裤局部缝制工艺

一、口袋

（一）插袋

1. 直插袋

（1）款式图：女裤直插袋款式图，如图5-1所示。

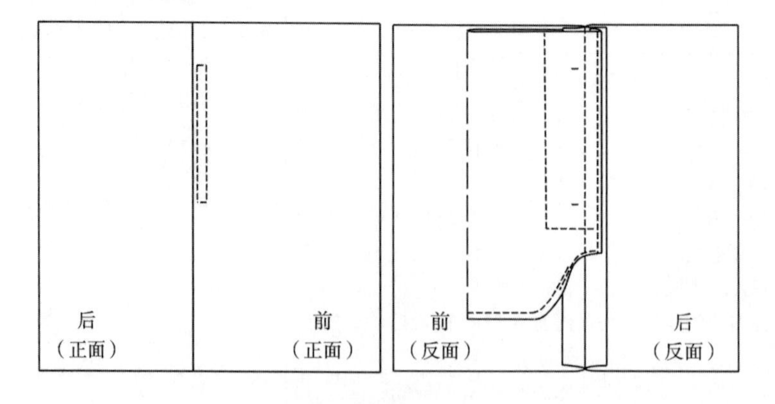

图5-1　直插袋款式图

（2）款式说明：直插袋属于最一般的基本口袋，其制作方法较为简单，是利用缝合线的缝份装袋布而形成的口袋，与斜插袋相比，不容易引起注意。直插袋多用于裤子、裙子以及上衣的两侧。

（3）裁剪：

① 面料的裁剪，如图5-2所示。

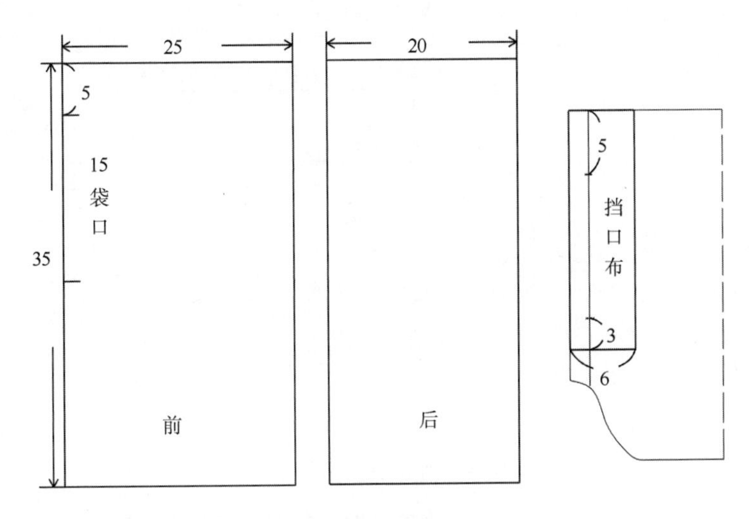

图5-2　表布的裁剪

② 袋布的裁剪，如图5-3所示。

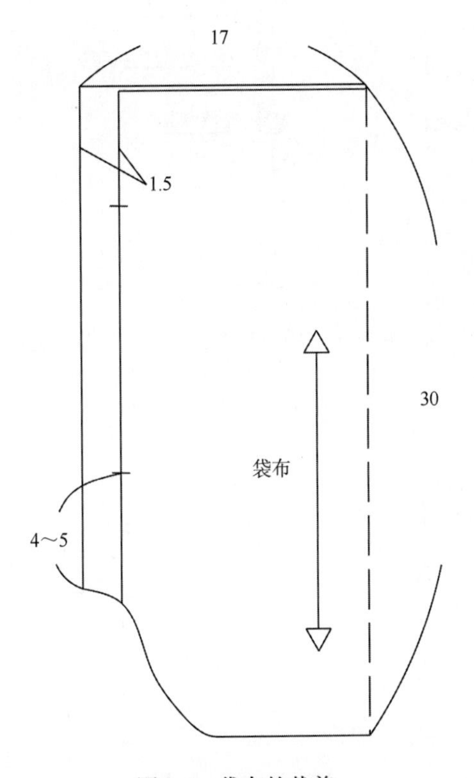

图5-3　袋布的裁剪

（4）女裤直插袋缝制工艺工程分析及工艺流程，如图5-4所示。

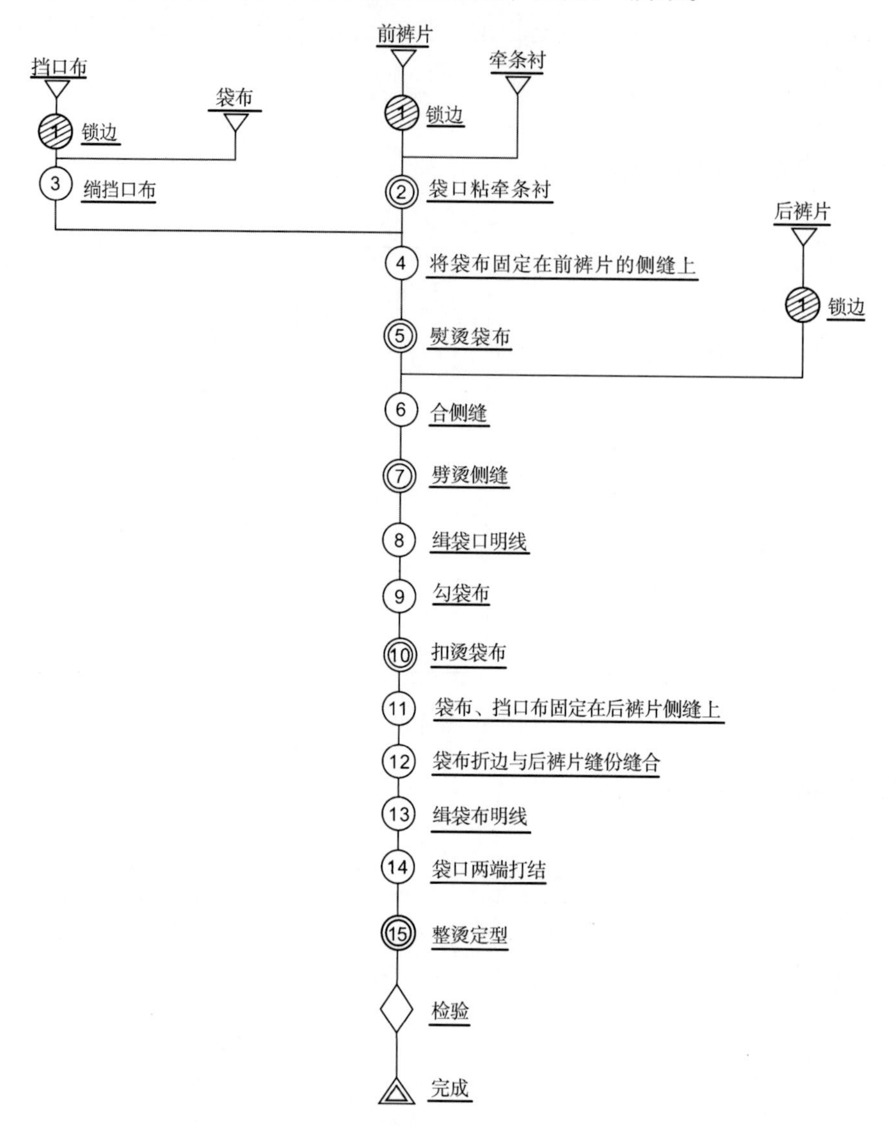

图5-4 女裤直插袋缝制工艺工程分析及工艺流程

（5）缝制工艺操作过程：

① 检查裁片，如图5-5所示。

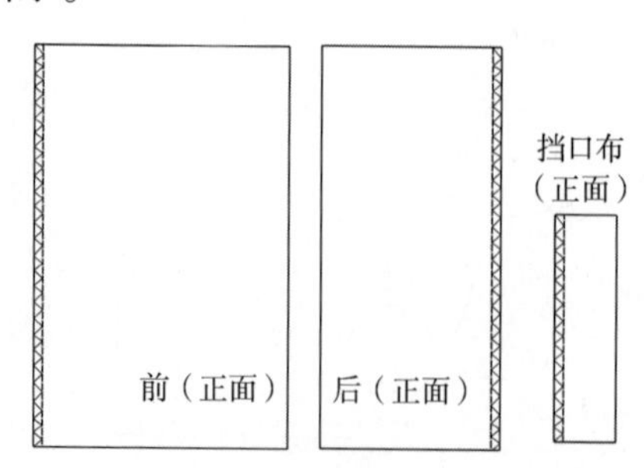

图5-5 检查裁片

② 在前裤片袋口位置的反面粘牵条衬，如图5-6所示。

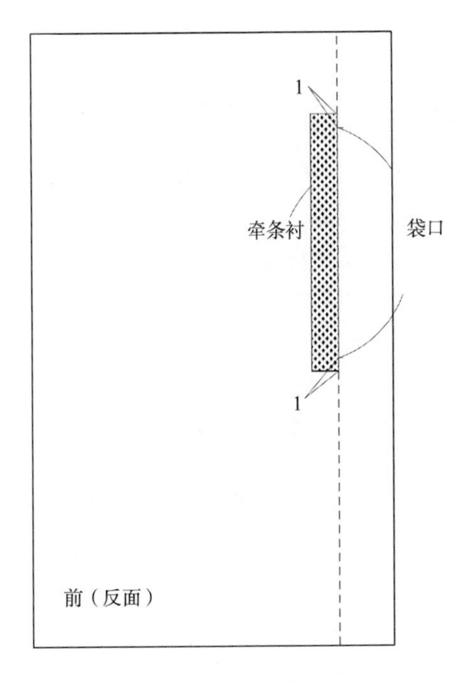

图5-6　粘牵条衬

③ 将挡口布固定在袋布上，如图5-7所示。

④ 袋布与前裤片正面与正面相对叠合，将袋布固定在侧缝上，缝份为1cm，如图5-8所示。

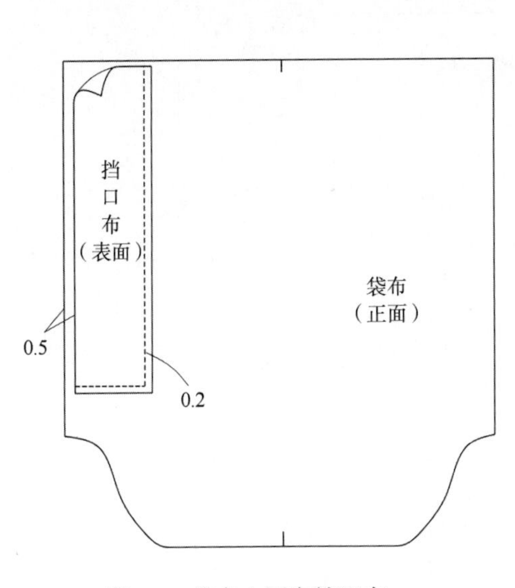

图5-7　袋布上固定挡口布

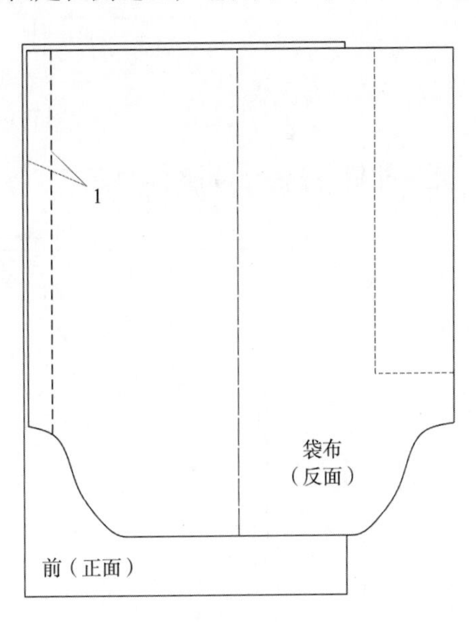

图5-8　袋布固定在侧缝上

⑤ 将袋布翻到表面，并用熨斗熨烫，如图5-9所示。

⑥ 将前后裤片正面与正面相对叠合，缝合侧缝。注意袋口两端回针，且袋口位置用大针距机缝，如图5-10所示。

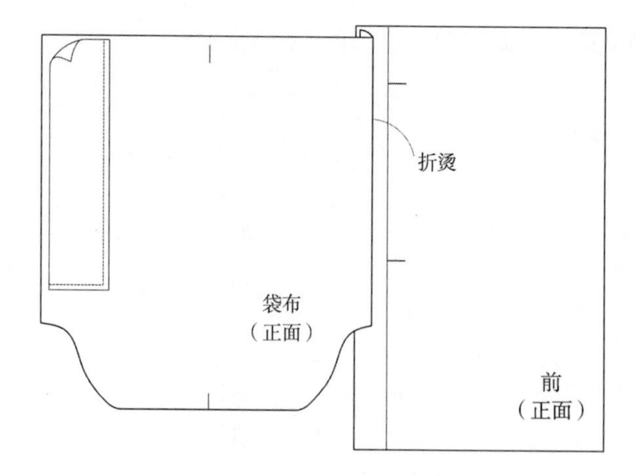

图5-9　袋布翻到表面并熨烫

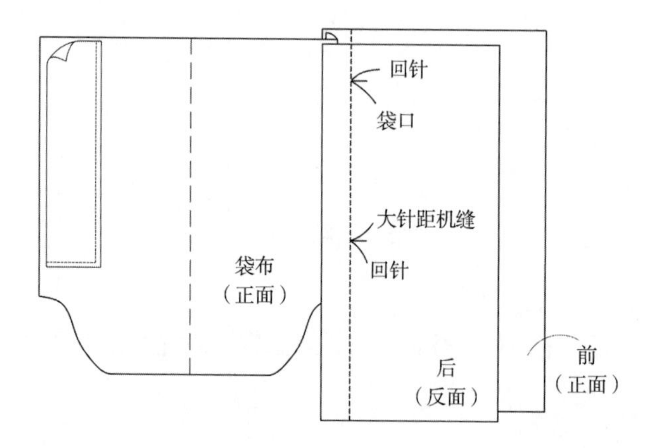

图5-10　缝合侧缝

⑦ 用熨斗劈烫侧缝，如图5-11所示。

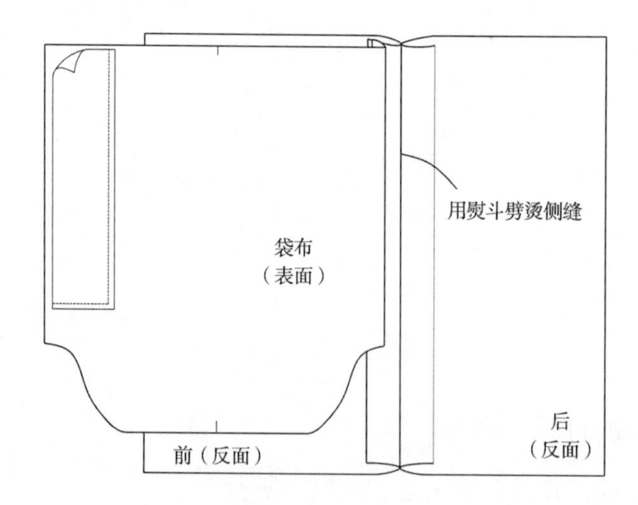

图5-11　劈烫侧缝

⑧ 在前裤片袋口位置缉明线，如图5-12所示。

⑨ 将袋布反面与反面相叠合，缝合袋底，如图5-13所示。

⑩ 清剪袋布缝份并用熨斗折烫袋布缝份，然后将袋布翻到反面熨烫，如图5-14所示。

⑪ 将袋布与挡口布一起固定在后裤片的侧缝上，如图5-15所示。

⑫ 将袋布折边与后裤片缝份固定，如图5-16所示。

⑬ 缉袋布明线，如图5-17所示。

⑭ 从表面在袋口两端打结固定，如图5-18所示。

⑮ 整烫定型。

（6）质量检验方法：

① 按要求制作右（左）口袋。

② 尺寸规格要求：

A.裁片：裁片大小符合局部制作要求。

B.袋位：袋位符合局部制作要求。

C.袋布：袋布大小符合局部制作要求。

D.明线：袋口明线宽度符合局部制作要求。

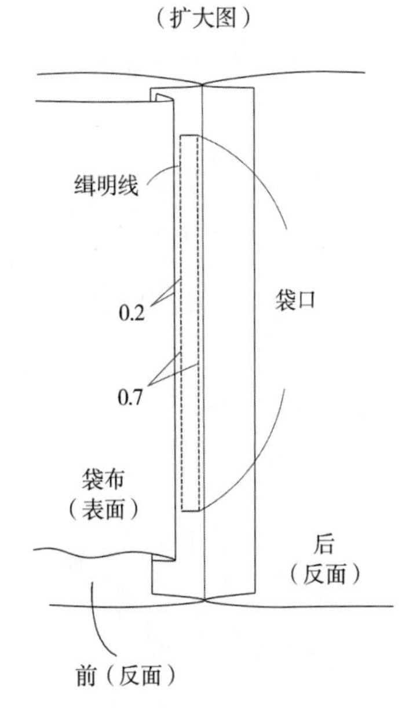

图5-12　袋口缉明线

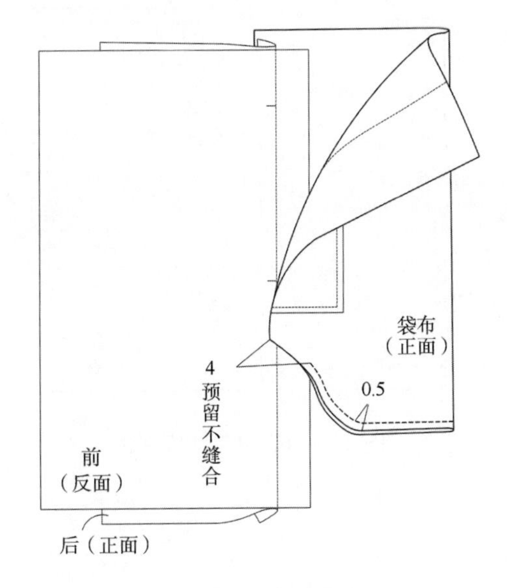

图5-13　缝合袋底

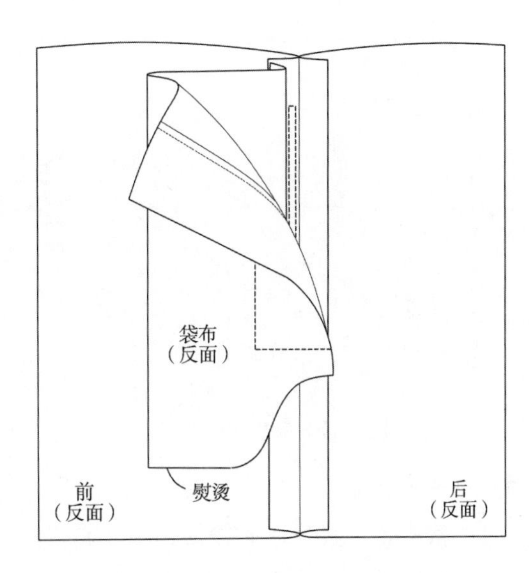

图5-14　折烫袋布缝份，翻到反面熨烫

③ 缝制工艺要求：

A.口袋缝制工序正确、完整。

B.袋布：袋布平服，勾缝圆顺。

C.袋口：袋口明线美观，回针牢固。

④ 其他要求：

A.外观：袋口平服，外形美观。

B.线迹：线迹顺直，针距适当，无跳线现象。

C.整烫：整烫平整，无烫糊现象。

D.整洁：整体干净整洁，无脏迹。

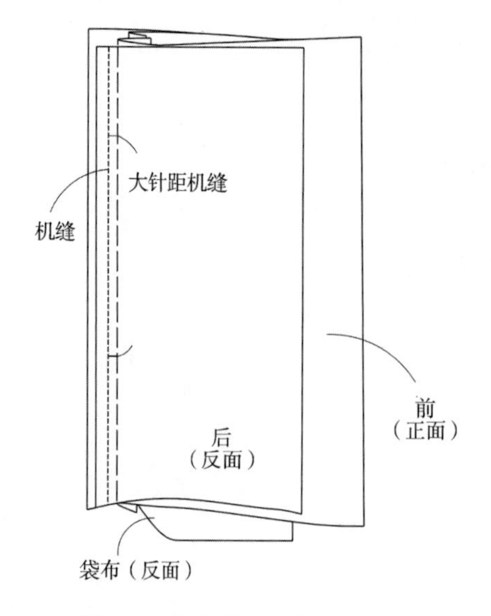

图5-15 固定袋布与挡口布

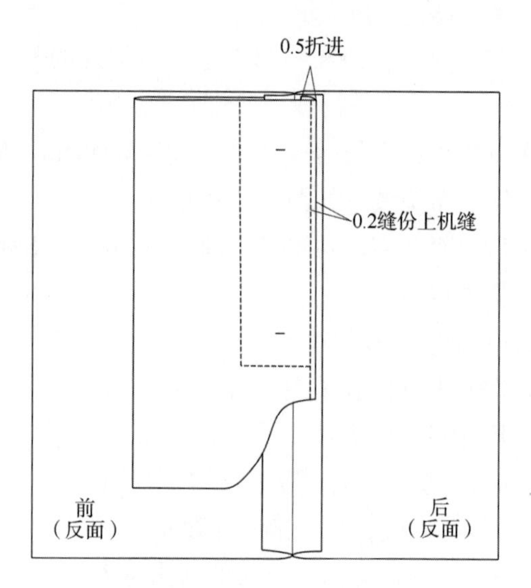

图5-16 固定袋布折边与后裤片缝份

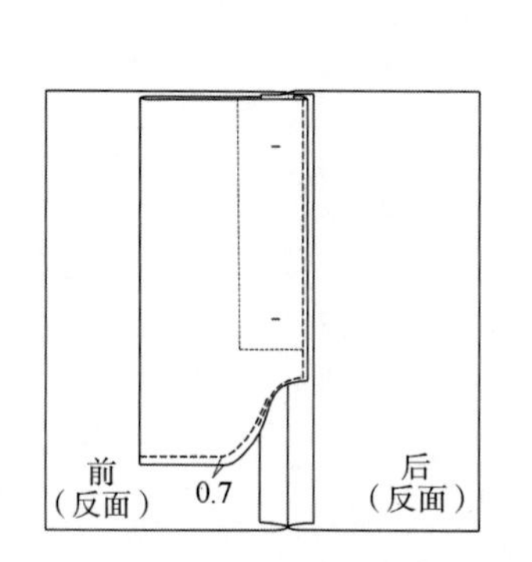

图5-17 缉袋布明线

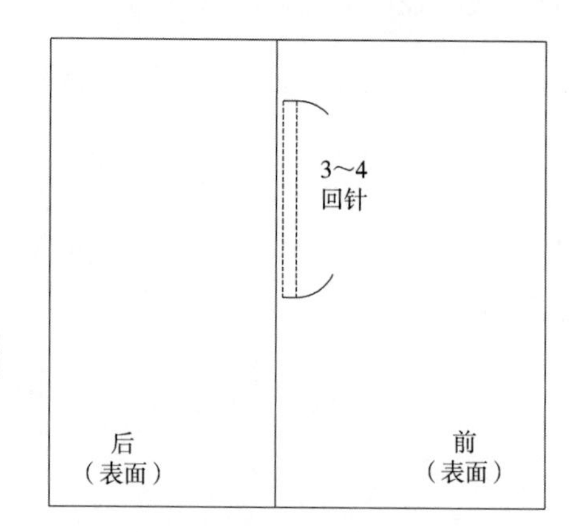

图5-18 口袋两端打结固定

2. 月牙形插袋

（1）款式图：月牙形插袋款式图，如图5-19所示。

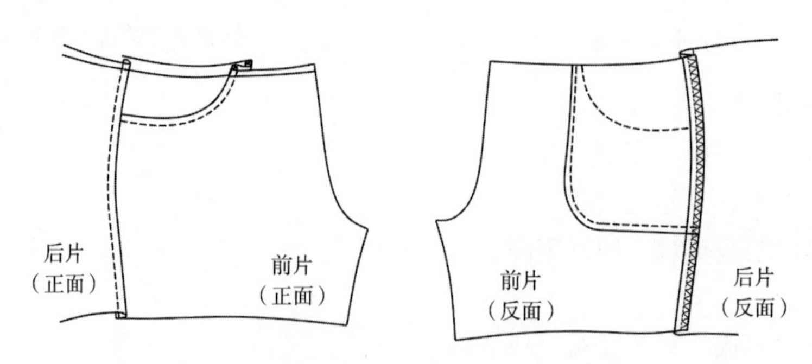

图5-19 月牙形插袋款式图

（2）款式说明：月牙型插袋又称弧型口袋，此口袋多用于牛仔裤、休闲裤等服装。

（3）裁剪：

① 面料的裁剪，如图5-20所示。

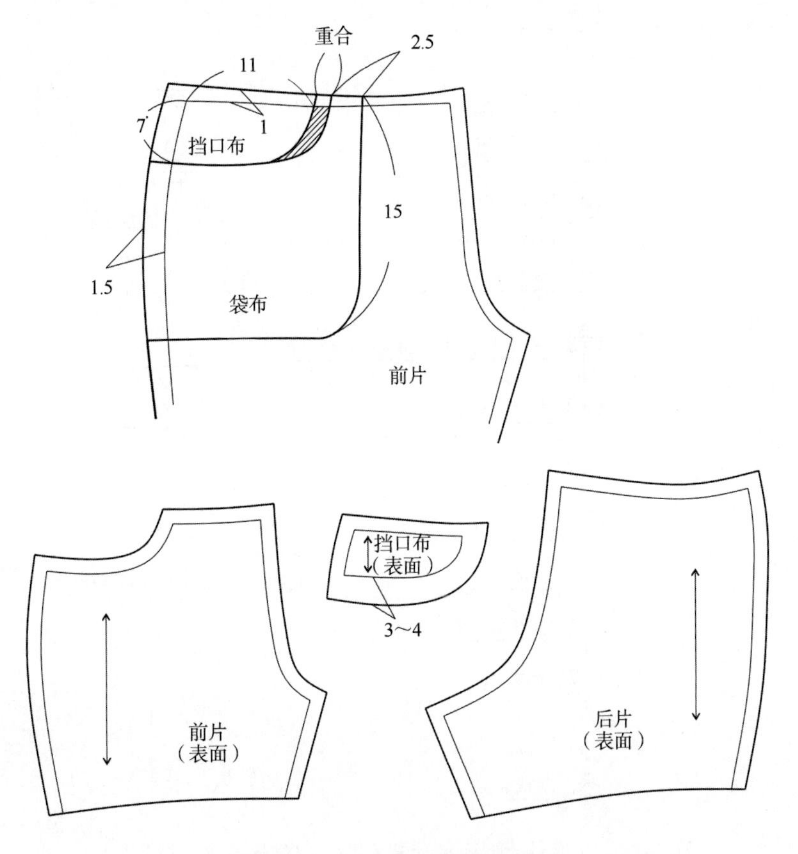

图5-20　月牙型插袋面料的裁剪

② 袋布的裁剪，如图5-21所示。

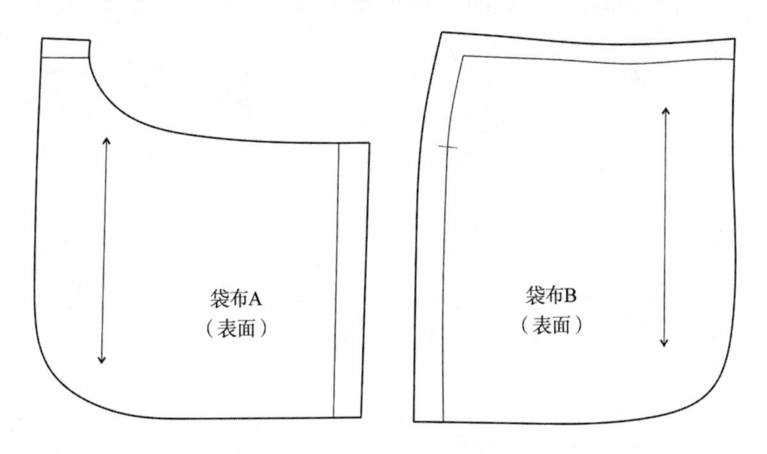

图5-21　月牙型插袋袋布的裁剪

（4）女裤月牙形插袋缝制工艺工程分析及工艺流程，如图5-22所示。

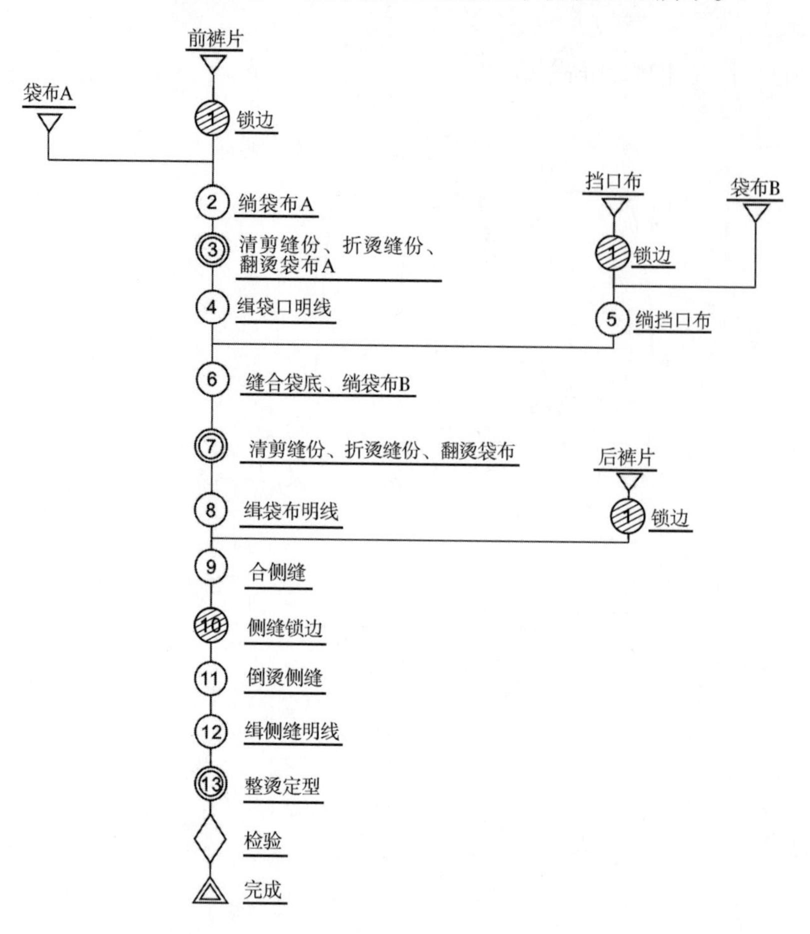

图5-22 女裤月牙形插袋缝制工艺工程分析及工艺流程图

（5）缝制工艺操作过程：

① 将前后裤片、挡口布锁边，如图5-23所示。

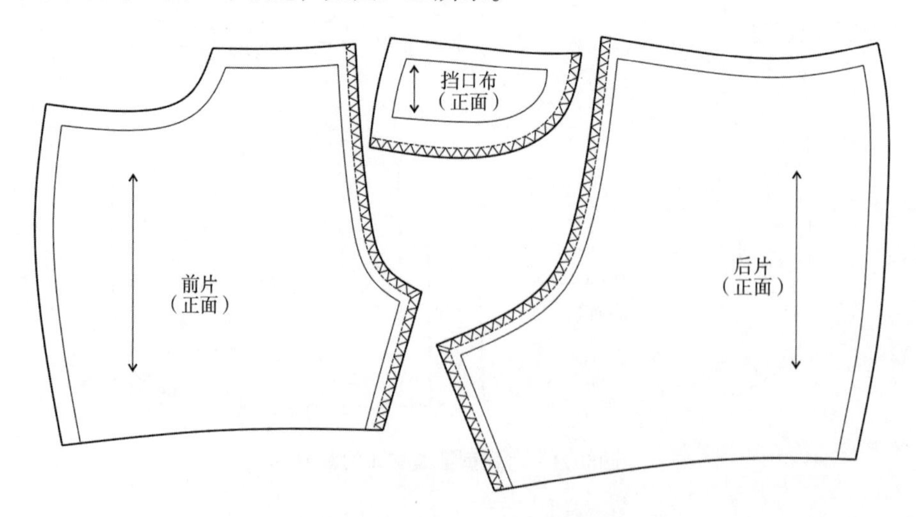

图5-23 前后裤片、挡口布锁边

② 将袋布A与前裤片表表相对，距净样线0.2cm缝月牙袋口，如图5-24所示。

③ 清剪缝份并将缝份打剪口，然后将小袋布翻到前裤片的反面，用熨斗烫月牙袋口并吐出0.1cm止口，如图5-25所示。

④ 缉0.5cm袋口明线，如图5-26所示。

⑤ 把挡口布缝合在袋布B上，如图5-27所示。

⑥ 将袋布A、袋布B的反面与反面相叠合，缝合袋底，缝份0.5cm，如图5-28所示。

⑦ 清剪缝份并用熨斗折烫缝份；然后将袋布翻到反面，整烫袋布形状，如图5-29所示。

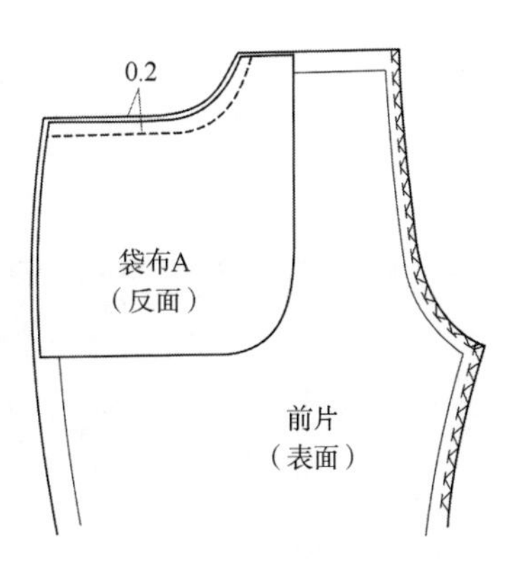

图5-24　缝月牙袋口

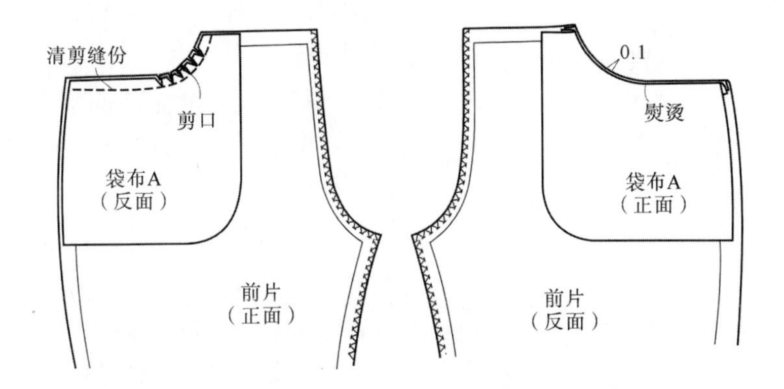

图5-25　熨烫月牙袋口

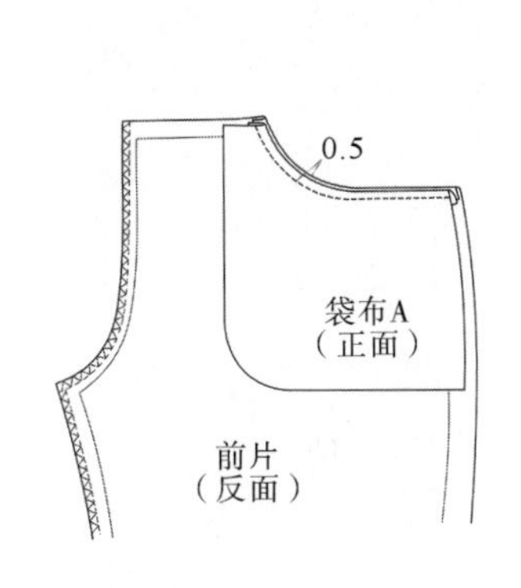

图5-26　缉袋口明线

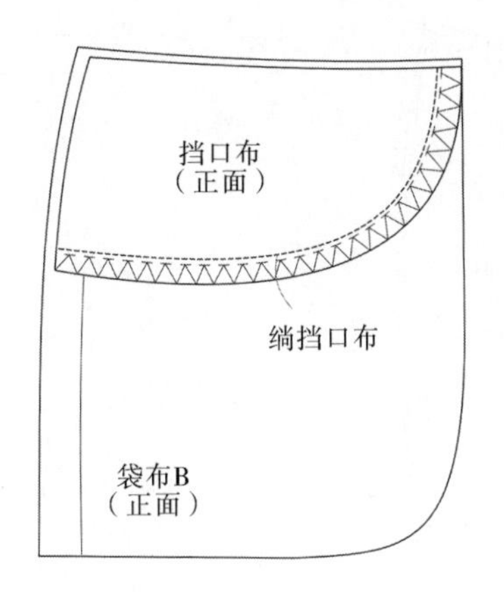

图5-27　在袋布B上缝挡口布

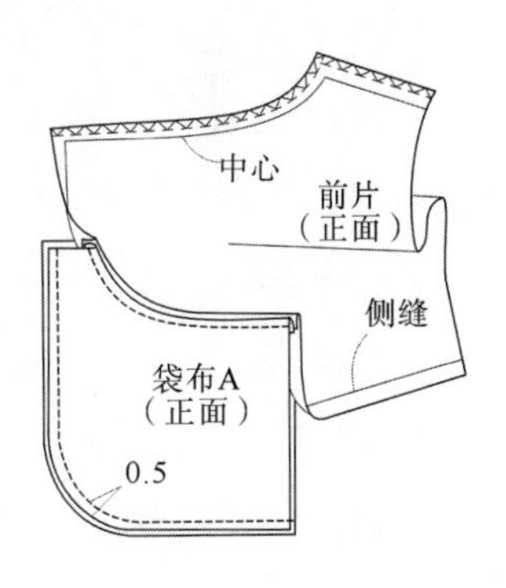

图5-28　缝合袋底

⑧ 缉0.7cm袋布明线，如图5-30所示。

⑨ 缝合侧缝，如图5-31所示。

⑩ 将前后裤片及袋布侧缝一起锁边，如图5-32所示。

⑪ 向后裤片倒烫缝份，如图5-33所示。

⑫ 缉侧缝明线，如图5-34所示。

⑬ 整烫定型。

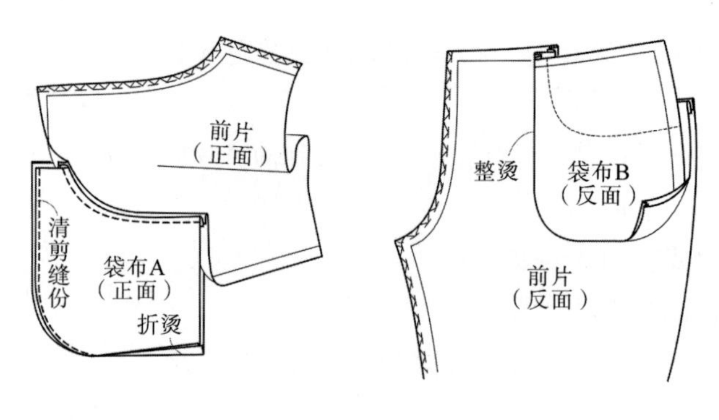

图5-29　折烫缝份并整烫袋布

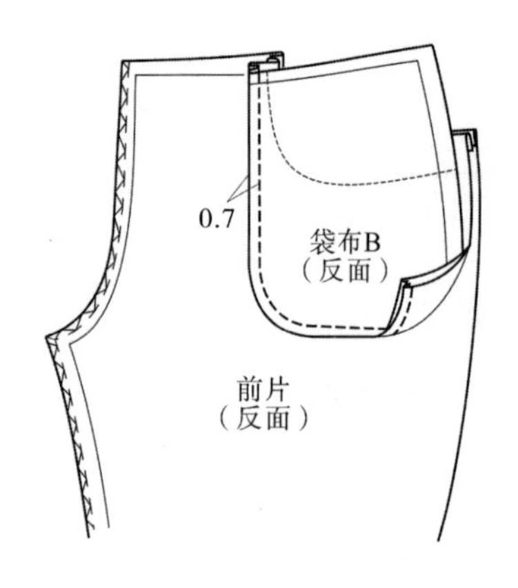

图5-30　缉袋布明线

（6）质量检验方法：

① 按要求制作右（左）口袋。

② 尺寸规格要求。

A.裁片：裁片大小符合局部制作要求。

B.袋位：袋位符合局部制作要求。

C.袋布：袋布大小符合局部制作要求。

D.明线：袋口明线宽度符合局部制作要求。

③ 缝制工艺要求：

A.口袋缝制工序正确、完整。

B.袋布：袋布平服，勾缝圆顺。

C.袋口：袋口明线美观，回针牢固。

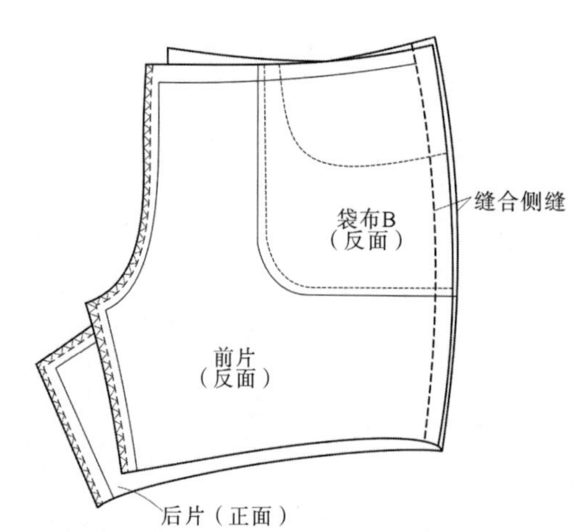

图5-31　缝合侧缝

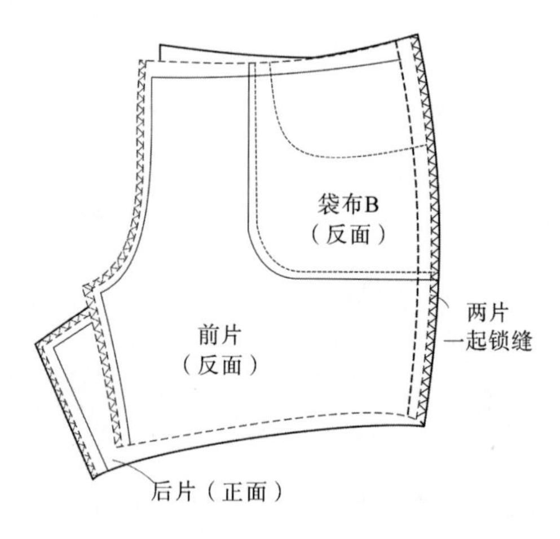

图5-32　前后裤片及袋布侧缝锁边

④ 其他要求：

A.外观：袋口平服，外形美观。

B.线迹：线迹顺直，针距适当，无跳线现象。

C.整烫：整烫平整，无烫糊现象。

D.整洁：整体干净整洁，无脏迹。

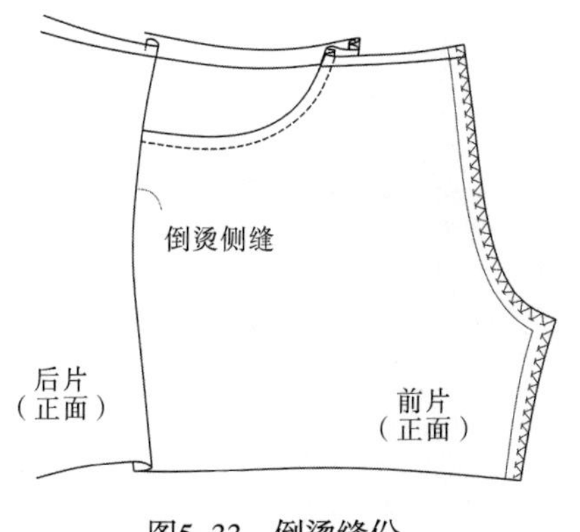

图5–33　倒烫缝份

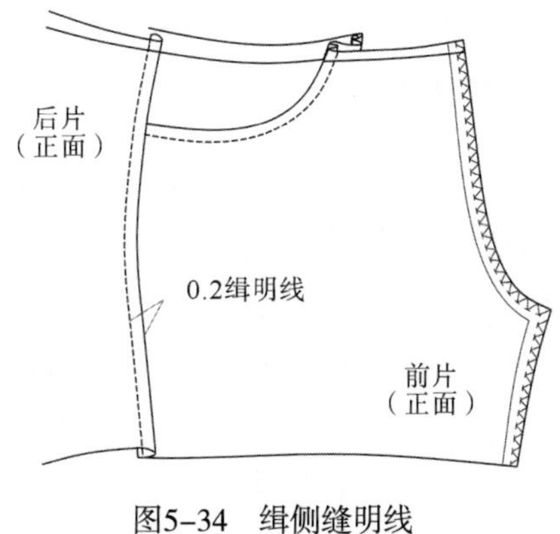

图5–34　缉侧缝明线

（二）斜插挖袋

1. 款式图

斜插挖袋款式图如图5–35所示。

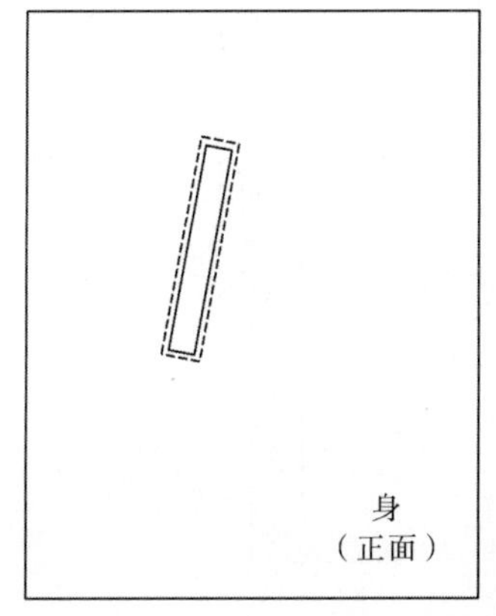

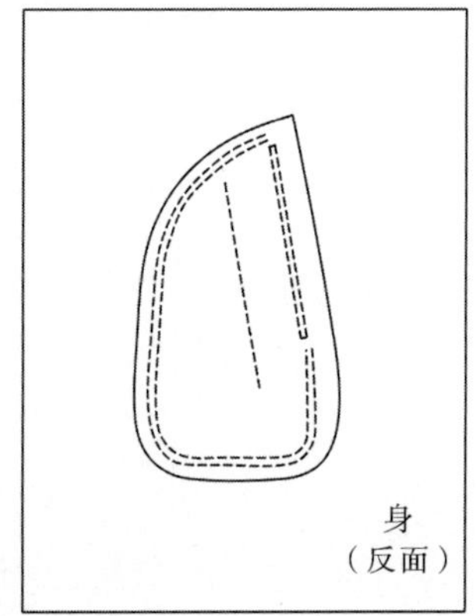

图5–35　斜插挖袋款式图

2. 款式说明

斜插挖袋根据位置与面料的不同，它的设计多注重纵、横、斜等不同的视觉效果，且具有运动风格，多用于裙子、裤子、夹克、风衣等，使用范围非常广泛。

3. 裁剪

（1）面料的裁剪，如图5–36所示。

（2）衬料的裁剪，如图5–37所示。

（3）袋布的裁剪，如图5–38所示。

4. 缝制工艺工程分析及工艺流程

斜插挖袋缝制工艺工程分析及工艺流程如图5–39所示。

5. 缝制工艺操作过程

（1）在身片的反面挖袋处粘垫衬，如图5–40所示。

（2）将袋牙布的反面粘衬，并对折烫袋牙布，如图5–41所示。

（3）将对折后的袋牙布与袋布A重叠，并绱在身片的绱袋牙布位置，如图5–42所示。

（4）将挡口布的一侧折烫0.5cm，如图5–43所示。

（5）绱挡口布，如图5-44所示。

（6）在身片上开剪口，如图5-45所示。

（7）将袋布A与挡口布翻到反面，整烫袋口形状，如图5-46所示。

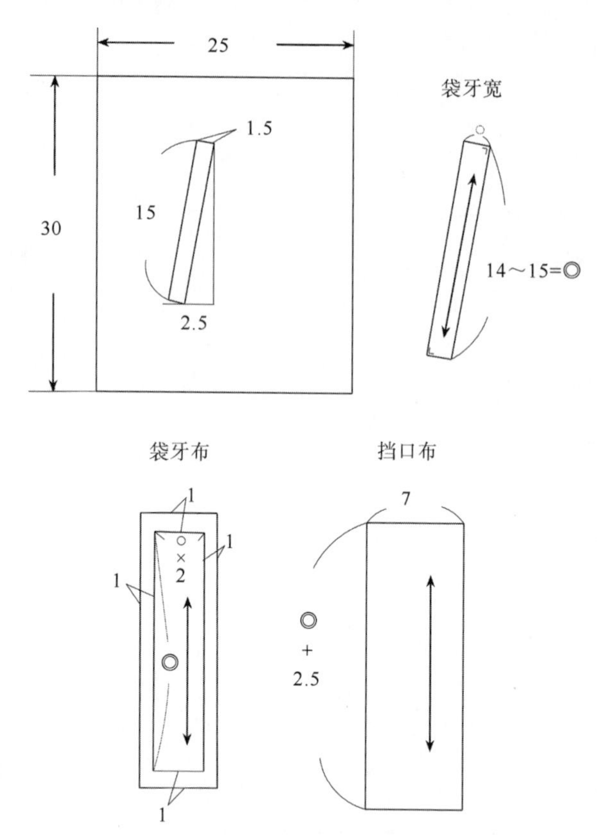

图5-36　面料的裁剪

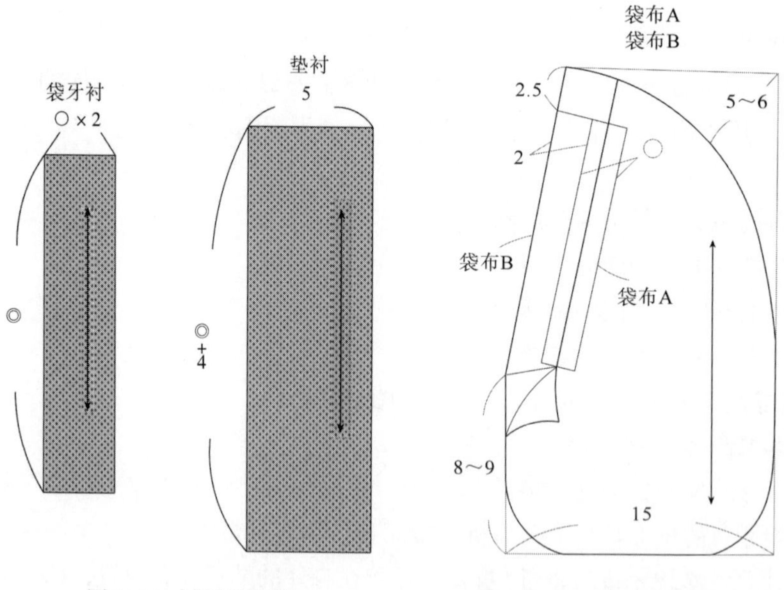

图5-37　衬料的裁剪

图5-38　袋布的裁剪

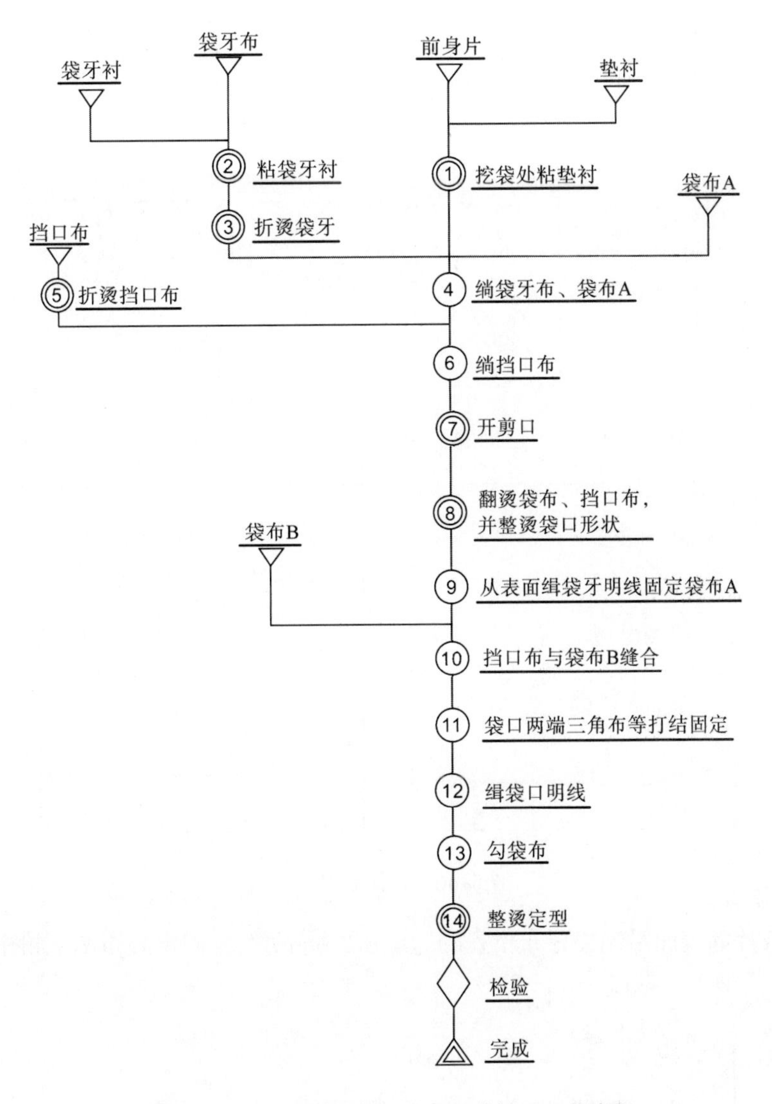

图5-39　斜插挖袋缝制工艺工程分析及工艺流程

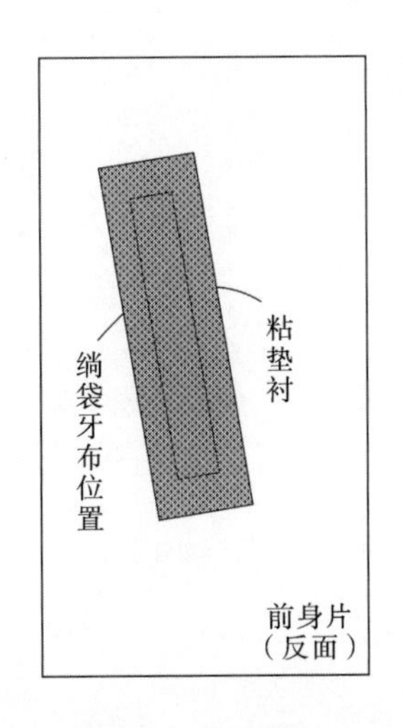

图5-40　粘垫衬

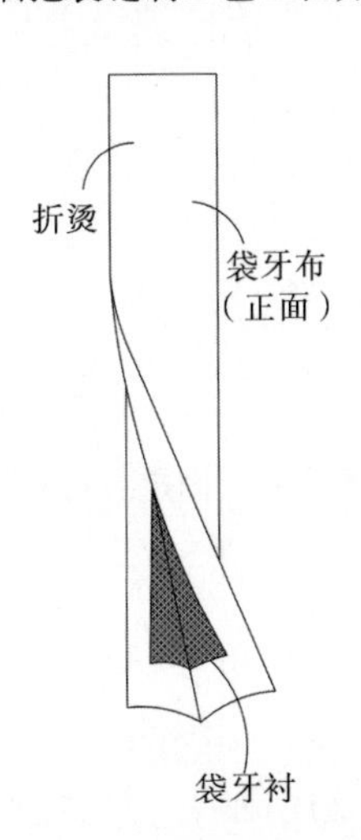

图5-41　袋牙布反面粘衬并对折烫

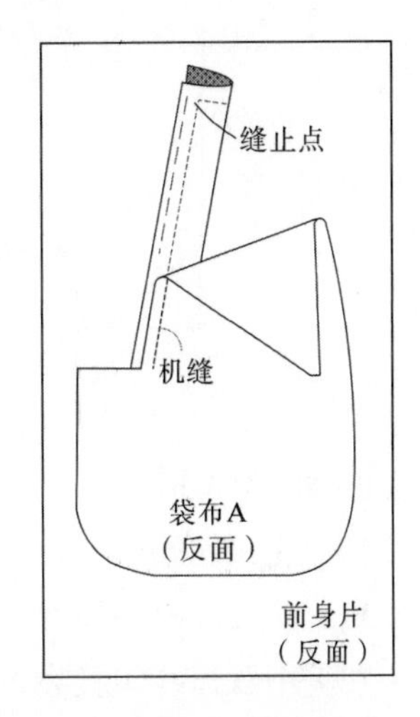

图5-42　绱袋牙布

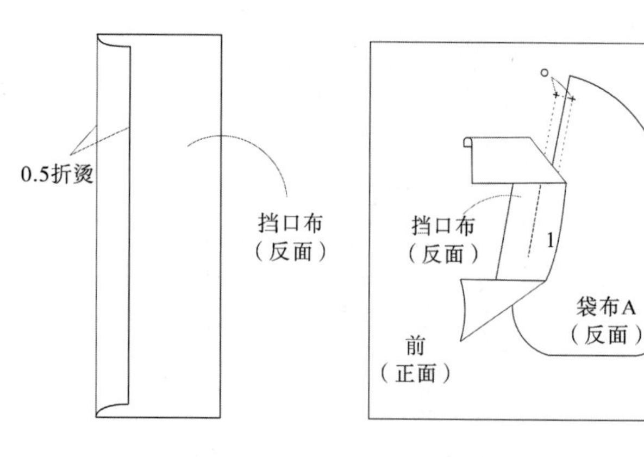

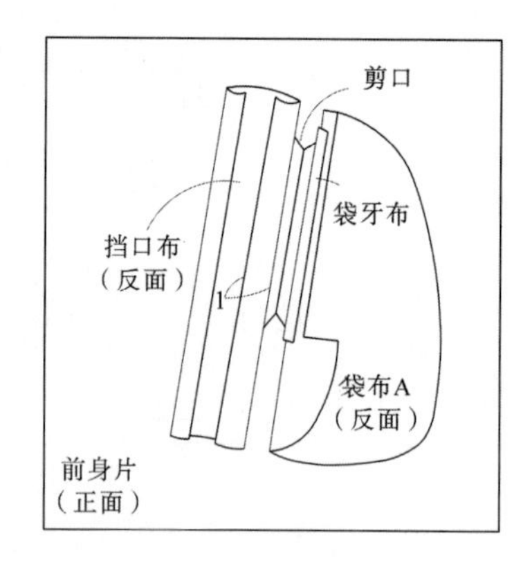

图5-43　折烫　　图5-44　绱挡口布　　图5-45　在身片上开剪口

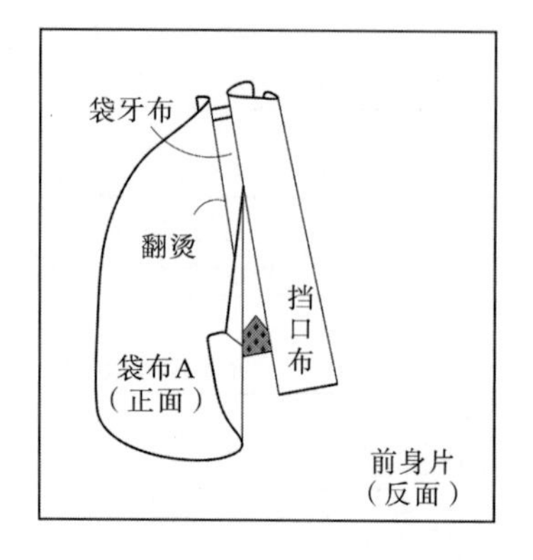

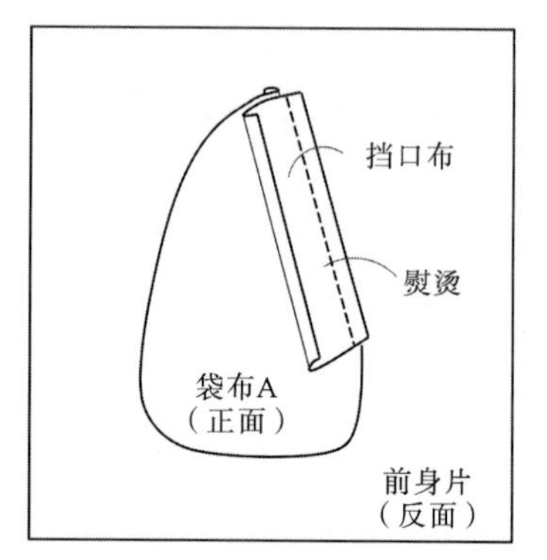

图5-46　整烫袋口形状

（8）从身片的表面沿绱袋牙布位置的边缘压0.2cm明线，固定袋布A，如图5-47所示。

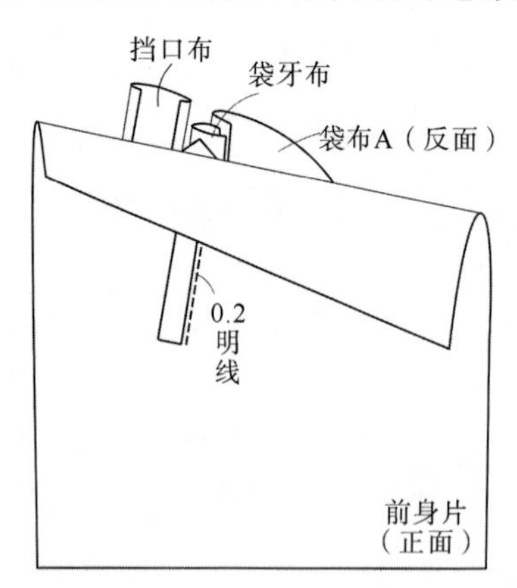

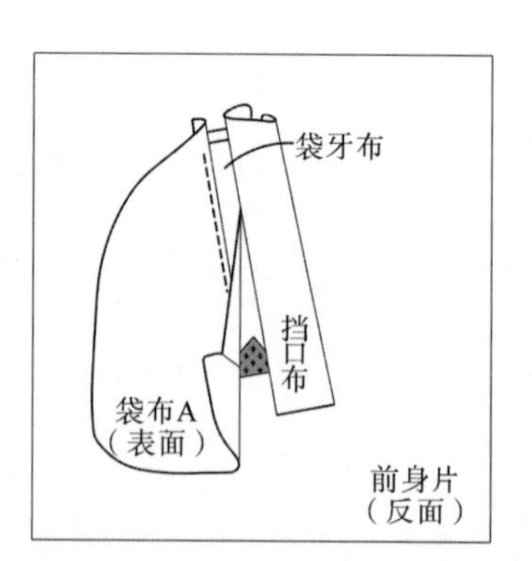

图5-47　固定袋布A

（9）将挡口布固定在袋布B上，如图5-48所示。

（10）袋口两端的三角布与袋牙布、袋布等一起三次回针打结固定（图5-49）。

（11）从表面沿袋口两端和绱挡口布边缘缉明线（图5-50）。

（12）用双道线勾缝袋布，如图5-51所示。

（13）整烫定型。

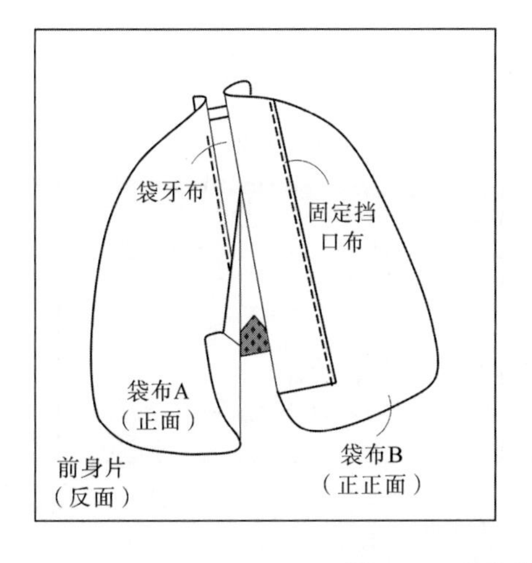

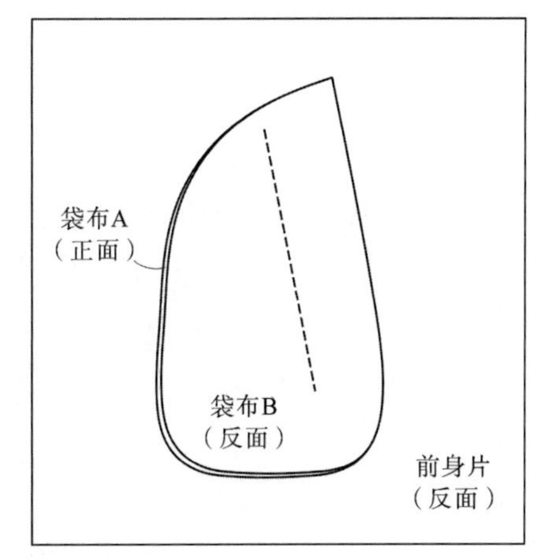

图5-48　在袋布B上固定挡口布

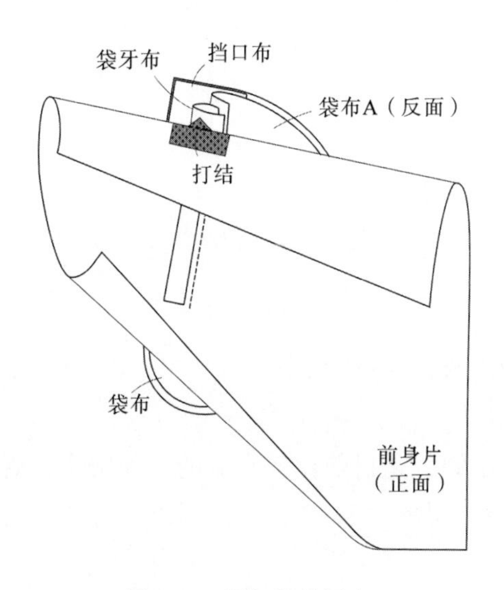

图5-49　回钉打结固定

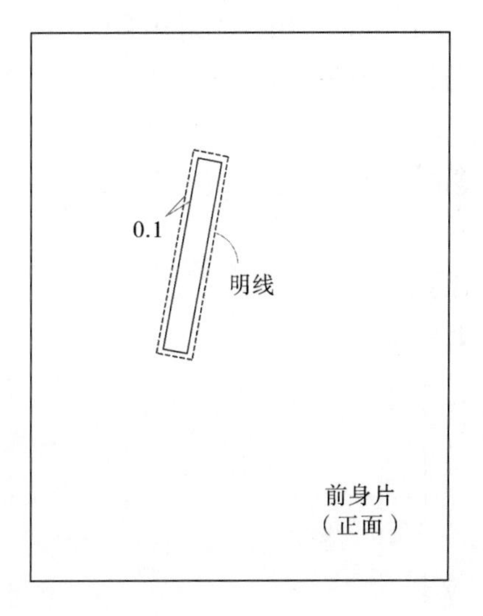

图5-50　缉明线

6. ***质量检验方法***

（1）按要求制作右（左）口袋。

（2）尺寸规格要求：

① 裁片：裁片大小符合局部制作要求。

② 袋位：袋位符合局部制作要求。

③ 袋布：袋布大小符合局部制作要求。

④ 明线：袋口明线宽度符合局部制作要求。

（3）缝制工艺要求：

① 口袋缝制工序正确、完整。

② 袋布：袋布平服，勾缝圆顺。

③ 袋口：袋口形状方正，且两端无毛茬，明线美观，回针牢固。

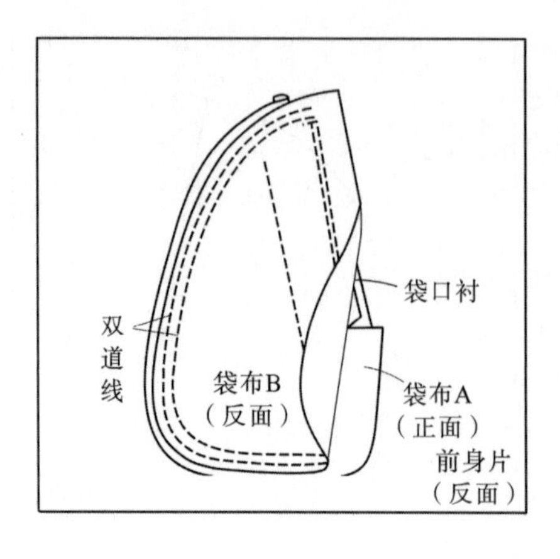

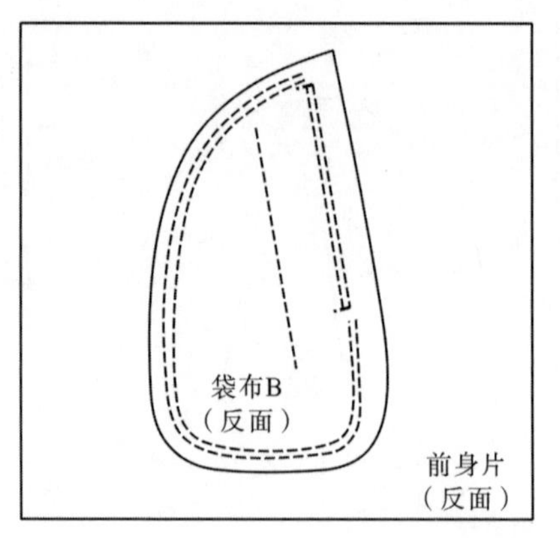

图5-51 勾缝袋布

（4）其他要求：

①外观：袋口平服，外形美观。

②线迹：线迹顺直，针距适当，无跳线现象。

③整烫：整烫平整，无烫糊现象。

④整洁：整体干净整洁，无脏迹。

二、门襟

1. 款式图

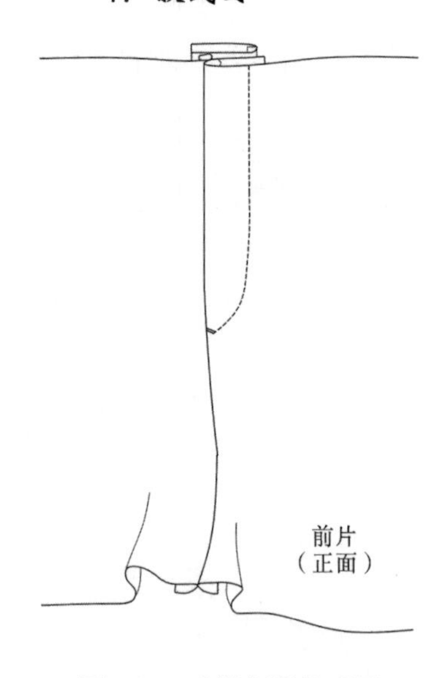

图5-52 女裤门襟款式图

女裤门襟款式图如图5-52所示。

2. 款式说明

女裤前门装拉锁，是目前比较常见的一种做法，既穿脱方便，缝制时又简单易做。

3. 裁剪

（1）面料裁剪如图5-53所示，注意：掩襟里可以用里料裁剪。

（2）衬料裁剪如图5-54所示。

4. 缝制工艺工程分析及工艺流程

女裤门襟缝制工艺工程分析及工艺流程如图5-55所示。

5. 缝制工艺操作过程

（1）门襟贴边、掩襟面反面粘衬，如图5-56所示。

（2）勾缝掩襟面与掩襟里，如图5-57所示。

（3）翻烫掩襟，如图5-58所示。

（4）缉掩襟明线，如图5-59所示。

（5）左前裤片、右前裤片、门襟贴边、掩襟锁边，如图5-60所示。

（6）将拉锁固定在掩襟上，如图5-61所示。

（7）绱门襟贴边，如图5-62所示。

（8）翻烫门襟贴边，并吐0.2cm止口，如图5-63所示。

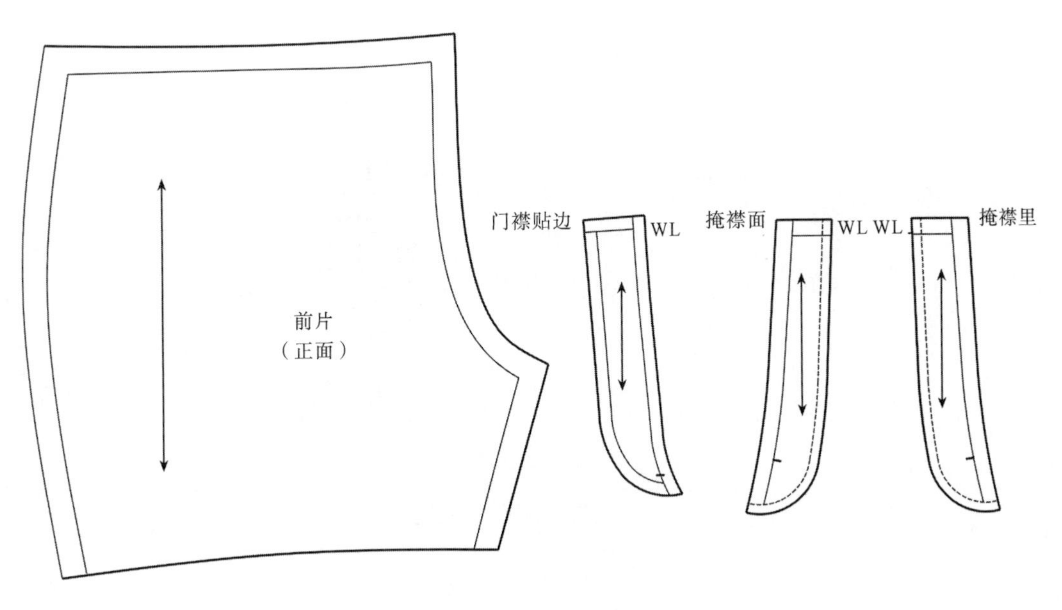

图5-53　面料裁剪

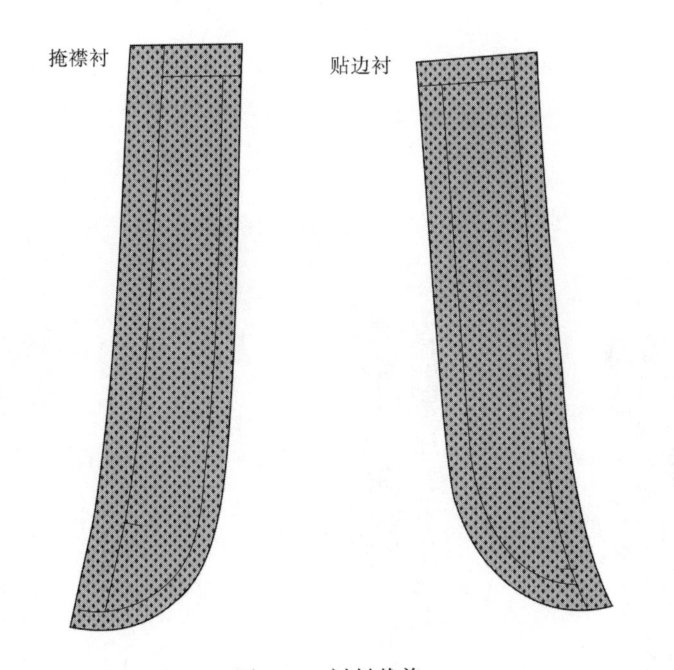

图5-54　衬料裁剪

（9）合裆缝至绱拉锁止点，如图5-64所示。

（10）裆缝劈烫，并将右前裤片绱拉锁处缝份烫出0.3cm，如图5-65所示。

（11）在右前裤片烫出0.3cm缝份处与掩襟缝合，明线为0.1～0.2cm，如图5-66所示。

（12）前门开口处绗缝与实际完成线叠合，如图5-67所示。

（13）将拉锁绱在门襟贴边上，如图5-68所示。

（14）缉门襟明线，然后与掩襟一起在绱拉锁止点处打结，如图5-69所示。

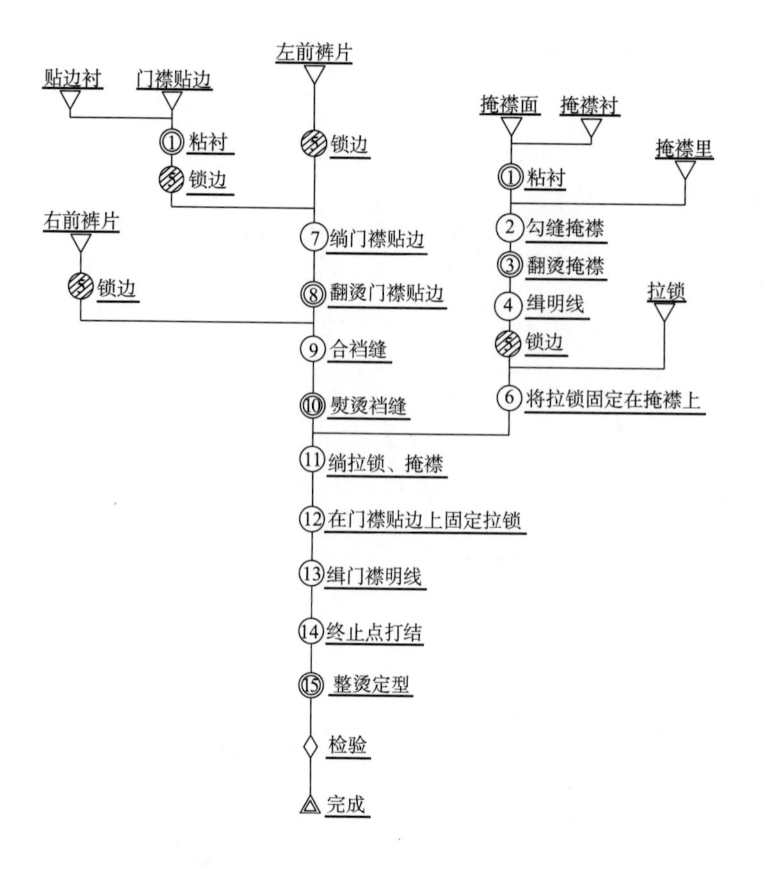

图5-55 女裤门襟缝制工艺工程分析及工艺流程

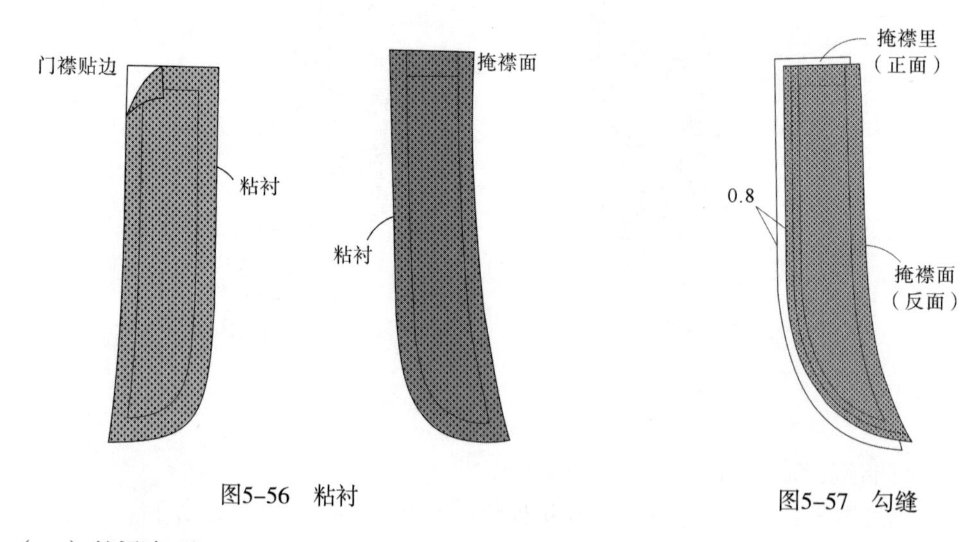

图5-56 粘衬

图5-57 勾缝

（15）整烫定型。

6. ***质量检验方法***

（1）按要求制作女裤门襟。

（2）尺寸规格要求：

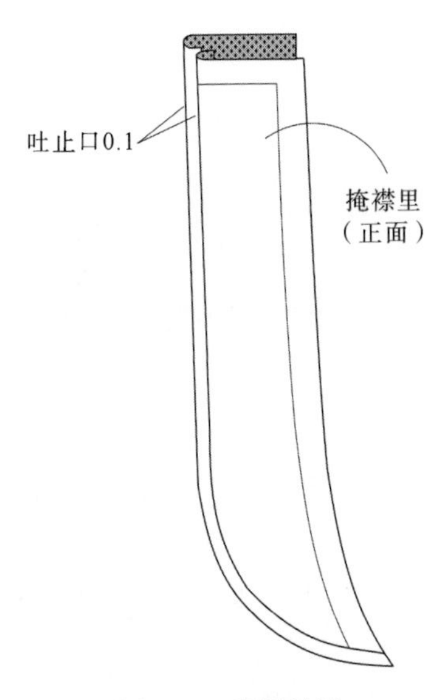

图5-58　翻烫掩襟

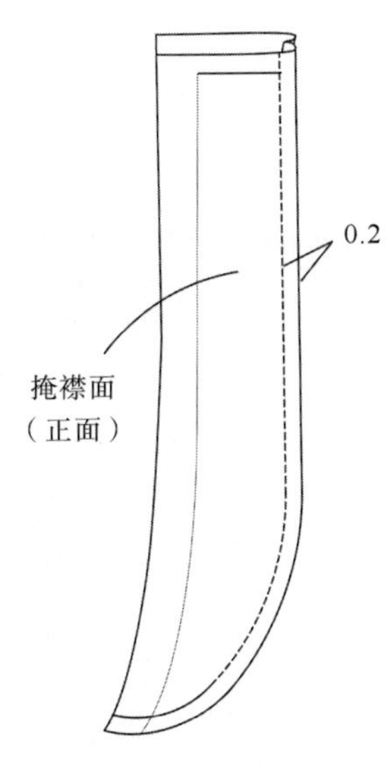

图5-59　缉掩襟明线

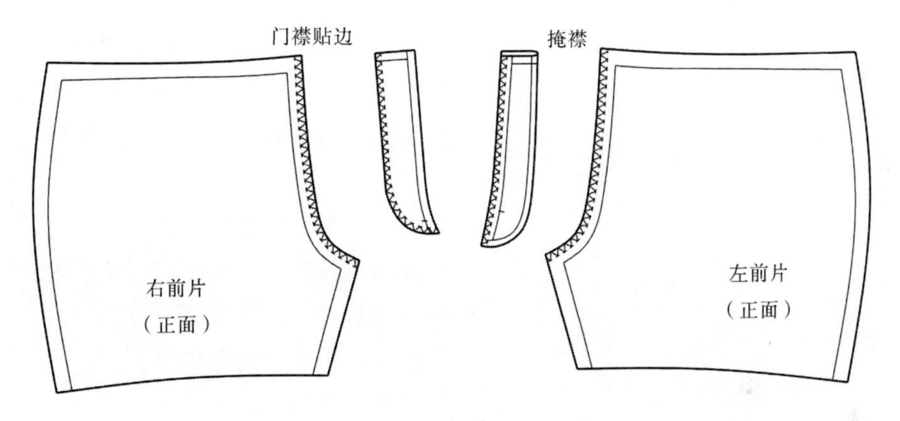

图5-60　贴边与锁边

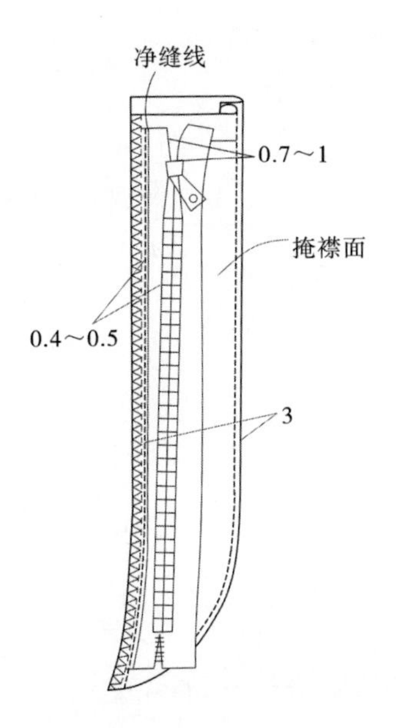

图5-61　固定拉锁

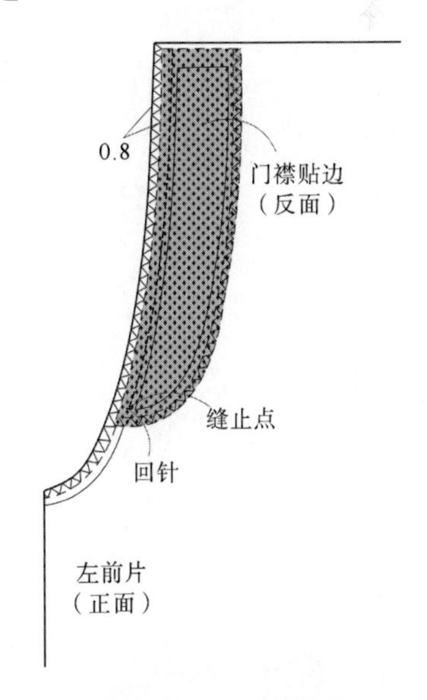

图5-62　绱门襟贴边

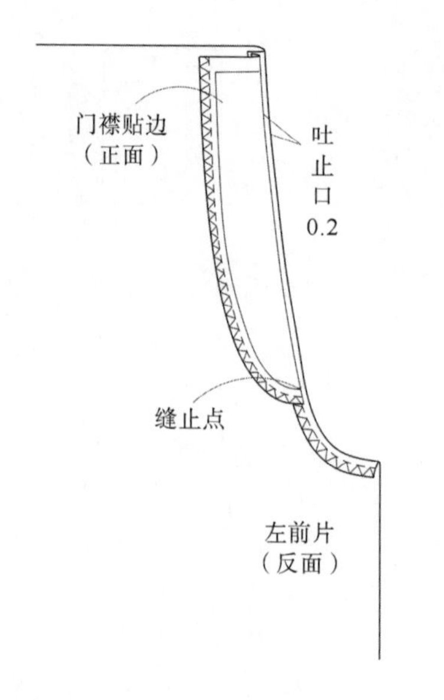

图5-63 翻烫门襟贴边并吐止口

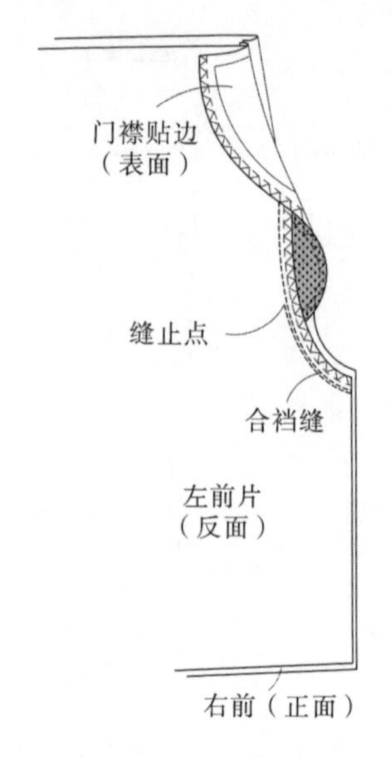

图5-64 合裆缝至绱拉锁止点

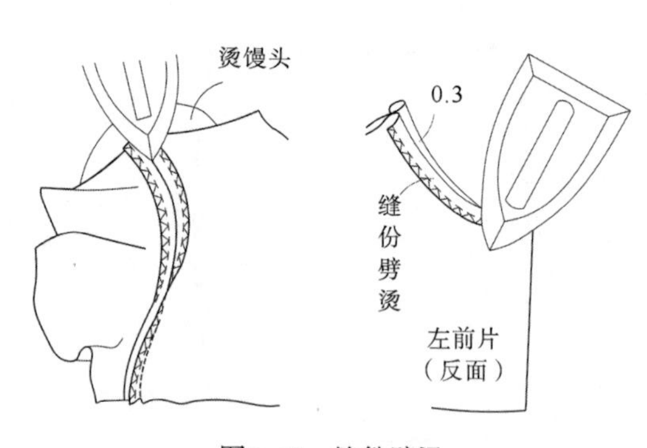

图5-65 缝份劈烫

① 裁片：裁片大小符合局部制作要求。
② 位置：门襟位置符合局部制作要求。
③ 明线：门襟明线宽度符合局部制作要求。
（3）缝制工艺要求：
① 门襟缝制工序正确、完整。
② 掩襟勾缝圆顺，吐止口方向正确、均匀。
③ 门襟贴边，掩襟长短一致。
④ 绱拉锁平整，门襟顺直。
⑤ 门襟明线美观，回针牢固。

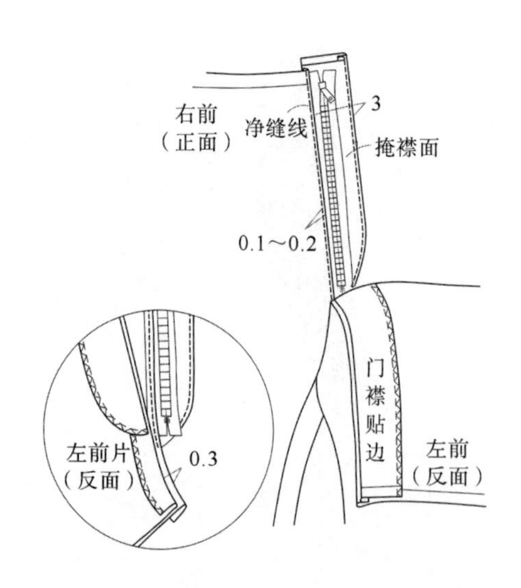

图5-66 缝合

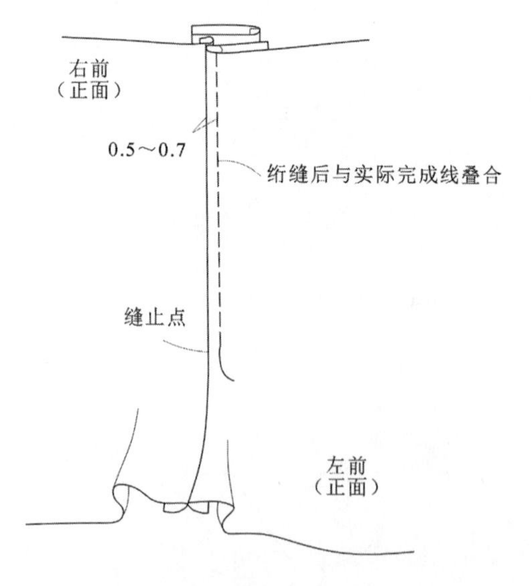

图5-67 绗缝与实际完成线叠合

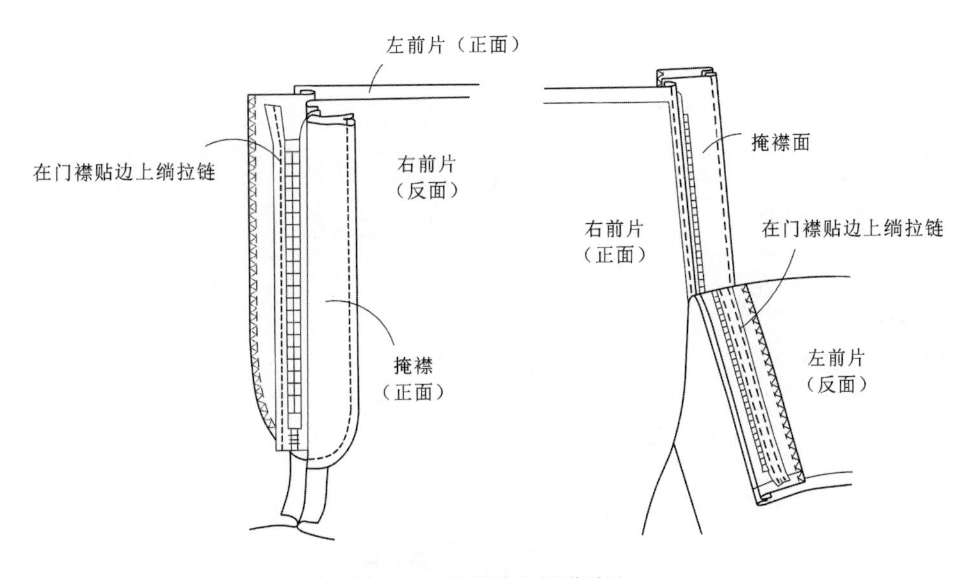

图5-68　拉锁绱在门襟贴边

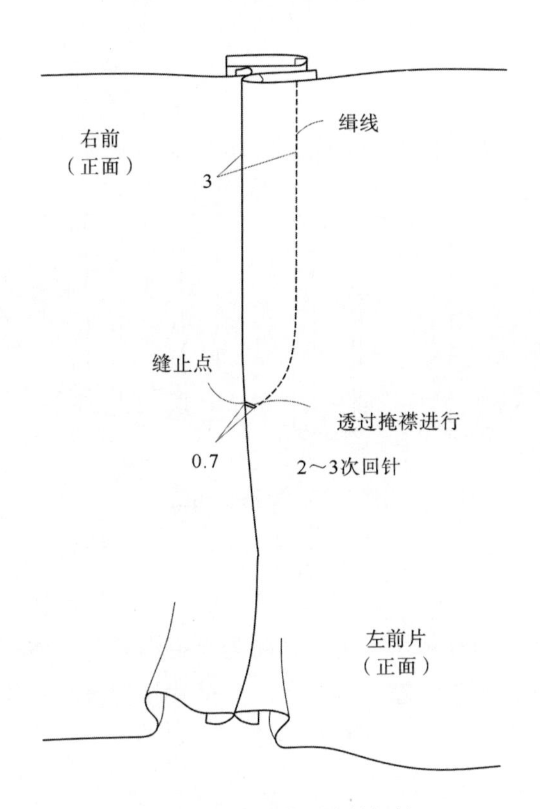

图5-69　缉门襟明线并打结

（4）其他要求：

①外观：门襟平服，外形美观。

②线迹：线迹顺直，针距适当，无跳线现象。

③整烫：整烫平整，无烫糊现象。

学习任务二　女裤成衣缝制工艺

本书以一款基本型女裤（直筒型）为例，介绍其缝制工艺。

一、款式图

女裤款式如图5-70所示。

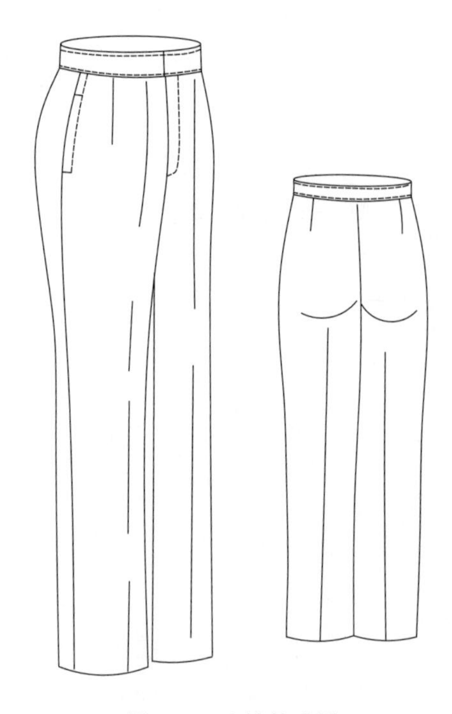

图5-70　女裤款式图

二、款式说明

这是一款基本型女裤（直筒裤）。裤子从腰围至臀围较为合体；从膝关节至脚口为直筒形，脚口为平脚口；前裤片腰省缝左右各一个，后裤片腰省缝左右各一个；左右两侧缝为直插袋；前中心开门襟装拉锁；中腰，绱腰头。

三、裁剪

（1）面料的裁剪，如图5-71所示。面料包括：左右前裤片两片、左右后裤片两片、腰头（腰面、腰里连裁）一片、左右挡口布两片、门襟贴边一片、掩襟面一片、掩襟里一片。

注意：掩襟里也可以用里料裁剪。

（2）衬料的裁剪，如图5-72所示。衬料包括：门襟贴边衬一片、掩襟衬一片、腰头衬一片、袋口扦条衬两条。

（3）袋布的裁剪，如图5-73所示。直插袋袋布有两片。

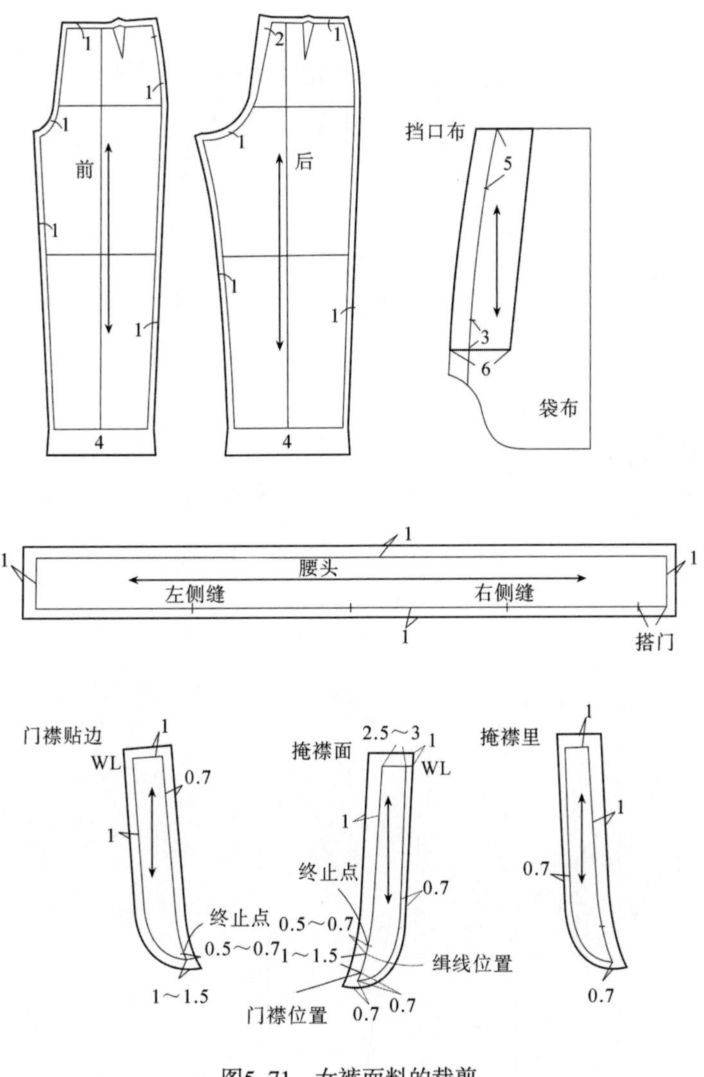

图5-71　女裤面料的裁剪

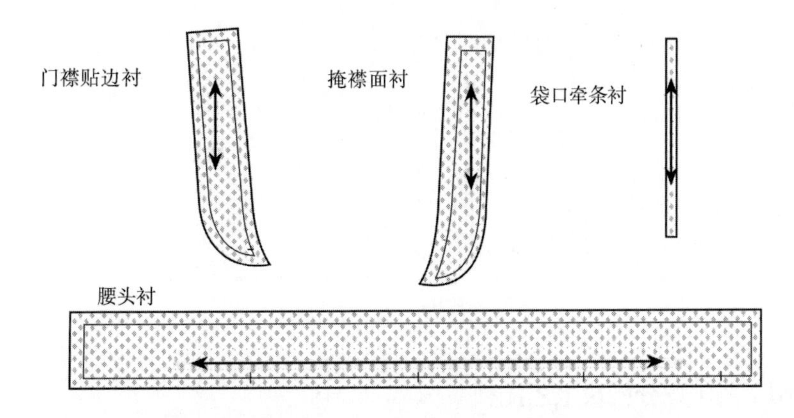

图5-72　女裤衬料的裁剪

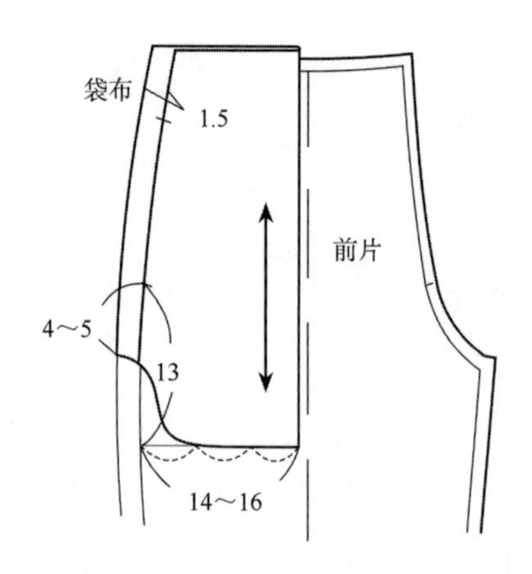

图5-73　袋布的裁剪

四、排料（图5-74）

排料利用布边裁剪腰头；剩余部分双折，将前后裤片穿插裁剪。注意：布纹纱向要与裤中线平行；如果面料有倒顺毛、有光泽或图案有上下之分时，前后裤片及其局部要按同一方向裁剪，如图5-74所示。

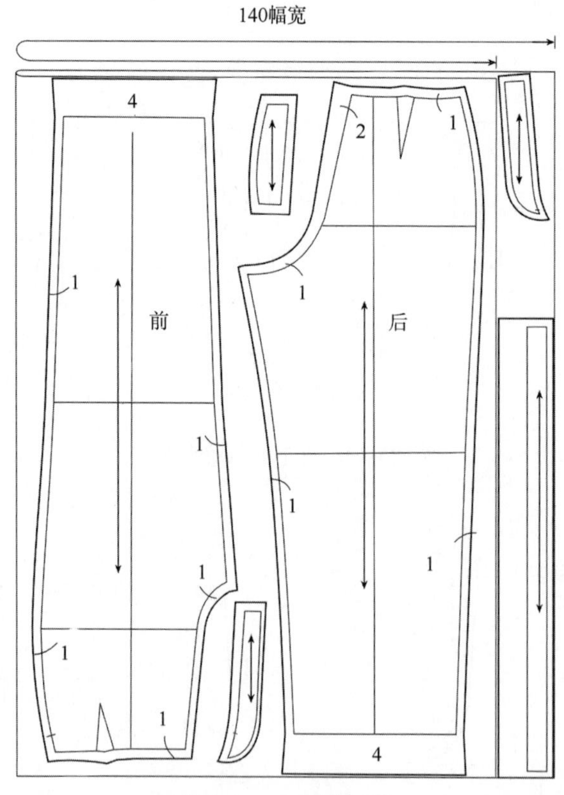

图5-74　女裤排料图

五、缝制工艺工程分析及工艺流程

女裤缝制工艺工程分析及工艺流程如图5-75所示。

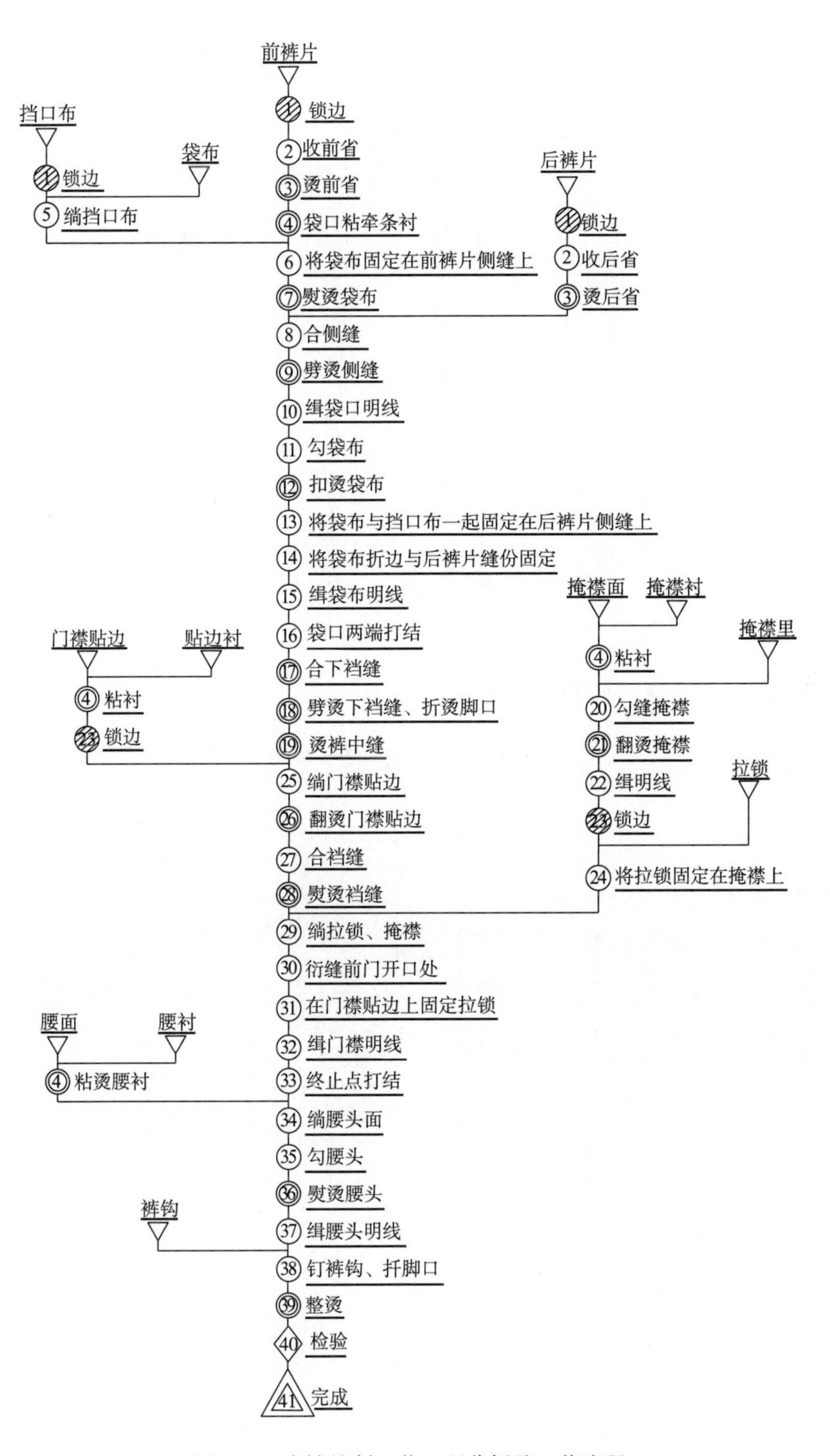

图5-75　女裤缝制工艺工程分析及工艺流程

六、缝制工艺操作过程

（1）将裁片锁边，如图5-76所示。

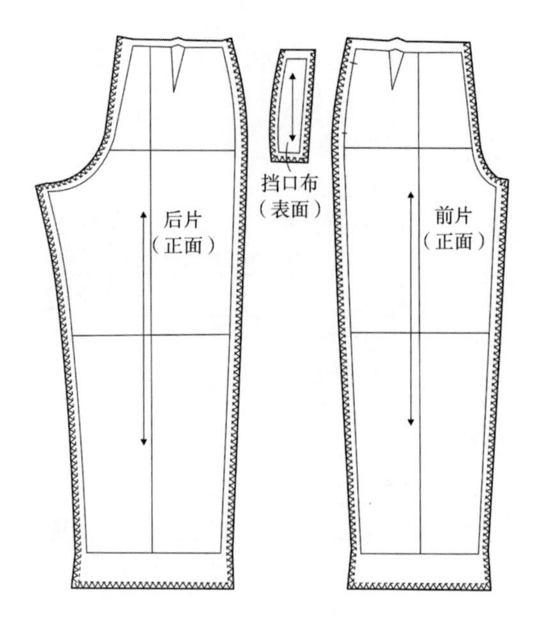

图5-76　锁边

（2）缝合前后腰省缝，如图5-77所示。

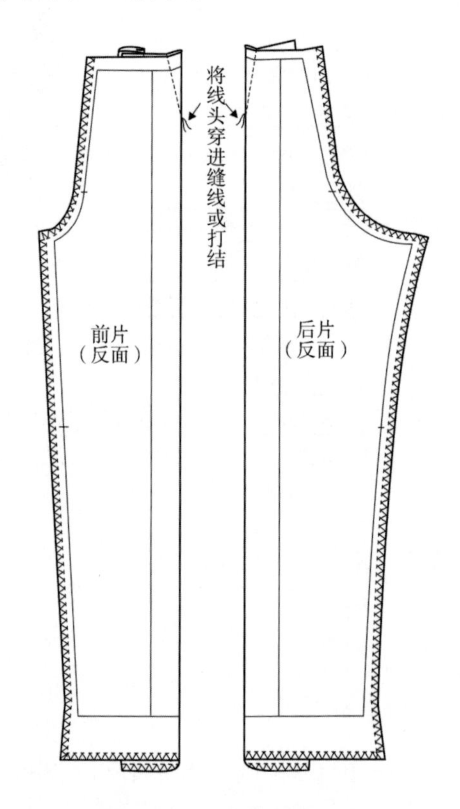

图5-77　缝合前后腰省缝

（3）用熨斗熨烫省缝，省缝倒向裤中线，如图5-78所示。

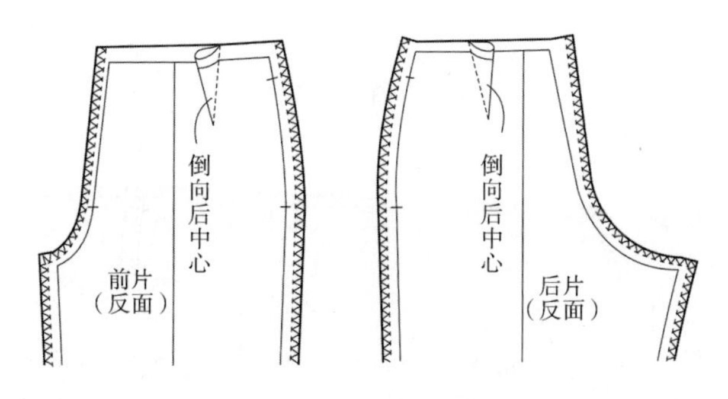

图5-78　熨烫省缝

（4）在前裤片袋口位置的反面粘牵条衬，如图5-79所示。

（5）将挡口布固定在袋布上，如图5-80所示。

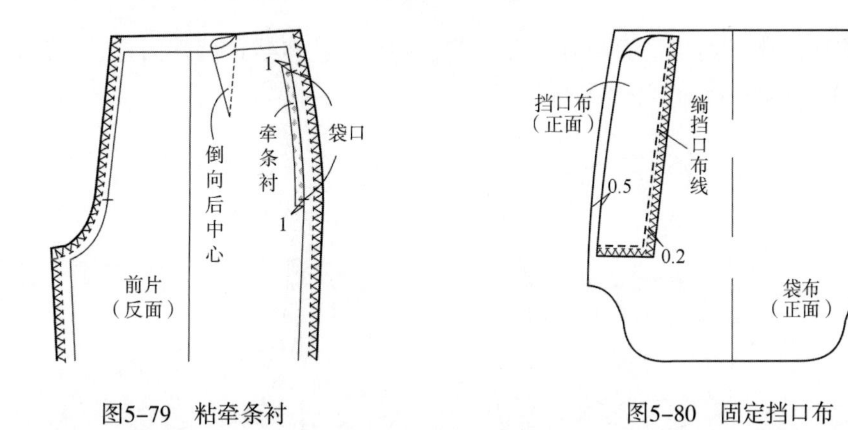

图5-79　粘牵条衬　　图5-80　固定挡口布

（6）袋布与前裤片表表相对叠合，将袋布固定在前裤片侧缝上，缝份为1cm，如图5-81所示。

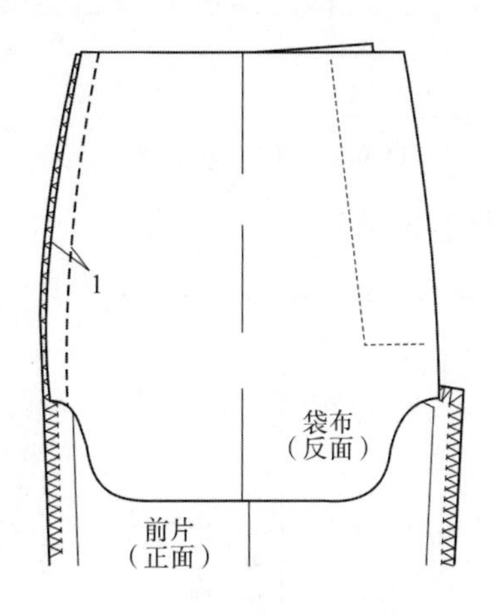

图5-81　固定袋布在前裤片侧缝上

（7）将袋布翻到表面，并用熨斗熨烫，如图5-82所示。

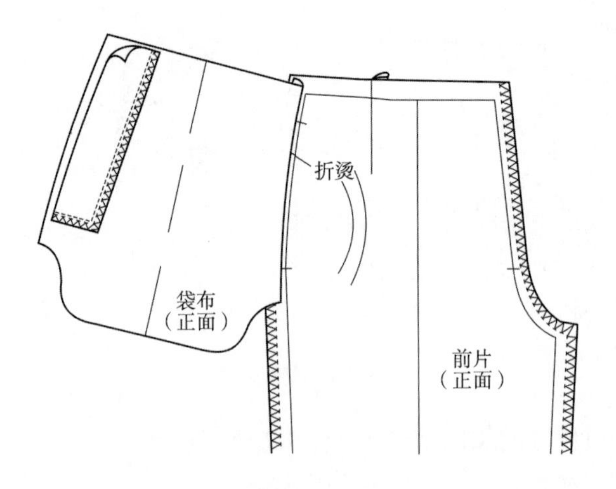

图5-82　熨烫袋布

（8）将前后裤片正面与正面相对叠合，缝合侧缝。注意袋口两端回针，且袋口位置用大针距机缝，如图5-83所示。

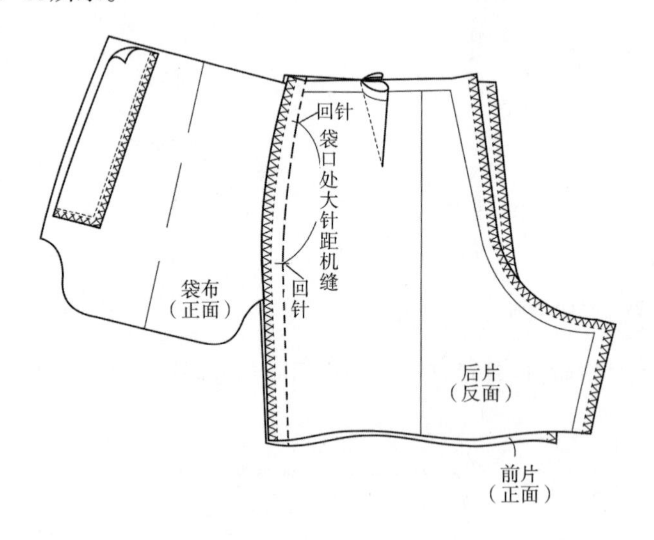

图5-83　缝合前后裤片

（9）用熨斗劈烫侧缝，如图5-84所示。

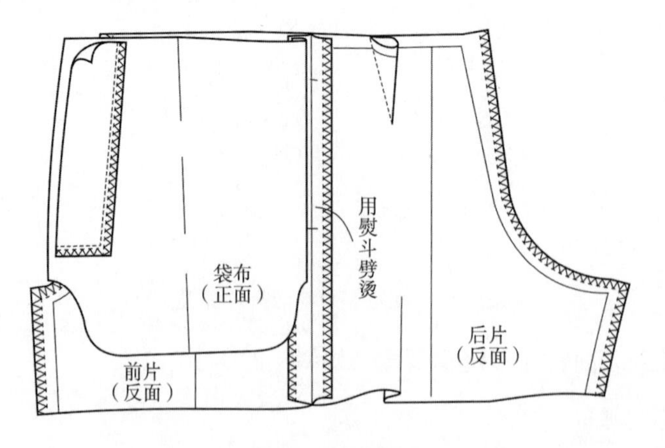

图5-84　劈烫侧缝

（10）在前裤片袋口位置缉明线，如图5-85所示。

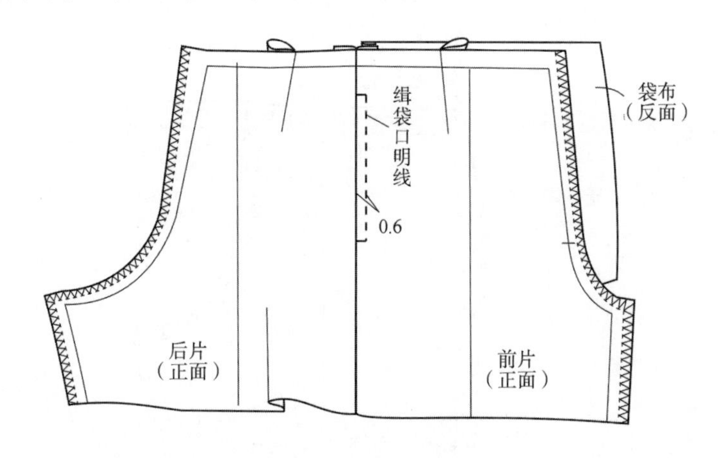

图5-85　缉袋口明线

（11）将袋布反面与反面相叠合，缝合袋底，如图5-86所示。

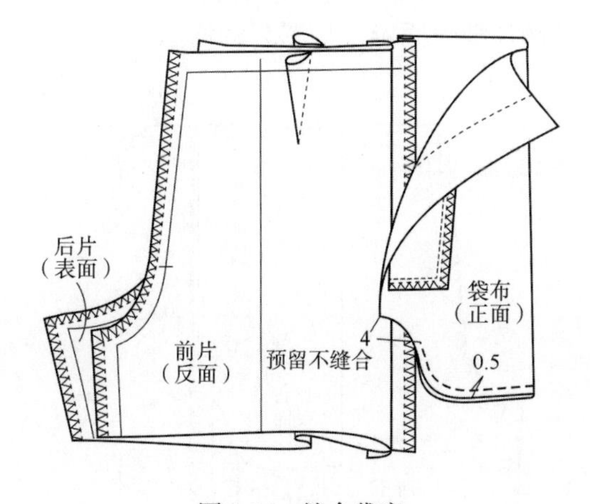

图5-86　缝合袋底

（12）清剪袋布缝份并用熨斗折烫袋布缝份，然后将袋布翻到反面熨烫，如图5-87所示。

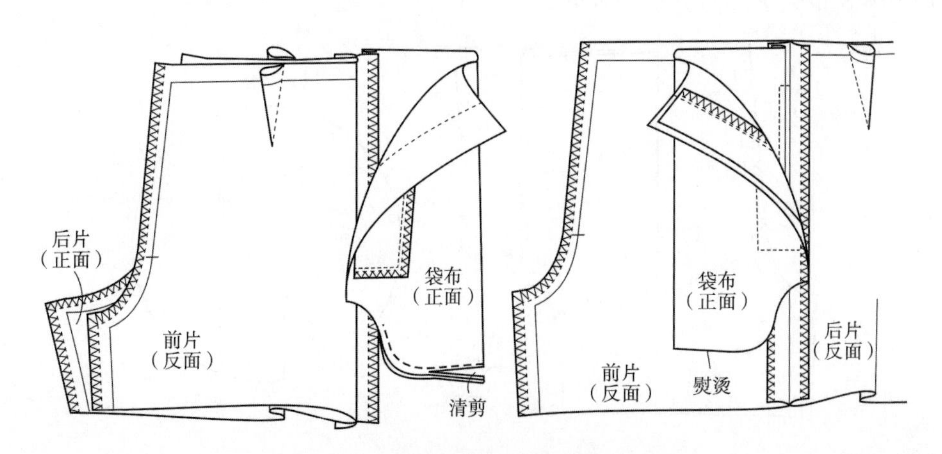

图5-87　折烫袋布缝份再翻至反面熨烫

（13）将袋布与挡口布一起固定在后裤片的侧缝上，如图5-88所示。

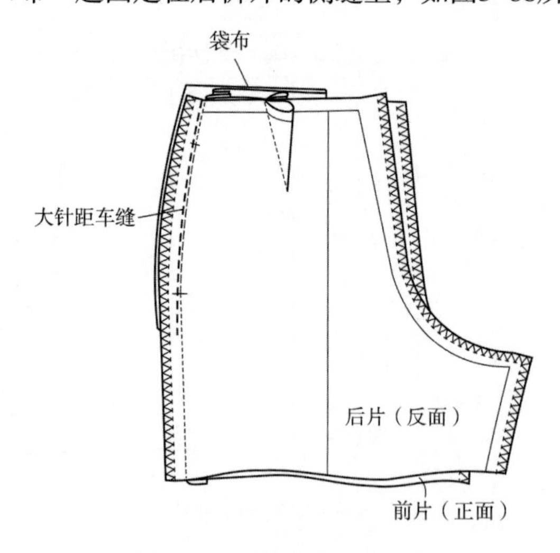

图5-88 固定袋布、挡口布

（14）将袋布折边与后裤片缝份固定，如图5-89所示。

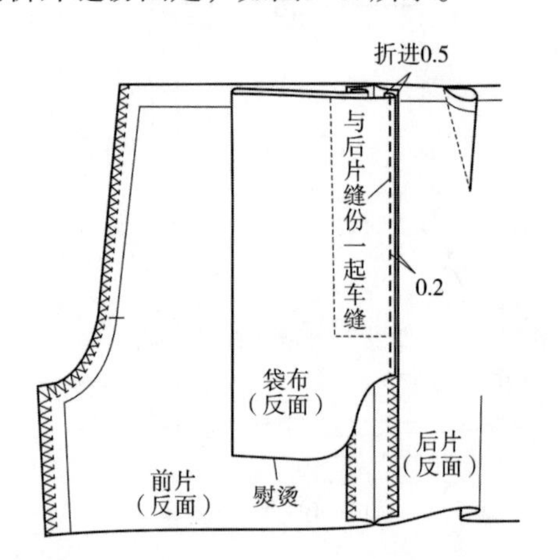

图5-89 袋布折边与后裤片缝份固定

（15）缉袋布明线，如图5-90所示。

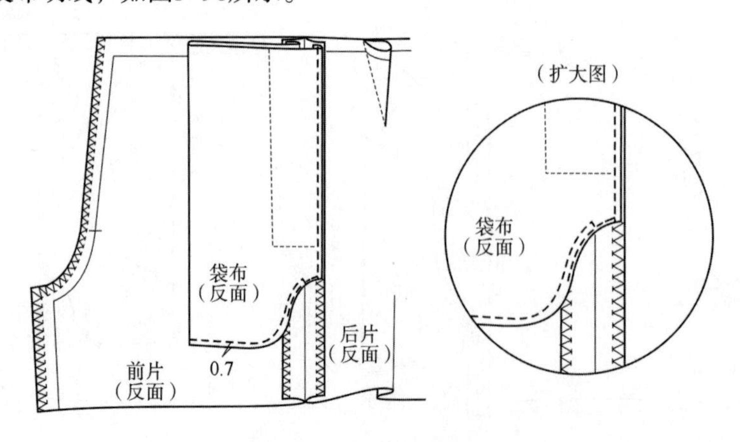

图5-90 缉袋布明线

（16）从表面在袋口两端打结固定，如图5–91所示。

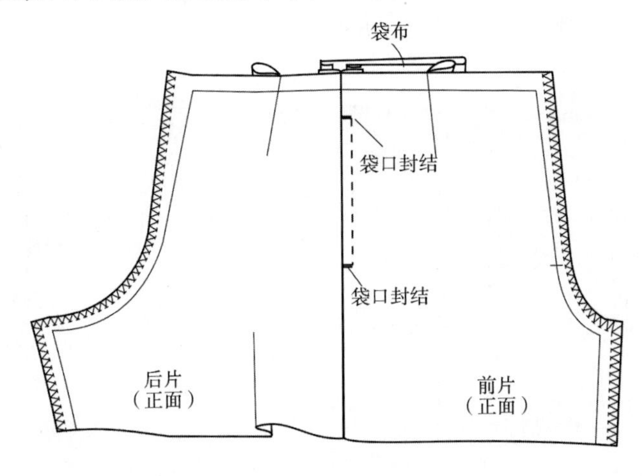

图5–91　打结固定

（17）缝合下裆缝，如图5–92所示。

（18）劈烫下裆缝，折烫裤口，如图5–93所示

（19）熨烫裤中线，如图5–94所示。

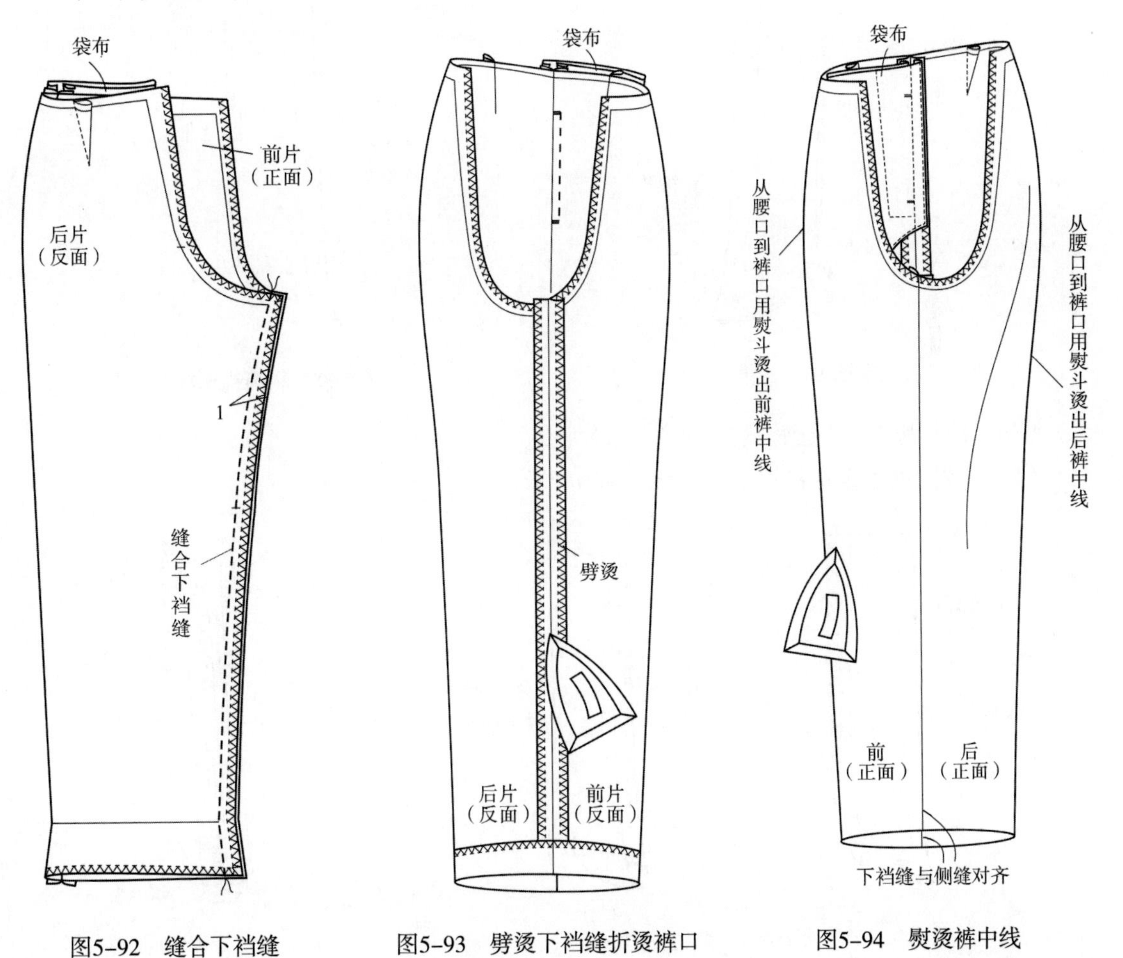

图5–92　缝合下裆缝　　图5–93　劈烫下裆缝折烫裤口　　图5–94　熨烫裤中线

（20）门襟贴边、掩襟面反面粘衬，如图5-95所示。

（21）勾缝掩襟面与掩襟里，如图5-96所示。

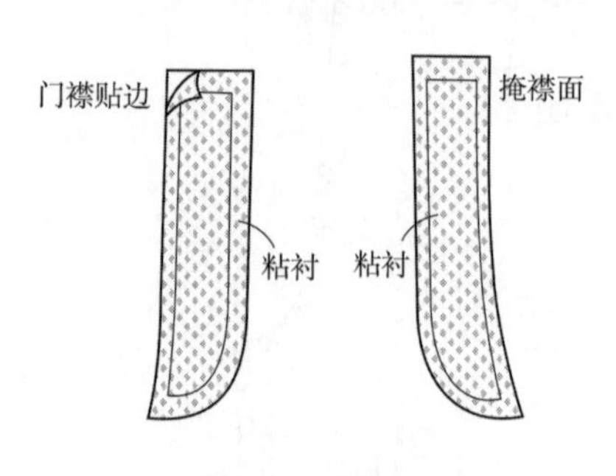

图5-95　粘衬

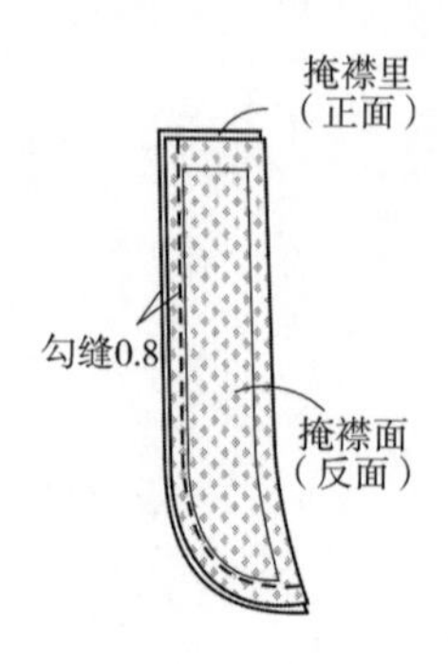

图5-96　勾缝

（22）翻烫掩襟，如图5-97所示。

（23）缉掩襟明线，如图5-98所示。

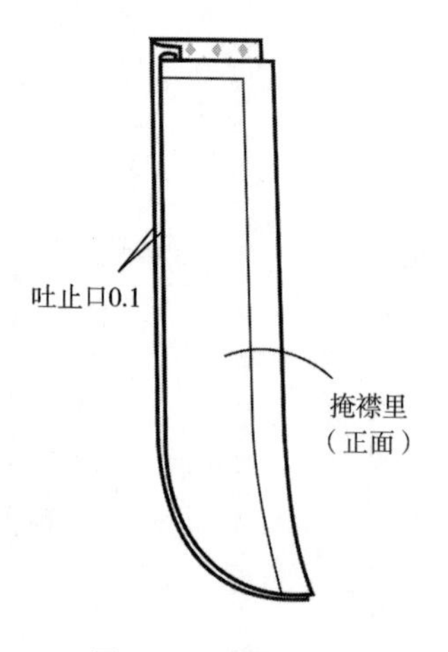

图5-97　翻烫

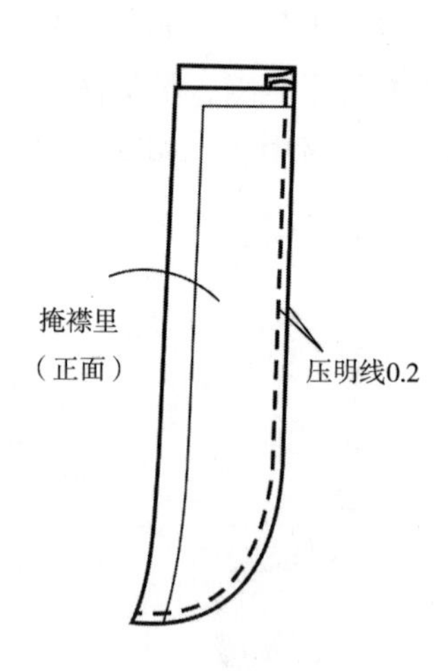

图5-98　缉掩襟明线

（24）门襟贴边、掩襟锁边，如图5-99所示。

（25）将拉锁固定在掩襟上，如图5-100所示。

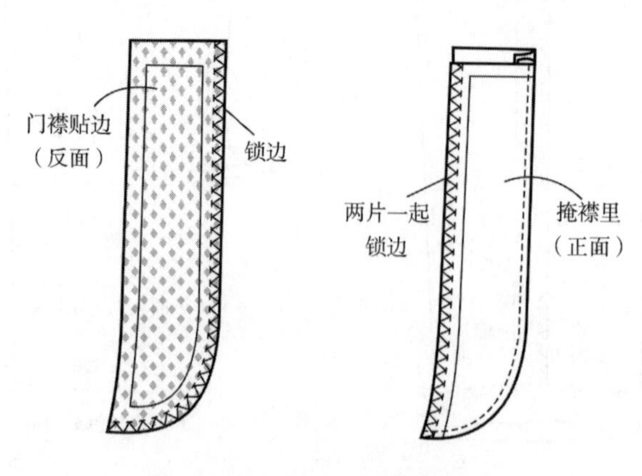

图5-99　贴边锁边

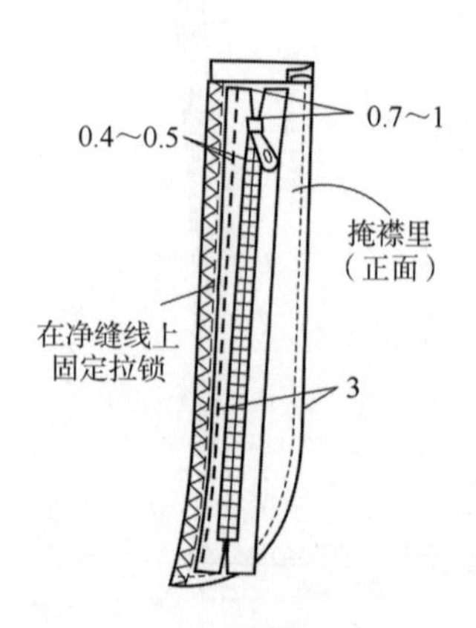

图5-100　固定拉锁

（26）绱门襟贴边，如图5–101所示。

（27）翻烫门襟贴边，并吐0.2cm止口，如图5–102所示。

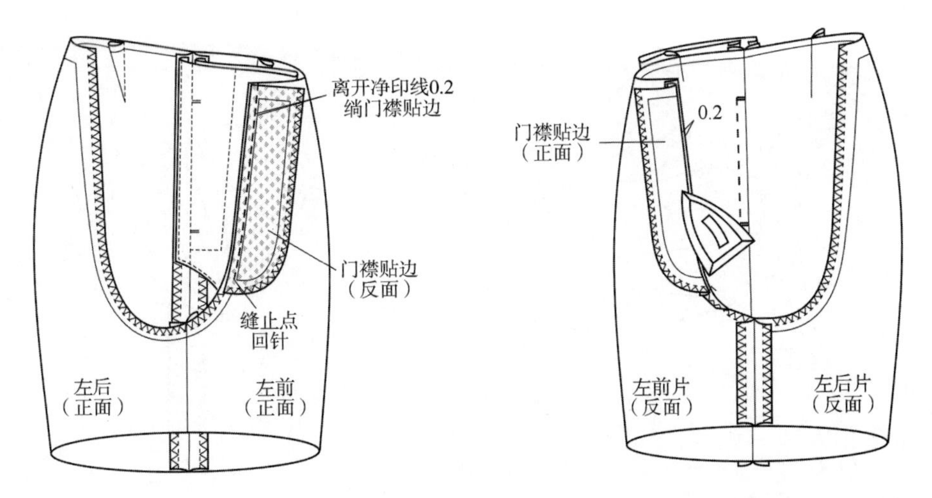

图5–101　绱门襟贴边　　　图5–102　翻烫门襟贴边并吐止口

（28）左右裤筒正面与正面相对，缝合前后裆缝至绱拉锁止点，如图5–103所示。

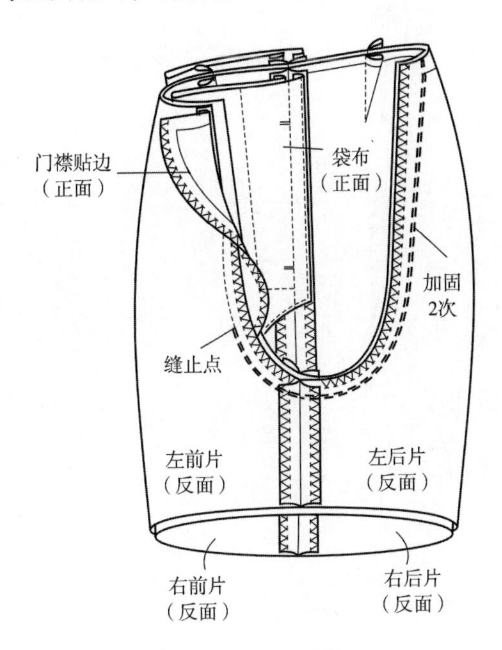

图5–103　缝合前后裆缝

（29）劈烫裆缝，并将右前裤片绱拉锁处缝份烫出0.3cm，如图5–104所示。

（30）绱拉锁与掩襟。在右前裤片烫出0.3cm缝份，然后与掩襟和拉锁缝合，明线为0.1~0.2cm，如图5–105所示。

（31）前门开口处绗缝与实际完成线叠合，如图5–106所示。

（32）将拉锁绱在门襟贴边上，如图5–107所示。

（33）缉门襟明线，然后与掩襟一起在绱拉锁止点处打结，如图5–108所示。

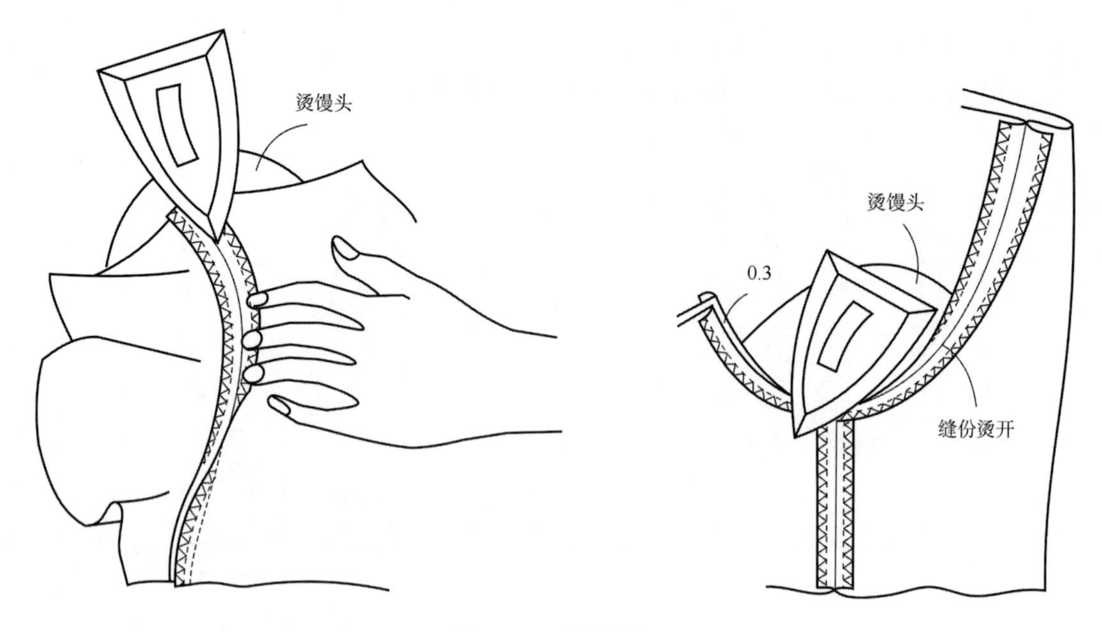

图5-104　劈烫缝份

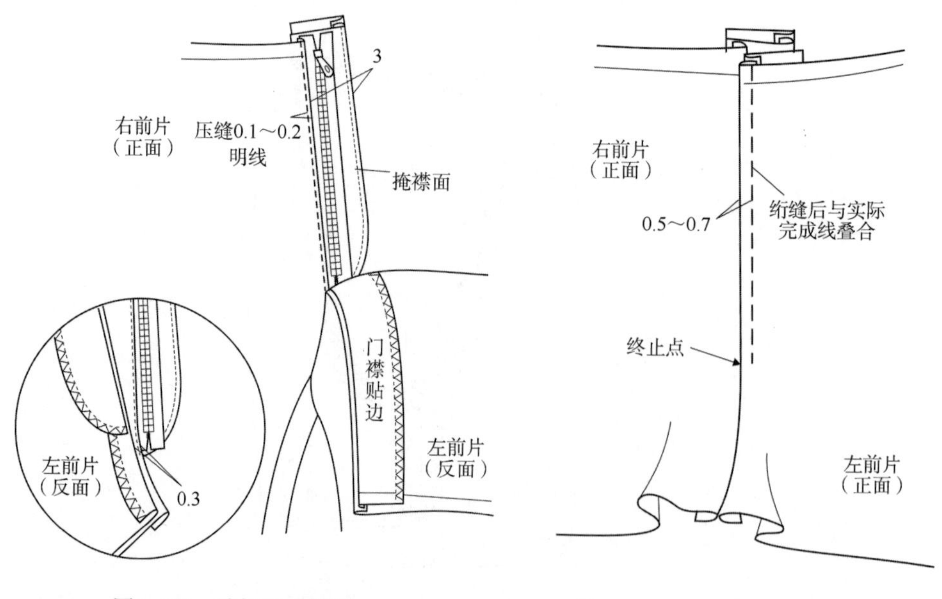

图5-105　绱拉锁与掩襟

图5-106　绗缝与实际完成线叠合

（34）腰头面反面粘衬，并用熨斗折烫腰头，如图5-109所示。

（35）绱腰头面，如图5-110所示。

（36）勾腰头两端，将腰头两端距边分别机缝1cm，如图5-111所示。

（37）将腰头翻到正面，熨烫，如图5-112所示。

（38）距腰头边0.2~0.3cm缉明线，如图5-113所示。

（39）钉裤钩，手针扦缝裤口，如图5-114所示。

（40）成品整烫，如图5-115所示。

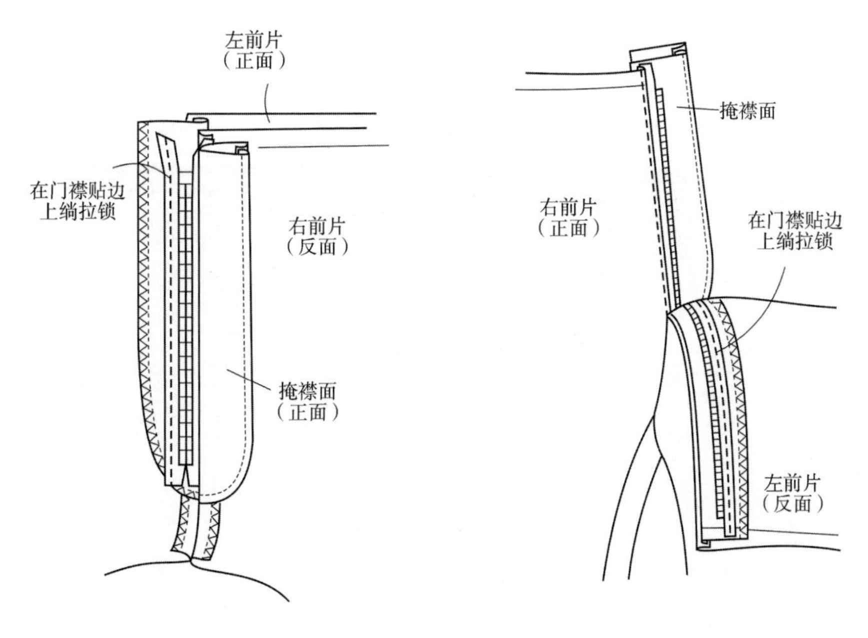

图5-107　绱拉锁

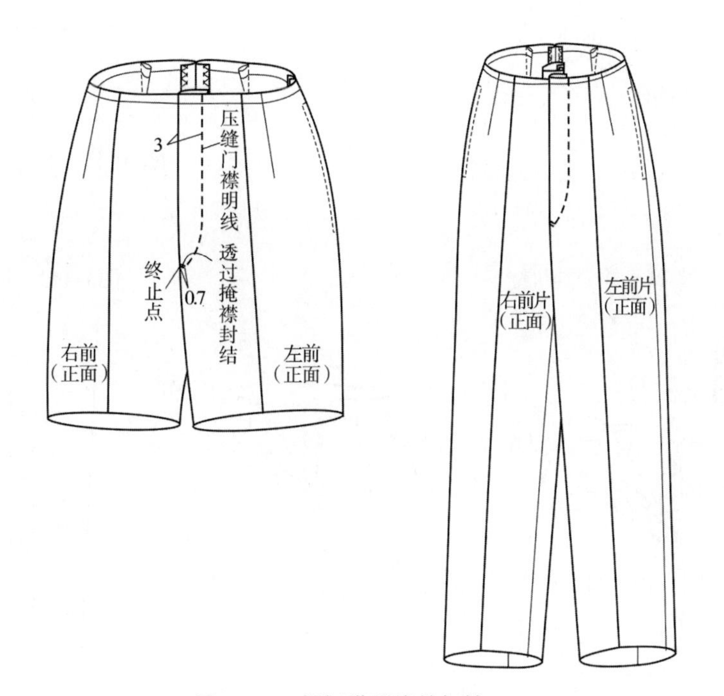

图5-108　缉门襟明线并打结

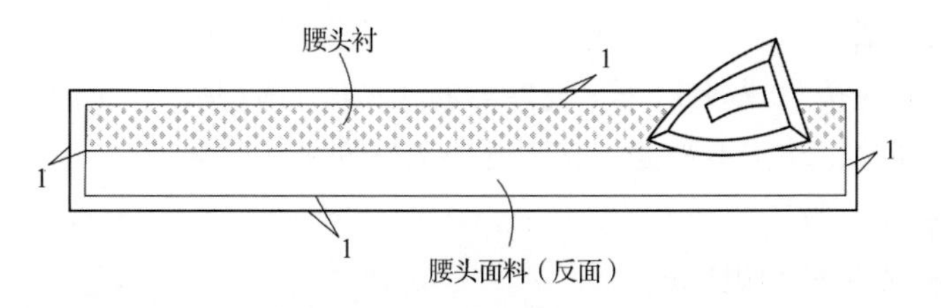

图5-109　粘衬

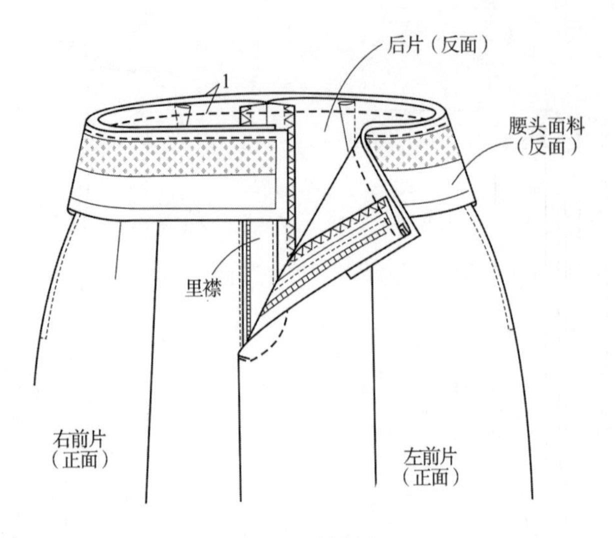

图5-110　绱腰头面

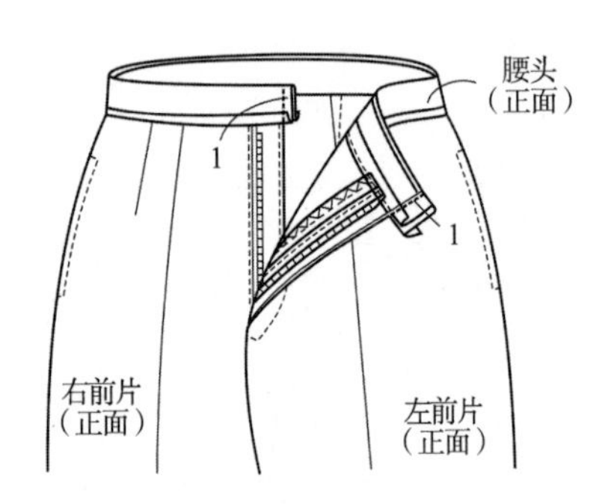

图5-111　勾腰头并分别机缝

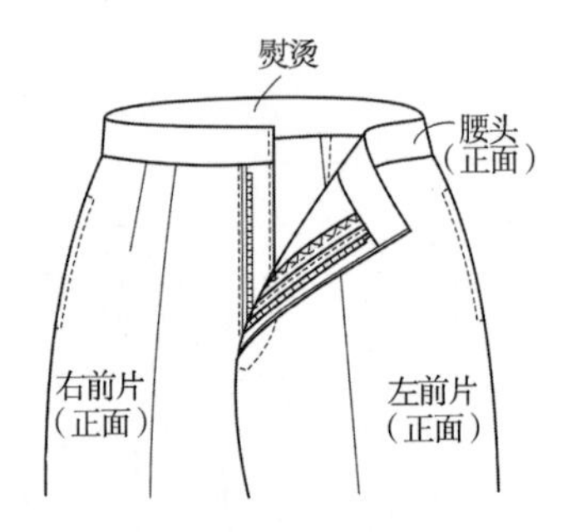

图5-112　熨烫腰头

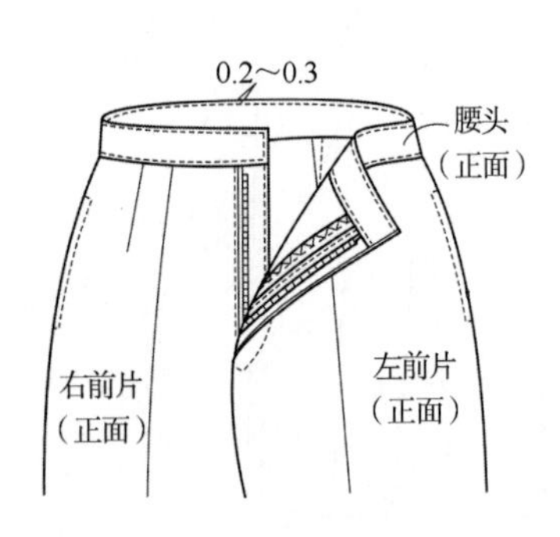

图5-113　缉腰头明线

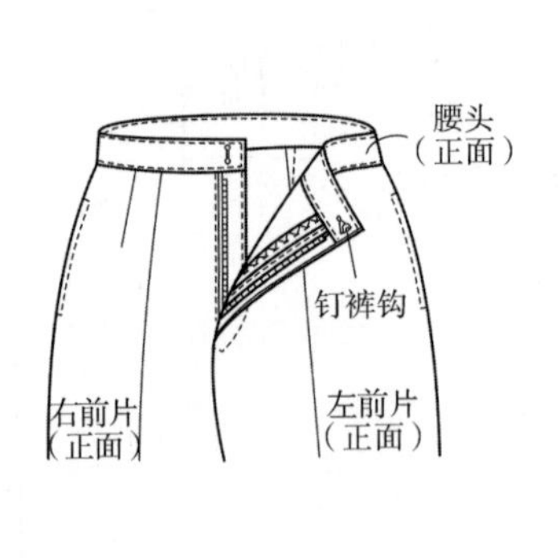

图5-114　钉裤钩并缲缝裤口

七、质量检验方法

服装的质量检验应按“先上后下，先左后右（或先右后左），从前到后，从面到里”的原则进行，做到不漏验，动作不重复，达到既快又好的工作效果。

（1）按要求制作女裤。

（2）符合女裤成品尺寸规格。

（3）缝制工艺要求：

① 女裤的缝制工序正确、完整。

② 腰头顺直，宽窄一致；明线美观、宽窄一致，面、里平服、不反吐。

③ 裤带襻长短，宽窄一致，位置准确。

④ 直插袋袋布和袋口平服，袋布勾缝圆顺，左右袋口高低、大小一致。

⑤ 门襟制作平服、美观，门襟贴边与掩襟长短一致，且终止处回针牢固。

⑥ 前后裆缝、下裆缝无双轨线，十字缝对齐。

⑦ 钉裤钩、扦缝裤脚口等手针缝符合要求。

（4）其他：

① 外观：女裤平服，外形美观，内外无线头。

② 线迹：线迹顺直，针距适当，无跳线现象。

③ 整烫：整烫平整，无烫糊，无烫黄现象。

④ 整洁：整体干净整洁，无脏迹。

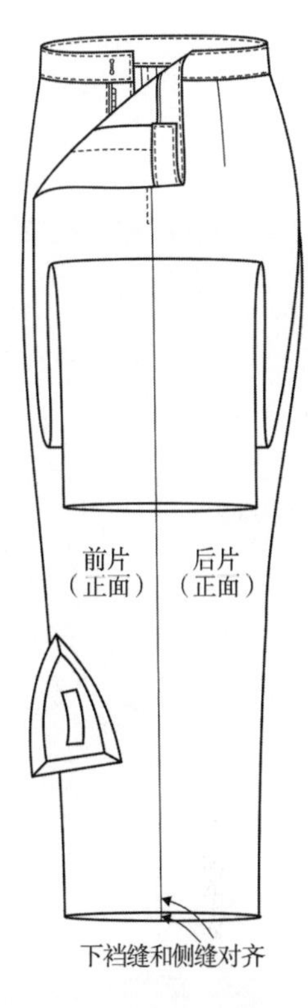

图5-115　成品整烫

课后延学：根据学习任务，完成女裤制作的实训操作

实训任务一：女裤局部制作实训练习（按款式变化分组完成）

实训任务二：女裤成衣制作实训练习（按面料不同分组完成）。

本单元微课资源（扫二维码观看）

48．女裤——斜插袋制作

49．女裤——月牙袋制作

50．女裤——门襟拉链制作

51．女裤——牛仔裤门襟制作

52．女裤——制作准备

53．女裤——粘衬、锁边

54．女裤——收省、熨烫挺缝线

55．女裤——斜插袋制作1

56．女裤——门襟拉链制作

57．女裤——斜插袋制作2

58．女裤——裤腿制作

59．女裤——裤襻、腰头制作

60．女裤——后整理、质量检验

学习单元六　男裤缝制工艺

课前导学：以男裤类的服装加工方式为本，提出学习任务，服装生产任务单见表6-1。

学习任务一：男裤局部缝制工艺

学习任务二：男裤成衣缝制工艺

表6-1　服装生产任务单

<table>
<tr><td>客户名称</td><td></td><td>款号</td><td>×××</td><td>款名</td><td>男裤</td><td rowspan="4">成衣主要规格表
号型：175/78A　　单位：cm
<table><tr><td>部位</td><td>裤长</td><td>臀围</td><td>腰围</td><td>脚口</td></tr><tr><td>尺寸</td><td>106</td><td>108</td><td>80</td><td>46</td></tr></table>注　未标注尺寸的部位，可根据订单要求、款式图及样板确定。

工艺要求：
1. 面料裁剪纱向正确，经纬纱垂平，达到丝缕平衡，符合成本要求。
2. 针距为 3cm，14～15针，缉线要求宽窄一致，缝型正确，无断线、脱线、毛漏等不良现象。
3. 缝份倒向合理，衣缝平整；毛边处理光净整洁，方法得当。
4. 裤腰、侧袋、门襟拉链工艺细节处理得当，缝线松紧适宜，层次关系清晰，线迹美观。
5. 具体缝型、工艺方法，根据订单要求及款式图及样板确定。
6. 纽扣、线等辅料符合订单要求。
7. 后整理：烫平冷却后折装，不可烫脏、渗胶等。
8. 装箱方法：单色单码</td></tr>
<tr><td>产量</td><td></td><td>面料</td><td>×××</td><td>工期</td><td>×××</td></tr>
<tr><td colspan="6">款式图：

正面　　　　背面</td></tr>
<tr><td colspan="3">款式特征：
1. 基本型裤子：男西裤。
2. 造型：长度至脚面、腰部合体、臀围余量合适、裤口大小适中。
3. 结构：前裤片左右各两个褶裥、前开门装拉链、两侧斜插袋；后裤片左右各收一个省、双嵌线后袋；装腰头、绱串带襻</td><td colspan="3">外观造型要求：
1. 整体：工艺设计符合造型要求，辅料配置合理，服装里外整洁。
2. 裤身：腰臀松量适中；前后身服帖，无不良折痕；脚口不起吊，不外翻。
3. 门襟拉链：松紧适中，止口平顺。
4. 侧袋：左右对称平顺，比例得当，无不良皱褶</td></tr>
</table>

依据男裤在企业的生产方式，设计梳理本单元应掌握的技能和学习目标，见表6-2。

表6-2 本单元应掌握的技能和学习目标

职业面向	技能点	学习目标		
		知识目标	能力目标	素质目标
1. 样衣制作人员 2. 裁剪人员 3. 生产班组长 4. 模板操作员	熟知男裤款式变化及对应的工艺方法	熟知男裤款式、选料及工艺方法	熟悉男裤款式风格特点及常规工艺特点	1. 培养学生依据标准文件设计工艺方法 2. 培养学生与人合作完成项目任务 3. 培养学生独立完成男裤裁剪、排版、成衣制作的能力 4. 培养爱岗敬业的工作作风和吃苦耐劳的工作精神
	男裤的局部缝制工艺技法	男裤的局部缝制工艺技法	能够熟练使用常规缝纫设备，运用现有制作工艺技能，完成口袋等局部制作并能够结合款式不同设计工艺方法、编写工艺流程	
	男裤成衣缝制工艺技法	男裤成衣缝制工艺技法	能够熟练掌握必要缝纫设备、机缝技法进行男裤成衣的缝制	

课中探究：围绕学习任务，进行技能学习

学习任务一　男裤局部缝制工艺

一、斜插袋

1．款式图

男裤斜插袋如图6-1所示。

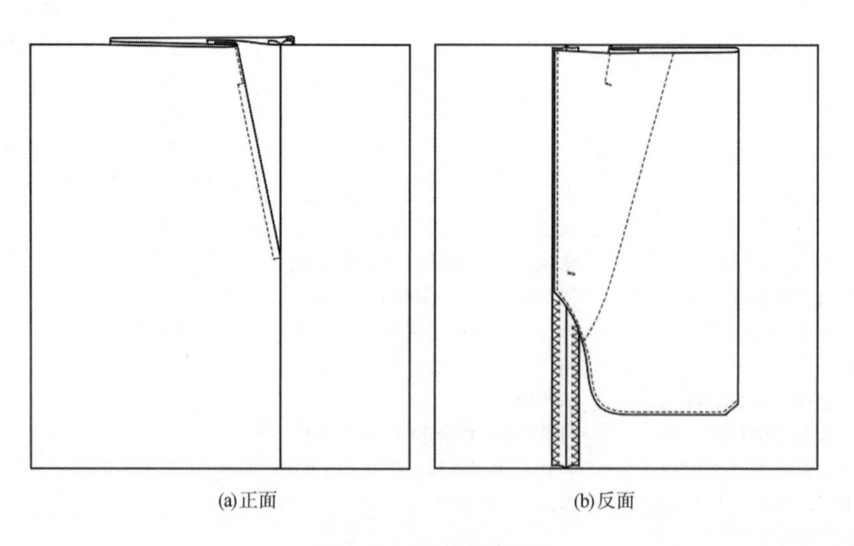

(a)正面　(b)反面

图6-1　斜插袋款式图

2．款式说明

斜插袋是裤子常用的口袋。一般袋口大15～16cm，斜插袋在腰线上距侧缝3.5～4.5cm，斜插袋袋口上端距绱腰头线2.5～4.5cm，下口在袋口斜线与侧缝的交点上。

3．裁剪

制作裤子斜插袋时，需要裁剪的裁片有：前裤片、后裤片、斜插袋挡口布、斜插袋袋口牵条、斜插袋袋布。

（1）面料的裁剪，如图6–2所示。

（2）袋布的裁剪，如图6–3所示。

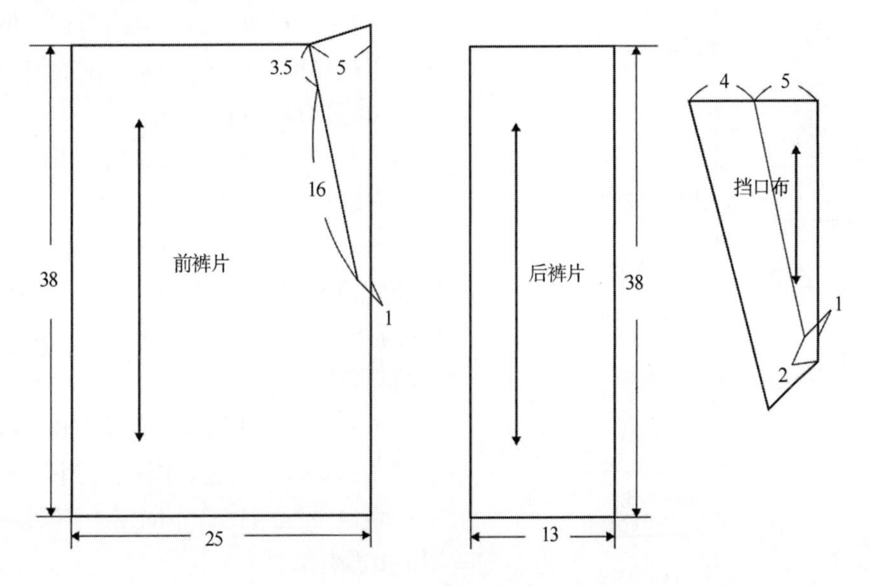

图6–2　面料的裁剪

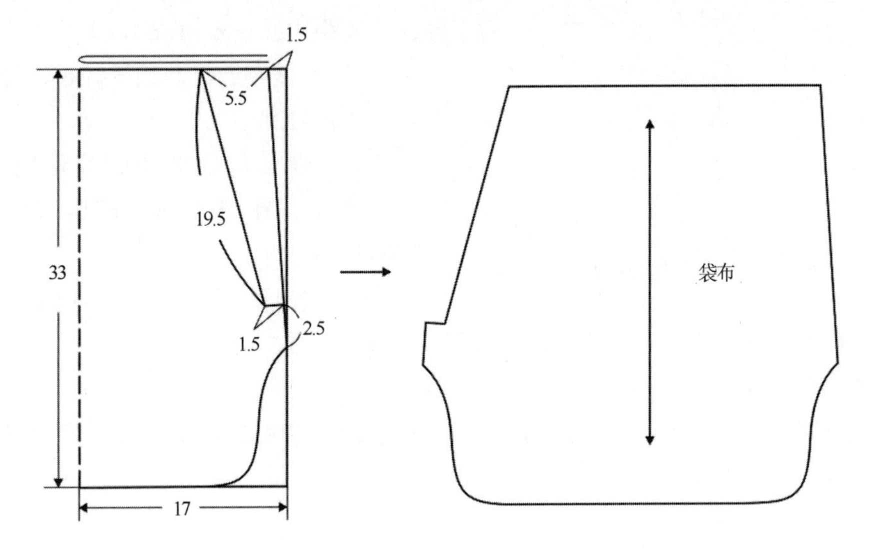

图6–3　袋布的裁剪

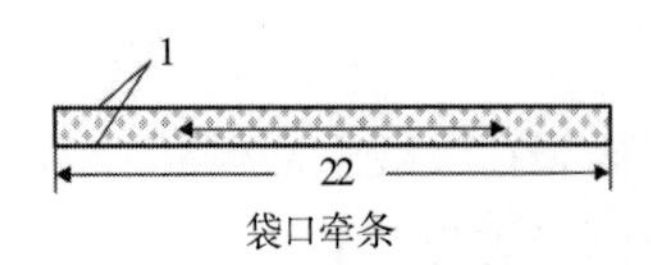

图6-4　衬料的裁剪

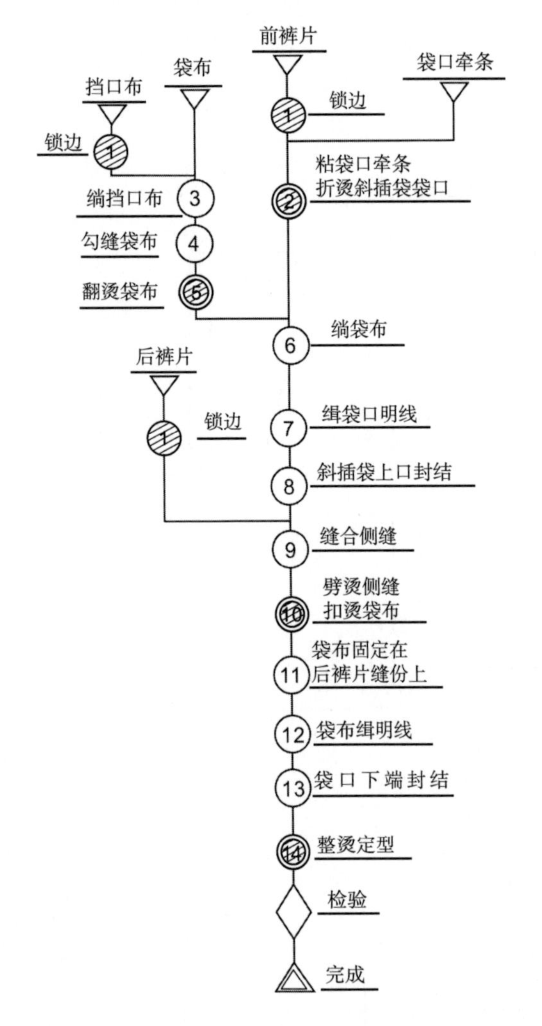

图6-5　男裤斜插袋缝制工艺工程分析及工艺流程

（4）衬料的裁剪，如图6-4所示。

4．缝制工艺工程分析及工艺流程

男裤斜插袋缝制工艺工程分析及工艺流程如图6-5所示。

5．缝制工艺操作过程

（1）前裤片侧缝锁边，在前裤片袋位的反面粘袋口牵条，并折烫斜插袋袋口，如图6-5所示。

（2）挡口布锁边。绱挡口布，把挡口布放在袋布边缘向里缩进0.5cm的位置与袋布固定；然后勾缝袋布，如图6-7所示。

（3）翻烫袋布。袋布翻出正面，上、下两层对齐熨烫（图6-8）。

（4）绱袋布。袋布斜插袋袋口与前裤片斜插袋的位置对齐［图6-9（a）］，把袋口折边平放在袋布上［图6-9（b）］，并与袋布固定［图6-9（c）］。

（5）缉袋口明线。明线宽0.7cm，在袋口上端距边0.1cm的位置缉线与挡口布、袋布固定；袋口下端与挡口布固定，不固定袋布，如图6-10所示。

（6）后裤片侧缝锁边，缝合前后裤片侧缝，缝线距边缘1cm（图6-11）。

（7）劈烫侧缝，并扣烫袋布，袋口处扣烫0.5cm（图6-12）。

（8）袋布与后裤片的缝份固定，压缝0.2cm明线，在袋布的底部压缝0.2cm明线（图6-13）。

（9）袋口下端封结（图6-14）。

（10）整烫定型。整烫时在裤片正面垫上垫布熨烫（图6-15）。

6．质量检验方法

（1）前裤片、后裤片、挡口布、斜插袋的倾斜度、袋布等各部位尺寸规格符合局部制作要求，各裁片纱向正确。

（2）缝制工艺要求。

①斜插袋缝制工序正确、完整，袋口大小符合制作要求。

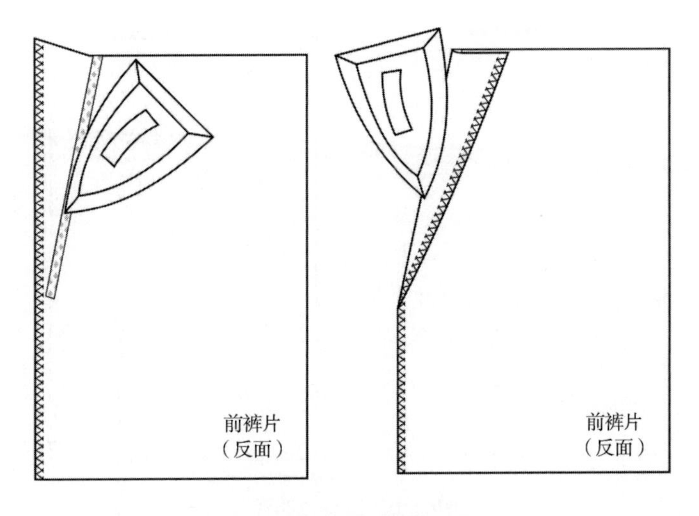

图6-6　锁边并折烫斜插袋口

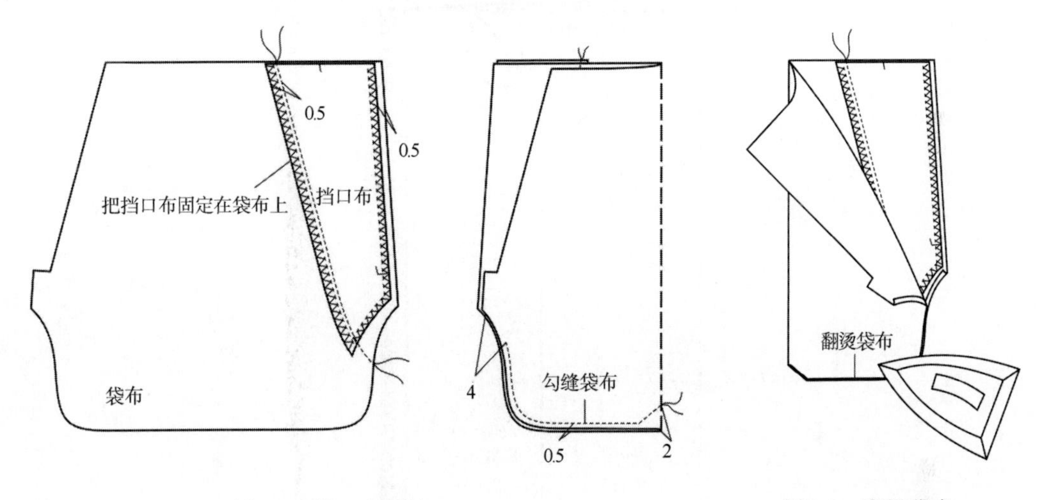

图6-7　挡口布锁边

图6-8　翻烫袋布

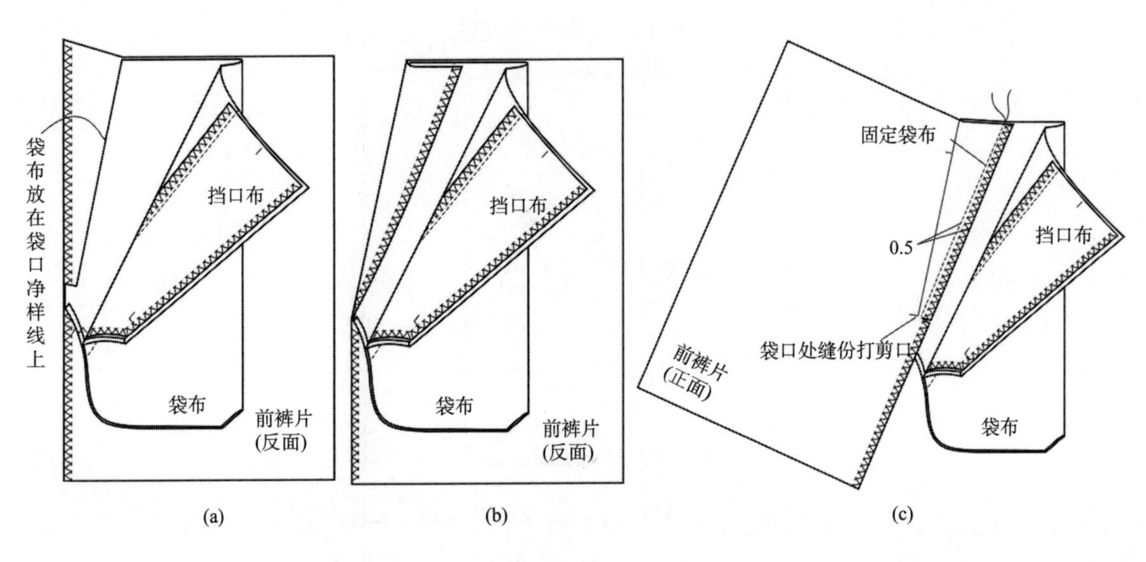

图6-9　缉袋布

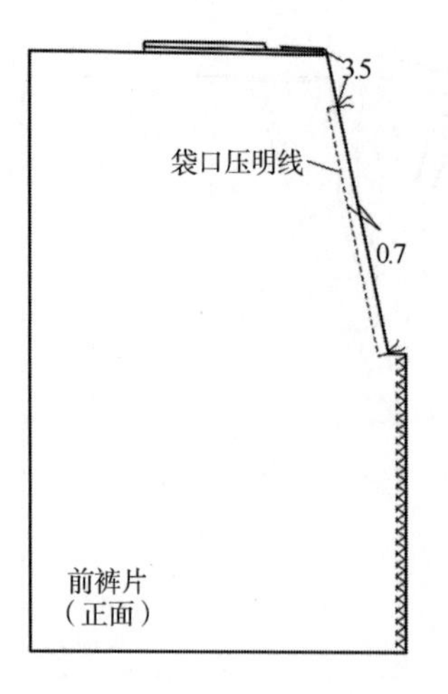

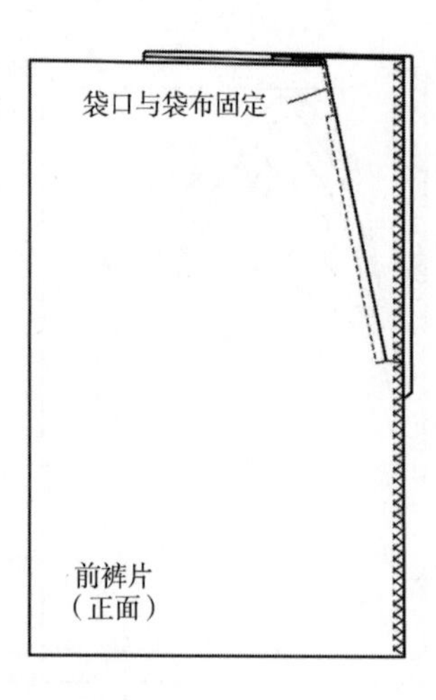

图6-10 缉袋口明线

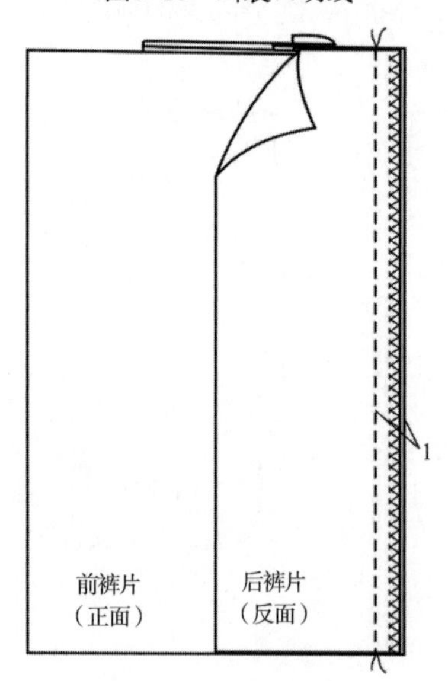

图6-11 后裤片侧缝锁边

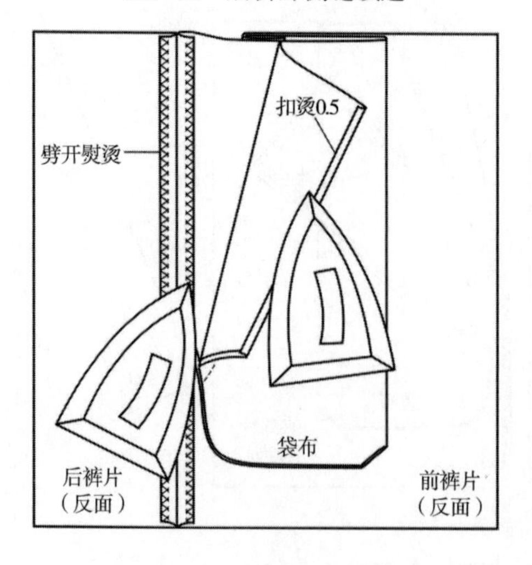

图6-12 劈烫侧缝并扣烫袋布

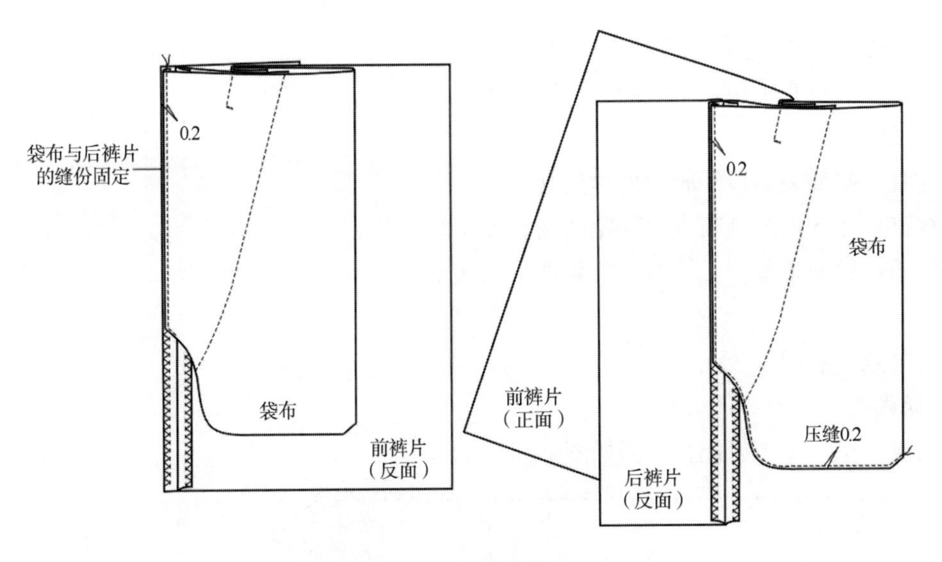

图6-13　袋布底部缉明线

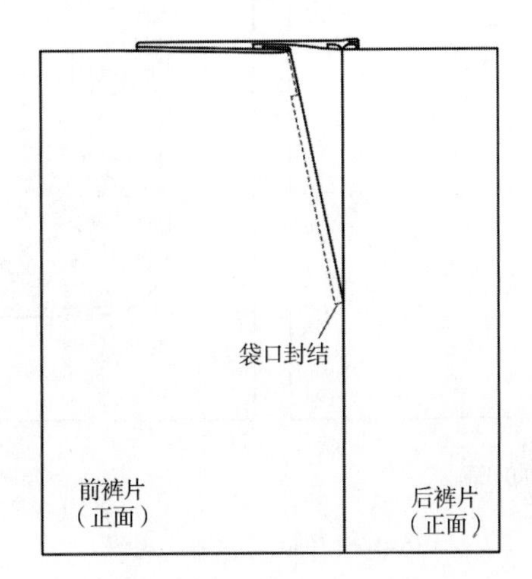

图6-14　袋口下端封结

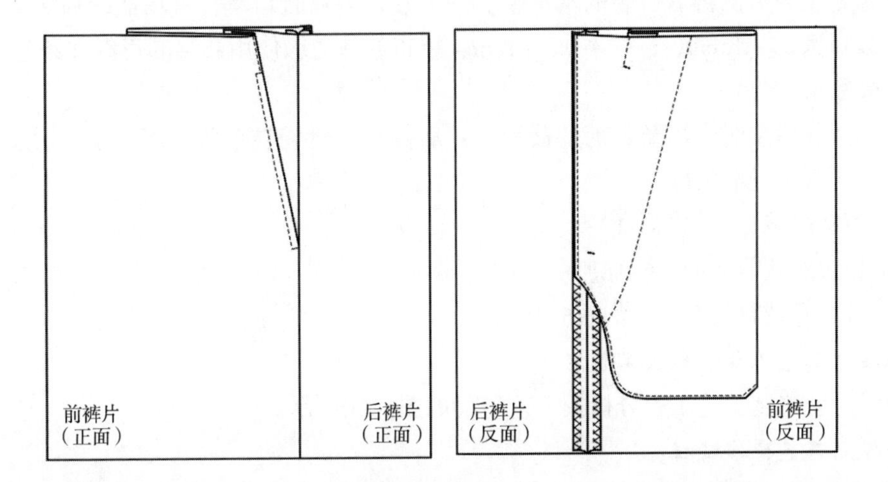

图6-15　整烫定型

②袋口平整、无毛露，明线宽窄一致。

③挡口布、袋布平整，缉线顺直，缝结牢固。

（3）其他要求。

①外观：斜插袋袋口平服，外形美观。

②线迹：各部位线迹顺直，针距适当，无跳线现象。

③整烫：整烫平整，无烫黄、烫焦现象，无水花。

二、单嵌线后袋

1. 款式图

单嵌线（单袋牙）后袋款式图如图6-16所示。

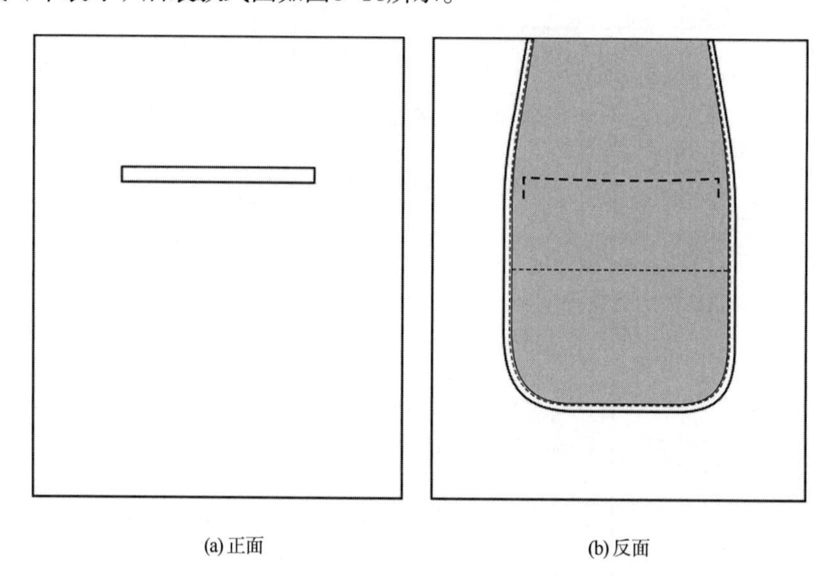

图6-16　单嵌线后袋款式图

2. 款式说明

单嵌线后袋为男西裤后口袋的基本型。一般袋口与后腰口平行，单嵌线后袋上口距裤腰7～9cm，袋口大14～15cm，嵌线宽0.8～1cm。袋布的外边缘使用45° 的正斜纱条包边。

3. 裁剪

制作单嵌线后袋时，需要裁剪的裁片有：后裤片、后袋袋牵条、挡口布、后袋袋布、后袋袋口垫衬、后袋袋牵条衬。

（1）面料的裁剪，如图6-17所示。

（2）袋布的裁剪，如图6-18所示。

（3）衬料及辅料的裁剪，如图6-19所示。

4. 缝制工艺工程分析及工艺流程

单嵌线后袋缝制工艺工程分析及工艺流程如图6-20所示。

5. 缝制工艺操作过程

（1）在后裤片袋位的反面粘垫衬，并在后裤片画袋口位（图6-21）。

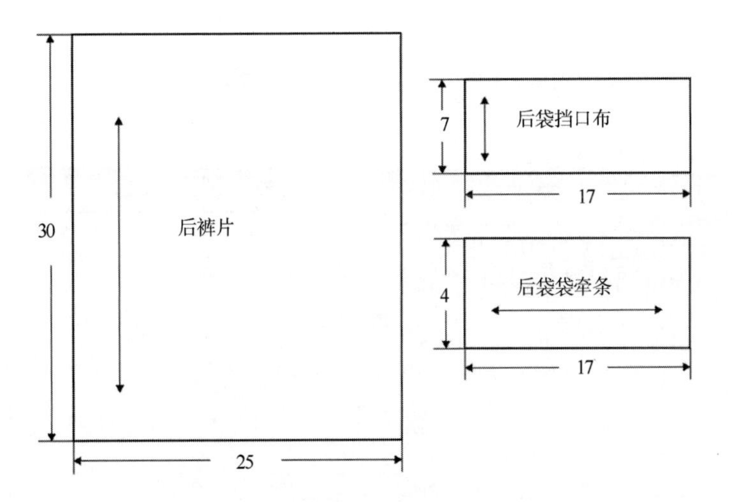

图6-17　面料的裁剪

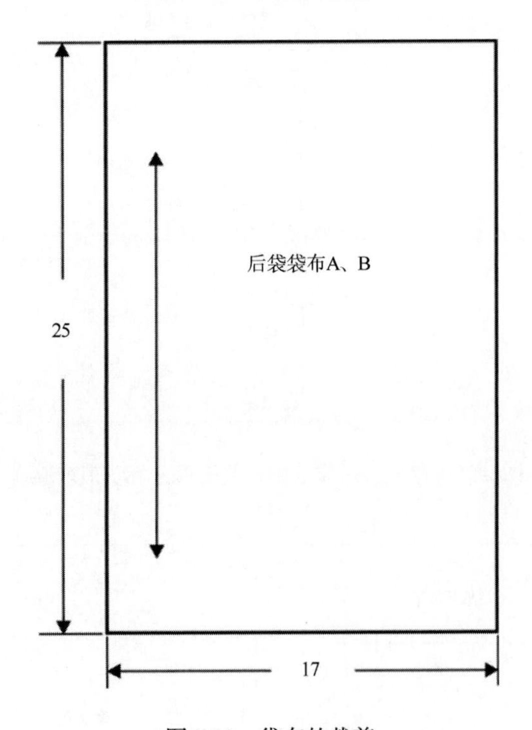

图6-18　袋布的裁剪

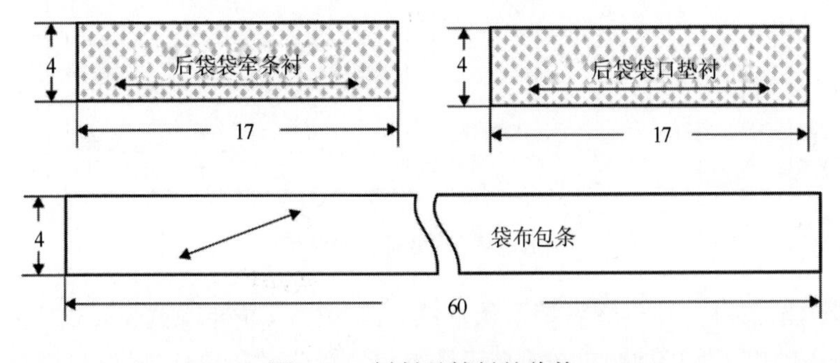

图6-19　衬料及辅料的裁剪

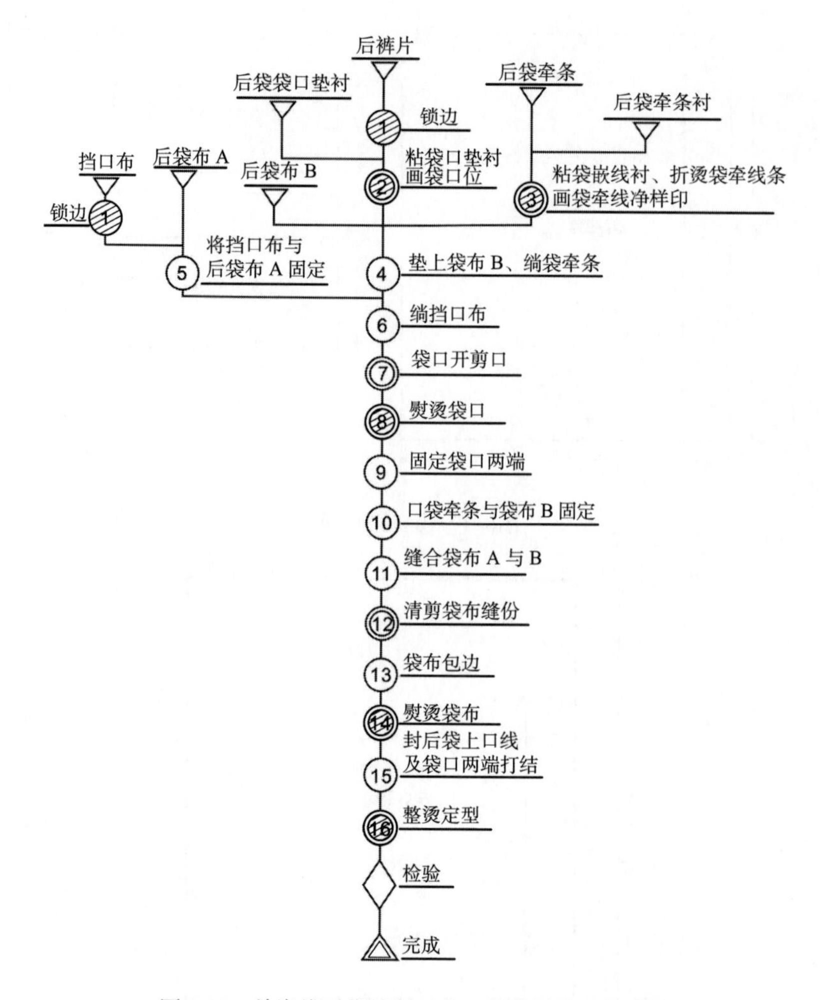

图6-20 单嵌线后袋缝制工艺工程分析及工艺流程

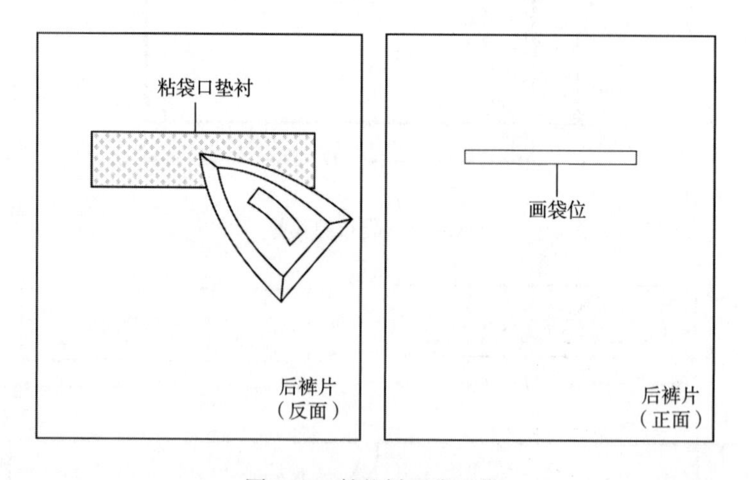

图6-21 粘垫衬画袋口位

（2）后袋牵条粘衬，并折烫后袋牵条；然后画袋牵条净样印宽1cm（图6-22）。

（3）挡口布锁边，然后把挡口布放在距袋布A上口8cm的位置，与袋布A固定（图6-23）。

（4）把袋布B放在后裤片的反面，上口与后裤片上口对齐，袋牵条净样印与袋位对齐缃袋牵条［图6–24（a）］；把袋牵条翻转，缃挡口布［图6–22（b）］。

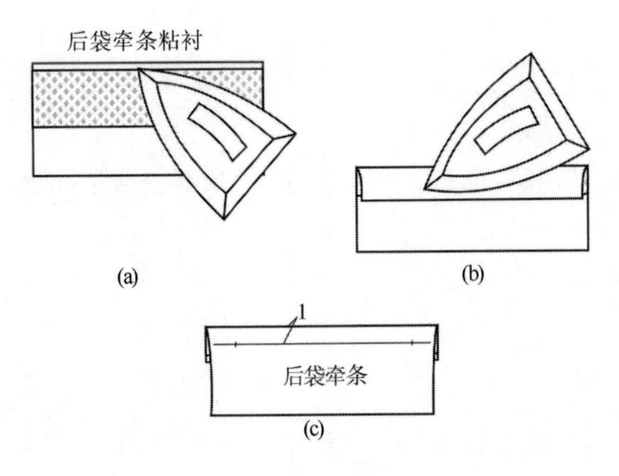

图6–22　后袋牵条粘衬并折烫后袋牵条

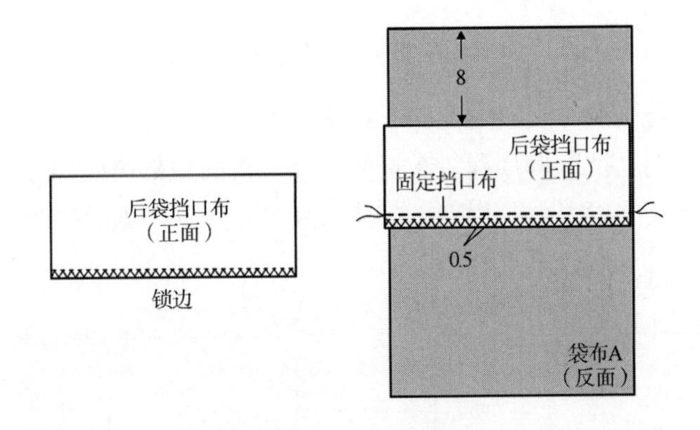

图6–23　挡口布锁边

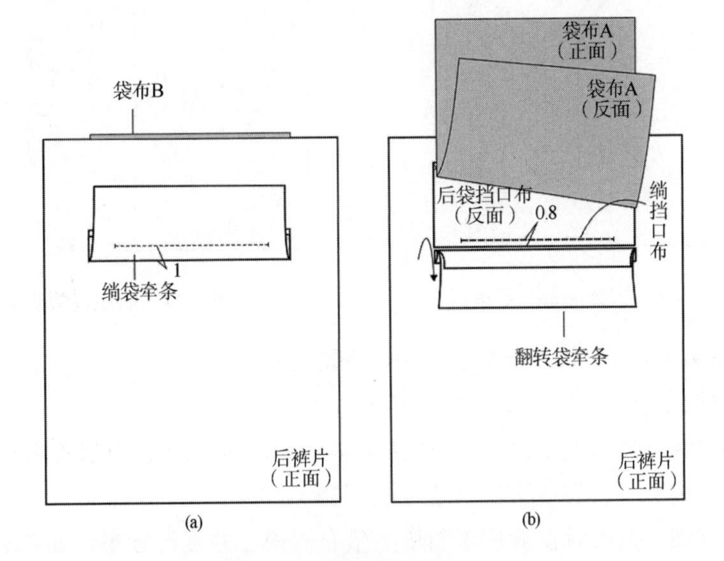

图6–24　缃袋牵条并缃挡口布

（5）绱袋牵条线与绱挡口布线之间的间距为1cm，在两线间距的中间位置开剪口，距袋口两端0.5cm时，开三角剪口（图6-25）。

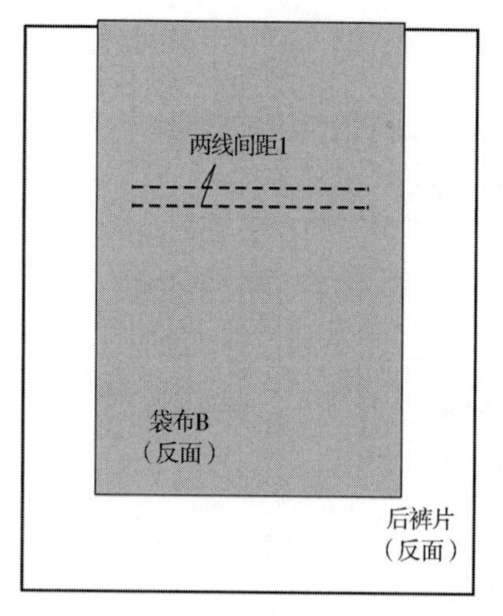

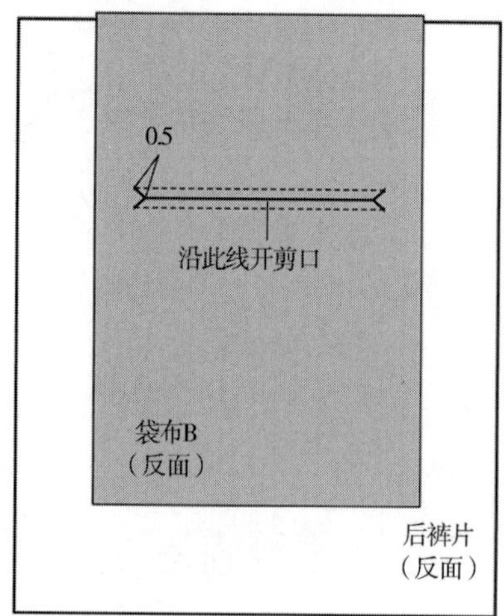

图6-25 开三角剪口

（6）熨烫袋口与袋嵌线，袋嵌线宽1cm（图6-26）。

（7）固定袋口两端。把后裤片和袋布折起，在三角的根部缉线固定（图6-27）。

（8）把袋嵌线与袋布B固定，并把袋布A与袋布B对齐放好（图6-28）。

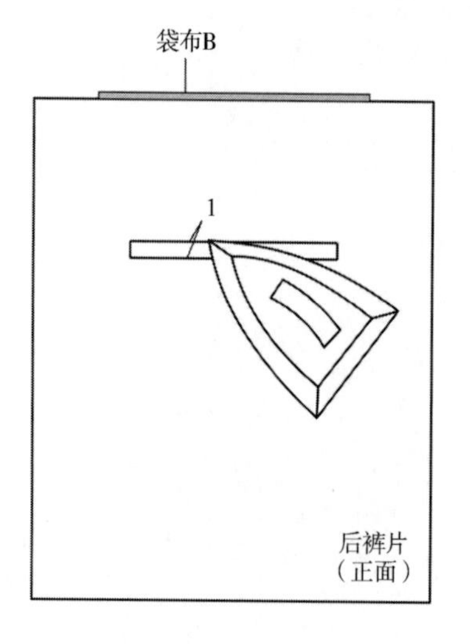

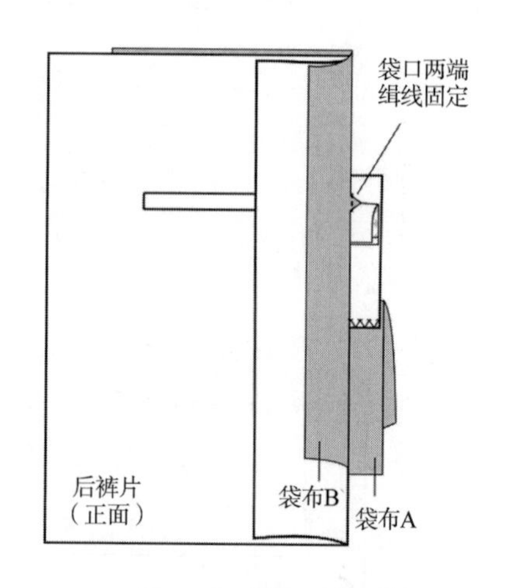

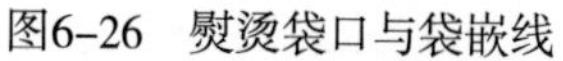
图6-26 熨烫袋口与袋嵌线

图6-27 固定口袋两端

（9）距袋布边缘1cm勾缝袋布A与袋布B（图6-29）。

（10）清剪袋布缝份，留0.5cm（图6-30）。

（11）袋布边缘用袋布包条包边，宽度0.7cm，缉0.1cm明线，并熨烫袋布（图6-31）。

（12）压缝后袋上口，袋口两端封结（图6-32）。

（13）整烫定型。整烫时在裤片正面垫上垫布熨烫，并熨烫袋布，如图6-33所示。

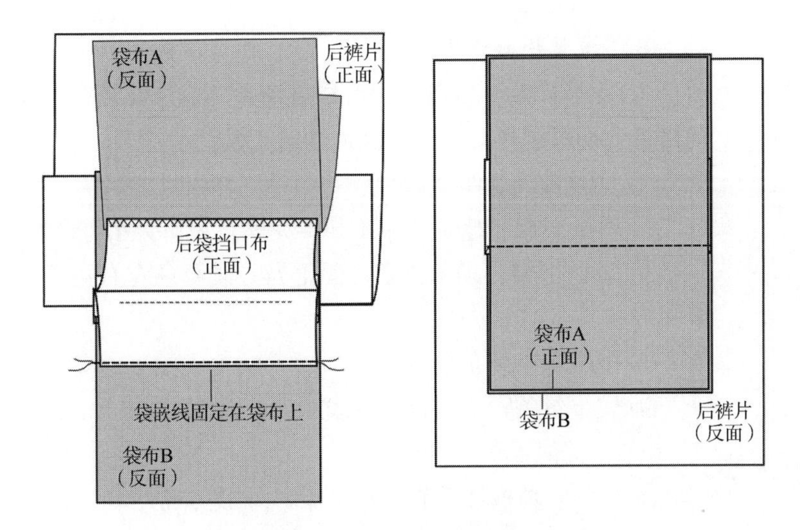

图6-28　固定袋布B并与袋布A对齐

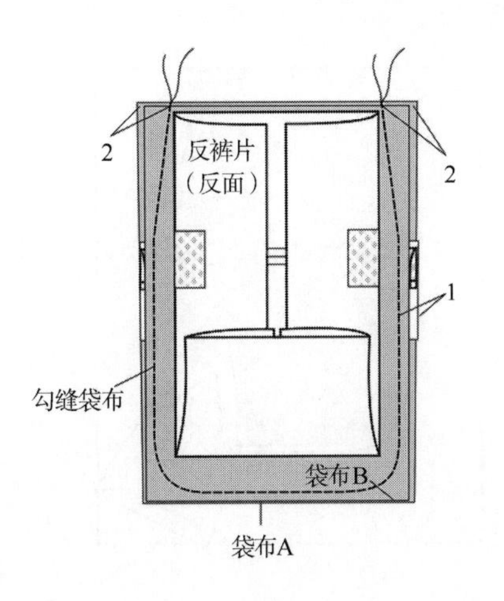

图6-29　勾缝袋布A与B

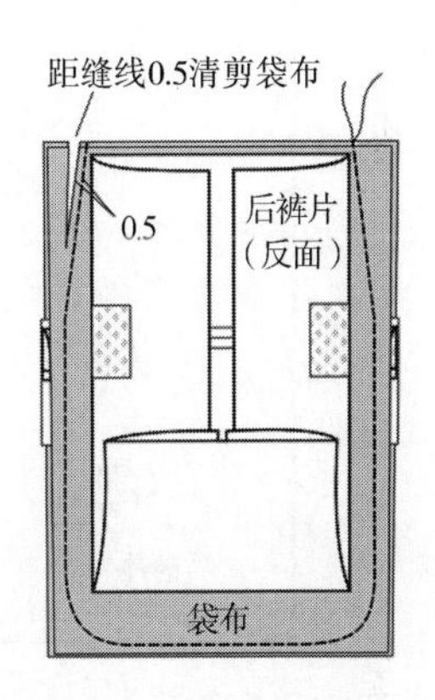

图6-30　清剪袋布缝份

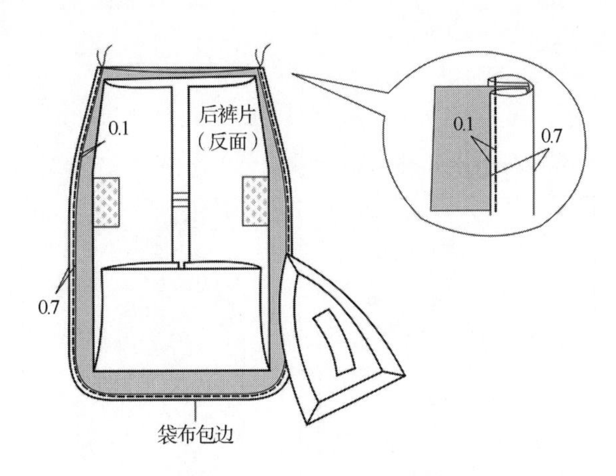

图6-31　袋布包边并熨烫

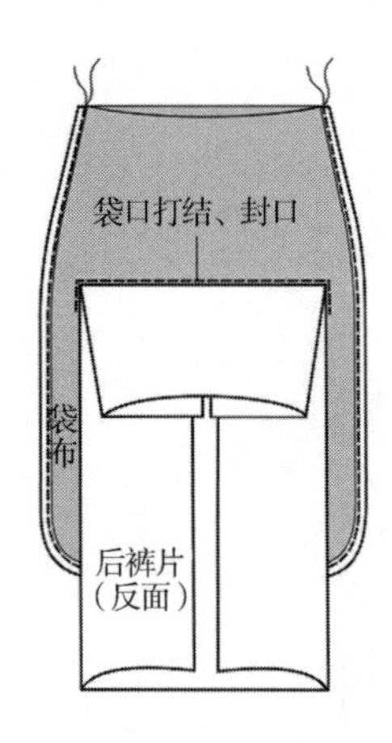

图6-32　袋口封结

6．*质量检验方法*

（1）后裤片、挡口布、后袋袋牵条、袋布、袋布包条等各部位尺寸规格符合局部制作要求，各裁片纱向正确。

（2）缝制工艺要求：

① 单嵌线后袋缝制工序正确、完整，袋口大小符合制作要求。

② 袋口平整，袋角方正，无毛露，袋牵条左右宽窄一致，袋口缝结牢固。

③ 挡口布、袋布平整。

④ 袋布包条宽窄一致，缉线顺直。

（3）其他要求：

① 外观：单嵌线后袋袋口平服，外形美观。

② 线迹：各部位线迹顺直，针距适当，无跳线现象。

③ 整烫：整烫平整，无烫黄、烫焦现象，无水花。

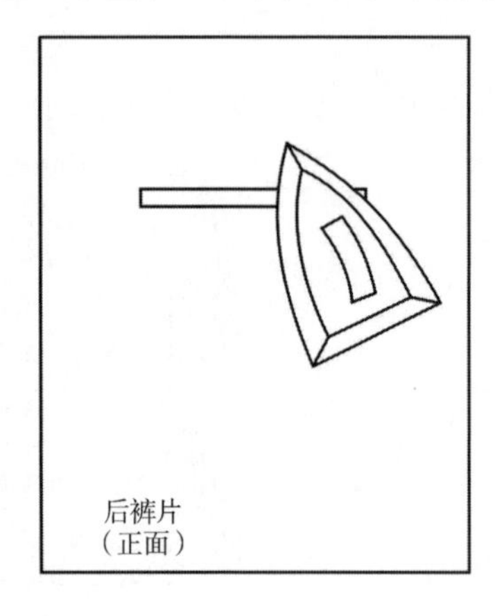

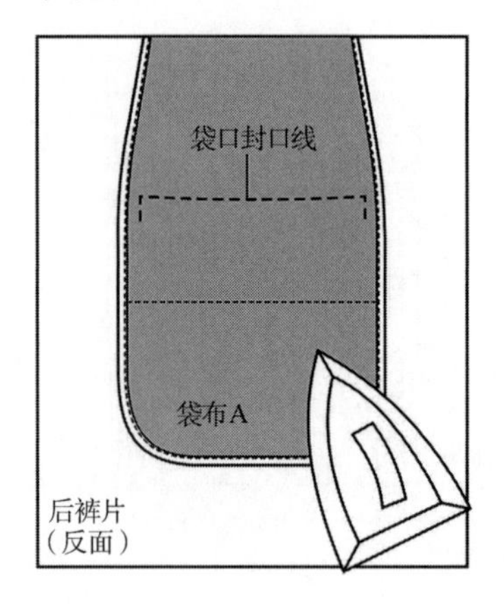

图6-33　整烫定型

三、双嵌线后袋

1．*款式图*

双嵌线（双袋牙）后袋款式图如图6-34所示。

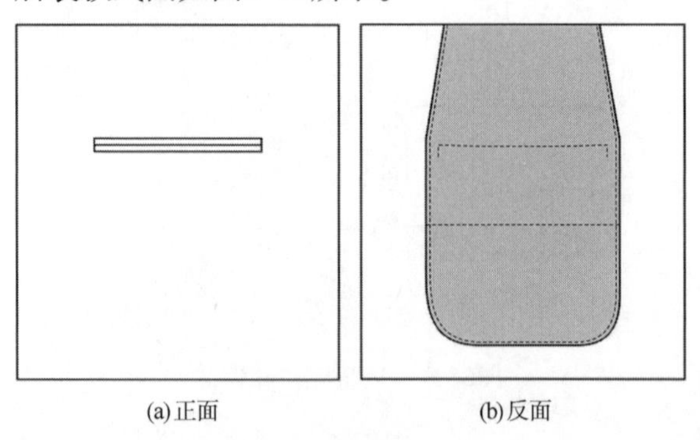

图6-34　双袋嵌线后袋款式图

2．款式说明

双嵌线后袋为男西裤后口袋的常用型。一般袋口与后腰口平行，双嵌线后袋上口距腰缝线7～9cm，袋口大14～15cm，上下袋嵌线条宽各为0.5cm。

3．裁剪

制作双嵌线后袋时，需要裁剪的裁片有：后裤片、后袋上下袋牵条、挡口布、后袋袋布、后袋袋口垫衬、后袋上下袋牵条衬。

（1）面料的裁剪，如图6–35所示。

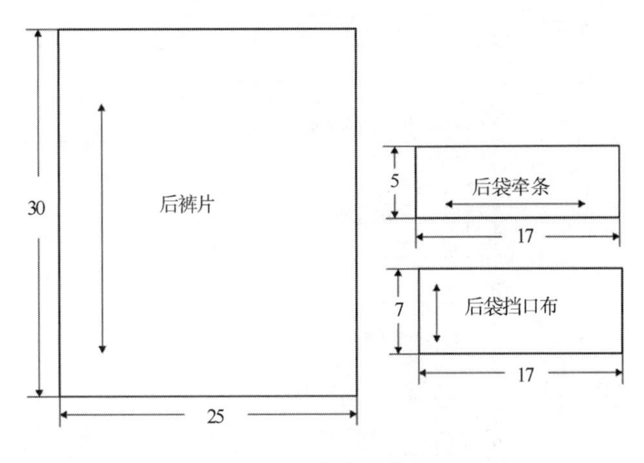

图6–35　表布的裁剪

（2）袋布的裁剪，如图6–36所示。

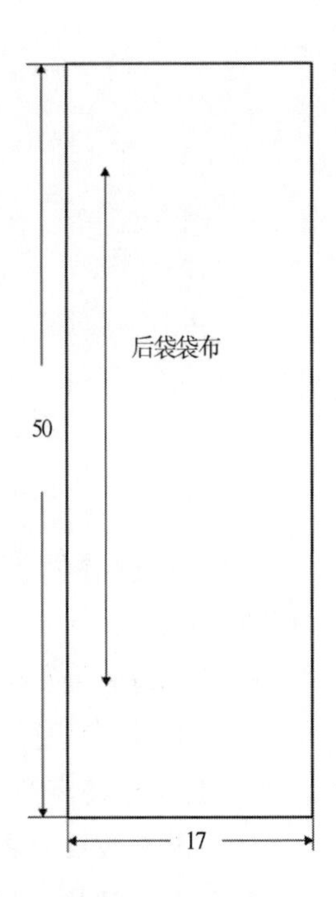

图6–36　袋布的裁剪

（3）衬料的裁剪，如图6–37所示。

4．缝制工艺工程分析及工艺流程

双嵌线后袋缝制工艺工程分析及工艺流程如图6–38所示。

5．缝制工艺操作过程

（1）在后裤片袋位的反面粘垫衬，并在后裤片画袋口位（图6–39）。

（2）后袋上下袋牵条粘衬，并对折扣烫，然后画袋牵条净样印宽0.5cm（图6–40）。

（3）绱上下袋牵条，袋牵条宽0.5cm，两牵条缝线之间距离1cm，并且平行（图6–41）。

（4）在两牵条间距的中间位置开剪口，距袋口两端0.5 cm时，开三角剪口（图6–42）。

（5）上下袋牵条对齐熨烫，上下袋牵条宽各为0.5cm（图6–43）。

（6）固定袋口两端。把后裤片和袋布折起，在三角的根部缉线固定（图6–44）。

（7）下袋牵条与袋布固定，缉0.1cm明线；挡口布锁边，然后把挡口布放在距袋布上口8cm的位置，与袋布固定（图6–45）。

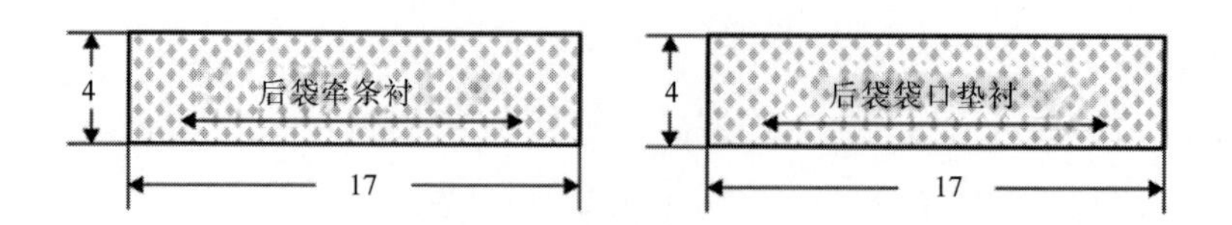

图6-37　衬料的裁剪

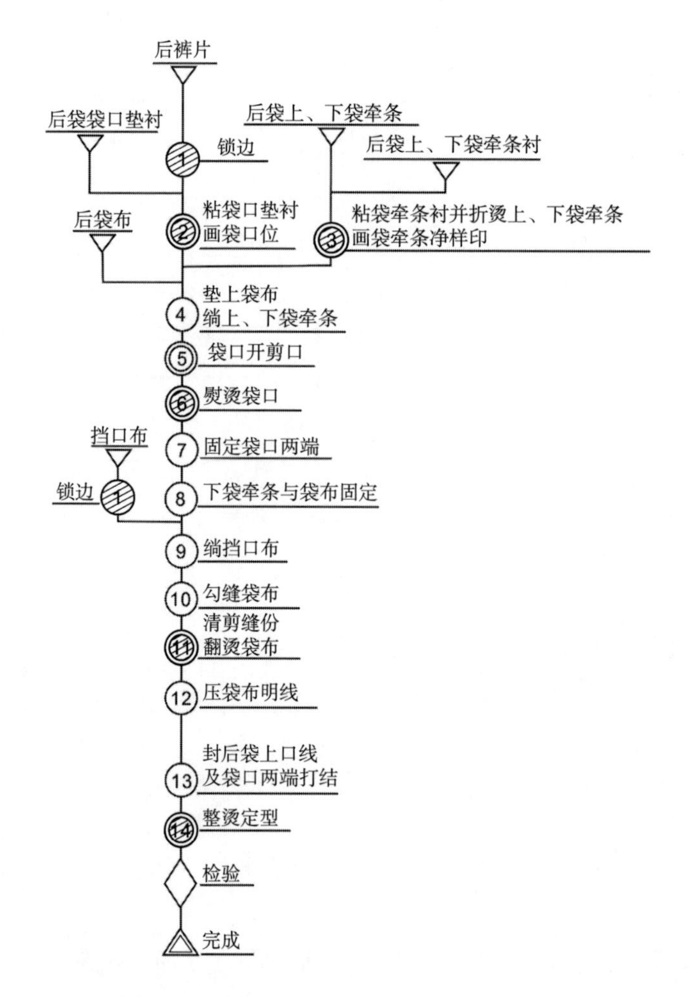

图6-38　双嵌线后袋缝制工艺工程分析及工艺流程

（8）折叠后裤片，把袋布对折后勾缝袋布，上口距边2cm，其余部分距边1cm（图6–46）。

（9）清剪袋布缝份，留0.3cm；翻烫袋布，上下两层对齐（图6–47）。

（10）袋布边缘缉缝0.5cm；压缝后袋上口，袋口两端封结（图6–48）。

（11）整烫定型。整烫时在裤片正面垫上垫布熨烫，并熨烫袋布（图6–49）。

6. **质量检验方法**

（1）后裤片、挡口布、后袋袋嵌线、袋布等各部位尺寸规格符合制作要求，各裁片纱向正确。

（2）缝制工艺要求：

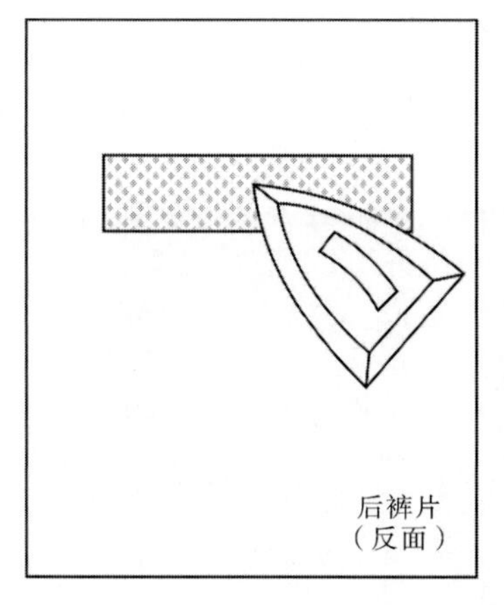

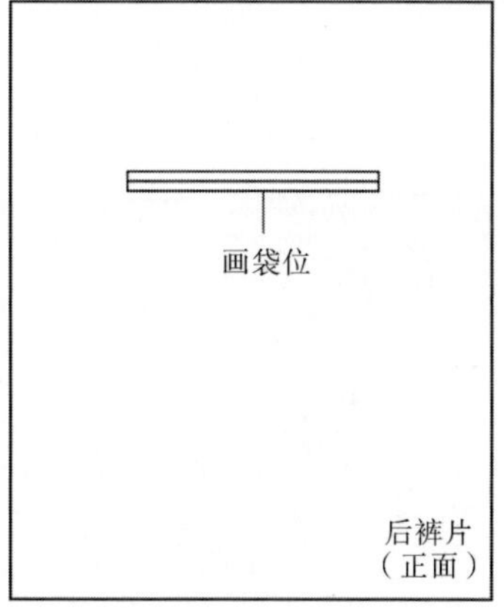

图6-39　粘垫衬

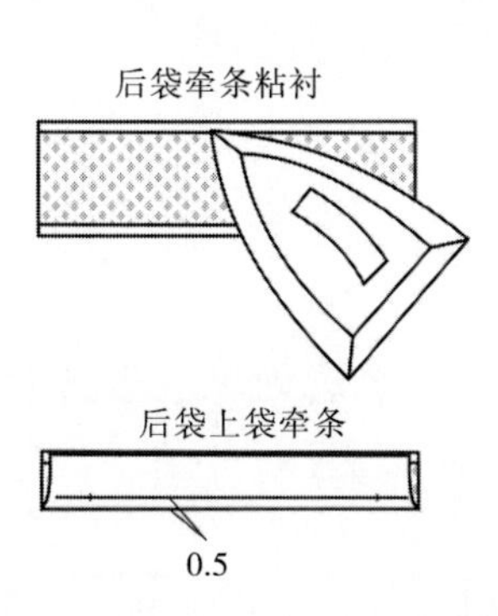

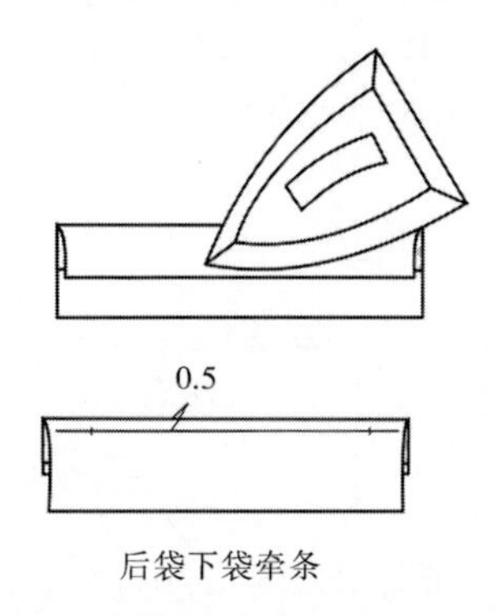

图6-40　牵条粘衬

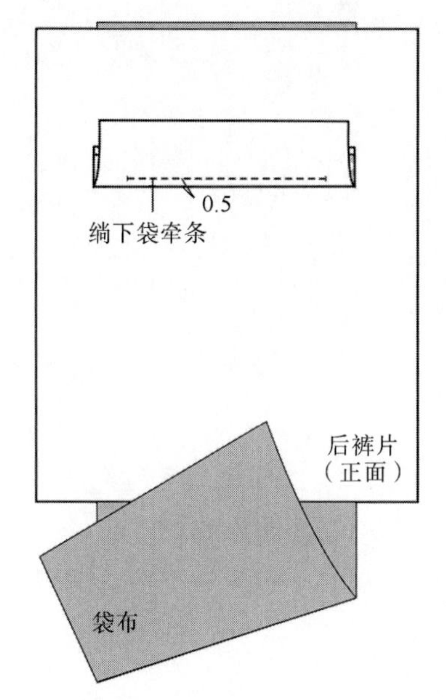

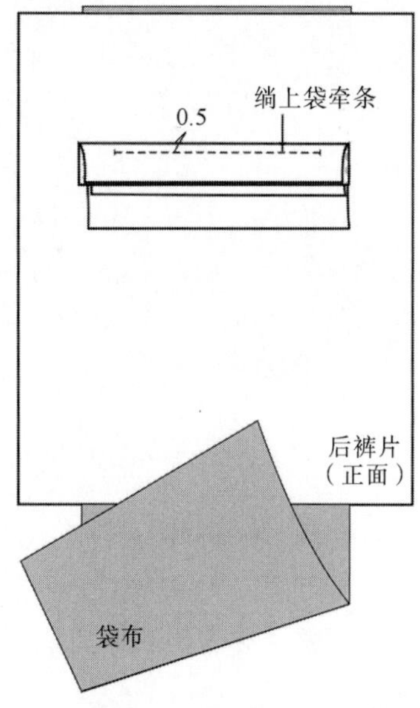

图6-41　缉上下袋牵条

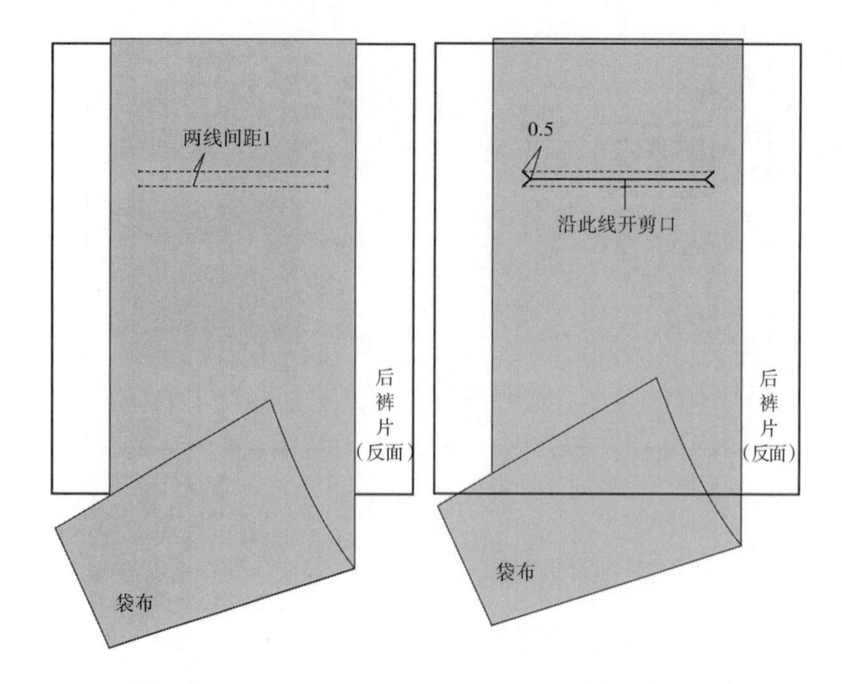

图6-42 开三角剪口

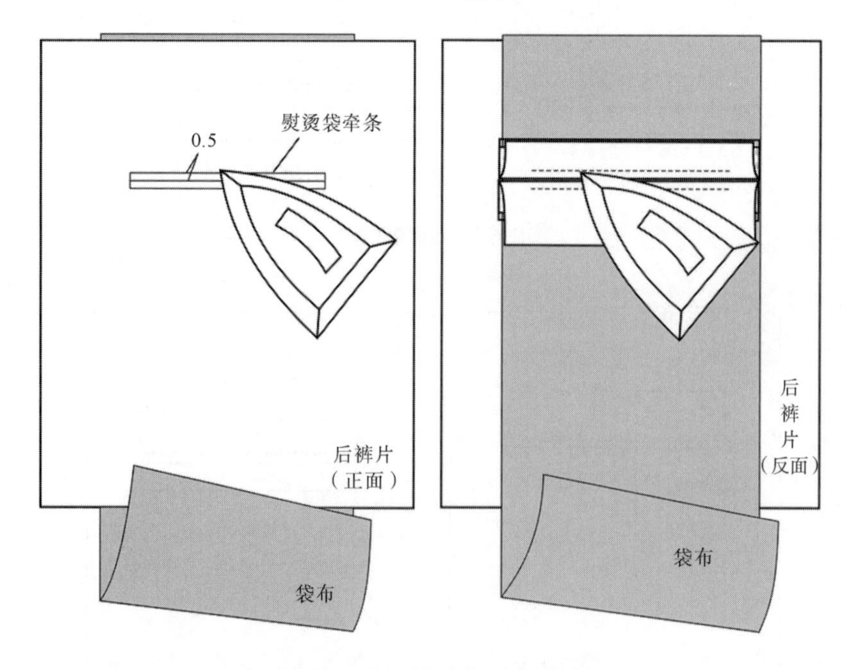

图6-43 上下袋牵条对齐熨烫

① 双袋嵌线后袋缝制工序正确、完整，袋口大小符合制作要求。

② 袋口平整，袋角方正，无毛露，上下袋嵌线宽窄一致，袋口封结牢固。

③ 挡口布、袋布平整，袋布缉线顺直。

（3）其他要求：

① 外观要求：双袋嵌线后袋袋口平服，外形美观。

② 线迹要求：各部位线迹顺直，针距适当，无跳线现象。

③ 整烫：整烫平整，无烫黄、烫焦现象，无水花。

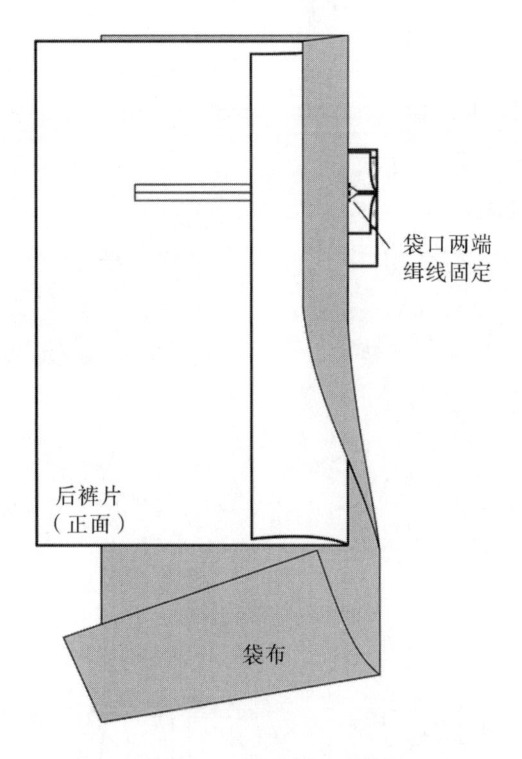

图6-44　固定袋口两端

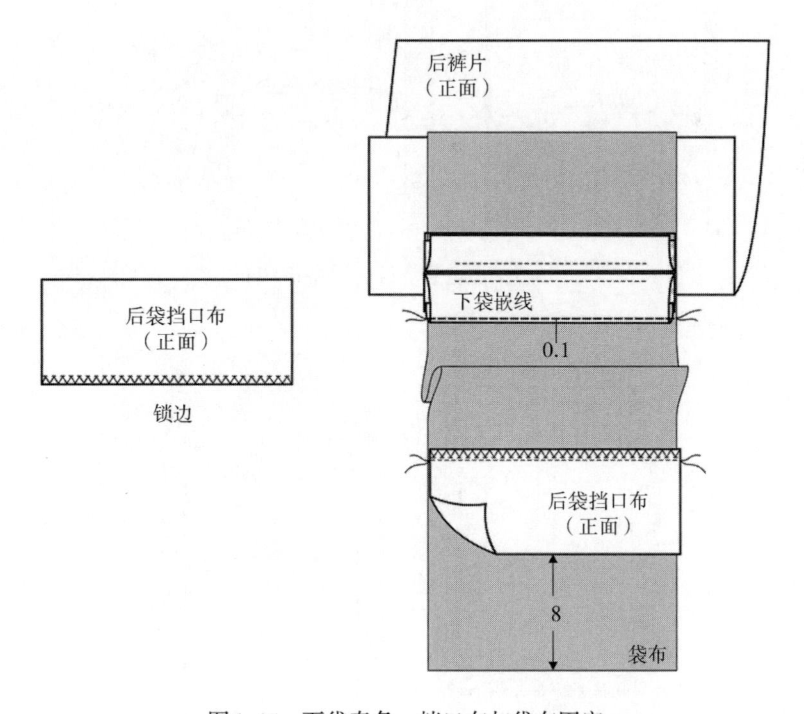

图6-45　下袋牵条、挡口布与袋布固定

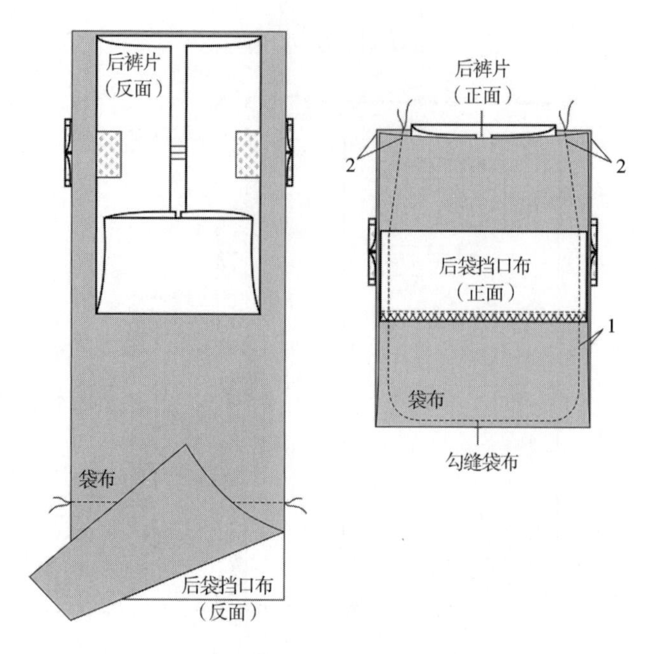

图6-46　勾缝袋布

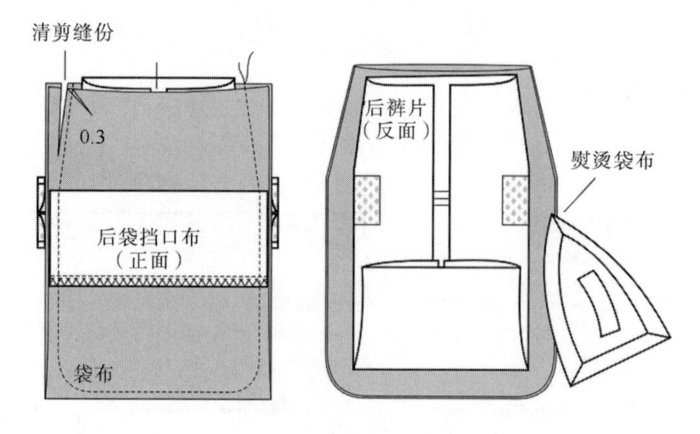

图6-47　清剪袋布缝份并翻烫袋布

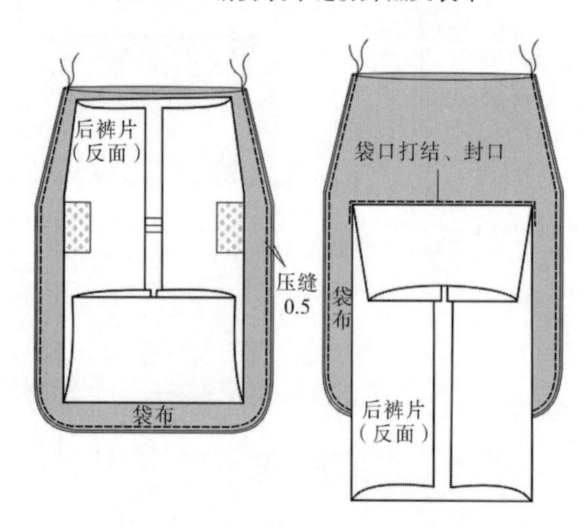

图6-48　缉缝袋布袋口打结封口

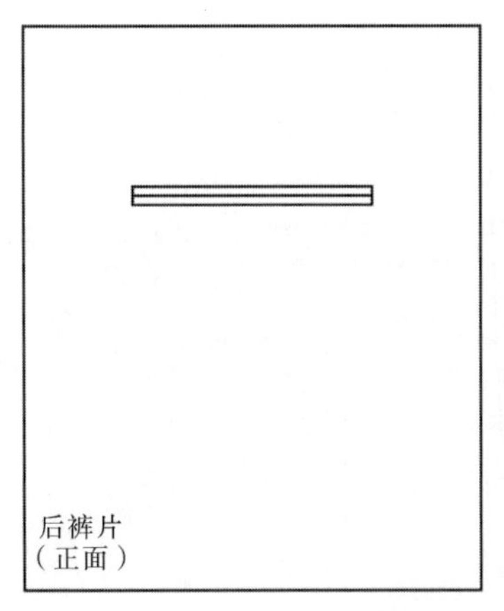

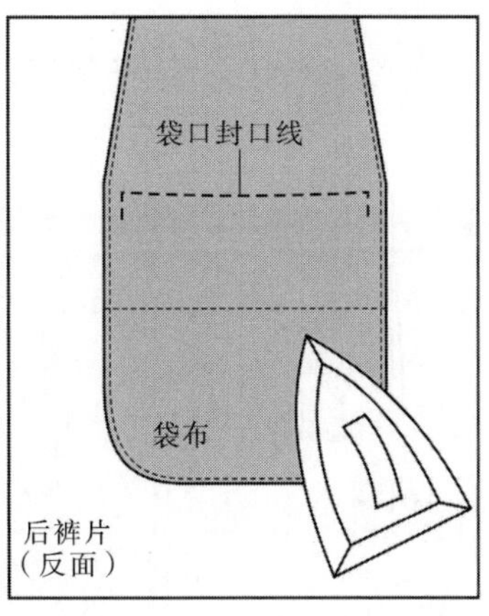

图6-49　整烫定型

四、男裤门襟

1. 款式图

男裤门襟款式图如图6-50所示。

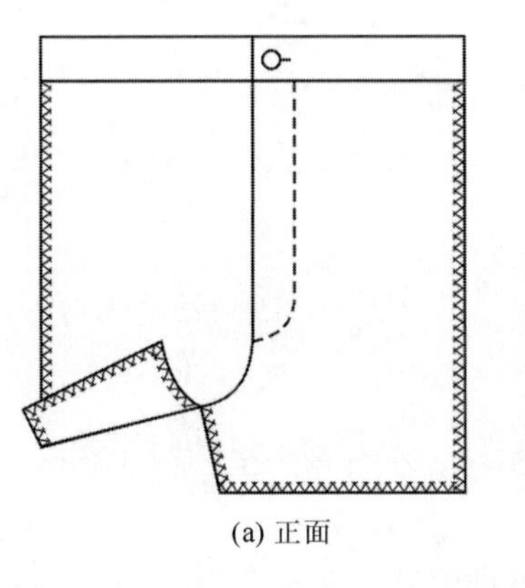

(a) 正面

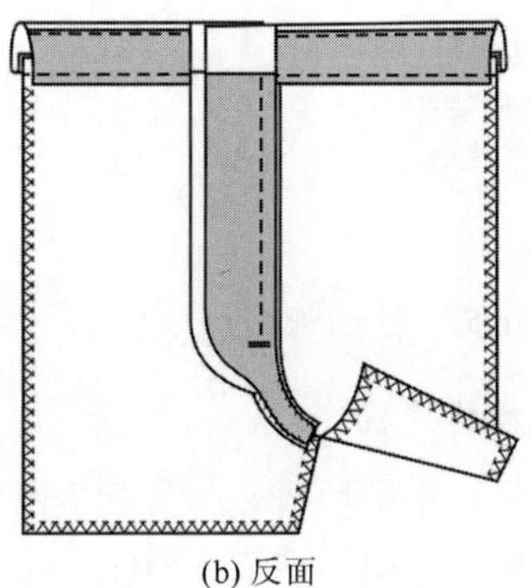

(b) 反面

图6-50　男裤门襟款式图

2. 款式说明

男裤门襟主要用于各种男式裤子的前开口。男裤门襟由拉锁、门襟贴边、里襟面、里襟里组成，门襟明线宽3.5cm，并绱有腰头。

3. 裁剪

制作男裤门襟时，需要裁剪的裁片有：左前裤片、右前裤片、门襟、里襟面、里襟里、门襟衬、里襟衬、腰头面、腰头里、腰头面衬、腰头里衬等；辅料有拉锁。

（1）面料的裁剪，如图6-51所示。

（2）里料的裁剪，如图6-52所示。

（3）衬料的裁剪，如图6-53所示。

4. 缝制工艺工程分析及工艺流程

男裤门襟缝制工艺工程分析及工艺流程如图6-54所示。

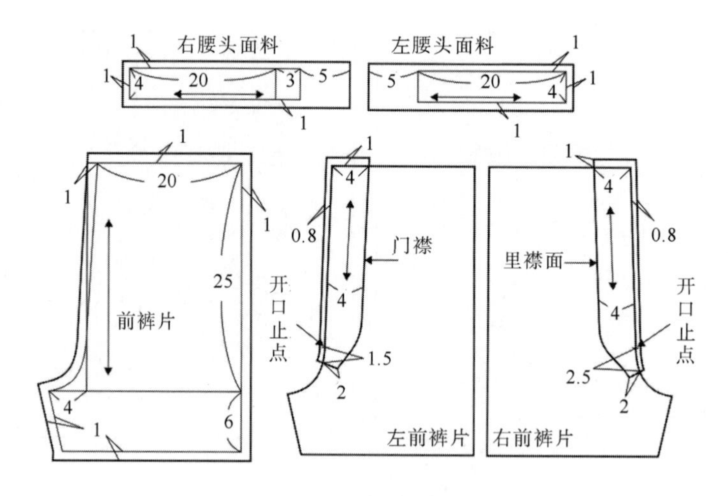

图6-51 面料的裁剪

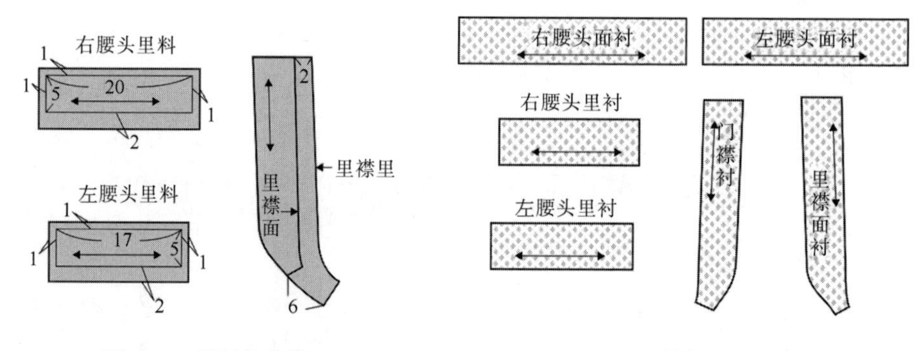

图6-52 里料的裁剪

图6-53 衬料的裁剪

5. **缝制工艺操作过程**

（1）门襟粘衬、里襟粘衬、左右腰头面粘衬、左右腰头里粘衬（图6-55）。

（2）左右前裤片、门襟锁边（图6-56）。

（3）绱门襟。把门襟与左前裤片正面相对放好，距前门襟边缘0.8cm缉缝至开口止点（图6-57）。

（4）熨烫左前门襟止口，左前裤片吐0.2cm（图6-58）。

（5）勾缝里襟。里襟面、里襟里正面相对，距边缘0.8cm缉缝（图6-59）。

（6）熨烫里襟。先扣烫里襟里，在裆弯处打剪口，然后翻烫里襟，里襟面吐0.2cm（图6-60）。

（7）绱拉锁与里襟。把拉锁正面向下与右前裤片前裆线对齐，距边缘0.5cm固定拉锁，把里襟面与右前裤片前裆线对齐，距边缘0.8cm绱里襟，缝至开口止点，然后把缝份倒向裤片熨烫，如图6-61所示。

（8）缝合腰头里、腰头面。将腰头里、腰头面正面相对，距边缘0.7cm处缉缝（图6-62）。

（9）熨烫腰头。腰头里折烫2 cm，再翻烫腰头，腰头面吐0.2cm（图6-63）。

（10）绱右腰头，距边缘1cm缉缝，然后勾缝前门腰头，距边缘1cm（图6-64）。

（11）熨烫右腰头。把腰头面翻到正面熨烫，并把里襟里固定在右前裤片上（图6-65）。

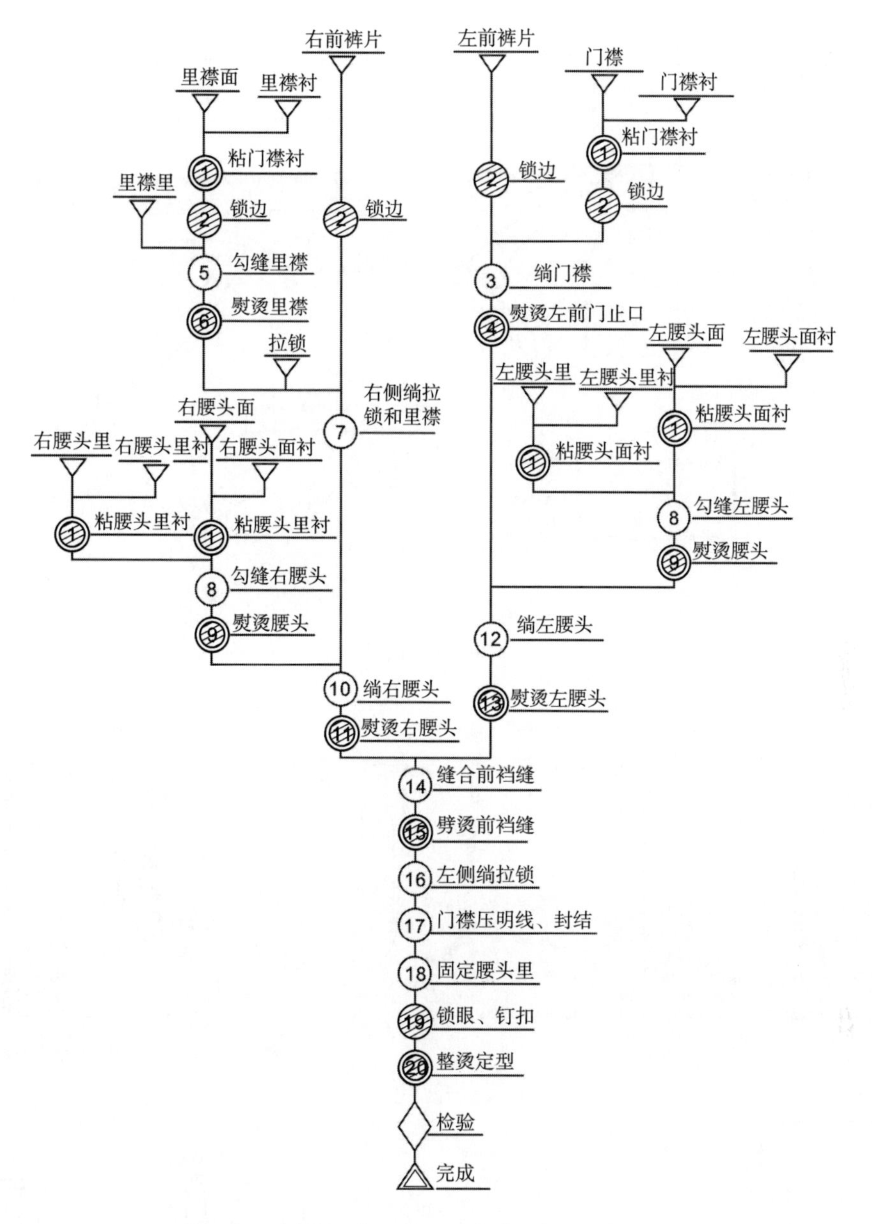

图6-54　男裤门襟缝制工艺工程分析及工艺流程

（12）绱左腰头。距边缘1cm缉缝，然后勾缝前门腰头，距边缘1cm（图6-66）。

（13）熨烫右腰头。把腰头面翻到正面熨烫（图6-67）。

（14）缝合前裆缝。双线缝合前裆缝，缝线距边缘1cm，在开口止点处打回针（图6-68）。

（15）劈烫前裆缝（图6-69）。

（16）绱左侧拉锁。在右前裤片里襟拉锁处缉明线0.1cm；然后使左前门与右前门重叠0.2cm用手针固定；把拉锁的另一半固定在门襟上；左右腰头两侧用手针缲缝，在前裆弯处缲缝里襟里（图6-70）。

（17）门襟缉明线和封结。缉缝门襟明线，宽3～3.5cm，在开口止点处明线宽1 cm，并在开口止点处里襟与门襟重叠放好，透过里襟打结（图6-71）。

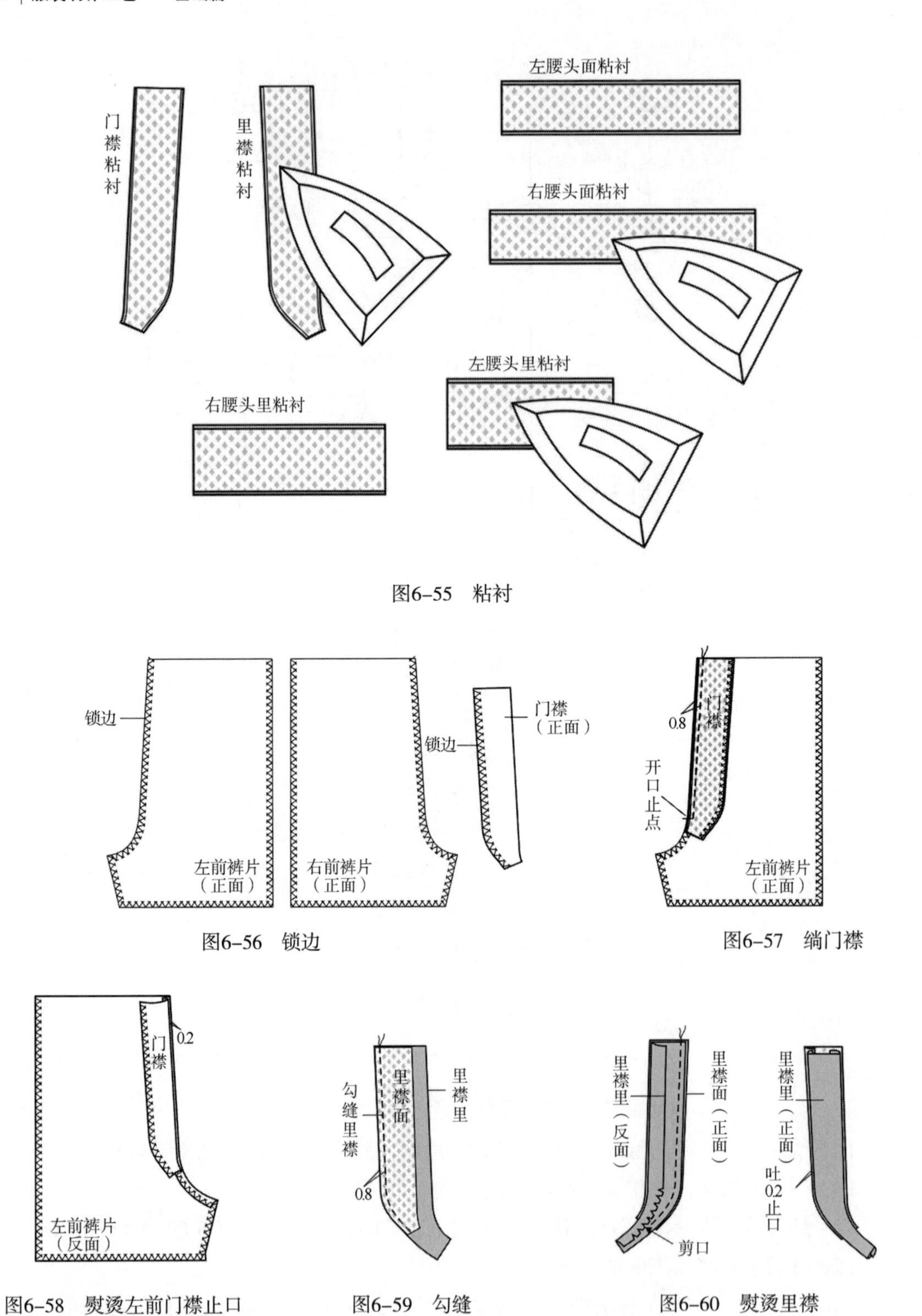

图6-55　粘衬

图6-56　锁边

图6-57　绱门襟

图6-58　熨烫左前门襟止口

图6-59　勾缝

图6-60　熨烫里襟

（18）固定腰头里（图6-72）。

（19）锁眼、钉扣。在左腰头锁眼，在右腰头钉扣（图6-73）。

（20）整烫定型。整烫时在正面垫上垫布熨烫。

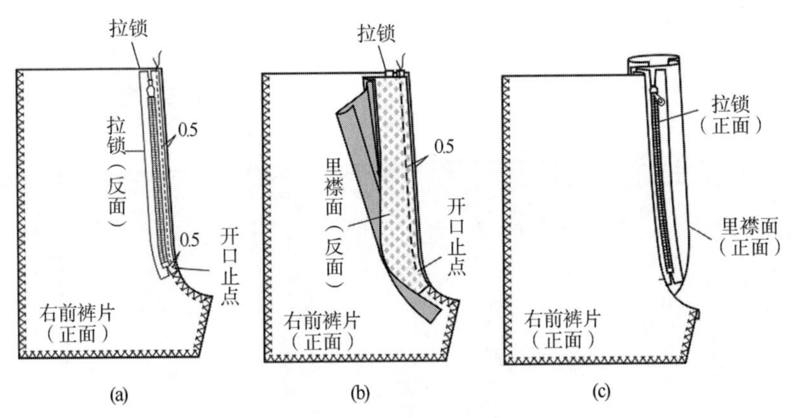

图6-61　绱拉链与里襟

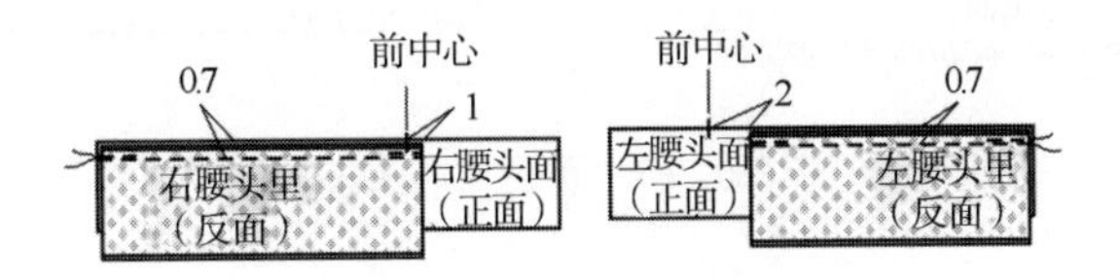

图6-62　缝合腰头里和腰头面

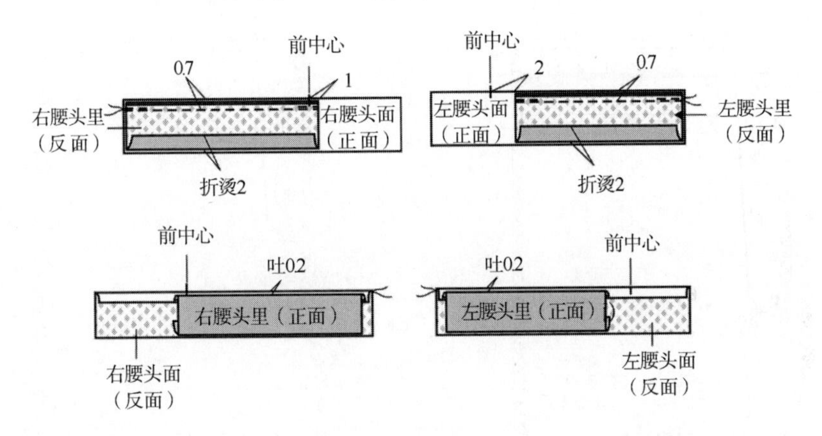

图6-63　熨烫腰头

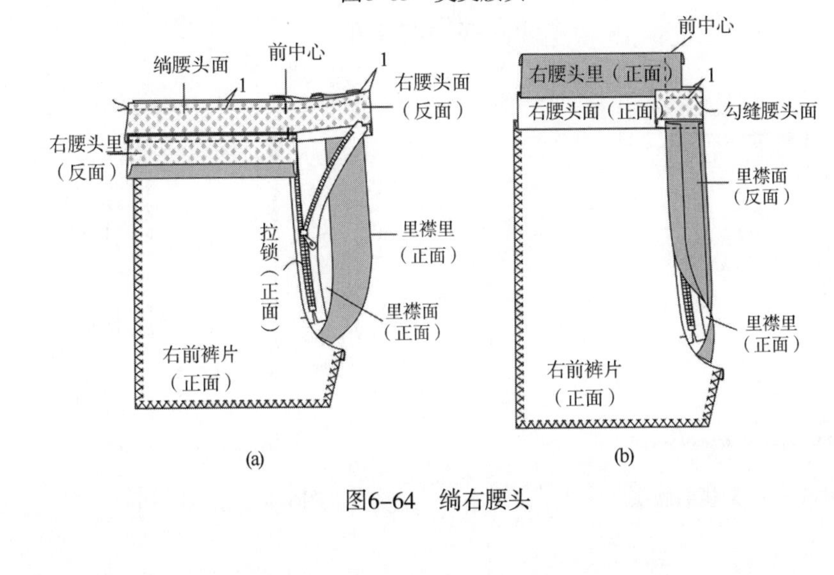

图6-64　绱右腰头

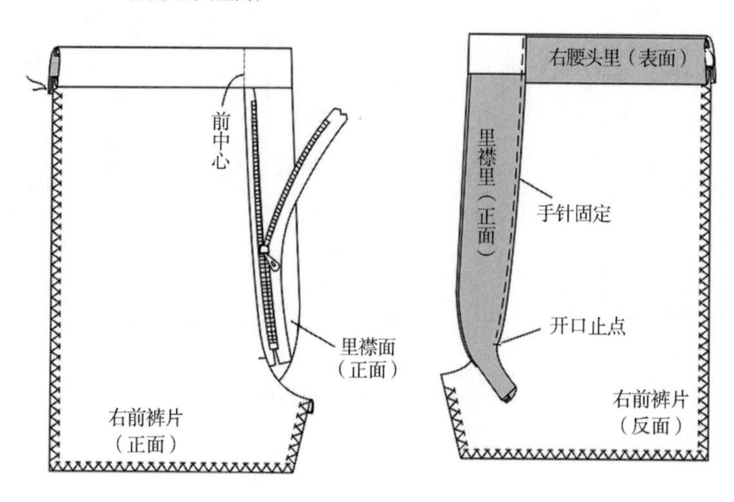

图6-65　熨烫右腰头

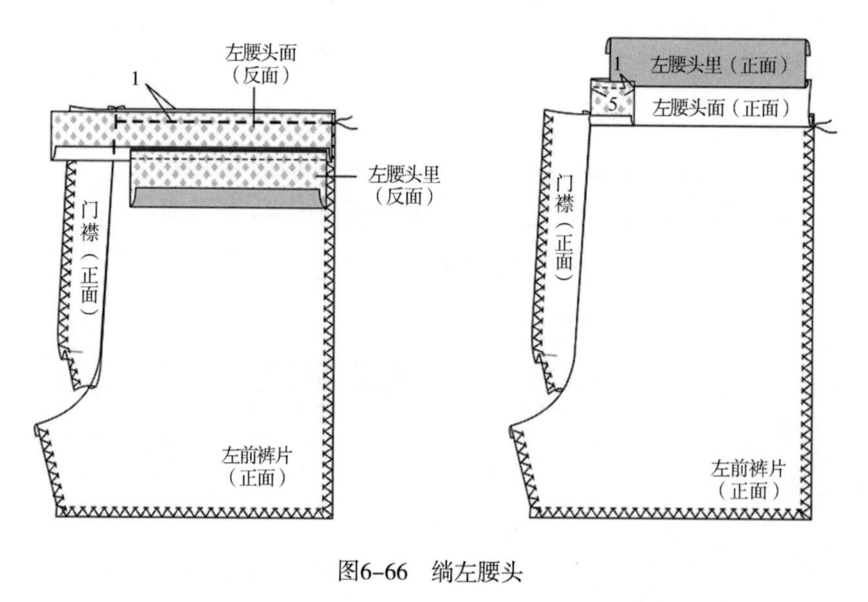

图6-66　绱左腰头

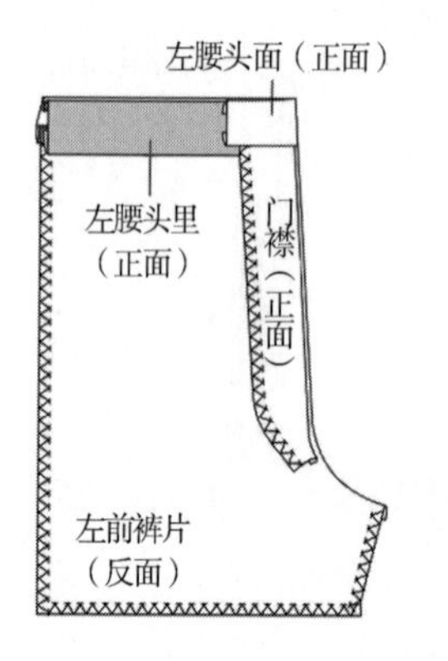

图6-67　熨烫右腰头

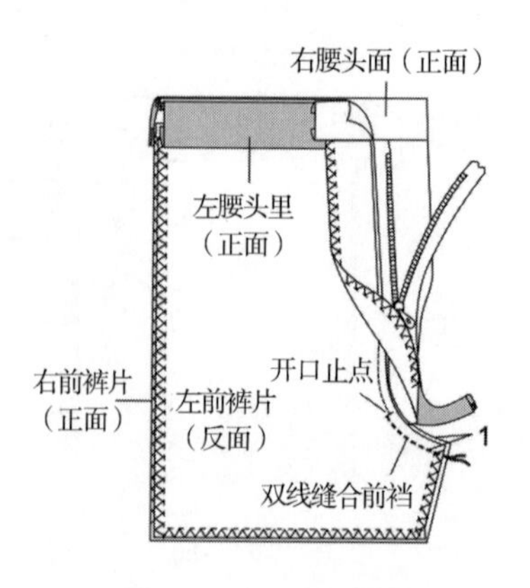

图6-68　缝合前裆缝

6. ***质量检验方法***

（1）左前裤片、右前裤片、门襟、里襟面、里襟里、腰头面、腰头里等各部位尺寸规格符合制作要求，各裁片纱向正确。

（2）缝制工艺要求：

① 门襟缝制工序正确、完整，门襟长度符合制作要求。

② 门襟、里襟平整，左右长短一致。

③ 拉锁平整，门襟明线缉线顺直、宽窄一致、封结牢固。

④ 左右腰的腰头面、腰头里平整。

（3）其他要求：

① 外观要求：门襟平服、外形美观。

② 线迹要求：各部位线迹顺直、针距适当、无跳线现象。

③ 整烫要求：整烫平整、无烫黄、烫焦现象、无水花。

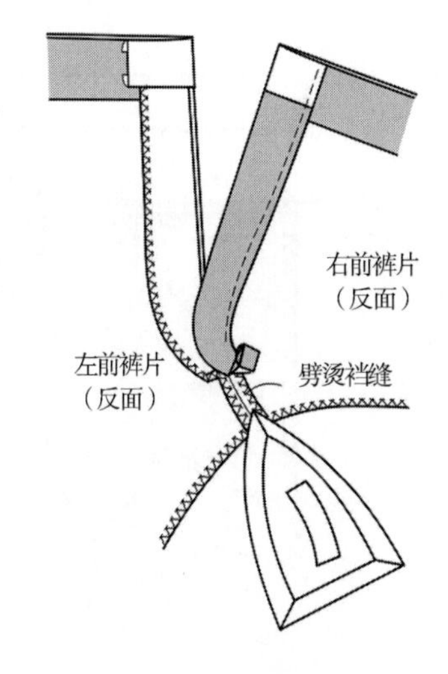

图6-69　劈烫前裆缝

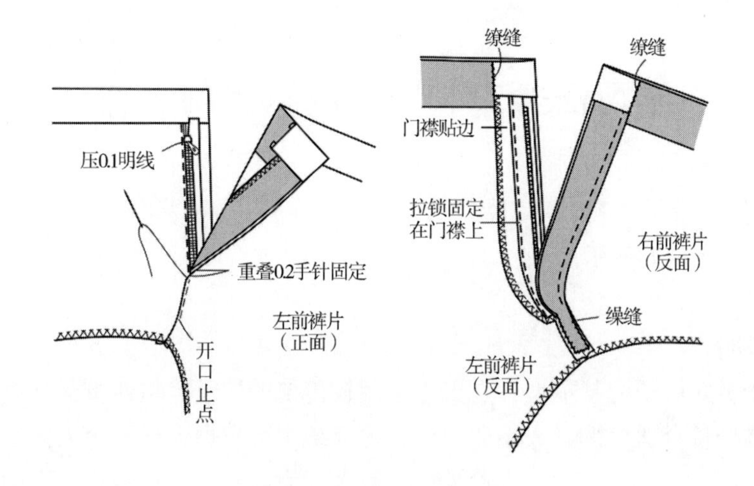

图6-70　绱左侧拉锁

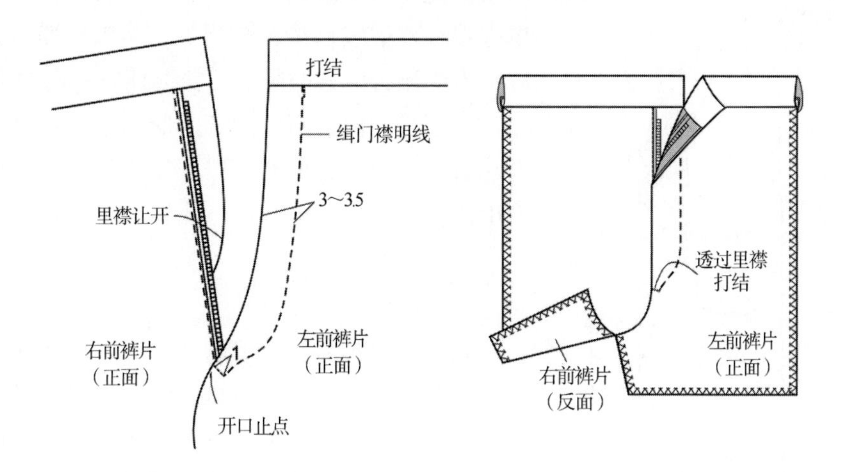

图6-71　门襟缉明线、封结

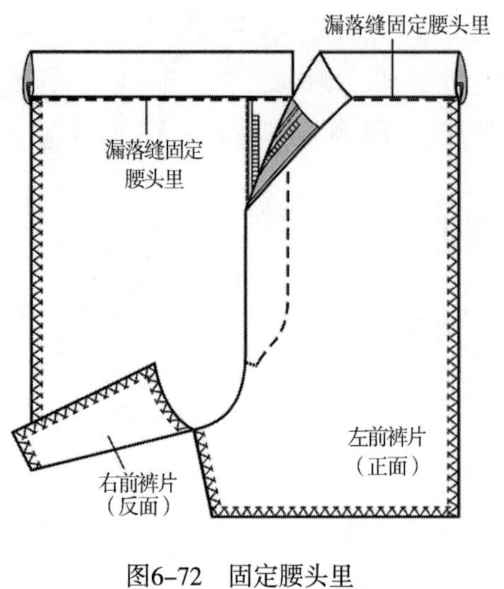

图6-72　固定腰头里

图6-73　锁眼、钉扣

学习任务二　男裤成衣缝制工艺

一、款式图

男裤款式图如图6-74所示。

二、款式说明

男西裤属于男式裤子的基本型，是男士常用较传统的裤子。男西裤其外型长度至脚面、腰部合体、臀围余量合适、裤口大小适中。其内部结构可根据流行、个人体型、爱好等进行设计，一般设计为前裤片左右各打一至两个褶裥，前开门装拉链，两侧斜插袋，后裤片左右各收一至两个省，单嵌线或双嵌线后袋，装腰头，绱串带襻。男西裤一直以来不受流行因素的影响，长期拥有一定的市场。

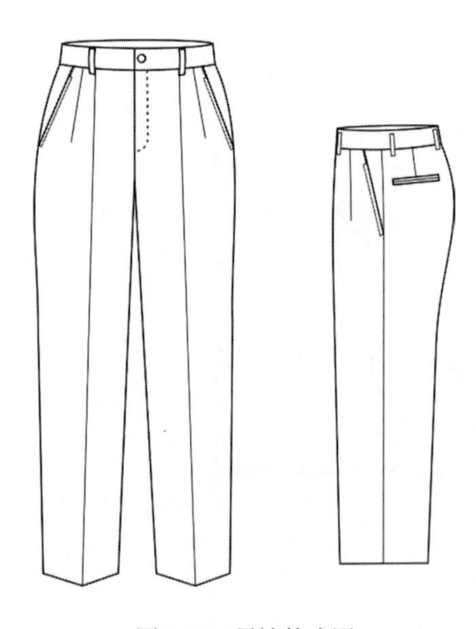

图6-74　男裤款式图

男西裤面料一般采用棉、麻、毛织物以及其他化纤混纺材料。总之，面料可以根据流行、自己个人的爱好自由选择。

三、裁剪

制作男西裤需要裁剪的裁片有：前裤片、后裤片、腰头、斜插袋挡口布、后袋嵌线、后袋挡口布、门襟贴边、里襟面、裤襻；里襟里、腰头里；腰头衬、门襟贴边衬、里襟衬、后袋嵌线衬、后袋袋口垫衬、斜插袋袋口垫衬；斜插袋袋布、后戗袋袋布。

1．**面料的裁剪**

前裤片两片、后裤片两片、腰头两片、斜插袋挡口布两片、后袋袋嵌线两片、后袋挡口布两片、门襟一片、里襟面一片，如图6-75所示。

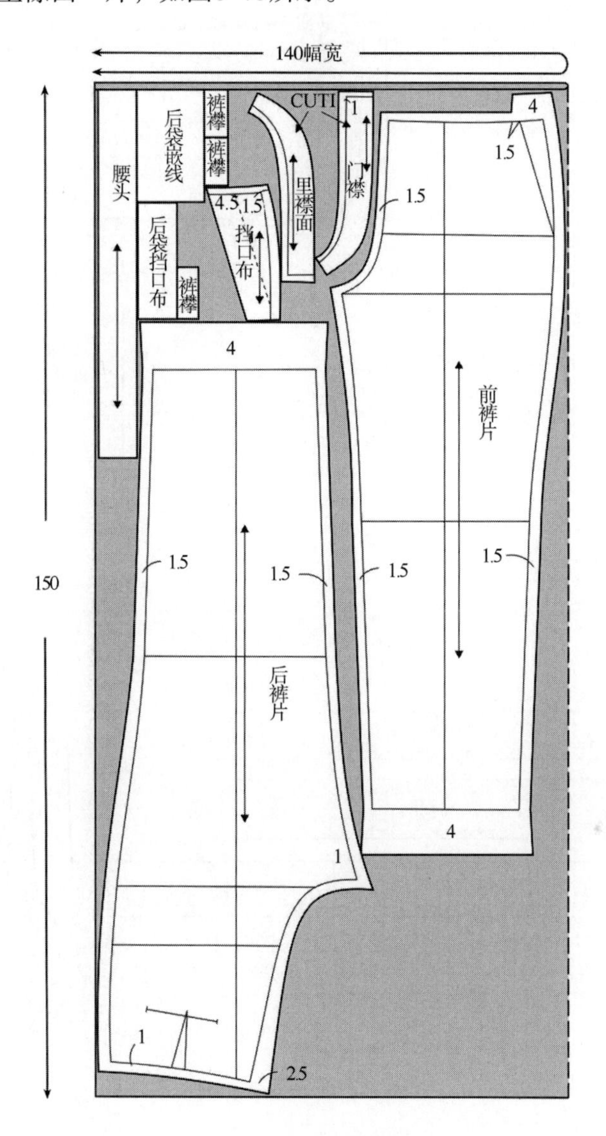

图6-75　面料的裁剪

2．**里料、袋布的裁剪**

腰头里两片，里襟里一片，斜插袋袋布两片，后袋袋布两片，如图6-76所示。

3．**衬料的裁剪**

腰头面衬两片，腰头里衬两片，斜插袋袋口垫衬两片，门襟衬一片，里襟衬一片，后袋嵌线衬两片，后袋袋口垫衬两片，如图6-77所示。

四、缝制工艺工程分析及工艺流程

男西裤缝制工艺工程分析及工艺流程如图6-78所示。

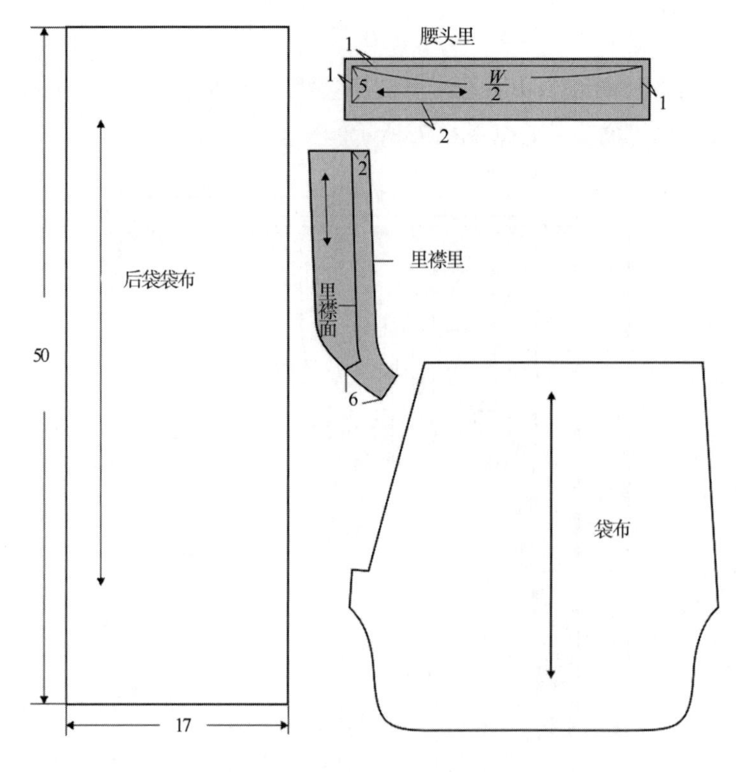

图6-76　里料、袋布的裁剪

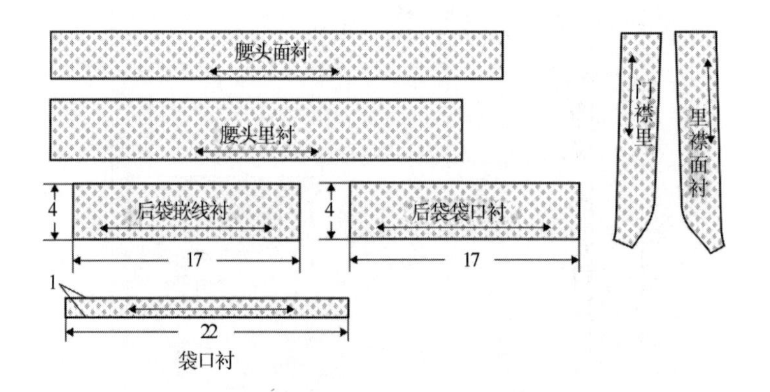

图6-77　衬料的裁剪

五、缝制工艺操作过程

（1）粘衬。后袋嵌线粘衬，门襟贴边、里襟面粘衬，腰头面、里粘衬（图6-74）。

（2）锁边、作标记。前裤片、后裤片、斜插袋挡口布、后袋挡口布、后袋嵌线布锁边；在前后裤片上画出袋位和省位、褶裥位，如图6-80所示。

（3）后裤片收省，如图6-81所示。

（4）后裤片省缝向后裆缝倒烫，如图6-82所示。

（5）在后袋口位粘袋口垫衬，如图6-83所示。

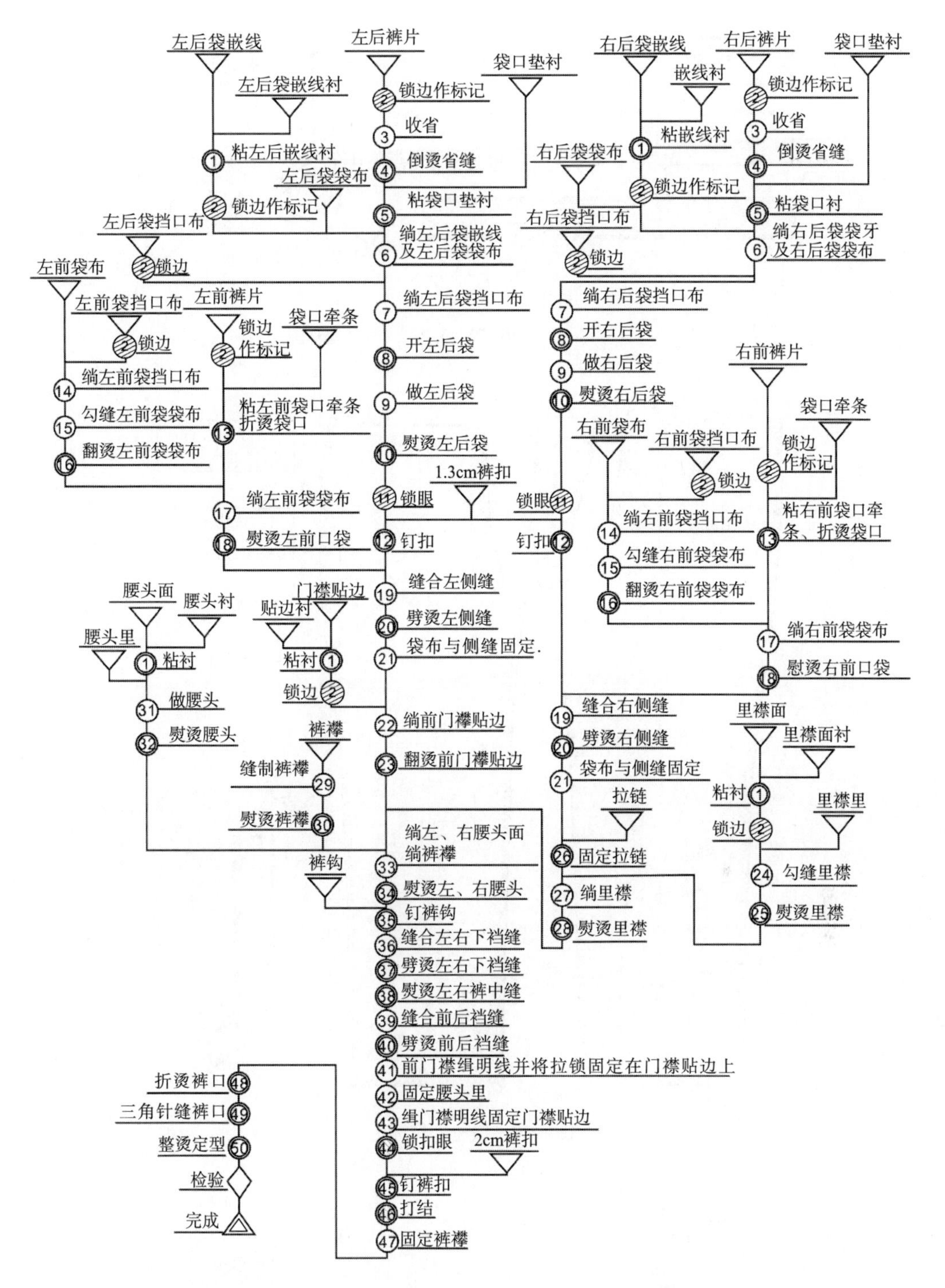

图6-78　男西裤缝制工艺工程分析及工艺流程

（6）做后袋。详见学习单元六学习任务一男裤局部缝制工艺——双嵌线后袋，此处略。

把后袋的袋布上口与后裤片的腰口平服放好，袋布固定在后裤片腰口缝份上。然后把后袋布与腰口剪齐，如图6-84所示。

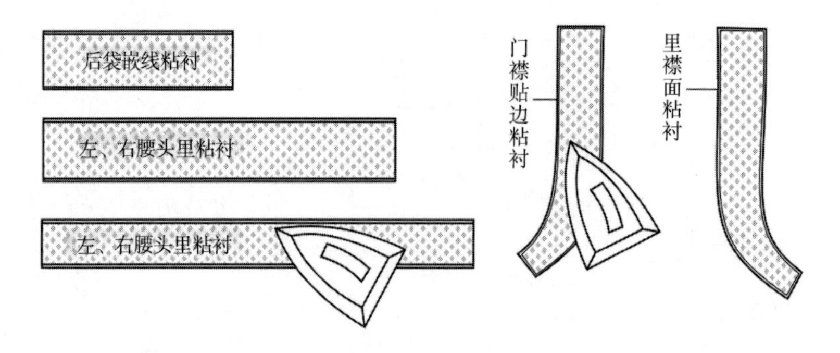

图6-79　粘衬

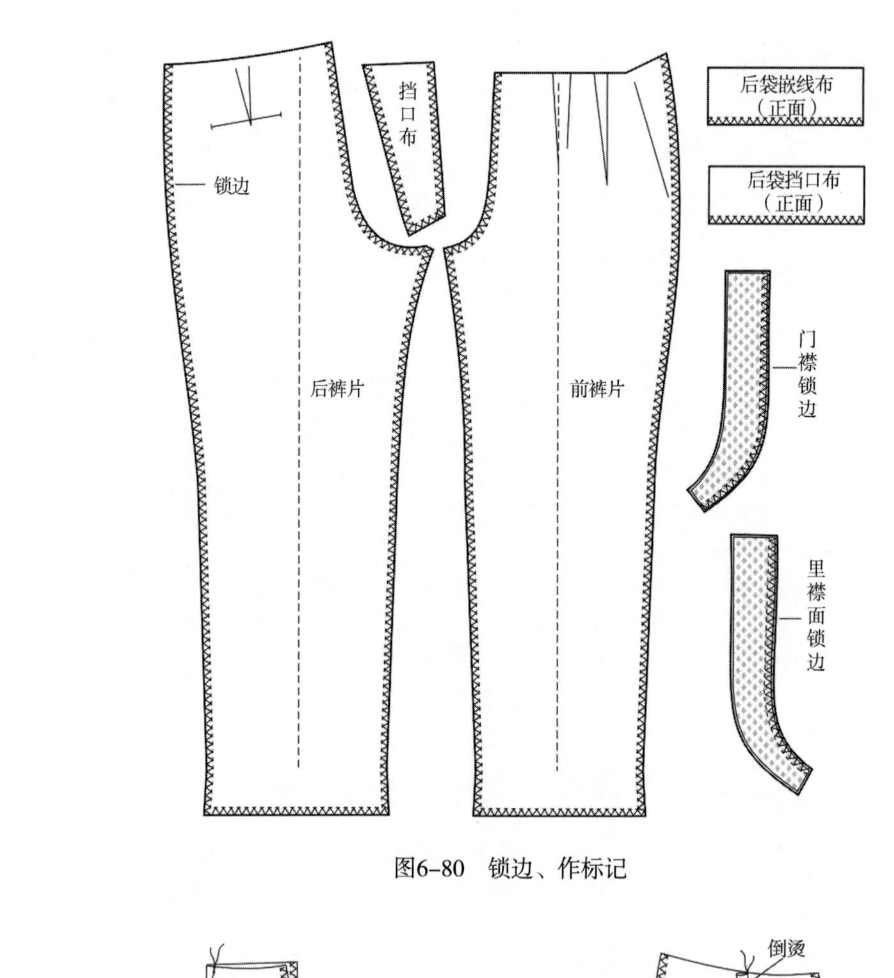

图6-80　锁边、作标记

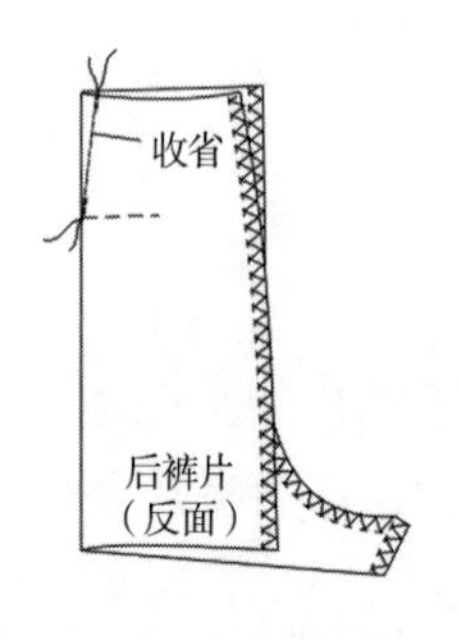

图6-81　后裤片收省

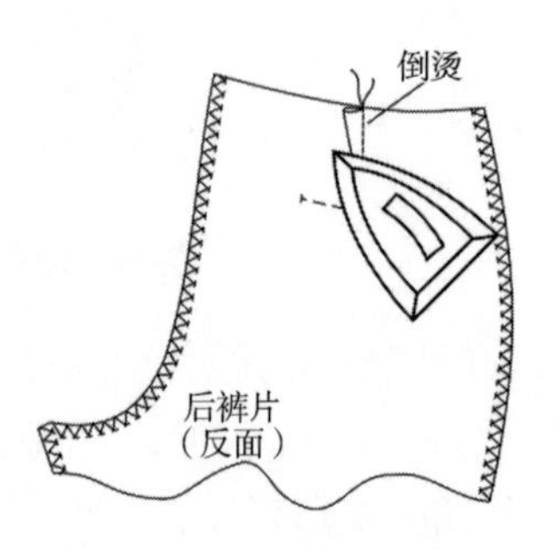

图6-82　后裤片省缝倒烫

图6-83　粘袋口衬

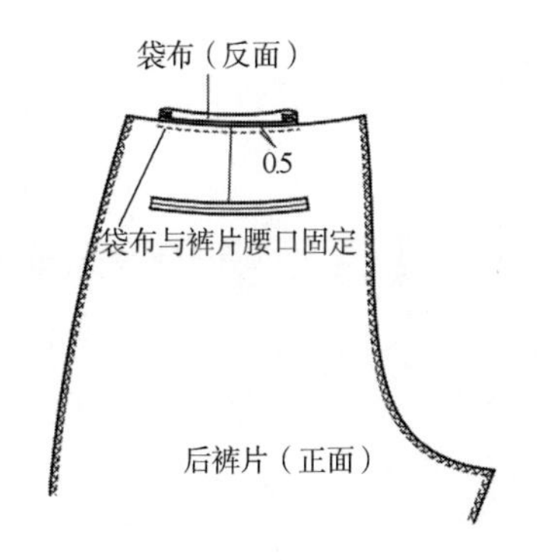

图6-84　做后袋

（7）后袋口锁扣眼。后袋口锁1.5cm的扣眼，钉直径为1.3cm的纽扣子，如图6-85所示。

（8）做斜插袋。详见学习单元六学习任务一男裤局部缝制工艺中的斜插袋制作，此处略。

斜插袋的明线宽0.7cm，袋口上端透过袋布固定压0.1cm明线，并在袋口上口处封结，如图6-86所示。

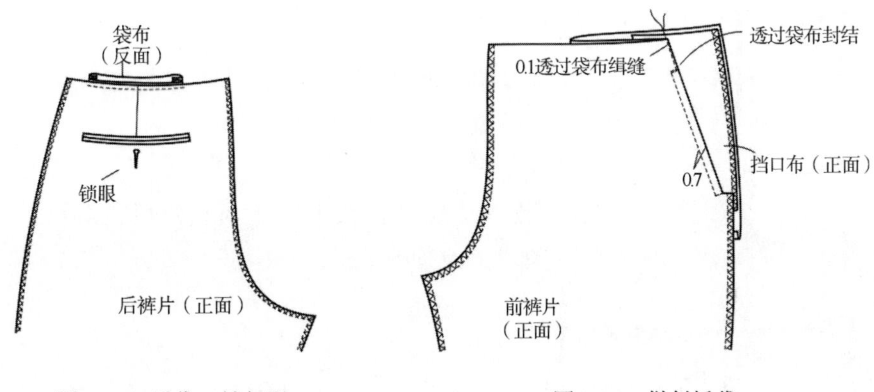

图6-85　后袋口锁扣眼

图6-86　做斜插袋

（9）合侧缝。把前、后裤片按对位点把前后侧缝比齐，从腰口缝合至脚口。此时要把斜插袋内侧的袋布让开，如图6-87所示。

（10）劈烫侧缝。首先把斜插袋袋布与裤片侧缝固定处折烫0．5cm,然后与后裤片的缝份平放对齐，同时劈烫侧缝，如图6-88所示。

（11）袋布与侧缝固定。把斜插袋袋布折烫的0.5cm的侧缝边与后裤片的缝份机缝固定；在袋布底部距边缘0.2cm缉缝明线；然后从裤片正面在袋口下口处打2～3次回针封结，如图6-89所示。

（12）做门襟，绱前门拉锁。

① 绱门襟。门襟正面与裤片前门处正面相对，距边0.8cm缉缝，缝至开口止点处，如图6-90所示。

② 翻烫门襟。前门处裤片吐0.2cm止口，如图6-91所示。

③ 做里襟。

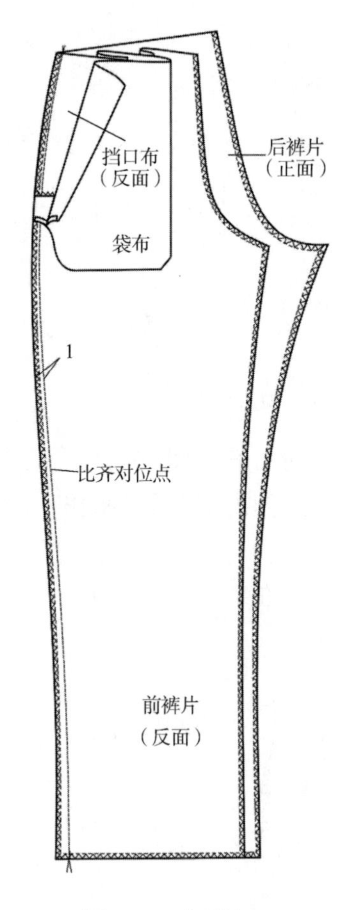

图6-87　合侧缝

A.距边0.8cm勾缝里襟，如图6-92（a）所示。

B.按照里襟里的净样线扣烫里襟里，裆弯处打剪口，否则，里襟里不好熨烫平整,如图6-92（b）所示。

C.翻烫里襟，里襟面吐0.2cm止口，如图6-93（c）所示。

④ 绱里襟。

A.把拉链正面向下与右裤片前裆线对齐，拉链下端的拉头要从开口止点处向上0.5cm，用粗缝距边0.5cm将拉链与裤前端固定,如图6-93所示。

B.把里襟面与右裤片前裆线对齐，距边0.8cm绱里襟，缝至开口止点，如图6-94所示。

C.把里襟翻到正面，缝份倒向裤片，用熨斗整理，如图6-95所示。

（13）制作裤襻。把制作裤襻的布双折后，机缝宽为1cm、长为10cm的裤襻，如图6-96（a）所示。劈缝后翻向正面，把缝线放在里侧的中心，如图6-96（b）所示，两侧缉明线，如图6-96（c）所示。

为了提高工作效率，裁剪串带襻最好把7根的长度连在一起，一起缝制完成，然后一根根剪开。

（14）做腰份：

① 腰头面料、腰头里料正面相对后机缝，缝线距边缘0.7cm，如图6-97所示。

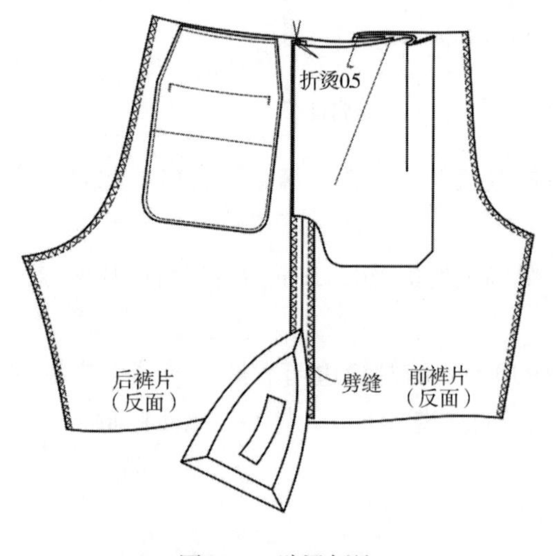

图6-88　劈烫侧缝

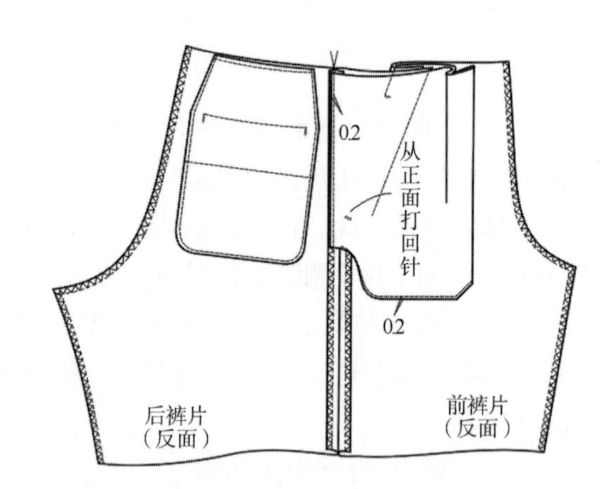

图6-89　袋布与侧缝固定

② 腰头里折烫2cm，再翻烫腰头，腰头面吐0.2cm，如图6-98所示。

（15）绱腰头、绱裤襻。

① 把左右前裤腰口的褶量捏好固定在前袋布上，然后绱左腰头，腰头与裤腰口对齐，距

边缘1cm缉缝，如图6-99所示。绱腰头遇到裤襻位置时，把裤襻夹在裤片与腰头中间一起缝制。绱裤襻位置：前片裤中缝位置左右各一个，后裆缝两侧左右各一个，前片裤中缝到后裆缝之间的中点处左右各一个。

② 把腰头面倒向上方，腰头面的上端缝份为1cm；腰头面的前端双折留出5cm的搭合量，在腰头面的下端用1cm的缝份机缝到前中心，如图6-100所示。

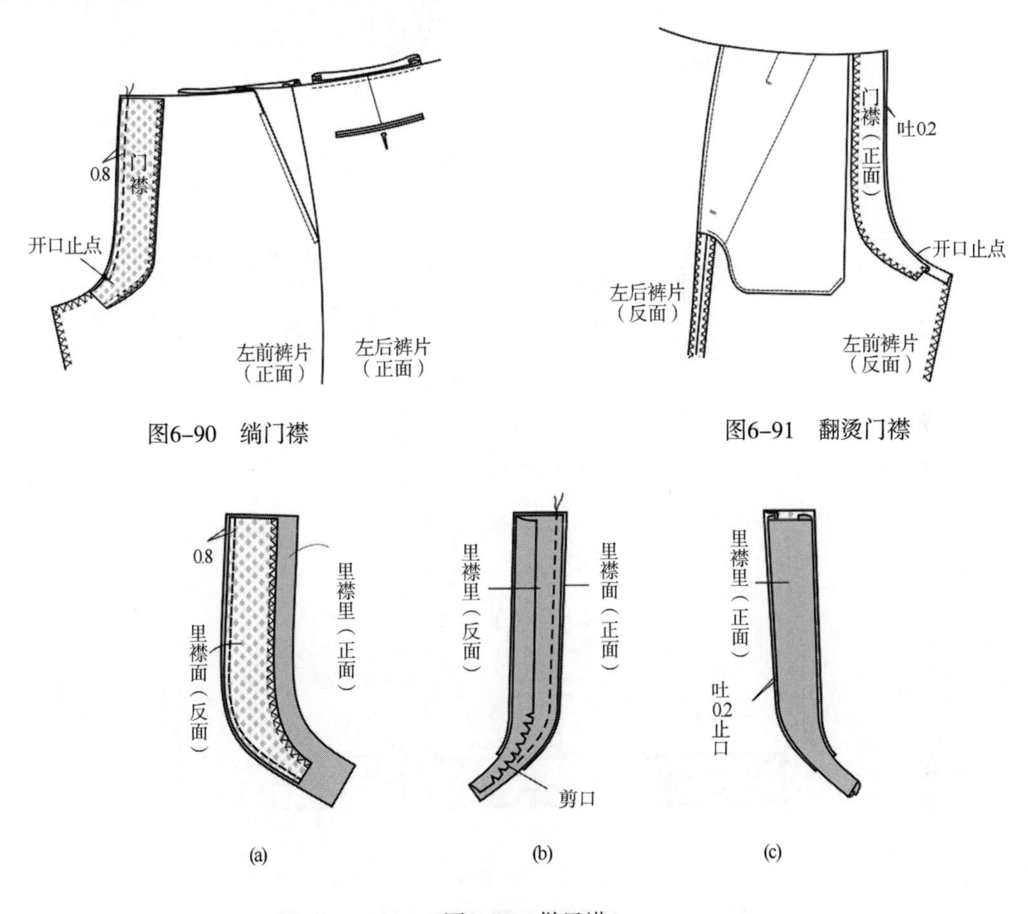

图6-90　绱门襟

图6-91　翻烫门襟

图6-92　做里襟

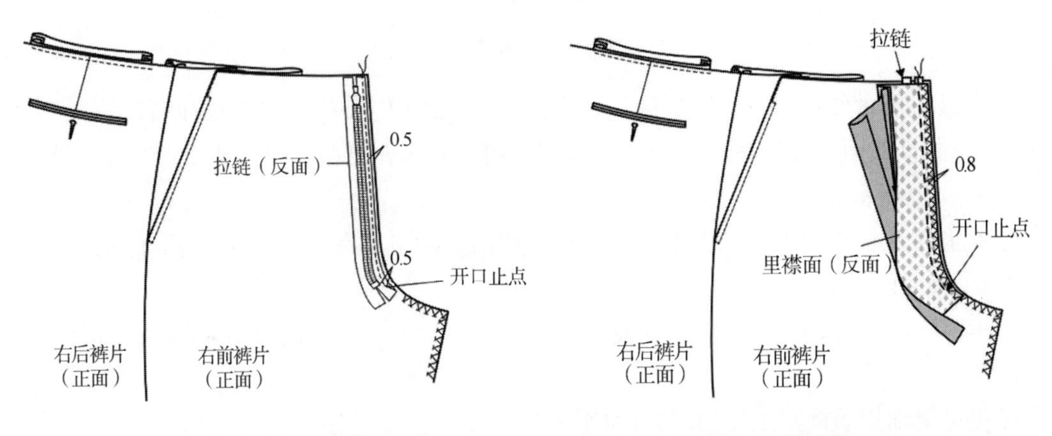

图6-93　拉链与裤前端固定

图6-94　绱里襟

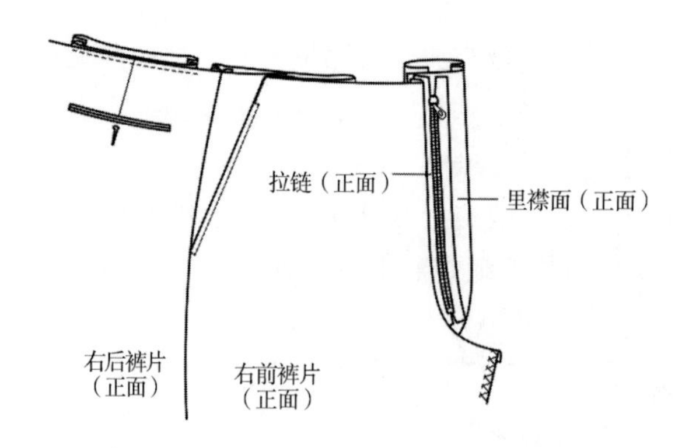

图6-95　烫缝份

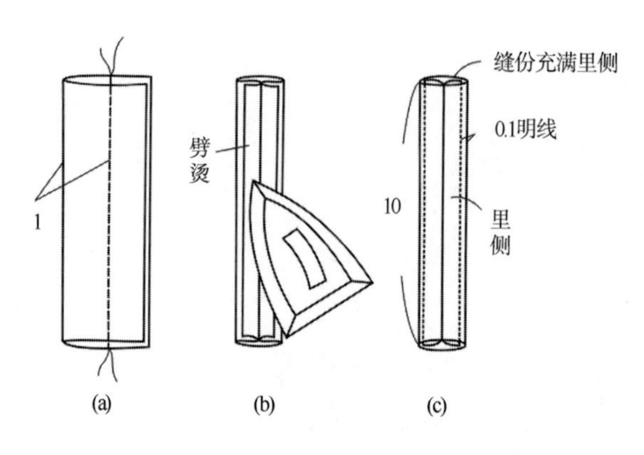

图6-96　制作裤襻

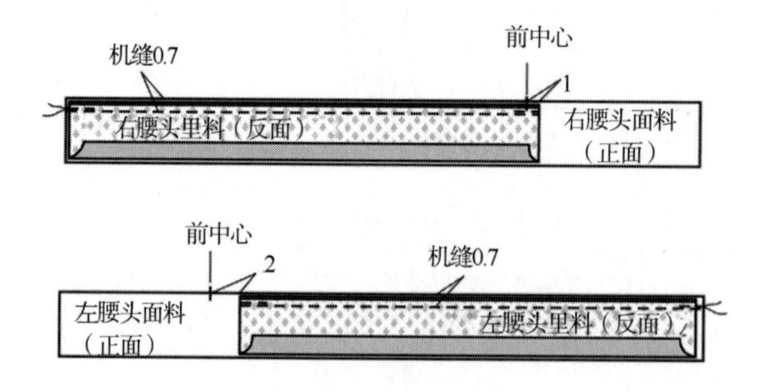

图6-97　做腰头

③ 右腰头与裤腰口对齐，距边缘1cm缉缝。绱右腰头时要把里襟的里和面都拉开，里襟以外留1cm的腰头面长度即可。绱右腰头遇到裤襻位置时，把裤襻夹在裤片与腰头中间一起缝，如图6-101所示。

④ 把右腰头面倒向上方，把腰头前端双折留出里襟量，在上端用1cm的缝份机缝，翻到表面整烫，如图6-102所示。

⑤ 使用四件插式裤钩，在左前腰头的里面绱裤钩，右前腰头面料绱环，如图6-103所示。

⑥ 里襟里面用手针固定，如图6-104所示。

（16）缝合左、右下裆线。以缝合右下裆线为例，左下裆线与右下裆线缝制方法相同，如图6-105所示。

（17）劈烫左、右下裆线。以劈烫右下裆线为例，左下裆线与右下裆线熨烫方法相同，如图6-106所示。

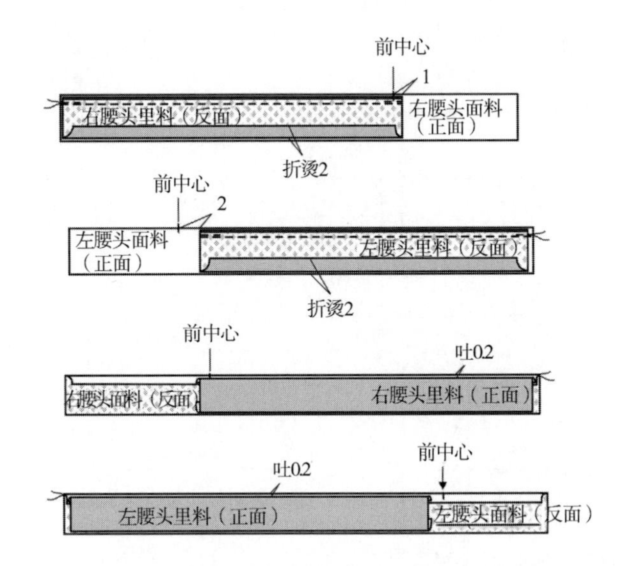

图6-98　折烫腰头里再翻烫

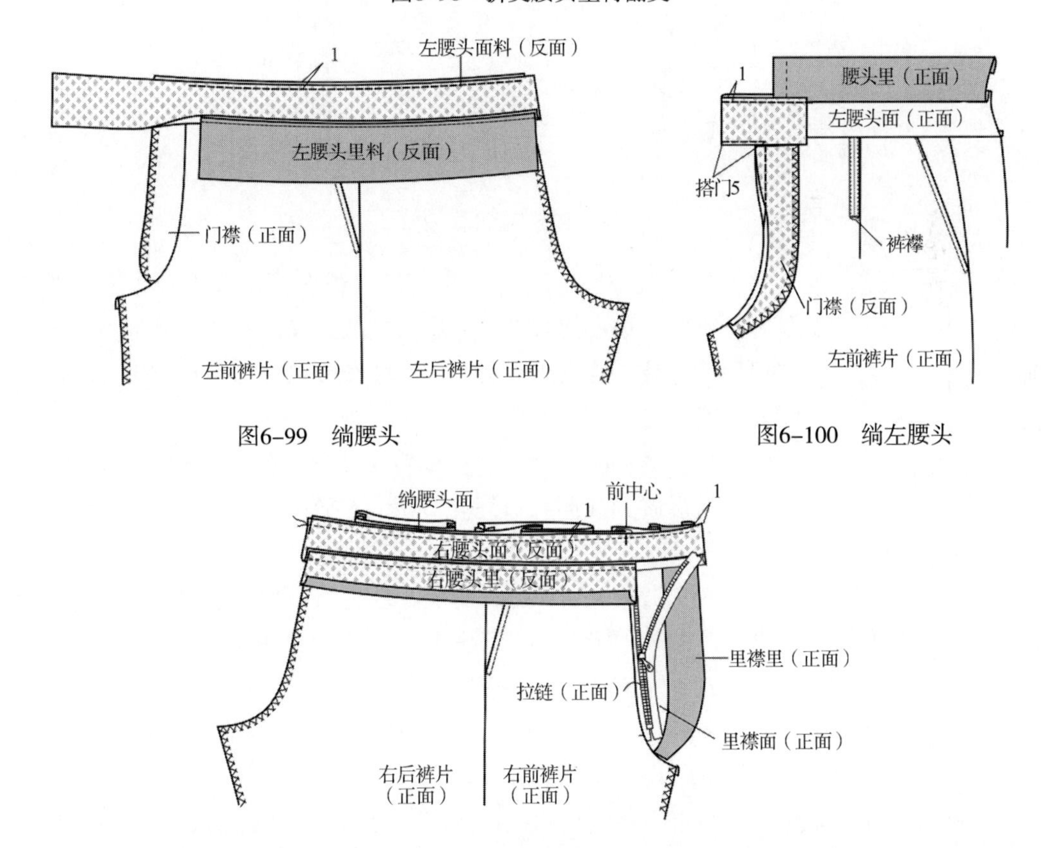

图6-99　绱腰头

图6-100　绱左腰头

图6-101　绱右腰头

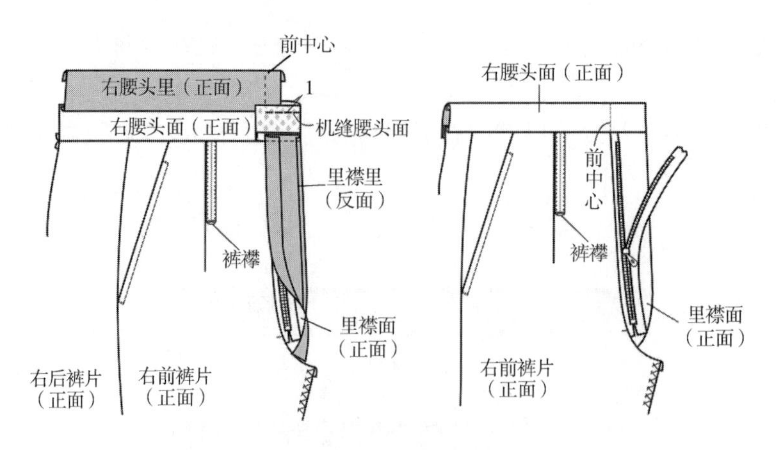

图6-102 整烫

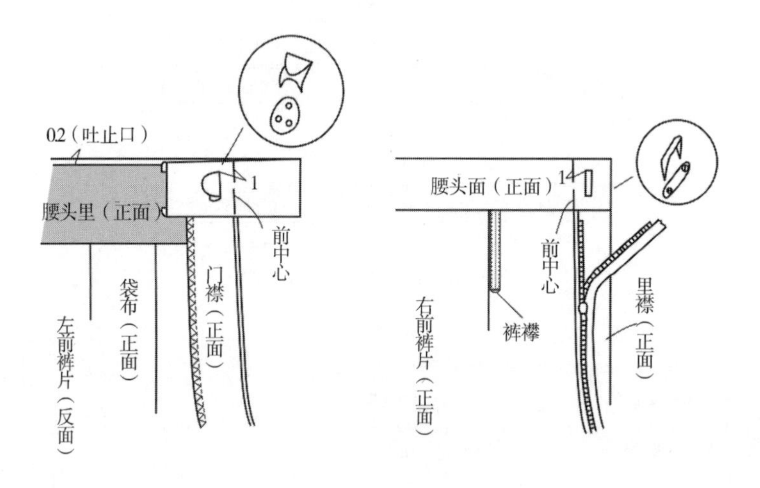

图6-103 缲裤钩

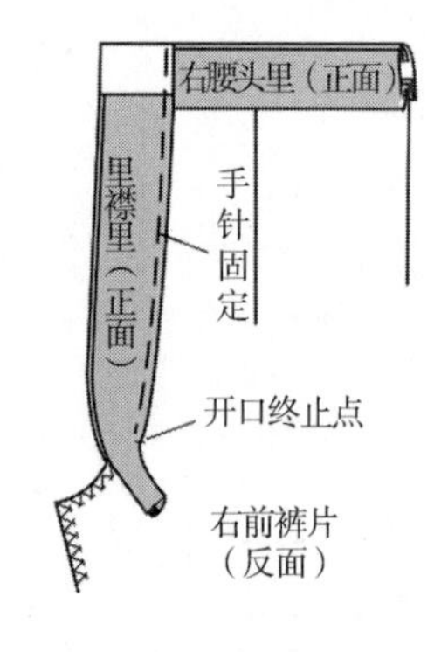

图6-104 固定里襟里面

（18）熨烫左、右裤中线。以熨烫右裤中线为例，下裆线与侧线对齐放好，垫上烫布熨烫前后裤中线，在后裤片中裆部位略归拢，并把后裤片臀围处推出熨烫。左裤中线熨烫方法与右裤中线相同，如图6-107所示。

（19）缝合前后裆缝。左右裆线对齐，在不拉长后裆线的情况下缝合。从后腰到前门开口终止处缝合两次，且双线重合，如图6-108所示。

（20）劈烫前后裆缝。劈烫裆缝，然后把从下裆到开口终止处的缝份用三角针固定在裆底缝份上，如图6-109所示。

（21）左前裤片前门缲拉链。

① 右前裤片前门处缉缝0.1cm明线，把左前裤片前门处与右前裤片前门处重叠0.2cm，从前门开口终止点到腰口线之间用手针固定，如图6-110所示。

② 左前裤片前门处用手针固定后，从里侧把拉链缝在门襟上。拉链的上端夹在腰头与门襟之间，用机缝或手针缲缝，然后把左右腰头里的前端与腰头面缲缝，如图6-111所示。

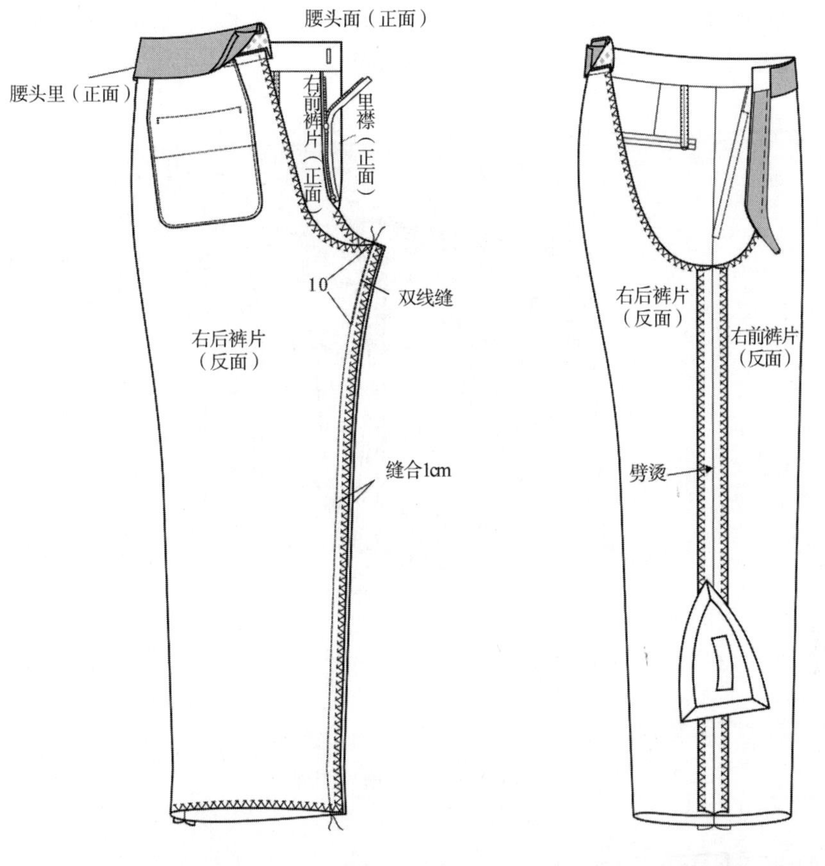

图6-105　缝合左、右下裆线　　图6-106　劈烫左、右下裆线

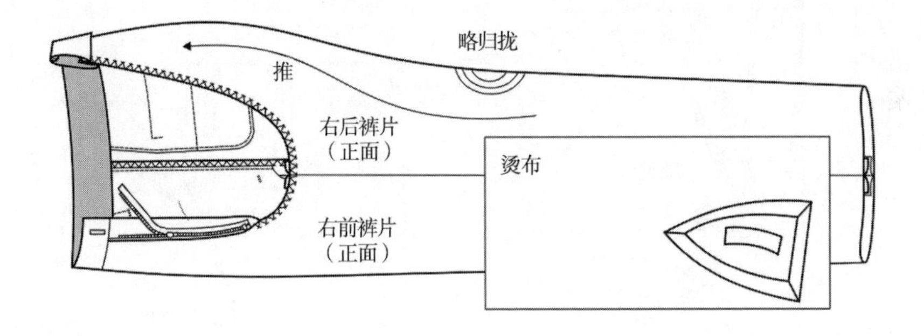

图6-107　劈烫左、右裤中线

（22）前门襟缉明线。

① 此时要把里襟让开，在左前裤片正面缉裤门襟明线。要尽可能使线迹漂亮。在左腰头锁2cm圆眼，右腰头钉1.5cm裤扣，如图6-112所示。

② 在开口终止的位置透过里襟，用打结机打结，如图6-113所示。

（23）固定裤襻。

① 确定裤襻的长度，把下面的袋布放平，透过袋布把裤襻固定在前裤片上，打2～3次回针，如图6-114所示。

② 裤襻倒向上面后折0.7～1cm，从正面用打结机固定裤襻上端，或从里面打2～3次回针固定。注意裤襻要留有一定的松量，如图6-115所示。

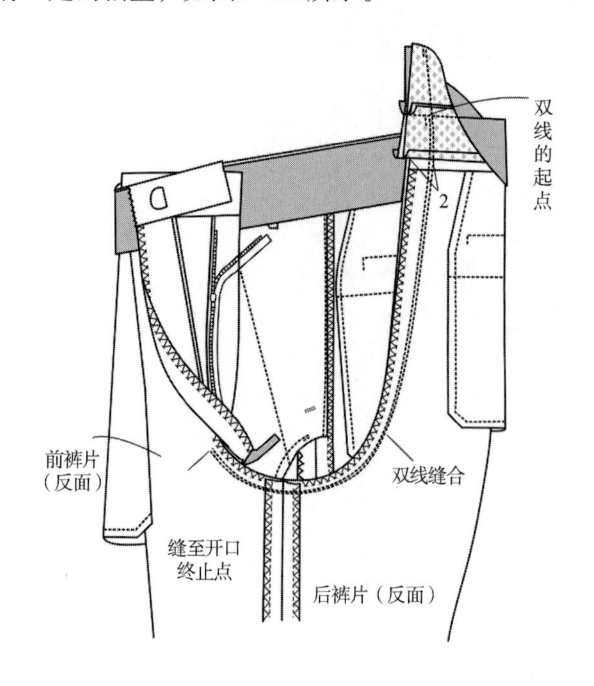

图6-108　缝合前后裆缝

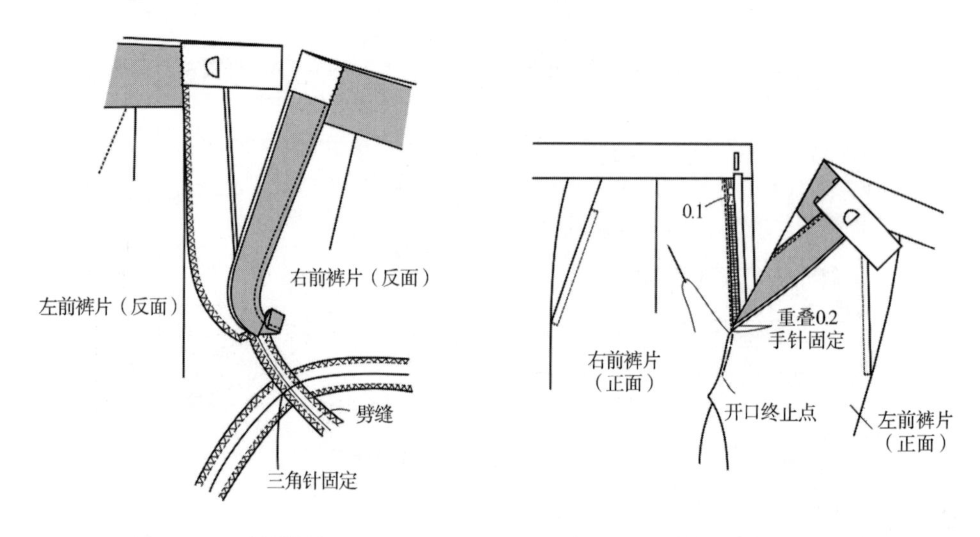

图6-109　劈烫裆缝

图6-110　手针固定左、右前裤片前门

（24）折烫裤口折边，用三角针缲缝裤口折边。

（25）整烫定型。

六、质量检验方法

（1）按要求制作男西裤。

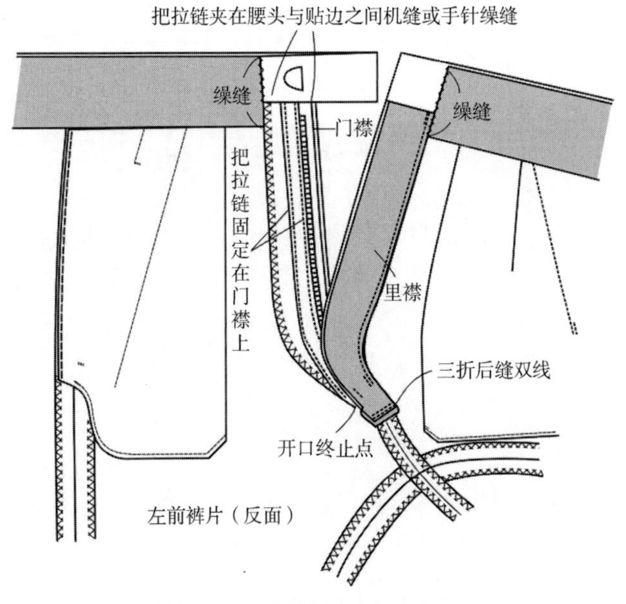

图6-111　缲缝腰头面与腰头里

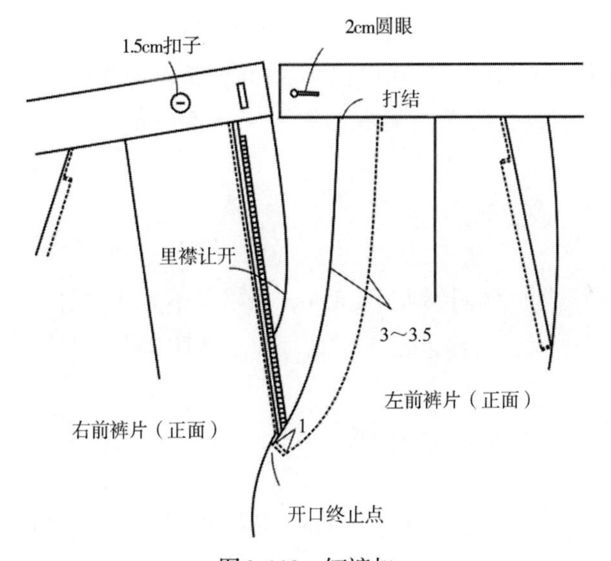

图6-112　钉裤扣

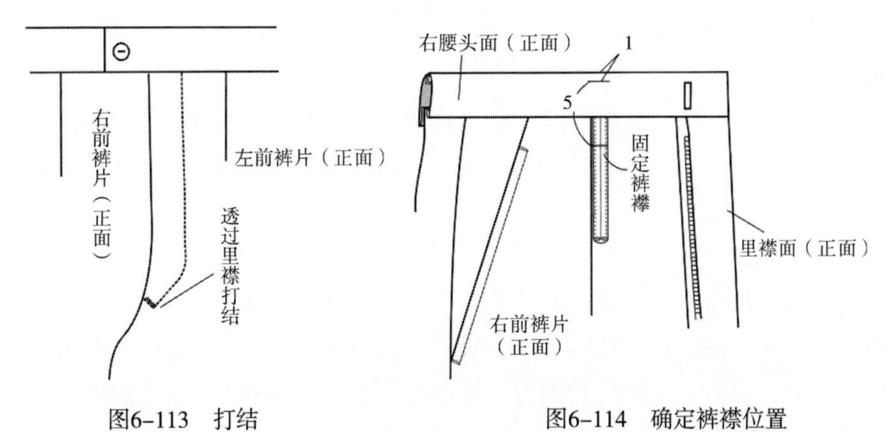

图6-113　打结

图6-114　确定裤襻位置

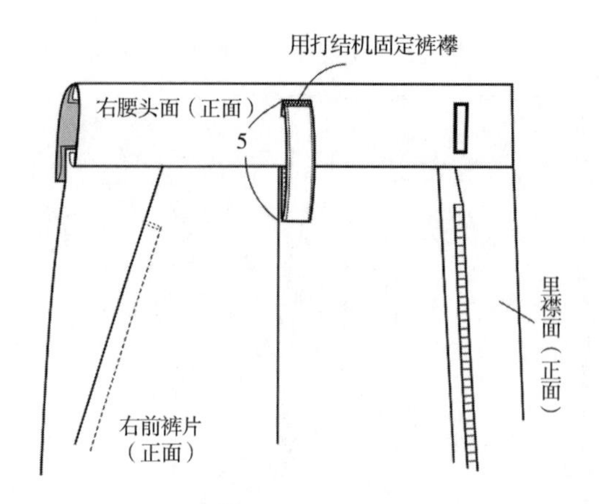

图6-115　固定裤襻

（2）主要部位尺寸规格要求：腰围、臀围、上裆、裤长、裤脚口宽等部位符合尺寸规格要求。

① 腰围符合成衣制作要求，误差允许在（ ±1 ）cm。

② 臀围符合成衣制作要求，误差允许在（ ±1.5 ）cm。

③ 上裆符合成衣制作要求，误差允许在（ ±0.5 ）cm。

④ 裤长符合成衣制作要求，误差允许在（ ±1.0 ）cm。

⑤ 裤脚口宽符合成衣制作要求，误差允许在（ ±0.5 ）cm。

（3）制作工艺要求。

① 男西裤缝制工序正确、完整。

② 前裤片：

A.前裤片纱向正确，纱向倾斜不大于1.0cm，条格料不允许倾斜。

B.左右斜插袋袋口平服、对称，缝线顺直，左右斜插袋袋口明线宽窄一致，袋口缝结牢固、工艺正确。

C.前裤片腰口褶裥位置准确，左右对称。

③ 后裤片：

A.后裤片纱向正确，纱向倾斜不大于1.5cm，条格料倾斜不大于1.0cm。

B.左右后袋袋口平服、对称，缝线顺直，左右后袋上下袋嵌线宽窄一致，袋角方正，袋口缝结牢固，无毛露，工艺正确。

C.后裤片腰省的位置准确，左右对称。

④ 门襟、拉链：门襟、里襟平服，松紧适宜，缉线顺直，门襟、里襟长短互差不大于0.3cm，门襟不短于里襟。拉链平服完好，拉链不外露，前门开口终止点封结牢固、平服。

⑤ 裤腰、裤襻、裤钩、裤扣：

A.裤腰纱向正确，且纱向不允许倾斜。

B.腰头面、腰头里平服，松紧适宜，止口顺直、不倒吐，腰面、腰里宽窄一致。

C.裤襻宽窄长短一致、松紧适宜、位置准确牢固；裤襻高、低、进、出等左右都对称。

D.裤钩四件扣：左钩、右环吻合相符、牢固、不生锈，裤扣与眼位位置准确。

（4）其他要求。

① 外观造型：外形美观大方，各部位造型准确。

② 外观工艺：

A.侧缝：平服、顺直不皱缩。

B.下裆缝：缉线顺直，无吊紧褶皱；缝份宽窄一致、顺直。

C.裆缝：松紧一致，平服顺直，双缝线牢固结实，十字缝须对准。

D.两侧裤筒：两侧裤筒宽窄一致，长短一致，裤脚口大小、折边一致。

③ 外观效果：无油渍、污渍、水迹、粉印、极光、线头，无烫脏、无烫黄、无烫焦现象。

④ 线迹：

A.锁边整齐无脱针漏针。

B.缝线线迹顺直、针距适当、无跳线现象。

课后延学：根据学习任务，完成裤子制作的实训操作

实训任务一：男裤局部制作实训练习（按规格要求分组完成）

实训任务二：男裤成衣制作实训练习（按规格要求分组完成）

实训任务三：结合单元五、六的学习以及成衣展示，查阅有关书籍或利用互联网，进一步了解裤类款式变化、工艺变化，撰写本单元学习心得。

本单元微课资源（扫二维码观看）

61．男西裤——斜插袋制作准备

62．男西——裤斜插袋制作工艺

63．男西裤——单嵌线后袋制作准备

64．男西裤——单嵌线后袋制作工艺

65．男西裤——双嵌线后袋制作准备

66．男西裤——双嵌线后袋制作工艺

67．男西裤——门襟制作工艺

68．男西裤——腰头制作工艺

69．男西裤——脚口缲缝工艺

70．男西裤——整烫

71．男西裤——前、后裤片制作工艺

72．男西裤——前、后裤片组装工艺

参考文献

[1] 范树林，文家琴.文化服装讲座①[M].北京：中国轻工业出版社，2007.

[2] 范树林.文化服装讲座②[M].北京：中国轻工业出版社，2007.

[3] 范树林.文化服装讲座③[M].北京：中国轻工业出版社，2007.

[4] 文家琴.服装制作工艺（上）[M].河北：河北美术出版社，2010.

[5] 冯翼，徐雅琴，储谨毅.服装生产管理与品质控制[M].4版，北京：中国纺织出版社，2020.

[6] 日本东京文化服装学院.文化服饰大全服饰造型讲座②裙子・裤子[M].张祖芳，纪万秋，朱瑾，等，译.上海东华大学出版社，2006

[7] 日本东京文化服装学院.文化服饰大全服饰造型讲座③女衬衫・连衣裙[M].张祖芳，周洋溢，束重华，等，译.上海东华大学出版社，2004